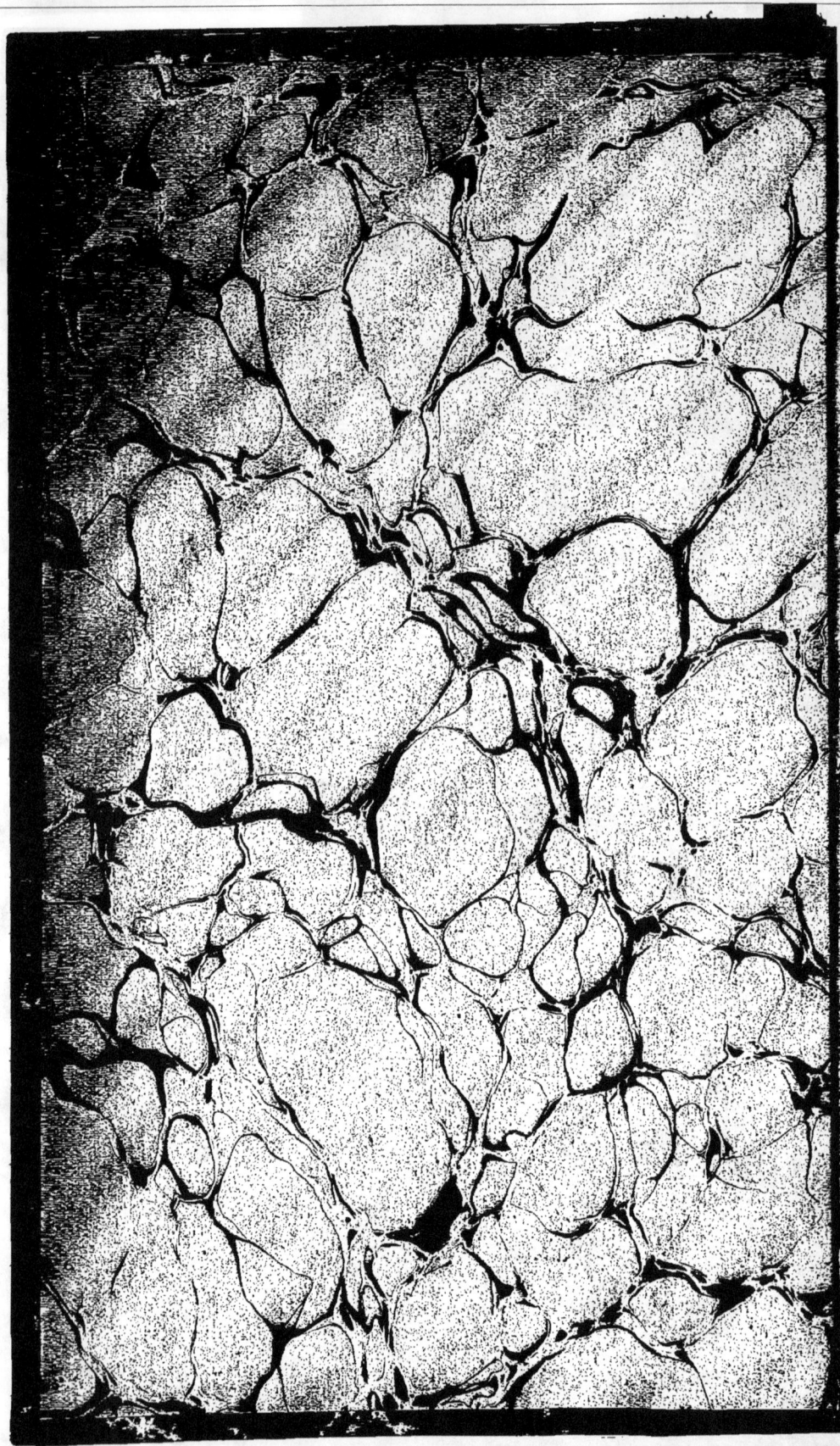

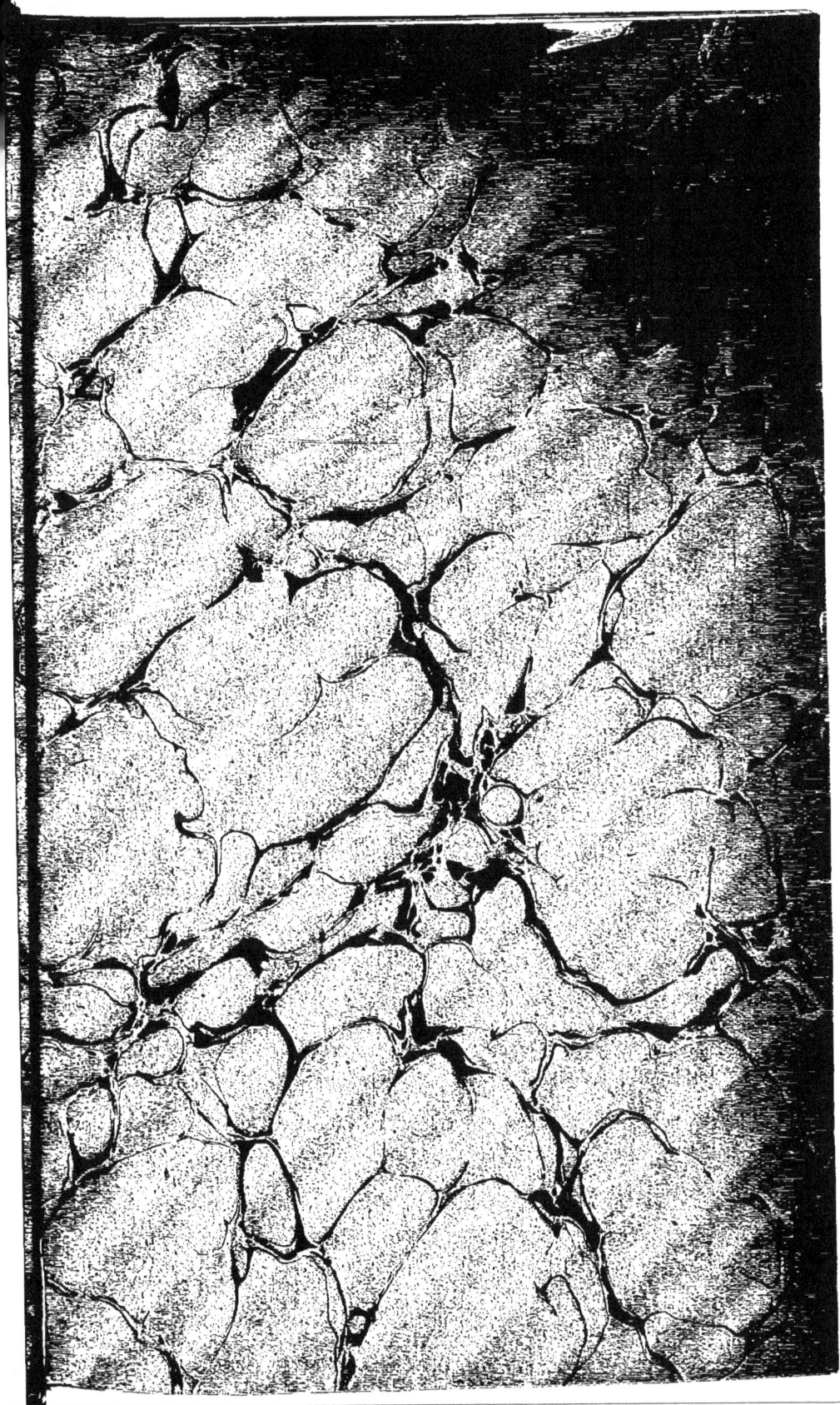

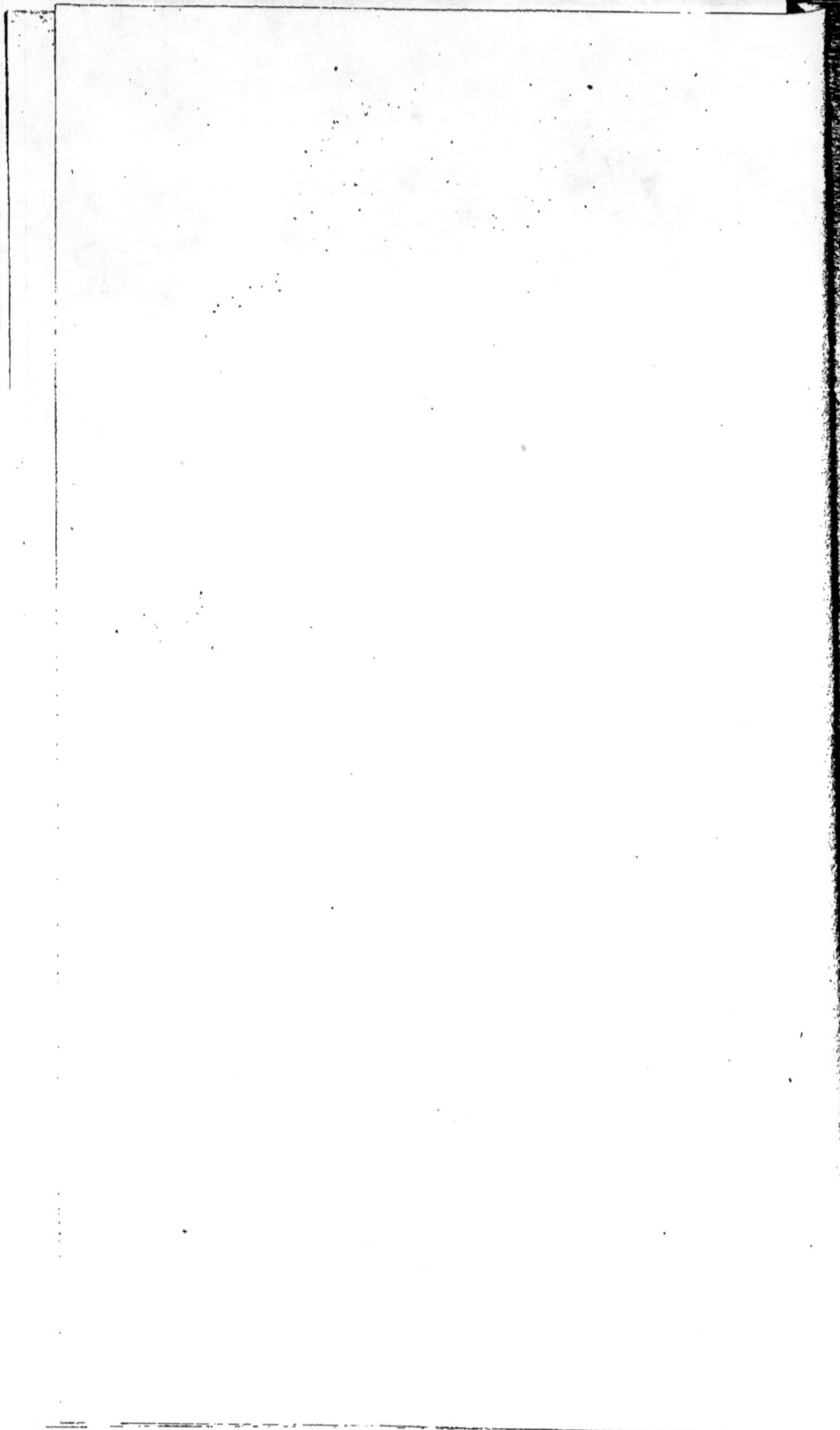

COURS

DE MÉCANIQUE

A L'USAGE

DES ÉCOLES D'ARTS ET MÉTIERS

ET DE L'ENSEIGNEMENT SPÉCIAL DES LYCÉES;

PAR

M. Pascal DULOS,

Professeur de Mécanique à l'École nationale d'Arts et Métiers et à l'École des Sciences et des Lettres d'Angers.

QUATRIÈME PARTIE.

PARIS,

GAUTHIER-VILLARS, IMPRIMEUR-LIBRAIRE

DE L'ÉCOLE POLYTECHNIQUE, DU BUREAU DES LONGITUDES,

SUCCESSEUR DE MALLET-BACHELIER,

Quai des Augustins, 55.

1879

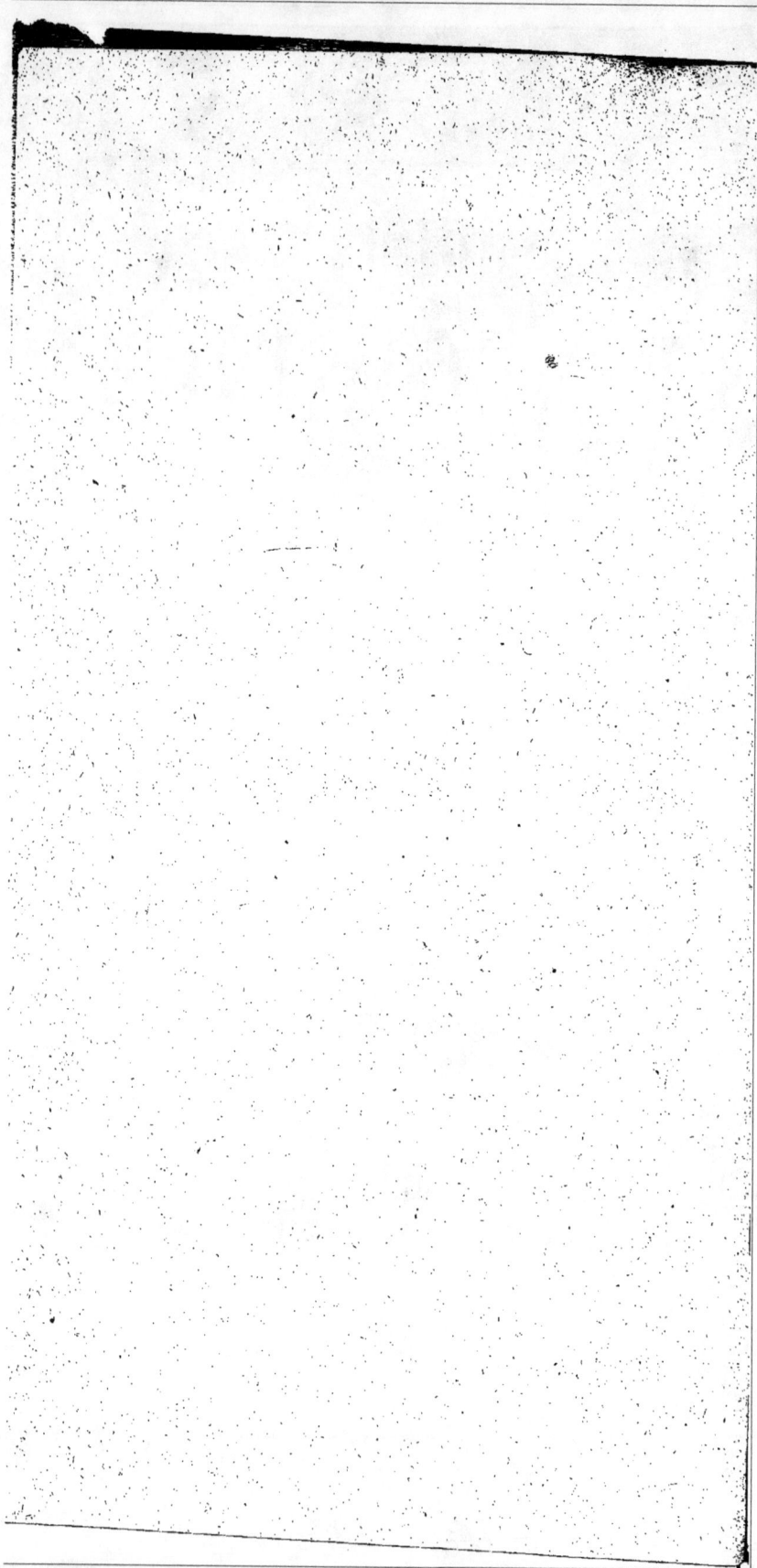

COURS

DE MÉCANIQUE.

PARIS. — IMPRIMERIE DE GAUTHIER-VILLARS,
Quai des Augustins, 55.

COURS
DE MÉCANIQUE

A L'USAGE

DES ÉCOLES D'ARTS ET MÉTIERS

ET DE L'ENSEIGNEMENT SPÉCIAL DES LYCÉES,

PAR

M. Pascal DULOS,

Professeur de Mécanique à l'École nationale d'Arts et Métiers et à l'École des Sciences
et des Lettres d'Angers.

QUATRIÈME PARTIE.

PARIS,

GAUTHIER-VILLARS, IMPRIMEUR-LIBRAIRE

DU BUREAU DES LONGITUDES, DE L'ÉCOLE POLYTECHNIQUE,

SUCCESSEUR DE MALLET-BACHELIER,

Quai des Augustins, 55.

—

1879

AVANT-PROPOS.

Le quatrième Volume du *Cours de Mécanique*, que j'offre aujourd'hui aux jeunes gens qui étudient les Sciences appliquées, ne diffère pas, quant à l'esprit qui l'a inspiré, des Leçons contenues dans les trois Volumes déjà publiés.

Nous ne manquons, certes, ni de très-grands ni de très-savants Ouvrages de Mécanique, devant lesquels je m'incline avec respect; mais, par malheur, ils ne sont ni assez pratiques ni à la portée des hommes d'application.

Aujourd'hui encore, d'excellents esprits sont divisés sur la méthode à suivre dans l'enseignement d'une science si féconde : les uns pensent que les lois de la Mécanique peuvent être présentées sous la forme purement descriptive; les autres, au contraire, se renfermant dans le domaine exclusif de la Métaphysique, ne demandent que le secours du Calcul infinitésimal, selon la méthode inaugurée par Lagrange dans ses savantes Leçons à l'École Normale supérieure.

Encouragé d'abord par d'illustres savants dont le nom fait autorité dans l'enseignement public, aidé depuis de leurs conseils, j'ai persévéré à ne pas suivre l'une des deux méthodes à l'exclusion de l'autre, ou plutôt j'ai tenté de les concilier, sans toutefois franchir la limite que je m'étais tracée dès le début.

C'est assez dire que j'ai dû avant tout me préoccuper de faire marcher de front, dans la mesure du possible, l'exposition analytique et l'exposition synthétique.

L'auteur qui écrit, soutenu par le ferme espoir de favoriser, dans les limites de ses facultés, le mouvement progressif d'une science, ne doit jamais, ce me semble, se borner à rassembler dans un ordre méthodique et le plus favorable aux applications les seules conséquences qui dérivent d'une discussion approfondie.

Tout Ouvrage, didactique ou non, d'où seraient bannies les démonstrations nécessaires pour prouver, soit mathématiquement, soit expérimentalement, des préceptes nouveaux ou déjà connus, perdrait une bonne partie de son utilité et ne tarderait pas à tomber dans le plus complet discrédit.

A toute doctrine il faut une sanction capable, dans les propositions les plus élémentaires comme dans les spéculations les plus abstraites, d'initier les intelligences, avec quelque certitude, à la connaissance des déductions de la Science.

Pour répondre à une critique, peut-être trop indulgente, de la méthode que j'ai suivie ([1]), et sans me faire une illusion favorable sur la portée objective d'un Ouvrage comme celui que je publie, je n'hésiterai pas à reconnaître, avec un des plus hardis novateurs de ce siècle, que « les Sciences exactes doivent à l'Analyse infinitésimale, malgré ses imperfections philosophiques, leur solidité, leur grandeur et leurs plus beaux développements » ([2]).

Mais, quand le savoir déborde, et que partout s'élève le niveau commun des esprits, il serait souverainement injuste, dans notre éducation nationale, d'oublier les aspirations et les besoins d'une nombreuse classe de producteurs, dont les travaux, toujours éclairés par la Science, consacrent souvent

---

([1]) MANSION, professeur à l'Université de Louvain, *Revue de l'Instruction publique en France et en Belgique.*
([2]) Auguste COMTE, *Philosophie positive.*

l'utilité sociale des conceptions du savant, qui peut-être seraient restées à l'état de pure doctrine.

Dans ce but, je me suis uniquement appuyé sur la Géométrie et sur le Calcul algébrique élémentaire, de même que j'ai eu recours aux intégrations par quadrature chaque fois que l'absolue nécessité de ce mode d'investigation s'est révélée.

Assurément, les démonstrations graphiques ont leur valeur, leur utilité, mais à la condition qu'elles soient appliquées en lieu convenable, dans l'étude de la Mécanique synthétique ou élémentaire ; un emploi trop abusif de ces démonstrations pourrait conduire à de fausses interprétations, à des notions inexactes sur l'essence même des phénomènes, par la substitution du mécanisme des sens aux facultés de l'entendement. Tel est l'écueil que j'ai soigneusement cherché à éviter.

Sans insister davantage sur ce que j'ai fait, ou, plus modestement, sur ce que j'ai voulu faire, j'ajouterai que l'Ouvrage ainsi composé dépasse les limites du programme imposé, il y a quelque trente ans, aux Écoles d'Arts et Métiers, et qui n'a absolument reçu aucune modification, malgré l'avancement des Sciences et le perfectionnement des méthodes.

Qu'il me soit permis de donner quelques développements à ma pensée, de crainte qu'elle soit mésinterprétée, et surtout pour prévenir le reproche, qui d'ailleurs serait immérité, de me livrer, dans le cours de cet Avant-Propos, à une critique gratuite et arbitraire.

En 1849, le général Morin, chargé par le Gouvernement de la réorganisation des Cours scientifiques des Écoles nationales d'Arts et Métiers, prescrivit l'enseignement de la Mécanique dès la deuxième année d'étude. Cette sage mesure, conseillée en prévision des exigences de l'avenir par un savant dont personne n'a jamais contesté la haute compétence, tomba en désuétude quelques années après, ou plutôt fut supprimée sans raison plausible.

C'est là un fait infiniment regrettable, car, à une époque où la Science moderne enrichit chaque jour le domaine de l'Industrie de conquêtes nouvelles, *l'immobilité* dans l'enseignement, c'est *la décadence*.

Ma tâche serait donc incomplète, ma conscience m'adresserait un reproche, si, après de longues années passées dans l'enseignement, je négligeais d'appeler l'attention de mes camarades qui siégent aujourd'hui au Conseil supérieur de nos Écoles sur les améliorations que *réclame* impérieusement le développement intellectuel d'une jeunesse d'élite, considérée par les ingénieurs les plus célèbres comme l'un des agents indispensables de l'important phénomène de la production industrielle.

On voudra bien me pardonner cette légère digression au moment où les grands corps de l'État s'occupent si activement de toutes les questions qui se rattachent à l'enseignement professionnel. Aujourd'hui plus que jamais, il importe que chacun dans sa sphère, quelque modeste qu'elle soit, ose hautement dire la vérité et cherche résolûment comment réaliser une pensée de bien public, qui sans doute n'a de ma part aucun caractère officiel, mais qui a peut-être sa portée et son opportunité :

Amicus Plato ; magis amica veritas.

Ainsi que je l'avais annoncé dans la Préface du premier Volume, j'ai consacré quelques pages à l'exposition de la Thermodynamique appliquée aux machines à vapeur. Pressé par les nécessités nouvelles de l'enseignement qui m'est confié, frappé des critiques, d'ailleurs fort justes, adressées en pleine Académie à l'enseignement des écoles professionnelles, il m'a paru indispensable d'étendre cette partie de mon travail au delà de la limite que je lui avais d'abord assignée, sans cesser cependant de faire reposer les démonstrations sur les Mathématiques élémentaires.

Le célèbre ingénieur qui a doté la France de sa puissante flotte cuirassée s'exprime ainsi :

« La Thermodynamique, entrée depuis plus de vingt ans dans le domaine de la Science, n'a cependant pas encore franchi les régions de l'enseignement supérieur pour se répandre dans les écoles professionnelles de l'État. Il n'est donc pas étonnant qu'elle soit complétement inconnue du personnel technique dirigeant les ateliers de machines à vapeur (¹). »

Ce fâcheux état de choses s'explique peut-être par la voie sinueuse qu'a dû suivre cette belle science, dont je rappellerai l'origine à titre de simple souvenir historique.

En 1824, Sadi Carnot en jeta les premiers fondements dans un opuscule publié sous le titre *Réflexions sur la puissance motrice du feu.*

La France, à cette époque, plus attentive à l'éloquence politique qu'aux spéculations élevées, accueillit avec indifférence ou laissa passer inaperçu un Ouvrage aujourd'hui mémorable, revêtu cependant d'un nom illustre dans la Science et glorieux dans l'histoire des grandes crises de la Patrie.

Ces idées neuves, reprises dix ans plus tard par Clapeyron, ne tardèrent pas à appeler l'attention des savants étrangers.

L'Allemagne et l'Angleterre, avec l'esprit rationnel qui distingue ces deux nations (il faut bien l'avouer, quoiqu'il en coûte à notre amour-propre national), nous ont devancés dans cette marche scientifique ; il est universellement reconnu à présent que le Dr Mayer, de Heilbronn, et Joule, de Man-

---

(¹) Rapport à l'Académie des Sciences sur le prix Charles Dupin (commissaires : MM. l'amiral Pâris, l'amiral Jurien de la Gravière, le général Morin, Resal, Dupuy de Lôme rapporteur).

chester, par le fait considérable de l'équivalence entre la chaleur et le travail mécanique, ont établi les bases définitives de la science nouvelle, appelée *Thermodynamique*, dont Sadi Carnot a été le précurseur.

En France, depuis quelques années, le domaine de cette science a été considérablement agrandi par les travaux de MM. Combes, Resal, Hirn, Verdet, Bourget, Moutier et Athanase Dupré. Malgré les adversaires décidés qu'elle a rencontrés, je demeure profondément convaincu que ceux qui s'occupent de la construction des machines à feu, par l'étude sérieuse de la Thermodynamique, en même temps qu'ils acquerront une notion plus exacte du fonctionnement des machines modernes, aideront puissamment à la solution de ce grand problème posé de nos jours dans le monde industriel : *utilisation de la chaleur.*

A cette question se rattachent naturellement les générateurs à vapeur. Aussi ai-je cru devoir donner des développements assez étendus sur toutes les formes introduites dans l'Industrie par les constructeurs les plus renommés.

La théorie générale des machines à vapeur est suivie de la description de tous les types adoptés de préférence, soit comme rendement industriel, soit comme rendement calorifique.

C'est ainsi que j'ai été amené à établir ce qui distingue entre elles les machines Compound, Corliss, Sulzer, dont quelques praticiens, par une étrange confusion d'idées, n'ont pas encore acquis une perception nette et précise, bien que l'apparition de ces machines en France soit antérieure à l'Exposition internationale de 1867.

La tâche difficile et pénible que je me suis imposée a été notablement allégée par la bienveillance de M. Resal, qui, sans doute dans l'intérêt de nos écoles, dont il a su apprécier l'utilité, a bien voulu m'autoriser à puiser non-seulement dans son savant *Traité de Mécanique générale*, mais aussi dans les Mémoires qu'il a présentés à l'Académie des Sciences. Que l'éminent professeur de l'École Polytechnique reçoive ici l'expression de ma reconnaissance.

C'est encore un devoir pour moi de remercier le savant M. Ledieu, Correspondant de l'Institut, de m'avoir autorisé à emprunter à l'excellent exposé de Thermodynamique pratique, renfermé dans son grand *Traité des machines marines*, Ouvrage que l'Académie des Sciences a couronné du prix extraordinaire mentionné plus haut.

Le lecteur saura bien, sans que je le dise, que la partie doctrinale a été développée d'après les idées des savants les plus autorisés. J'excepte cependant les fautes, dont je me reconnais moins exempt que personne. Malgré le soin avec lequel les épreuves ont été revues, il s'en trouvera peut-être quelques-unes; ceux qui savent combien une correction parfaite en ce genre est difficile à obtenir les excuseront facilement.

En terminant, je me fais un devoir d'adresser mes remerciments à mes collègues des Écoles et de l'Université qui, par leurs conseils, m'ont aidé à rendre cet Ouvrage moins indigne d'être offert à la jeunesse studieuse. Plusieurs d'entre eux m'honorent de leur estime et de leur amitié; qu'il me soit permis de compter encore sur leur bienveillance et de les assurer que les liens de confraternité qui nous ont unis seront toujours au nombre de mes plus agréables souvenirs.

PASCAL DULOS.

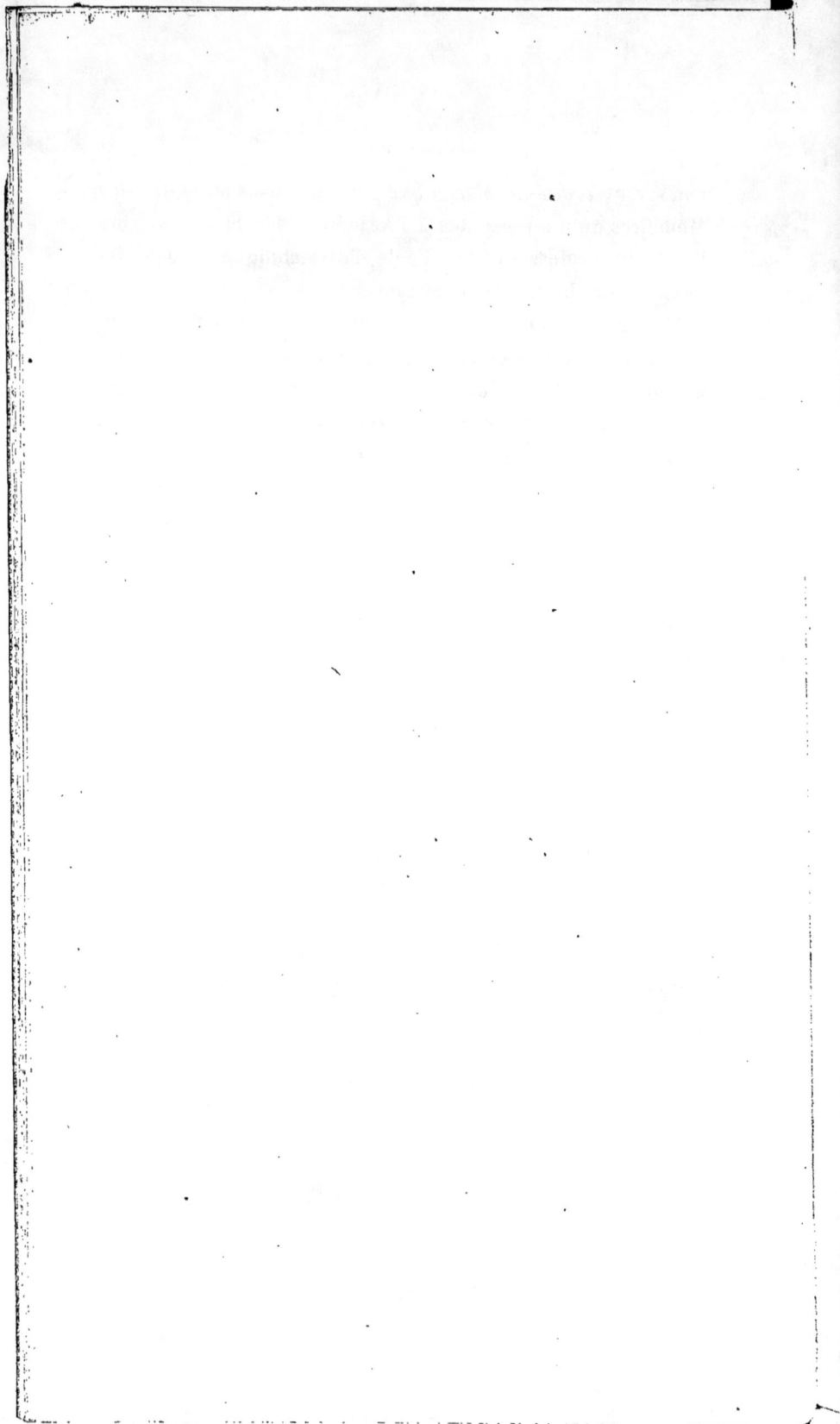

COURS
DE MÉCANIQUE.

QUATRIÈME PARTIE.

CHAPITRE PREMIER.

1. *Notions générales de Thermodynamique.* — *Considérations historiques.* — Depuis trente ans environ, la Mécanique moderne a profondément modifié les idées des physiciens sur la chaleur.

L'ancienne théorie repose sur l'existence hypothétique d'un fluide *impondérable, incoercible*, nommé *calorique*, pénétrant tous les corps et enveloppant comme une atmosphère les molécules qui les composent. D'après l'opinion généralement admise, les parties élémentaires de ce fluide jouissent de la propriété d'exercer une action répulsive les unes sur les autres, et au contraire une action attractive sur les molécules pondérables des corps pénétrés par le fluide. Partant de ces hypothèses, l'explication des phénomènes généraux dus à l'action de la chaleur, tels que la dilatation, la contraction, les changements d'état, devient simple et facile. La chaleur contenue dans un corps à un instant donné peut être nettement définie par la quantité de fluide adhérent aux molécules de ce corps. La tension du fluide peut être appréciée par l'état thermique, c'est-à-dire par la température. Enfin le principe du rayonnement peut facilement être expliqué en assimilant le mouvement du calorique à un fluide quelconque qui, en vertu de sa pression, s'échappe par un orifice de l'enveloppe qui le renferme dans un milieu où la pression est moindre. Ces principes fondamentaux, adoptés par Laplace et Fourier, ont servi de base à la théorie analytique de la chaleur.

Tel était donc l'état de la question lorsque les machines à vapeur, amenées à un haut degré de perfection par les travaux des ingénieurs, appelèrent l'attention des observateurs et des savants sur la chaleur considérée au point de vue purement mécanique. A Sadi Carnot revient l'honneur d'avoir, le premier, posé les questions à résoudre dans une étude sur la chaleur, sous le titre de *Réflexions sur la puissance motrice du feu*. Inaperçu à l'origine, cet ouvrage fait aujourd'hui époque dans les annales de la Science, et, s'il est dépassé, on ne saurait cependant contester à Sadi Carnot le mérite d'avoir ouvert la voie à des principes rationnels qui ont mis en lumière l'insuffisance des anciennes doctrines. Cherchant à expliquer par la théorie du fluide calorique la force motrice due à l'action de la chalenr, il compare la machine à vapeur à un récepteur hydraulique que l'eau met en mouvement en tombant du bassin supérieur dans le canal de fuite : la pesanteur, ainsi que nous l'avons vu dans l'étude des moteurs hydrauliques, développe sur l'eau un travail disponible utilisé en partie par la roue. Partant de cette comparaison, Sadi Carnot estime que le calorique est le moteur des machines à vapeur comme la pesanteur est celui des roues hydrauliques, et qu'en tombant de la température de la chaudière à la température du condenseur il produit, par cette chute, une certaine quantité de travail dont la machine utilise une fraction plus ou moins considérable. On comprend aisément que, la question étant considérée sous cet aspect, la machine à vapeur utilise une chute de chaleur, de même que la roue hydraulique une chute d'eau. A proprement parler, la vapeur et l'eau ne sont que des agents secondaires servant à transmettre l'action des véritables forces, la tension de la chaleur dans l'une et l'attraction terrestre dans l'autre.

Cette doctrine, aussi hardie qu'ingénieuse, a été le point de départ du remarquable travail, publié par Clapeyron en 1835, sur la Théorie mécanique de la chaleur, dans le *Journal de l'École Polytechnique.*

De même que Carnot, ce savant admet que toute la chaleur possédée par la vapeur au moment de l'introduction dans le cylindre doit se retrouver intégralement dans le condenseur.

D'après le principe d'équilibre mobile de température, la quantité de chaleur possédée par un corps s'accroît de celle qu'il reçoit et diminue de celle qu'il transmet aux corps environnants. Ainsi le calorique serait un fluide indestructible, capable uniquement de se déplacer. Cependant, si expérimentalement on peut établir la disparition d'une certaine quantité de chaleur, si toute la chaleur contenue dans la vapeur à l'introduction dans le cylindre ne se retrouve pas dans le condenseur, l'ancienne théorie, convaincue d'erreur, doit être remplacée par une théorie nouvelle basée sur des faits indubitables.

Pour l'intelligence de ce qui sera dit sur la Théorie mécanique de la chaleur, il convient de rappeler les observations et les expériences qui l'ont précédée.

Indépendamment des hypothèses de Descartes et de Newton sur l'existence de la chaleur, les œuvres de plusieurs philosophes contiennent, sur cet agent, des notions dépourvues, il est vrai, de tout caractère scientifique, mais faisant néanmoins pressentir les principes généraux de la nouvelle théorie.

Roger Bacon est peut-être le premier qui ait avancé que la chaleur et le mouvement ne sont qu'une seule et même chose : « *La chaleur est le mouvement expansif par lequel un corps tend à se dilater; l'essence même de la chaleur est le mouvement, et rien autre chose* [1]. On trouve dans Locke la définition suivante de la chaleur : « *Une agitation très-vive des parties insensibles de l'objet qui produit en nous la sensation par laquelle nous déclarons l'objet chaud, de sorte que ce qui, dans notre sensation, est chaleur, n'est dans l'objet que mouvement* [2] ».

En 1798, le physicien Rumford présenta à la Société royale de Londres un Mémoire sur des expériences au moyen des-

---

[1] *Novum organum; Aphorismes,* livre II.
[2] *Essai philosophique concernant l'entendement humain.*

quelles il avait mesuré la chaleur produite par le forage et le frottement des métaux. En perçant au moyen d'une tarière en acier le fond d'un cylindre creux de bronze, il put constater que, au bout de deux heures et demie environ, la température de 12 litres d'eau qui entouraient ce cylindre s'était élevée de 15 à 100 degrés, sans que la capacité calorifique du métal réduit en limaille eût subi la moindre variation. De même, en faisant tourner très-rapidement une barre de bronze du poids de 55 kilogrammes dans une boîte du même métal, il se développa aux points de contact des deux pièces un frottement suffisant pour réduire le bronze en limaille. L'absorption de travail occasionnée par cette résistance nuisible produisit en même temps une quantité de chaleur que l'on put apprécier par l'élévation de température de l'eau dans laquelle avait lieu le mouvement. De ces deux expériences il conclut que la chaleur produite avait pour cause génératrice le frottement, qu'elle ne pouvait être considérée comme un agent matériel, mais bien comme un mouvement des molécules des corps.

On sait encore que Davy, par le frottement l'un contre l'autre de deux morceaux de glace à zéro est parvenu à en opérer la fusion dans une atmosphère dont la température est inférieure. Dans les conditions thermiques où ce phénomène s'est accompli, il est impossible d'attribuer aux corps environnants le calorique latent nécessaire à la fusion de la glace, et par suite cette nouvelle expérience est venue corroborer les conclusions de Rumford. Ainsi Davy, considérant la chaleur comme un mouvement répulsif, pensait que le mouvement est capable d'engendrer la chaleur et que, à son tour, la chaleur peut se convertir en mouvement, ce qui s'accorde parfaitement avec l'idée émise, avant lui, par Montgolfier, qui, par intuition, prétendait qu'une masse d'air ne pouvait produire le mouvement par la dilatation qu'en perdant une certaine quantité de chaleur transformée en travail mécanique. Ce principe de l'équivalence de la chaleur et du mouvement imparfaitement établi a conduit plusieurs physiciens, notamment M. Joule, à des expériences concluantes très-délicates, qui ont mis hors de doute cette vérité fondamentale et fixé définitivement les opinions flottantes de ceux qui avaient admis avec réserve l'identité du mouvement et de la chaleur.

Tel est l'ordre d'idées qui a présidé à la naissance de la science nouvelle connue aujourd'hui sous le nom de *Thermodynamique*. Sadi Carnot en a jeté les premiers fondements, le Dr Mayer, dans un important Mémoire [1], a jeté une vive lumière sur les questions qu'elle comporte, et M. Joule est peut-être le physicien à qui revient l'honneur de les avoir résolues.

D'après ce qui vient d'être dit, on donne le nom de *Théorie mécanique de la chaleur* ou de *Thermodynamique à la science qui traite des effets mécaniques produits par la chaleur, et réciproquement de la chaleur dégagée par les divers agents mécaniques.*

2. *Équivalent mécanique de la chaleur.* — Le principe de l'équivalence mécanique de la chaleur étant admis, cet agent devient une force, et dès lors le théorème des forces vives lui est applicable. Il est donc superflu de reproduire cette loi générale (t. I, p. 56) qui lie la force à la variation de la vitesse, et nous nous bornerons à la formuler dans son application à la chaleur :

Un travail mécanique quelconque représenté par la moitié de la force vive peut se transformer en chaleur, et réciproquement la chaleur peut engendrer du travail ou de la force vive.

M. Mayer, qui, après les doctrines de Carnot restées longtemps dans l'obscurité, a posé le premier les jalons de la science moderne qui nous occupe, termine ainsi son célèbre Mémoire :

Il faut que nous déterminions la hauteur à laquelle on doit élever un certain poids pour que le travail qu'il peut produire en tombant soit équivalent à l'échauffement d'un égal poids d'eau de zéro à 1 degré [2].

---

[1] *Remarques sur les forces de la nature inanimée* (*Annales de Chimie*, de Wöhler et Liebig, 1842).

[2] G. ZEUNER, professeur à l'École Polytechnique fédérale de Zurich, *Théorie mécanique de la chaleur*, p. 15.

Cette corrélation du travail et de la chaleur, formulée dans les conclusions de M. Mayer, fait pressentir la nécessité de l'exprimer numériquement dans les applications de la Science, et de la désigner par un nom particulier pour la clarté du langage et des énoncés. On l'a appelée *équivalent mécanique de la chaleur.*

On désigne ainsi le rapport constant qui existe, dans les phénomènes du frottement, entre le travail de la force et la quantité de chaleur dégagée correspondante, ou, en d'autres termes, c'est le nombre de kilogrammètres créés ou détruits pour une calorie détruite ou créée. Ordinairement on le représente par la lettre E. L'inverse de l'équivalent mécanique de la chaleur a reçu le nom d'*équivalent calorifique du travail,* et on le représente par la lettre A. On a ainsi

$$A = \frac{1}{E}.$$

La recherche de l'équivalent mécanique de la chaleur rentrant plus particulièrement dans le domaine de la Physique, nous nous bornerons à indiquer succinctement les procédés divers employés par les physiciens qui se sont occupés de la question.

3. *Travail externe.* — Dans un corps, quel que soit son état physique, M. Clausius distingue deux travaux capables d'en opérer la transformation : le *travail externe* ou *extérieur,* le *travail interne* ou *intérieur.*

Pour élucider la question, supposons qu'un corps augmente de volume sous l'action d'un effort extérieur, et désignons par p la pression exercée sur l'unité de surface. Il est clair que, si nous représentons par a un élément de cette surface, par h le déplacement infiniment petit normal à cette surface, le travail élémentaire accompli sera

$$aph.$$

Désignant par a', a'', ... d'autres éléments de la surface, et par h', h''. ... les déplacements correspondants, on aura, en appelant T le travail total,

$$T = aph + a'ph' + a''ph'' + \ldots = p\,(ah + a'h' + \ldots),$$

ou

$$T = \Sigma \, aph = p \, \Sigma \, ah.$$

Or ah est l'accroissement élémentaire qui correspond à l'élément, de sorte que Σah exprime l'accroissement total. Représentant par V_i le volume primitif du corps et par V le volume après la transformation, il viendra

$$\Sigma ah = V - V_i;$$

d'où

$$T = p(V - V_i).$$

Si, au contraire, le corps diminue de volume, l'effort exercé sur l'unité de surface restant toujours le même, on aura encore

$$T = p(V_i - V).$$

Lorsqu'il s'agit d'un corps gazeux et que, pendant le mouvement, la pression varie, en désignant par p_i la pression initiale qui correspond au volume V_i, en vertu de la loi de Mariotte, on aura

$$p_i V_i = pV,$$

d'où

$$\frac{V}{V_i} = \frac{p_i}{p};$$

et, d'après ce qui a été dit sur l'écoulement des gaz (t. III, p. 12), le travail externe sera exprimé par

$$T_e = p_i V_i \log \text{hyp.} \, \frac{V}{V_i}$$

ou

$$T_e = p_i V_i \log \text{hyp.} \, \frac{p_i}{p}.$$

Il serait facile de trouver la chaleur qui correspond à ce travail. La valeur numérique de l'*équivalent mécanique de la chaleur* E étant connue, il suffit de multiplier par l'inverse $\frac{1}{E}$, qui représente l'*équivalent calorifique du travail*.

4. *Travail interne.* — D'après les principes établis, on peut facilement évaluer le *travail externe*; mais, à cause des mouvements très-complexes qui se manifestent dans l'intérieur des corps, la recherche du *travail interne* présente de

grandes difficultés. Un corps étant composé de parties très-
petites, juxtaposées et réunies ensemble par les forces moléculaires, on comprend que chacune de ces parties ne saurait
changer de position d'équilibre par rapport aux autres sans
une absorption de travail. Il est donc constant que, si le système général ou le corps tout entier subit successivement
diverses transformations, les molécules, dans chacun de ces
états, auront des arrangements relatifs différents, et que ces
changements de disposition ne pourront être produits que par
une dépense de travail qui, naturellement, doit dépendre de
la masse totale du corps. C'est ce qui constitue le *travail interne ou moléculaire*.

Ainsi que nous l'avons fait déjà observer dans l'étude de la
résistance des matériaux, nous rappellerons que le changement de forme du corps dépend de la grandeur des forces qui
lui sont appliquées, de leur direction et du mode de déplacement des molécules. Tous ces éléments, nécessaires à l'évaluation directe du travail interne, échappent d'une manière
absolue, dans l'état actuel de la Science, à tous nos moyens
d'investigation. Toutefois, en ce qui concerne ce dernier travail, nous ferons remarquer qu'il n'exerce pas une influence
notable dans la détermination de l'équivalent mécanique de
la chaleur. Le travail développé pour communiquer de la chaleur aux corps expérimentés se compose de deux parties bien
distinctes : la première a pour objet d'élever la température
de ces corps; la seconde est transformée en travail interne
dont la valeur est le plus souvent négligeable, à cause des
dispositions prises, notamment par M. Joule, pour en atténuer
les effets.

5. *Expérience de Gay-Lussac*. — Une expérience très-inté-
ressante, due à cet illustre physicien et répétée par MM. Joule
et Regnault, met à la fois en évidence la faiblesse du travail
interne et la relation intime qui existe entre la chaleur et le
travail. Dans un récipient métallique A (*fig.* 1), communiquant par un tube à un robinet R avec un autre récipient B
de même capacité, on comprime de l'air sous la pression de
22 atmosphères. Après avoir fait le vide dans le récipient B,
on ouvre le robinet R : l'air contenu dans le récipient A se

répand dans l'espace vide B; en vertu de la loi de Mariotte, la force élastique de l'air se réduit à 11 atmosphères, mais le calorimètre n'indique aucune variation dans la quantité de chaleur que contient l'appareil. Il est constant que, dans cette transformation, le gaz n'a rencontré dans le récipient B d'autre

Fig. 1.

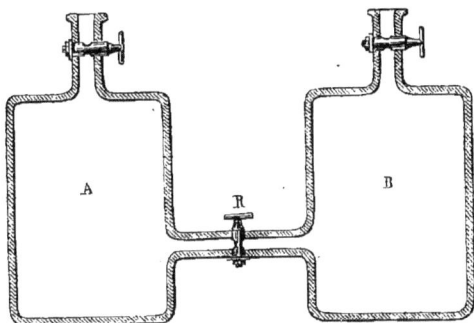

obstacle que l'insignifiante résistance de la faible quantité d'air qu'une machine pneumatique de précision ne peut enlever; par conséquent, il n'y a ni perte de chaleur ni travail produit. Si l'on remplace le ballon vide par un corps de pompe muni d'un piston mobile, on remarque qu'après l'ouverture du robinet ce piston se déplace sous la pression du gaz qui se détend. D'après ce que nous avons dit précédemment sur le travail externe, l'expansion du gaz développe une quantité de travail mécanique égale au produit de la pression par le volume qu'engendre le piston pendant son déplacement. Dans cette seconde partie de l'expérience, le calorimètre accuse la disparition d'une quantité de chaleur équivalente au travail externe produit. Si donc, dans le premier cas, on a pu constater que la détente du gaz n'a opéré aucun travail extérieur, d'un autre côté l'invariabilité de la température montre, comme d'ailleurs l'avait admis le Dr Mayer, que l'expansion ne donne lieu à aucun travail moléculaire interne.

6. *Échauffement, refroidissement des corps au point de vue mécanique.* — En vertu du principe de l'équivalence du tra-

vail et de la chaleur, un corps *s'échauffe* si la force vive vibratoire de ses molécules vient à augmenter. Cet accroissement
de force vive est lui-même occasionné par un travail mécanique appliqué au corps, ou bien encore par le contact ou la
présence d'un autre corps plus chaud, qui transmet au premier une partie de la force vive vibratoire que possèdent ses
molécules.

Réciproquement, un corps se refroidit si le mouvement vibratoire de ses molécules se ralentit.

Par analogie, on peut expliquer ce phénomène en disant
que la force vive vibratoire des molécules se transmet en
partie aux molécules des corps environnants. Le refroidissement étant ainsi interprété, on conçoit qu'il doit avoir une
limite, et que naturellement elle correspond à l'état du corps
pour lequel le mouvement moléculaire vibratoire devient nul.

7. *Combinaison de la loi de Mariotte avec celle de Gay-
Lussac. Zéro absolu de température.* — Dans les Traités de
Physique, la combinaison des deux lois est ainsi formulée :

*Étant donné le volume d'un gaz à une certaine tempéra-
ture et à une certaine pression, trouver le volume du même
gaz à une autre température et à une autre pression.*

La loi de Mariotte se rapporte aux pressions, la température étant constante, et celle de Gay-Lussac aux dilatations,
la pression restant uniforme.

Appelons

V_1 le volume primitif du gaz;

p_1 et t_1 la pression et la température correspondante;

V le volume du même gaz à la température t et à la pression p;

α le coefficient moyen de dilatation des gaz.

Par un artifice de calcul qu'il est inutile de reproduire, on
aura les relations suivantes :

$$\frac{V}{V_1} = \frac{p_1(1 + \alpha t)}{p(1 + \alpha t_1)}, \quad \frac{Vp}{V_1 p_1} = \frac{1 + \alpha t}{1 + \alpha t_1};$$

$$\frac{V_1 p_1}{Vp} = \frac{1 + \alpha t_1}{1 + \alpha t}, \quad Vp = \frac{V_1 p_1(1 + \alpha t)}{1 + \alpha t_1}.$$

Pour les gaz parfaits $\alpha = 0,00366 = \frac{1}{273}$.

Remplaçant α par cette valeur numérique dans la relation ci-dessus, on aura

$$Vp = V_1 p_1 \frac{1 + \frac{1}{273}t}{1 + \frac{1}{273}t_1} = V_1 p_1 \frac{273 + t}{273 + t_1}.$$

Si la température primitive $t_1 = 0$, la formule devient

$$Vp = V_1 p_1 \left(1 + \frac{1}{273}t\right).$$

En admettant l'uniformité de la dilatation du gaz, le coefficient $\alpha = \frac{1}{273}$ aura constamment la même valeur sur toute l'étendue de l'échelle thermométrique; donc, si par la pensée nous faisons descendre t à la température purement imaginaire 273° au-dessous de zéro, en mettant — 273° à la place de t, on aura

$$1 - \frac{273}{273} = 1 + \frac{1}{273}t = 0,$$

d'où

$$273 + t = 0 \quad \text{et} \quad t = -273°.$$

En Thermodynamique, ce nouveau point zéro est désigné sous le nom de *zéro absolu*. On voit aisément qu'il est situé au-dessous du point du thermomètre qui correspond à la température de la glace fondante, à une distance $\frac{1}{\alpha} = 273$ exprimée en degrés C. qui représente l'inverse du coefficient moyen de dilatation des gaz. La température d'un corps comptée sur cette nouvelle échelle, à partir du zéro absolu, a reçu, par analogie, le nom de *température absolue*.

La graduation d'un thermomètre ainsi construit offrant une grande similitude avec l'échelle de Fahrenheit, on comprend que la *température absolue* doit être égale à la température estimée en degrés C. depuis le point zéro de la glace fondante, augmenté du nombre de degrés exprimé par

$$\frac{1}{\alpha} = 273°.$$

Appelant T la température absolue et t la température relative, on aura évidemment la relation suivante :

$$T = t + \frac{1}{\alpha} = t + 273°.$$

8. *Idées générales sur la constitution des corps.* — La divisibilité est une des propriétés générales de la matière. Elle peut être poussée tellement loin qu'il est impossible d'en assigner la limite. Dès lors, l'idée que l'on peut concevoir de la constitution de la matière peut reposer sur deux hypothèses différentes : elle est divisible à l'infini, ou la division conduit à un élément insécable, nommé *atome,* échappant à toute mesure possible. D'après la première hypothèse, un corps peut être considéré comme une masse continue, à la manière des solides géométriques; la seconde, qui s'accorde avec l'interprétation des lois présidant aux combinaisons chimiques, conduit à regarder la matière comme une agrégation d'*atomes* réagissant les uns sur les autres par l'action de *forces attractives* et *répulsives.* Mais c'est là peut-être une pure conception d'esprit dont il serait fort difficile, sinon impossible, de constater rigoureusement la réalité. De cette dernière considération il résulte que les atomes sont animés d'un mouvement vibratoire et que la force vive produite se convertit en un travail mécanique intestin ou réciproquement.

On donne le nom de *molécules* à des parties très-petites de la matière formées par le groupement de deux ou de plusieurs *atomes.* Enfin on appelle *particules* des portions fort petites de la matière résultant de l'assemblage de plusieurs molécules.

Présentée sous le dernier point de vue, la constitution des corps naturels vient puissamment en aide à l'étude de la Théorie mécanique de la chaleur.

Il paraît d'ailleurs peu rationnel, conformément à la première hypothèse, d'admettre la continuité de la masse sans l'existence du mouvement vibratoire atomique. Si les atomes, en effet, conservaient une position d'*équilibre stable,* la moindre force serait capable de modifier leurs positions relatives et les molécules, en se désagrégeant, donneraient naissance à une transformation chimique des corps. Il ne saurait en être ainsi, dans la seconde hypothèse, avec le mouvement vibratoire des atomes. Tous les points matériels vibrants du système possédant une force vive très-considérable, on comprend aisément qu'il faudrait une force très-grande pour modifier profondément l'état de tout le système atomique. Ainsi, dans l'étude de la Thermodynamique, les molécules peuvent être assimilées à un *tout* complet, dont les parties sont agencées suivant des lois mécaniques qui assurent la parfaite stabilité de l'état d'équilibre. Dans un remarquable travail, récemment couronné par l'Académie des Sciences, M. Ledieu, Correspondant de cette illustre Compagnie, fait ressortir avec un rare bonheur d'expressions le sens précis de ce *système élémentaire* que nous avons appelé *molécule*.

« C'est une sorte de monde infinitésimal, embrassant une étendue déterminée. Chaque monde moléculaire comprend, d'ailleurs, un plus ou moins grand nombre d'atomes, suivant les corps. Il doit posséder, comme notre univers, ses éléments de mouvement satisfaisant à des conditions de stabilité nettement définies ([1]). » Telle est aussi l'opinion formulée par M. Dumas, qui compare les molécules composant la matière à des systèmes planétaires ([2]).

9. *Force vive atomique moyenne. Poids atomiques.* — Dans la démonstration du théorème des forces vives (t. I, p. 56), nous avons vu que les divers points du système, n'étant pas animés d'un mouvement uniforme, le travail développé entre deux instants quelconques est représenté par la moitié de la variation de la force vive. Comme le mouvement des points matériels vibrants a une certaine analogie avec le mouvement oscillatoire du pendule, la force vive des atomes doit nécessairement repasser par les mêmes états de grandeur dans le cours d'une vibration. Si, par la pensée, la durée du mouvement est partagée en intervalles excessivement petits, la moyenne de toutes les vitesses possédées par le point vibrant, à la moitié de chacun de ces temps élémentaires, sera la *vitesse moyenne atomique ou vibratoire;* le produit de la masse de l'atome par le carré de cette vitesse exprimera la *force vive moyenne vibratoire.* Ainsi, dans la théorie qui nous occupe, quelle que soit la constitution physique d'un corps, son état thermique est la conséquence naturelle du mouvement vibratoire de ses atomes, et sa température est caracté-

---

([1]) *Les nouvelles machines marines,* 1876.
([2]) *Mémoires de Chimie,* 1847.

risée par la force vive moyenne qui correspond à l'intensité de ce mouvement, bien que les atomes ne soient pas similaires. Ces considérations nous conduisent à reconnaître que, pour tous les corps dans le même état calorifique, c'est-à-dire accusant la même température, la force vive vibratoire moyenne de l'un deux est égale à la force vive vibratoire moyenne de l'un des autres. Appelons

m la masse d'un atome du premier corps ;
V la vitesse vibratoire ;
m' la masse d'un atome de l'un des autres corps ;
V' la vitesse vibratoire correspondante.

On aura

$$m\,V^2 = m'\,V'^2.$$

En Mécanique, la masse étant représentée par le rapport $\frac{p}{g}$, on comprend que, pour évaluer la force vive vibratoire, il importe de connaître le poids des atomes qui font partie intégrante de la constitution moléculaire : c'est ce qu'on appelle le *poids atomique*. La recherche du nombre qui, pour chaque corps en particulier, le représente rentre dans le domaine de la Chimie. En supposant que les atomes des corps simples réduits à l'état gazeux occupent le même volume, leur combinaison a lieu suivant un rapport très-simple et les *poids atomiques* sont exprimés, soit par les *équivalents chimiques*, soit par des multiples ou des sous-multiples de ces équivalents. Quant aux corps dont les atomes ne sont pas susceptibles de passer à l'état gazeux, on détermine les poids atomiques en se servant de la loi de l'isomorphisme, ou encore de la loi des chaleurs spécifiques établie par Dulong et Petit. On a trouvé que, le poids atomique de l'hydrogène étant pris pour unité, les *poids atomiques* les plus considérables se rapportent au mercure, au plomb, au bismuth et sont respectivement représentés par les nombres 200, 207, 210. Au moyen du microscope, on a encore pu constater que l'amplitude du mouvement vibratoire est bien au-dessous de $\frac{1}{10000}$ de millimètre et que, à plus forte raison, il doit en être de même des diamètres des atomes supposés sphériques.

Pour les deux corps, l'hydrogène et le bismuth, qui, dans

le tableau des poids atomiques, occupent les deux rangs extrêmes, on a trouvé que, à la température de la glace fondante, la vitesse atomique du premier est approximativement égale à 2300 mètres par seconde et celle du second à 160 mètres.

Acceptant comme incontestable la nature de la chaleur, telle que nous l'avons considérée, il nous reste encore à expliquer, à ce point de vue, son mode de transmission dans l'espace.

La chaleur peut être transmise d'un corps à un autre, par conductibilité ou par rayonnement, sans déplacement apparent des molécules matérielles. Dans le premier cas, une molécule possédant une certaine quantité de chaleur, représentée par la force vive vibratoire, partage cette chaleur ou cette force vive avec les molécules des corps qui sont en contact. La nouvelle Théorie de la chaleur n'éprouve aucun embarras à expliquer ce premier mode de transmission. En effet, la *chaleur* étant le *mouvement*, on comprend que, si deux corps en contact ont des températures inégales, leurs mouvements vibratoires moléculaires n'ont pas la même intensité et qu'il en résulte une sorte de choc analogue à celui de deux corps qui, animés de différentes vitesses, viennent à se rencontrer. Ainsi l'explication du phénomène rentre purement et simplement dans les lois connues de la transmission du mouvement pendant le choc des corps matériels. On sait d'ailleurs, depuis longtemps, que les lois qui président à la transmission de la chaleur sont identiques aux lois de la communication du mouvement (¹).

Le mode de transmission à distance ou par rayonnement est plus difficile à expliquer, en conformité de la nouvelle théorie. Il semble de prime abord que la chaleur rayonnante, comme dans l'ancienne théorie, n'est autre chose que le fluide calorifique, traversant des espaces extrêmement grands, sans le secours d'aucune matière pouvant lui servir de soutien. Puisque la chaleur n'est que le mouvement vibratoire des molécules matérielles, il est certain qu'un corps dit *chaud* ne peut transmettre de la chaleur à un autre corps éloigné, s'il n'existe réellement un milieu intermédiaire qui puisse recevoir les vibra-

---

(¹) Sir HUMPHRY DAVY, *Éléments de Philosophie chimique*, 1812.

tions du premier pour les communiquer au second. Dans l'état actuel de la Science, le rayonnement étant un fait physique mis hors de doute, on est conduit à admettre la présence, dans tout l'univers, d'un milieu capable de transmettre jusqu'à nous les vibrations calorifiques du Soleil. Ce milieu, nommé *éther*, est une matière élastique excessivement ténue, composée d'atomes comme les corps naturels. L'existence hypothétique de cette matière permet de considérer la transmission de la chaleur par rayonnement comme un cas particulier de la transmission par contact, puisque les molécules de l'*éther*, dont la densité est d'ailleurs très-faible par rapport à la densité des molécules des corps, en établissant la continuité, servent à remplacer les molécules de ces corps.

10. *Capacité calorifique des corps.* — Nous distinguerons trois sortes de capacités calorifiques : 1° la *capacité calorifique absolue;* 2° la *capacité calorifique sous volume constant;* 3° la *capacité calorifique sous pression constante.*

On appelle *capacité calorifique absolue,* ou *calorique spécifique absolu,* la quantité de chaleur nécessaire pour élever de 1 degré C. la température de 1 kilogramme d'un corps, pourvu toutefois que ce corps conserve le même volume et que la constitution moléculaire intérieure n'éprouve aucun changement.

En vertu de cette définition, et surtout de la condition expresse que le volume du corps reste constant, il est évident que la chaleur communiquée à 1 kilogramme d'un corps sert uniquement à produire un mouvement vibratoire interne ; par conséquent la capacité calorifique absolue est directement proportionnelle au travail interne qui produit la variation de la force vive de tous les atomes composant 1 kilogramme du corps considéré dont on élève la température de 1 degré C. Appelant p le poids de chaque atome ou mieux encore le *poids atomique* du corps dont le rapport avec le poids réel est constant, et c la capacité calorifique absolue, le produit pc représentera pour chaque atome la quantité de chaleur équivalente à la moitié de la variation de la force vive produite par l'élévation de température, dans l'hypothèse, bien entendu, où tous les atomes constituants sont similaires. Si à la température t la vitesse vibratoire est V et devient V' à la température $t' = t + 1$, le travail correspondant à la chaleur communiquée sera

$$\tfrac{1}{2} m \left(V'^2 - V^2 \right).$$

Or nous avons vu précédemment que, pour tous les corps de nature différente, mais dont les atomes sont similaires dans chacun d'eux, la force vive vibratoire est la même ; donc, si nous désignons par V_1, V_2, V_3 les vitesses vibratoires de différents corps, par m_1, m_2, m_3 les masses respectives de leurs atomes, il viendra à la température t

$$m V^2 = m_1 V_1^2 = m_2 V_2^2 = m_3 V_3^2 = \ldots,$$

et si la température devient $t + 1$, on aura encore

$$m \left(V'^2 - V^2 \right) = m_1 \left(V_1'^2 - V_1^2 \right) = m_2 \left(V_2'^2 - V_2^2 \right) = \ldots.$$

De là cette conclusion :

La capacité calorifique absolue est une quantité constante pour tous les corps ne renfermant que des atomes similaires, bien que l'espèce des atomes varie d'un corps à l'autre.

Quand le corps est composé, c'est-à-dire formé de molécules de différentes espèces, la force vive vibratoire d'une molécule quelconque est égale à la somme des forces vives de tous les atomes qui la constituent. Or, comme la force vive vibratoire de deux atomes non similaires est la même quand leur température est uniforme, il s'ensuit que, n étant le nombre d'atomes constituants et V la vitesse vibratoire moyenne de l'un d'eux, la force vive moléculaire totale sera $nm V^2$. Si, pour 1 degré C., la vitesse moyenne devient V', la variation de la force vive sera exprimée par

$$nm V'^2 - nm V^2 = nm \left(V'^2 - V^2 \right).$$

La quantité de chaleur communiquée étant directement proportionnelle au poids atomique et à la capacité calorifique, en appelant p, p', p'' les poids atomiques des corps simples qui entrent dans le corps composé, et c, c', c'' leurs capacités calorifiques absolues, on aura la chaleur transmise à une molécule en faisant la somme de toutes les quantités de chaleur communiquée aux atomes qui la composent ; par suite elle sera représentée par

$$pc + p'c' + p''c'' + \ldots$$

Nous avons montré que $pc = p'c' = p''c''$; alors, puisque n représente le nombre d'atomes que renferme une molécule,

$$pc + p'c' + p''c'' = npc.$$

Présentement désignons par Q la quantité de chaleur communiquée à un corps quelconque de poids P pour le faire passer de la température t à une température supérieure t'. D'après ce qui vient d'être dit,

$$Q = P\,ct' - P\,ct = P\,c(t' - t).$$

En vertu de la définition que nous avons donnée de l'équivalent mécanique de la chaleur représenté par E, l'expression du travail sera de la forme

$$\mathfrak{E}_r = QE,$$

et réciproquement

$$Q = \frac{\mathfrak{E}_r}{E}.$$

Désignant par M la masse totale du corps et appliquant le théorème des forces vives, ce qui revient à remplacer $\mathfrak{E}_r$ par sa valeur $\frac{1}{2}M(V'^2 - V^2)$, on aura

$$Q = \frac{M(V'^2 - V^2)}{2E}.$$

Substituant à Q sa valeur $Pc(t' - t)$ et $\dfrac{P}{g}$ à la masse M, l'équation d'équivalence deviendra

$$Pc(t' - t) = \frac{P(V'^2 - V^2)}{2Eg},$$

ou

$$c(t' - t) = \frac{V'^2 - V^2}{2Eg}$$

et

$$t' - t = \frac{V'^2 - V^2}{2Egc}.$$

Les températures t' et t rapportées à la glace fondante peuvent être remplacées par les températures absolues T, T'. Nous pouvons, en effet, poser, d'après ce qui a été vu plus haut,

$$T' = t' + 273, \quad T = t + 273;$$

retranchant membre à membre,

$$T' - T = t' - t,$$

et, en substituant,

$$T' - T = \frac{V'^2 - V^2}{2Egc}.$$

Si $T' = 0$, l'accroissement de vitesse vibratoire est également nul, et il reste

$$T = \frac{V^2}{2Egc}.$$

Telle est l'*expression mécanique de la température absolue d'un corps*. Au moyen de cette relation on peut encore trouver la *vitesse vibratoire moyenne*, connaissant la capacité calorifique absolue du corps. On en déduit

$$V^2 = 2TEgc, \quad V = \sqrt{2TEgc}.$$

On appelle *capacité calorifique sous volume constant* la quantité de chaleur nécessaire pour élever de 1 degré C. la température de 1 kilogramme d'un corps limité de toutes parts par une enveloppe inextensible. Dans ce cas les choses ne se passent pas comme pour la *capacité calorifique absolue*. Le volume du corps, il est vrai, reste invariable; mais, sous l'influence de l'élévation de température, il s'opère un changement de disposition moléculaire dont il faut tenir compte. On comprend donc que la *capacité calorifique sous volume constant* doit être supérieure à la *capacité calorifique absolue*. Elle est égale à cette dernière capacité augmentée de la quantité de chaleur équivalente au travail interne. Si nous

2.

la désignons par C et par T_m le travail moléculaire interne, on
aura

$$C = c + \frac{T_m}{E}.$$

Appelant Q_1 la quantité de chaleur pour faire passer 1 kilogramme du corps considéré de la température t à la température supérieure t', il viendra encore

$$Q_1 = c(t' - t) + \frac{T_m}{E}.$$

On appelle *capacité calorifique sous pression constante* la
quantité de chaleur nécessaire pour élever de 1 degré C. la
température de 1 kilogramme d'un corps soumis à une pression constante et susceptible, par conséquent, d'éprouver un
changement intérieur en même temps qu'une variation de
volume.

En vertu de cette définition et des mêmes considérations
que précédemment, cette nouvelle capacité calorifique doit
être égale à la capacité calorifique absolue augmentée de la
chaleur équivalente au travail externe et de la chaleur qui
correspond au travail interne. Désignant par C_1 la capacité
calorifique sous pression constante, et par T_e le travail externe
qui produit la variation de volume, il viendra

$$C_1 = c + \frac{T_e}{E} + \frac{T_m}{E}.$$

Si le corps a un poids quelconque P et qu'on élève sa température de $t°$ à $t'°$, en appelant Q_2 la quantité de chaleur
communiquée, l'équation sera ainsi représentée :

$$Q_2 = Pc(t' - t) + \frac{T_e}{E} + \frac{T_m}{E}.$$

On appelle encore *chaleur latente de dilatation* ou simplement *chaleur de dilatation* la quantité de chaleur absorbée
par l'unité de poids pour produire une variation de volume
égale au *volume spécifique* (¹), sans aucun changement de

(¹) On appelle *volume spécifique* d'un corps le volume de l'unité de poids de
ce corps.

température. Cette chaleur sert non-seulement à la dilatation, mais encore à opérer un changement intérieur dans la disposition des molécules.

Examinons maintenant quel sens algébrique on doit donner à ces définitions.

Considérons un corps dont le poids soit égal à 1 kilogramme; s'il possède en tous les points la même température t et la même densité, et que sur toute la surface s'exerce une pression normale constante p, le volume spécifique v dépendra à la fois de la pression et de la température. Il existe donc entre ces trois variables une relation déterminée par l'équation

$$f(p, v, t) = 0.$$

Nous ferons observer que, dans l'état actuel de la Science, pour la plupart des corps, cette relation est inconnue. Il faut, toutefois, en excepter les gaz parfaits, qui se trouvent soumis aux deux lois de Mariotte et de Gay-Lussac.

Dans les expériences on fait le plus souvent varier v et p et l'on détermine la valeur correspondante de t; dans les recherches purement spéculatives de la Thermodynamique, il est ordinairement plus convenable de prendre v et t pour variables indépendantes (¹).

Les quantités t et v étant prises pour variables dans la relation ci-dessus, supposons que, le volume de l'unité de poids demeurant constant, la température t subisse un accroissement infiniment petit représenté par la notation dt. Si, d'autre part, Q_1 est la chaleur capable de produire une élévation déterminée de température, celle qui correspond à l'accroissement élémentaire sera dQ_1, et la limite du rapport $\dfrac{dQ_1}{dt}$ sera la *chaleur spécifique sous volume constant*

$$\lim \frac{dQ_1}{dt} = C.$$

La quantité C est donc un nombre tel qu'en le multipliant par l'accroissement de température dt, il représente la quan-

---

(¹) On entend par *variables indépendantes* des quantités pouvant varier arbitrairement et indépendamment l'une de l'autre.

tité de chaleur absorbée par l'unité de poids pour éprouver la variation élémentaire de température dt, sans changer de volume.

Si, la pression restant d'abord constante, la température s'élève d'une quantité très-petite dt, il faut, pour produire cette modification, une certaine quantité de chaleur représentée par dQ_2, en désignant par Q_2 la chaleur totale qui correspond à une élévation de température déterminée. La limite du rapport $\dfrac{dQ_2}{dt}$ sera l'expression algébrique de la *chaleur spécifique sous pression constante*,

$$\lim \frac{dQ_2}{dt} = C_1.$$

Ainsi C_1 est aussi un nombre tel que, multiplie par dt, il représente la chaleur nécessaire pour produire la variation de température, la pression demeurant constante.

Enfin considérons un accroissement infiniment petit dv subi par le volume de l'unité de poids que nous avons appelé *volume spécifique*, et supposons que cette variation ait lieu sans changement de température. L'expérience montre que tout changement de volume a pour conséquence immédiate une élévation de température ; il est donc indispensable, pour éviter la variation de température dt correspondant à la variation de volume dv, d'apporter une modification thermique équivalente dans l'état des corps voisins.

Appelant dL la quantité de chaleur nécessaire pour produire la variation de volume dv, la limite du rapport $\dfrac{dL}{dv}$ est la *chaleur latente de dilatation* ou simplement la *chaleur de dilatation*

$$\lim \frac{dL}{dv} = l ;$$

l représente un nombre tel que, multiplié par la variation de volume, il exprime la quantité de chaleur absorbée par l'unité de poids pour éprouver une variation de volume égale au volume spécifique du corps sans aucun changement de température.

Dans les applications de la Thermodynamique aux machines,

le calorique spécifique sous pression constante est celui dont on fait le plus fréquemment usage.

11. *Observation importante sur les quantités de chaleur.* — Pour l'intelligence de ce qui va suivre, il est de la plus haute importance de connaître le sens exact de l'expression *quantité de chaleur.* L'interprétation de tout phénomène calorifique a fait sentir la nécessité de le caractériser par un nombre représentant la quantité du corps servant de type, et dans laquelle la production du phénomène type, ou de même nature, serait la conséquence du phénomène observé. On désigne ce nombre sous le nom d'*équivalent calorifique* du phénomène. S'il était connu pour chaque phénomène, on comprend qu'il serait très-facile de déterminer les relations entre l'état initial et l'état final du corps soumis à l'expérience.

Vers la fin du siècle dernier, les *équivalents calorifiques* ont été introduits dans la Science, par le physicien Black, sous le nom de *quantités de chaleur*. A cette époque, où tous les corps étaient considérés comme renfermant en quantités différentes le fluide matériel calorifique, suivant la température, le principe de l'équilibre de température consistait dans le passage d'une certaine quantité de ce fluide d'un corps dans un autre. Si la température de l'un des corps placé successivement dans deux conditions différentes s'était abaissée d'un même nombre de degrés, on considérait le corps comme ayant perdu, dans les deux cas, la même quantité de fluide matériel. Il résulte de là qu'on peut dire indifféremment *équivalent calorifique* et *quantité de chaleur.* Nous ferons cependant observer qu'il est préférable de conserver cette dernière expression pour éviter toute confusion avec celle d'*équivalent thermique,* employée quelquefois pour désigner les équivalents chimiques déterminés par la loi de Dulong et Petit. Ainsi, dans les énoncés comme dans les applications, nous continuerons à dire *quantité de chaleur;* mais il faudra bien se garder de lui attribuer un sens matériel, et avoir soin de rejeter toute idée de l'existence du fluide calorifique empruntée à l'ancienne hypothèse de l'indestructibilité de la chaleur. L'équivalent calorifique expliqué de cette manière, fait ressortir qu'une quantité de chaleur absorbée par un corps correspond à un phénomène tel qu'une élévation de température, et qu'une quantité de chaleur dégagée ou perdue correspond au phénomène inverse, connu sous le nom d'*abaissement de température*.

12. *Chaleurs latentes de fusion et de vaporisation.* — Dans tous les Traités de Physique, on les définit ainsi :

On nomme chaleur latente de fusion *le nombre de calories qu'absorbe l'unité de poids d'un corps quand il se fond ou qu'il dégage quand il se solidifie, sans qu'il y ait changement de température.*

On appelle chaleur latente de vaporisation *le nombre de calories que l'unité de poids absorbe, quand il passe à l'état de vapeur saturée, sans changer de température, ou qu'il dégage quand il éprouve la transformation inverse.*

Ces définitions, généralement admises sans restriction, nécessitent cependant une interprétation conforme aux principes généraux de la Thermodynamique.

Si, par exemple, nous considérons la chaleur latente de fusion, on peut se demander ce que devient la chaleur fournie par le foyer. Au point de vue de la nouvelle théorie, elle est transformée en un travail vibratoire extérieur qui, à son tour, se transforme en un travail moléculaire interne, dont le résultat est la désagrégation des molécules, c'est-à-dire la fusion. Ce phénomène de la transformation physique du corps peut être accompagné ou non d'un travail mécanique externe, selon que, pendant le changement d'état, le volume du corps varie ou reste constant.

Réciproquement, lorsque le corps passe de l'état liquide à l'état solide, pendant la solidification la restitution apparente de chaleur peut être expliquée par la transformation du travail vibratoire interne en un travail vibratoire extérieur, avec ou sans variation de volume, ce qui peut encore, selon le cas, donner lieu à un travail mécanique externe. Le même raisonnement s'applique à l'interprétation mécanique de la chaleur latente de vaporisation, en même temps que, dans cet ordre d'idées, il fait connaître le sens exact des deux phénomènes calorifiques appelés *fusion* et *vaporisation*.

13. *Combustion des corps. — Actions chimiques. — Frotte-ment.* — Dans l'étude des théories chimiques, la combinaison du gaz oxygène avec un corps simple a reçu le nom de *com-bustion*. Ce gaz manifeste une très-grande affinité pour les au-tres éléments, et, lorsqu'il se combine avec eux, on remarque toujours un dégagement de chaleur et même quelquefois un dégagement de lumière. Les éléments susceptibles de se com-biner avec l'oxygène ont reçu le nom de *corps combustibles*, et le gaz est appelé *soutien de la combustion* ou *principe com-burant*. Le dégagement de chaleur observé pendant la com-binaison des éléments rend très-facile l'interprétation méca-nique de la combustion.

C'est un phénomène qui résulte du choc violent des atomes du corps combustible et du corps comburant. Poussés les uns vers les autres par leurs attractions réciproques, les atomes, pendant le choc, se désagrégent pour donner naissance à d'au-tres molécules qui, par leur constitution, forment une nou-velle substance dans laquelle on ne retrouve plus les pro-priétés des éléments qui l'ont formée. Tel est, d'ailleurs, le caractère du phénomène chimique. Cette perturbation dans la constitution moléculaire est accompagnée d'un très-notable développement de travail intestin, dont la conséquence immé-diate est un accroissement considérable de force vive vibra-toire ou une très-grande élévation de température dans les nouveaux corps qu'engendre la désorganisation complète du système moléculaire primitif.

Les phénomènes calorifiques qui se manifestent dans les actions chimiques doivent également être attribués à un tra-vail vibratoire occasionné par les attractions réciproques des atomes qui constituent les molécules des corps mis en pré-sence. Ainsi les variations des forces vives vibratoires déter-minent dans les corps une élévation de température, d'où résulte un dégagement plus ou moins considérable de cha-leur. La respiration, source de la chaleur animale, de même que la combustion, rentre dans la classe des phénomènes chi-miques et peut être interprétée de la même manière, selon les règles de la Théorie dynamique de la chaleur. Les combi-naisons chimiques ne s'opérant pas toujours dans les mêmes conditions, il peut arriver que, suivant la nature des corps mis en présence, il y ait absorption de chaleur. Dans ce cas, l'abaissement de température indique qu'il se développe un travail vibratoire négatif pendant l'accomplissement du phénomène.

Examinons maintenant quelle doit être la véritable notion du frottement considéré comme un phénomène thermique. Avant d'aborder la question sous ce point de vue, il est peut-être utile, pour l'élucider complétement, de rappeler les diverses hypothèses que l'on a faites pour accorder l'expérience avec l'ancienne Théorie de la chaleur. On ne saurait, d'ailleurs, contester que le développement considérable de chaleur qui accompagne toujours le frottement est le renversement du principe de la matérialité de la chaleur.

On doit à Crawford la première explication de la corrélation qui existe entre le frottement et la chaleur produite, dans l'hypothèse de la matérialité du fluide calorifique. D'après ce physicien, tout corps est la combinaison de matière pondérable et d'une certaine quantité de calorique. On comprend donc que, si l'on pouvait enlever au corps tout le calorique qu'il possède, sa température descendrait au zéro absolu de l'échelle, et qu'en lui communiquant graduellement du calorique sa température s'élèverait aussi graduellement. D'autre part, si l'on admet que, pour toutes les variations de température, la chaleur spécifique d'un corps demeure constante, il est évident qu'en communiquant successivement à un corps des quantités égales de calorique, on élèvera sa température d'un même nombre de degrés, et que des corps différents, pour être portés à la même température, absorberont des quantités de chaleur directement proportionnelles aux nombres qui représentent leurs chaleurs spécifiques. Lorsque, pendant le fonctionnement des machines, le frottement des organes a lieu, en même temps qu'il se dégage de la chaleur, il se détache aussi de la limaille des substances frottantes. Il est manifeste que, si la limaille possède une chaleur spécifique moindre que celle du corps compacte, le phénomène est parfaitement expliqué; la chaleur dégagée est la différence des quantités de calorique contenues à la même température par le poids du corps et par le poids de la limaille qui s'en est détachée.

Tel était l'état de la question quand la mémorable expérience de Rumford, à la fonderie de canons de Munich, vint renverser les déductions du physicien anglais. Surpris de l'énorme quantité de chaleur développée dans l'opération du forage des canons, Rumford fit établir un appareil composé d'un cylindre creux en fer où, par le frottement d'un pilon, fortement pressé contre le fond de ce cylindre, il parvint, au bout de deux heures et demie, à porter 10 litres d'eau à la température de l'ébullition, sans que la quantité de limaille détachée, qui du reste était excessivement faible, eût une chaleur spécifique autre que celle du métal à l'état compacte.

Pour établir la concordance de ces faits avec la matérialité du fluide calorique, M. Lamé a eu recours à une hypothèse aussi hardie qu'originale qui nous semble empruntée à la Théorie de la chaleur centrale par Fourier (¹). Cet illustre physicien a supposé qu'en admettant, avec Crawford, la combinaison du fluide calorifique avec une molécule matérielle, la quantité de chaleur adhérente à cette molécule était d'autant plus grande qu'elle était plus éloignée de la surface du corps, c'est-à-dire que la quantité de chaleur combinée avec cette molécule allait en croissant à mesure que sa distance à la surface augmentait, mais jusqu'à une profondeur finie et très-petite, au delà de laquelle la quantité de chaleur restait constante.

Cette hypothèse étant admise comme une réalité, il est manifeste que la limaille contient alors moins de chaleur que le corps qui l'a fournie, puisque le rapport du poids des nouvelles couches voisines de la surface au poids entier du métal est devenu plus grand. D'autre part, si l'on admet que l'accroissement de chaleur nécessaire pour élever de 1 degré C. la température d'une molécule du corps est le même quelle que soit sa position, on voit que cette interprétation du phénomène ne saurait être une objection sérieuse à l'admission de l'égalité des chaleurs spécifiques du corps et de la limaille qui s'en est détachée. A la rigueur on peut ainsi expliquer l'expérience de Rumford; mais il n'en est pas de même de l'expérience de Davy, dans laquelle, par le frottement de l'un sur l'autre, deux morceaux de glace à une température au-des-

(¹) LAMÉ, *Cours de Physique de l'École Polytechnique*, t. I.

sous de zéro sont entrés en fusion, en donnant une eau
dont la chaleur spécifique était plus grande que le double
de celle de la glace.

D'après la Théorie dynamique de la chaleur, le frottement
peut être considéré comme le résultat des actions réciproques
de deux corps, dans les parties en contact, c'est-à-dire dans
les régions des surfaces frottantes où les parties anguleuses
de l'un s'introduisent dans les parties creuses de l'autre, sous
l'influence de la pression. Pendant le mouvement de l'un des
corps sur l'autre, le travail dû aux actions mutuelles des
corps se compose de deux travaux distincts égaux, mais de
signes contraires. L'un d'eux est le travail résistant que l'on
détermine expérimentalement ou par les méthodes que fournit la Mécanique (*Frottement*, t. II, p. 6) selon la forme des
organes et leur rôle dans le jeu des machines. Le second est
un travail vibratoire qui se distribue sur les corps en contact
et produit ainsi un accroissement de force vive vibratoire qui
se révèle par un phénomène thermique équivalent, c'est-à-
dire par une élévation de température dans les corps frot-
tants.

A part quelques restrictions, on peut aussi, par des considérations anologues, expliquer le choc des corps. Ainsi les
travaux vibratoires occasionnés par les actions réciproques des
parties du système général n'apparaissent qu'au moment où le
contact des corps est devenu suffisamment intime; de plus
ces actions, au lieu de se manifester tangentiellement, comme
dans le frottement, ont toujours des directions normales aux
surfaces et les travaux moléculaires dépendent de l'intensité
des forces vives de l'ensemble des pièces avant leur rencontre.
Il peut arriver que le choc détermine une déformation permanente et même la séparation des parties qui se sont ren-
contrées : dans ce cas, une grande partie de la force vive est
dépensée pour produire ces changements brusques dans l'état
des corps choquants. Nous avons vu (t. I, p. 60) que, dans le
choc des corps élastiques, la perte de la force vive est nulle.
Ce théorème, que nous avons démontré dans le but de faire
ressortir les avantages de ces corps pour atténuer, dans les
machines, les actions perturbatrices du choc, ne saurait être
accepté d'une manière absolue, conformément aux principes

que nous avons posés, même dans l'hypothèse où la nature nous présenterait des corps d'une parfaite élasticité, ce qui n'a jamais lieu. S'il est vrai de dire que les molécules, après l'accomplissement des phénomènes, reviennent à leurs positions primitives, hâtons-nous d'ajouter que, pendant la durée très-courte des actions réciproques des corps, contrairement à l'énoncé du théorème précité, une petite quantité de la force vive, due au mouvement d'ensemble, est toujours dépensée pour élever la température des corps qui se choquent.

CHAPITRE II.

14. *Propriétés mécaniques des gaz.* — Dans les machines thermiques, les corps gazeux ou fluides aériformes étant les seuls agents moteurs employés jusqu'à ce jour, il est indispensable, pour l'étude qui nous occupe, de connaître les propriétés mécaniques inhérentes à leur état physique. Les gaz sont caractérisés par une grande mobilité des molécules, par une parfaite élasticité et par un degré de compressibilité qui n'appartient à aucun des corps existant sous les deux autres états physiques.

Les corps gazeux sont divisés en deux classes : 1° les gaz proprement dits ou permanents; 2° les vapeurs.

On donne le nom de *gaz permanents* aux fluides aériformes qu'on n'a pu encore, par aucun procédé, amener à l'état liquide ou à l'état gazeux.

Les gaz jouissent particulièrement de la propriété d'être expansibles, ce qui fait que, étant introduits dans un vase, ils en occupent toute la capacité, en exerçant contre les parois un effort permanent qui constitue ce que l'on appelle la *pression*, la *tension* ou la *force élastique*.

Dans l'état actuel de la Science, on ne reconnaît que trois gaz permanents : l'*oxygène*, l'*hydrogène* et l'*azote* ([1]).

On donne le nom de *vapeurs* à des fluides aériformes engendrés par des liquides portés à une température suffisamment élevée ou, suivant la loi de Dalton, placés dans un espace clos où l'on a fait le vide. Les *vapeurs* diffèrent des gaz proprement dits par la propriété dont elles jouissent de pou-

---

([1]) La rédaction de ce paragraphe était déjà faite quand les expériences de MM. Cailletet et Raoul Pictet ont démontré, suivant les prévisions de M. Dumas, qu'il n'existe pas de *gaz permanents*, dans l'acception rigoureuse du mot.

voir être ramenées à leur état primitif, quand on leur applique des moyens convenables, tels que la compression ou un abaissement de température.

Les vapeurs sont dites *saturées*, à *saturation* ou à leur *maximum de tension*, quand le plus faible abaissement de température produit une liquéfaction partielle. Dans cet état physique, elles peuvent être *humides* ou *sèches*, suivant qu'elles sont ou ne sont pas mélangées avec une partie du liquide qui les a produites. Pour que les vapeurs sèches puissent exister à l'état de saturation, il est indispensable qu'elles soient en contac tpermanent avec le liquide générateur ou bien encore qu'elles conservent la même température et la même pression que si ce contact avait lieu. Par leur manière d'être, on comprend que les vapeurs humides sont toujours en présence du liquide producteur.

Lorsque les vapeurs ne se condensent pas, quel que soit l'abaissement de température qu'on leur fasse subir, on dit qu'elles sont *surchauffées* ou *désaturées*. Pour éviter toute confusion, nous ferons observer que cette expression n'implique nullement un développement plus ou moins considérable de chaleur. Ainsi une vapeur peut être *surchauffée* à une température très-basse, à la condition toutefois que la pression soit réduite à une valeur corrélative de cette température.

Considérés sous les trois états physiques que nous avons rappelés, les fluides aériformes jouissent de propriétés distinctes que nous ferons successivement connaître. Nous nous occuperons d'abord des *gaz permanents*, nommés aussi *gaz parfaits*, dont les propriétés jouent un rôle important dans la recherche de l'équivalent mécanique de la chaleur par la méthode du Dr Mayer.

Les physiciens à qui l'on doit les savantes déductions servant de base à la Thermodynamique ont reconnu que le travail intérieur des gaz parfaits est proportionnel à un coefficient propre à chacun d'eux, au poids P de la masse gazeuse considérée et à la variation de température $t' - t$. Si pour le gaz soumis à l'expérience nous appelons k le coefficient, le travail intérieur sera représenté par

$$k P (t' - t).$$

L'expérience de Gay-Lussac, répétée par MM. Joule et Regnault dont nous avons parlé (p. 8) peut servir à la vérification de ce principe. Nous avons vu, en effet que le gaz, en se détendant, possède à la fin de l'expérience la même température qu'au commencement, pourvu que, pendant la dilatation, il ne rencontre aucune résistance à vaincre; d'où $t' = t$ et par suite

$$k\,\mathrm{P}\,(t' - t) = 0.$$

Dans ce cas, il n'y a donc eu aucune absorption de travail vibratoire, et le phénomène observé s'est accompli comme si le gaz était rigoureusement parfait.

Cette circonstance de l'accroissement de volume d'un gaz, sans résistance vaincue, se présente bien rarement, soit dans les machines industrielles, soit dans les appareils affectés aux usages de la Science. L'observation fait connaître que le gaz rencontre toujours un obstacle, ne serait-ce par exemple, comme nous l'avons toujours indiqué, que l'air resté dans le cylindre B (*fig.* 1) et qu'une machine pneumatique de précision n'a pu enlever. Quelque faible que soit cette résistance, il en résulte toujours un certain refroidissement qui dépend de l'intensité du travail accompli pour la vaincre.

Dans la Théorie mécanique de la chaleur, on considère comme *parfaits* les gaz qui suivent rigoureusement les lois de Mariotte et de Gay-Lussac. Il n'existe probablement aucun gaz permanent dans l'acception propre du mot : l'impossibilité d'opérer la transformation des gaz naturels regardés jusqu'ici comme permanents provient sans doute de l'insuffisance des moyens dont la Science peut disposer. Ainsi certains gaz, notamment l'acide carbonique, classés autrefois parmi les gaz permanents, appartiennent aujourd'hui aux vapeurs. Il serait donc plus exact de considérer les gaz permanents comme des vapeurs très-éloignées de leur point de saturation, qui ont besoin d'être extrêmement comprimées ou refroidies pour passer à l'état liquide. D'après cela, les équations qui suivent ne peuvent être appliquées sans restriction qu'à un gaz purement *idéal*, et il reste à rechercher jusqu'à quel point un gaz dit *permanent* s'approche, par ses propriétés, d'un gaz rigoureusement parfait. Des expériences entreprises et soigneusement exécutées par M. Regnault sur des gaz réputés permanents, tels que l'air, l'oxygène, l'hydrogène, l'azote, ont mis en lumière que si les lois précitées ne sont pas absolument vraies pour les gaz que l'on trouve dans la nature, elles présentent au moins une relation très-voisine de la réalité, que l'on peut appliquer sans erreur sensible aux gaz qui, sous des pressions considérables, ont résisté à toute tentative de liquéfaction.

Nous avons vu (p. 10) que la combinaison des lois de Mariotte est représentée par la formule

$$\frac{V}{V_1} = \frac{p_1}{p} \frac{1 + \alpha t}{1 + \alpha t_1},$$

dans laquelle V et V_1 désignent les volumes de l'unité de poids du gaz, sous des pressions p, p_1 et à des températures t, t_1. Si la température initiale $t_1 = 0$, on a

$$\frac{V}{V_1} = \frac{p_1}{p}(1 + \alpha t) \quad \text{ou} \quad \frac{Vp}{V_1 p_1} = 1 + \alpha t;$$

d'où l'on déduit

$$\frac{Vp - V_1 p_1}{V_1 p_1} = \alpha t.$$

Cette relation a été employée par M. Regnault pour déterminer le coefficient moyen de dilatation des gaz.

Ce savant physicien, dans une première série d'expériences comparatives, porta la température de zéro à 100 degrés, et la pression de p_1 à p, tout en maintenant le gaz sous un volume constant. Dans ce cas la formule devient

$$\frac{p - p_1}{p_1} = 100\alpha, \quad \text{d'où} \quad \alpha = \frac{p - p_1}{100 p_1}.$$

Il obtint par cette méthode le coefficient de dilatation sous volume constant.

Dans une seconde série d'expériences, il opéra au contraire sous une pression constante et releva les volumes successivement occupés par le gaz expérimenté aux températures zéro et 100 degrés; dans ce cas la formule donne

$$\alpha = \frac{V - V_1}{V_1},$$

c'est-à-dire le coefficient moyen de dilatation sous pression constante.

Par ces deux méthodes, M. Regnault a formé le tableau suivant pour des températures de zéro à 100 degrés :

Air atmosphérique (volume constant).... $\alpha = 0,003665$
Air atmosphérique (pression constante)... $\alpha = 0,003670$
Hydrogène (volume constant).......... $\alpha = 0,003667$
Hydrogène (pression constante)......... $\alpha = 0,003661$
Acide carbonique (volume constant)...... $\alpha = 0,003668$
Acide carbonique (pression constante).... $\alpha = 0,003710$

A l'inspection des nombres de ce tableau, on remarque que, pour le même gaz, les valeurs des coefficients de dilatation déterminés par les deux méthodes diffèrent peu l'une de l'autre, et qu'elles ne sont pas non plus les mêmes pour des gaz différents; de plus, ces indications montrent que, pour les vapeurs, la différence entre les coefficients trouvés par les deux méthodes est plus grande et que ces derniers nombres s'écartent notablement en plus de ceux qui se rapportent aux gaz dits *permanents*.

Les expériences de M. Regnault ont encore révélé que le coefficient de dilatation à volume constant augmentait avec la pression initiale, et que le coefficient à pression constante augmentait aussi avec cette pression.

En faisant varier les volumes et en soumettant les gaz à des pressions différentes, on a encore formé le tableau qui suit :

	Pressions en centimètres de mercure.	Coefficient α.
Air atmosphérique..	76	0,0036706
	252,5	0,0036944
Hydrogène........	79	0,0036613
	252	0,0036616
Acide carbonique...	76	0,0037099
	254,5	0,0038455

Des nombres consignés dans ce nouveau tableau nous devons conclure qu'il n'existe pas de gaz rigoureusement soumis aux lois de Mariotte et de Gay-Lussac, et que les vapeurs s'en éloignent beaucoup plus que les gaz proprement dits;

mais cependant que la dilatabilité des gaz réels se rapproche d'autant plus de celle des gaz parfaits que la pression sous laquelle s'opère la dilatation est moins considérable.

Pour les gaz dont il est question entre les limites des pressions observées, il est aisé de déterminer les valeurs des coefficients qu'il convient d'employer dans les applications.

Désignons, à cet effet, par α_1 et par α_2 les coefficients qui correspondent aux pressions limites observées p_1, p_2. D'autre part, si nous supposons que α soit le coefficient de dilatation d'un gaz parfait et que sa valeur croisse proportionnellement à la pression, en appelant b la constante qui doit être multipliée par la pression, on aura

$$\alpha_1 = \alpha + bp_1, \quad \alpha_2 = \alpha + bp_2.$$

Éliminant b entre les deux équations par l'un des procédés connus, il viendra

$$\alpha_1 p_2 - \alpha_2 p_1 = \alpha (p_2 - p_1), \quad \text{d'où} \quad \alpha = \frac{\alpha_1 p_2 + \alpha_2 p_1}{p_2 - p_1}.$$

Introduisant successivement dans cette formule les valeurs trouvées pour les trois gaz expérimentés, nous aurons :

	α	$\frac{1}{\alpha}$
Air atmosphérique..........	0,0036603	273,20
Hydrogène................	0,0036612	273,13
Acide carbonique..........	0,0036522	273,81

Les considérations qui précèdent montrent que, de tous les gaz, l'hydrogène est celui qui se rapproche le plus d'un gaz parfait, que le coefficient 0,00366 pourra convenir à un gaz de cette nature, et que dans les calculs nous pourrons prendre le nombre 273 pour valeur inverse de ce coefficient.

On comprend donc que la loi de Mariotte combinée avec celle de Gay-Lussac puisse, ainsi que nous l'avons déjà fait, être représentée par les relations

(1)
$$\frac{V}{V_1} = \frac{p_1}{p}\frac{273 + t}{273 + t_1},$$

(2)
$$\frac{V p}{273 + t} = \frac{V_1 p_1}{273 + t_1}.$$

Si la température t_1 est égale à zéro, on aura encore

$$(3) \qquad Vp = V_1 p_1 \left(\frac{273 + t}{273} \right) = \frac{V_1 p_1}{273} (273 + t).$$

Comme $273 + t$ représente la température absolue T, nous aurons

$$(4) \qquad \frac{V}{V_1} = \frac{p_1}{p} \frac{T}{T_1},$$

$$(5) \qquad \frac{Vp}{T} = \frac{V_1 p_1}{T_1},$$

$$(6) \qquad Vp = \frac{V_1 p_1}{273} T.$$

C'est sous ces formes que l'on emploie les lois de Mariotte et de Gay-Lussac dans les questions de Thermodynamique. Introduites dans la Science par Clapeyron, elles sont d'un usage très-commode pour la discussion de certaines lois.

L'équation (2) montre que la valeur

$$\frac{Vp}{273 + t}$$

est une constante propre à un gaz permanent déterminé. Si nous la désignons par R, on pourra poser

$$\frac{Vp}{273 + t} = R,$$

d'où

$$Vp = R(273 + t) = RT.$$

Cette relation se rapportant à 1 kilogramme pour un poids quelconque P_1, nous aurons

$$V'p = P_1 R (273 + t) = P_1 RT.$$

Désignant par d la densité ou le poids spécifique, c'est-à-dire le poids de 1 mètre cube du gaz, on aura successivement pour le poids de 1 kilogramme et pour le poids P_1

$$Vd = 1, \qquad V = \frac{1}{d},$$

$$V'd = P_1, \qquad V' = \frac{P_1}{d},$$

et en substituant dans l'équation

$$\frac{p}{d} = R(273 + t) = RT.$$

D'après ce que nous avons dit sur le travail externe, on reconnaît facilement que la quantité Vp n'est autre chose que le travail développé par 1 kilogramme de gaz. Tel serait le cas, par exemple, d'un gaz renfermé dans un cylindre et qui, en se dilatant, ferait mouvoir un piston soumis à une contre-pression p. L'expression qui donne la valeur de Vp montre que ce travail est d'autant plus grand que la température est plus élevée.

Présentement considérons un autre gaz soumis à la même pression p que le précédent et à la même température t. Si nous appelons d' sa densité et R_1 la constante qui lui est propre, on aura pour ce gaz la relation

$$\frac{p}{d'} = R_1(273 + t) = R_1 T.$$

Divisant membre à membre les deux dernières équations, nous aurons aussi

$$\frac{d'}{d} = \frac{R}{R_1}.$$

Mais remarquons que $\frac{d'}{d}$ est la densité du second gaz par rapport au premier; de sorte que, si nous appelons d_1 cette nouvelle densité relative, il viendra, en substituant,

$$d_1 = \frac{R}{R_1}, \quad \text{d'où} \quad R = R_1 d_1.$$

Pour un autre gaz dont la constante serait R_2 et d_2 la densité relativement au premier, on aurait également

$$R = R_2 d_2;$$

par suite

$$R_1 d_1 = R_2 d_2 = R_3 d_3 = \ldots,$$

et la quantité $R_1 d_1$ a la même valeur pour tous les gaz per-manents.

De la relation

$$R = R_i d_i$$

on déduit

$$R_i = \frac{R}{d_i}.$$

Par conséquent, pour un gaz permanent quelconque comparé à l'air dont la constante est désignée par R, nous aurons la formule

$$V p = \frac{p}{d} = \frac{R}{d_i} (273 + t).$$

Dans le cas où la quantité R serait connue, il serait beaucoup plus simple, pour obtenir la valeur de $V p$, de recourir à la loi de Mariotte et de Gay-Lussac, considérée sous la forme

$$V p = R (273 + t).$$

Les expériences de M. Regnault ont encore fait connaître la densité de l'air, c'est-à-dire le poids de 1 mètre cube,

$$d = 1^{gr}, 29318,$$

à la température de zéro et à la pression normale de 76 centimètres de mercure. Comme cette pression p, estimée en kilogrammes, a pour valeur 10 334, en introduisant ces nombres dans la formule

$$\frac{p}{d} = R (273 + t),$$

nous aurons pour l'air atmosphérique

$$\frac{10334}{1,29318} = 273 R;$$

d'où

$$R = \frac{10034}{1,29318 \times 273}, \quad R = 29,272.$$

Nous avons déjà fait observer que l'acide carbonique, appartenant aux vapeurs, présente de grands écarts relativement à la loi de Mariotte et de Gay-Lussac. M. Regnault a trouvé pour cette vapeur

$$d = 1,97741, \quad d_i = 1,52901, \quad R = 19,143.$$

Dans le tableau suivant sont contenus les résultats des expériences faites pour les gaz permanents :

	Valeurs de d.	Densité d_i par rapport à l'air.	Valeurs de R.
Air atmosphérique...	1,29378	1,00000	29,272
Azote............	1,25616	0,97137	30,134
Oxygène..........	1,42980	1,10563	26,475
Hydrogène.........	0,08957	0,06926	422,612

Les valeurs de la densité relative d se rapportent à la latitude de Paris. Or, puisque l'accélération g n'est pas la même dans tous les lieux du globe, les valeurs consignées dans le tableau diffèrent un peu entre elles, suivant les latitudes ; mais on peut négliger ces différences, qui d'ailleurs sont extrêmement faibles.

Dans son savant *Traité de Thermodynamique* appliqué aux machines, M. Zeuner fait observer que la constante R, relative à l'hydrogène, diffère peu de l'équivalent mécanique de la chaleur. C'est peut-être par un remarquable hasard que cette concordance approximative existe précisément pour le gaz qui se rapproche le plus d'un gaz parfait. Ainsi que le fait très-judicieusement observer l'éminent professeur de Zurich, en modifiant légèrement les chiffres de M. Regnault, on arriverait à une égalité parfaite, qui certainement conduirait à une relation d'une grande simplicité ; mais, pour en justifier l'emploi dans les questions de Thermodynamique, il serait nécessaire, *a priori*, d'en démontrer l'exactitude par des considérations théoriques.

15. *Interprétation mécanique des capacités calorifiques.* — La chaleur reçue par un corps n'est pas exclusivement employée à élever sa température : une partie produit une variation de volume sous la pression constante du milieu ambiant et par suite un travail externe dont on peut le plus souvent mesurer la grandeur par les procédés connus ; de plus, comme les molécules subissent un changement de disposition, une autre partie de la chaleur est transformée en travail interne. Ainsi, quand un corps est mis en présence d'un autre corps plus chaud et qu'il reçoit de la chaleur de celui-ci par rayonnement ou par contact, ce phénomène thermique donne lieu à trois faits distincts : 1° *chaleur sensible ou élévation de température caractérisée mécaniquement par une augmentation de force vibratoire moyenne;* 2° *travail externe;* 3° *travail interne.*

D'après cette classification et si, en conservant les notations précédemment adoptées, nous appelons Q la quantité absolue de chaleur reçue par le corps de poids P et $t' - t$ la variation de température, l'équivalent du phénomène calorifique, avec toutes les particularités qui l'accompagnent, sera représenté algébriquement par l'équation suivante :

$$QE = Pc\,E\,(t' - t) + T_e + T_m.$$

Divisant les deux membres par l'équivalent mécanique de la chaleur E, il viendra

$$Q = Pc\,(t' - t) + \frac{T_e}{E} + \frac{T_m}{E}.$$

Or $\frac{1}{E} = A$, équivalent calorifique du travail, d'où

$$Q = Pc\,(t' - t) + T_e A + T_m A.$$

Si nous faisons $t' - t = 1°$ et $P = 1^{kg}$, l'équation deviendra

$$Q = c + T_e A + T_m A.$$

Appliquons cette relation aux gaz parfaits qui suivent rigoureusement les lois de Mariotte et de Gay-Lussac.

Si l'on suppose que le volume du gaz reste constant, Q se confond avec le calorique spécifique sous volume constant, et comme on sait d'ailleurs que, dans ce cas, le travail externe est nul, on aura

$$C = c + T_m A.$$

Nous avons vu également que pour les gaz parfaits le travail interne peut être négligé. Ainsi, dans cette dernière hypothèse, on a

$$C = c,$$

c'est-à-dire que le calorique spécifique absolu se confond avec la capacité calorifique des gaz sous volume constant qui, par conséquent, est la même pour tous les gaz parfaits, résultat confirmé par les expériences des physiciens.

Lorsque la pression reste constante, à un accroissement de température correspond un même accroissement de volume, et par suite le même travail externe. Dans ce cas, la quantité Q devient égale au calorique spécifique sous pression constante, que nous avons désigné par C_1, et l'on a

$$C_1 = c + T_e A + T_m A.$$

Dans l'interprétation mécanique des propriétés des gaz, nous avons dit que le travail interne était représenté par une expression de la forme

$$T_m = k P (t' - t).$$

Comme, dans le cas dont il s'agit, $P = 1^{kg}$ et $t' - t = 1°$, la relation devient

$$T_m = k,$$

et, en substituant dans les valeurs de C et C_1, on aura

$$C = c + Ak, \quad C_1 = c + Ak + T_e A;$$

retranchant membre à membre,

$$C_1 - C = T_e A.$$

Si la variation de volume subie par le gaz est $V' - V$, en vertu des lois de Mariotte et de Gay-Lussac, on aura

$$p_1 (V' - V) = p_1 \left[V_1 \left(1 + \frac{t + 1}{273} \right) - V_1 \left(1 + \frac{t}{273} \right) \right]$$

ou

$$p_1 (V' - V) = p_1 \left[V_1 \left(1 + \frac{t + 1}{273} - 1 - \frac{t}{273} \right) \right] = \frac{p_1 V_1}{273}.$$

Or nous avons vu que le travail externe est égal à la pression constante multipliée par la variation de volume; donc $p_1 (V' - V) = \frac{p_1 V_1}{273}$ représentera ce travail, et par substitution

$$C_1 - C = \frac{A p_1 V_1}{273}.$$

$\frac{p_1 V_1}{273}$ étant une constante propre à chaque gaz, que nous avons représentée par R, la différence des capacités calorifiques sous pression constante et sous volume constant sera représentée par

$$C_1 - C = AR.$$

On déduit de là les deux conclusions suivantes : 1° *les deux capacités calorifiques sous pression constante et sous volume constant sont indépendantes de la température et de la pression; 2° la différence de ces deux capacités calorifiques est une constante propre à chaque gaz.*

Au lieu de prendre les gaz sous l'unité de poids, on peut également les considérer sous l'unité de volume. Puisque V_1 est le volume qui correspond à l'unité de poids, $\frac{C_1}{V_1}$ et $\frac{C}{V_1}$ représenteront respectivement les capacités calorifiques de l'unité de volume sous pression constante et sous volume constant. Pour plus de simplicité, faisons $\frac{C_1}{V_1} = \Delta_p$ et $C = \Delta_v$. On aura ainsi

$$\frac{C_1}{V_1} - \frac{C}{V_1} = \frac{AR}{V_1} \quad \text{ou} \quad \Delta_p - \Delta_v = \frac{AR}{V_1}.$$

Remplaçant la constante R par sa valeur $\frac{p_1 V_1}{273}$, il viendra

$$\Delta_p - \Delta_v = \frac{p_1 V_1}{273 V_1} A = \frac{p_1}{273} A.$$

Il résulte de cette nouvelle formule que *la différence des capacités calorifiques sous l'unité de volume est la même pour tous les gaz.*

Si nous divisons par V_1 les deux membres des deux égalités qui donnent les valeurs de C et C_1, nous aurons

$$\frac{C}{V_1} = \frac{c}{V_1} + \frac{Ak}{V_1}, \quad \frac{C_1}{V_1} = \frac{c}{V_1} + \frac{Ak}{V_1} + \frac{Ap_1}{273}.$$

Désignant par δ le calorique spécifique absolu sous l'unité de volume, ces relations seront ainsi représentées :

$$\Delta_v = \delta + \frac{Ak}{V_1}, \quad \Delta_p = \delta + \frac{Ak}{V_1} + \frac{Ap_1}{273}.$$

De la corrélation qui existe entre les chaleurs spécifiques des gaz parfaits et les volumes qu'ils occupent, on déduit encore une autre conséquence importante à connaître.

D'après Gay-Lussac, si l'on considère les gaz parfaits sous la même pression, le volume de chaque atome augmenté du vide qui l'environne est une quantité constante. Appelant n le nombre d'atomes dont se compose 1 kilogramme du gaz considéré et B la constante qui correspond à l'espace de chaque atome, nB représentera le volume total occupé par tous les atomes contenus dans le gaz dont le poids est de 1 kilogramme. Par suite la capacité calorifique sous l'unité de volume sera représentée par la relation

$$\delta = \frac{c \times 1}{n\mathrm{B}}.$$

Remarquons présentement que $\frac{1^{kg}}{n}$ est le poids absolu d'un atome du gaz parfait et que ce poids est proportionnel au poids atomique que nous avons précédemment désigné par p. En substituant, on aura

$$\delta = \frac{pc}{\mathrm{B}}.$$

Quand il a été question de la capacité calorifique absolue, nous avons démontré que le produit du poids atomique par le calorique spécifique est une constante et par suite

$$\delta = \mathrm{const.,}$$

c'est-à-dire que *la capacité calorifique absolue sous l'unité de volume est la même pour tous les gaz parfaits.*

D'autre part, nous ferons observer que, la constante k étant propre à chaque gaz, ou variant de l'un à l'autre, suivant sa constitution atomique, il est admissible que le rapport $\frac{k}{n}$ soit le même pour tous les gaz; ce qui signifie que, k, k', k'', k''' étant les constantes relatives à différents gaz parfaits et $n, n', n'', n''', \ldots$ le nombre des molécules qui entrent respectivement dans chacun de ces gaz considéré sous l'unité de poids, on aura

$$\frac{k}{n} = \frac{k'}{n'} = \frac{k''}{n''} = \frac{k'''}{n'''},$$

et par suite le rapport $\dfrac{Ak}{V_1}$ est aussi le même pour tous les gaz simples.

Nous aurons donc

$$\Delta_r = \text{const.}, \quad \Delta_p = \text{const.},$$

et, en langage ordinaire, cette conclusion peut être ainsi formulée :

Les capacités calorifiques exprimées en volume sous volume constant et sous pression constante ont respectivement la même valeur pour tous les gaz parfaits.

Des deux dernières relations on déduit encore

$$\frac{C_1}{C} = \text{const.},$$

c'est-à-dire que *le rapport de la capacité calorifique sous pression constante à la capacité calorifique sous volume constant est le même pour tous les gaz parfaits, bien que ces capacités calorifiques n'aient pas la même valeur pour tous les gaz.*

Ces conclusions peuvent être étendues à des gaz composés de gaz parfaits, pourvu que la combinaison ait lieu sans diminution de volume, ou, en d'autres termes, à la condition que le volume des deux gaz combinés soit égal à la somme des volumes qu'ils occupaient avant la combinaison.

La connaissance des deux quantités Δ_p et Δ_r est de la plus haute importance dans la Théorie mécanique de la chaleur. C'est à **M. Regnault** que l'on doit les expériences les plus précises sur la capacité calorifique des gaz ; mais elles donnent seulement la capacité à pression *constante*, l'autre capacité n'ayant pu être déterminée directement. La méthode employée successivement par Welter et Gay-Lussac, par Clément et Desormes, et plus tard par Masson, a fourni les résultats suivants :

$$\frac{C_1}{C} = 1,372, \quad \frac{C_1}{C} = 1,357, \quad \frac{C_1}{C} = 1,419.$$

Par une méthode différente **MM. Hirn** et **Weisbach** ont trouvé

$$\frac{C_1}{C} = 1,3845, \quad \frac{C_1}{C} = 1,4025.$$

En comparant les résultats tirés de la formule de la vitesse du son, laquelle contient le rapport $\frac{C_1}{C}$, avec les observations sur la propagation du son dans l'air, Dulong a trouvé ce rapport égal à 1,421. Il a reconnu en même temps que ce nombre convenait aussi à l'azote, l'oxygène et l'hydrogène. La comparaison de la même formule avec les observations de MM. Moll et Wan Beek sur la vitesse du son a donné, pour l'air atmosphérique,

$$\frac{C_1}{C} = 1,41.$$

Cette valeur est aujourd'hui considérée comme la plus exacte; elle a été d'ailleurs indirectement confirmée par des expériences postérieures.

D'après cela, puisque le nombre 1,41 s'applique à tous les gaz parfaits, il sera facile de calculer le calorique spécifique sous volume constant, connaissant le calorique spécifique sous pression constante.

Du rapport

$$\frac{C_1}{C} = 1,41$$

on déduira

$$C = \frac{C_1}{1,41}.$$

Gaz.	Capacité calorifique en poids sous pression constante C_1.	Capacité calorifique en volume sous pression constante $\frac{C_1}{V_1}$.	Capacité calorifique sous volume constant $C = \frac{C_1}{1,41}$.
Air atmosphérique..	0,23751	0,00030714	0,1684
Azote.............	0,24380	0,00030625	0,1729
Oxygène..........	0,21751	0,00031099	0,1543
Hydrogène........	3,40900	0,00030533	2,4177

A l'inspection de ce tableau on remarque que les capacités calorifiques en poids sous des pressions constantes sont différentes pour les quatre gaz parfaits considérés et que celle de l'hydrogène s'éloigne des autres d'une manière notable. Elle est supérieure à celle de tous les corps solides et liquides. Dans l'ordre des valeurs l'eau vient immédiatement après l'hydrogène. On sait d'ailleurs que la capacité calorifique de l'eau a été prise pour unité. Quant aux autres corps, pour la plupart elle est bien inférieure à l'unité.

Les expériences de M. Regnault ont de plus mis en évidence ce fait remarquable, c'est que la chaleur spécifique des gaz, notamment celle de l'air, est la même à différentes températures et sous différentes pressions.

Le même tableau indique encore que les différences des capacités calorifiques en volume sont si petites que de prime-abord on serait tenté de les attribuer à des erreurs d'observation. Mais, si l'on calcule la capacité en volume des autres gaz et des vapeurs soumis à l'expérience par M. Regnault, on ne tarde pas à reconnaître que ces différences ne sont légères que pour les gaz permanents. De cette remarque on doit nécessairement conclure que l'égalité entre les capacités calorifiques exprimées en volumes n'existe que pour les gaz simples ou parfaits, conclusion qui, du reste, est confirmée par des considérations théoriques.

Nous avons trouvé précédemment

$$C_1 - C = AR.$$

Cette relation très-remarquable, due à M. Clausius, peut servir à trouver la capacité calorifique d'un gaz sous volume constant, car on en déduit

$$C = C_1 - AR.$$

En divisant les deux membres par V_1, on aura

$$\frac{C}{V_1} = \frac{C_1}{V_1} - \frac{AR}{V_1},$$

ou, d'après la notation adoptée plus haut,

$$\Delta_e = \Delta_p - \frac{AR}{V_1}.$$

Remplaçant dans le second membre V_1 par sa valeur $\frac{1}{d_1}$, puisque le volume V_1 correspond à l'unité de poids, la formule deviendra

$$\Delta_v = \Delta_p - AR \, d_1.$$

Généralement la capacité calorifique sous l'unité de volume s'obtient en multipliant la capacité calorifique sous l'unité de poids par la densité du gaz relativement à l'eau. La quantité Rd_1, ainsi que nous l'avons démontré, étant une quantité constante pour tous les gaz permanents, si nous cherchons sa valeur pour l'un d'eux, elle conviendra également à tous les autres.

Faisons ce calcul pour l'air atmosphérique. D'après l'un des tableaux,

$$R = 29,272$$

et le poids d'un mètre cube de ce gaz est

$$1^{kg},29318.$$

Dans la formule, d_1 étant prise par rapport à l'eau, on aura, sachant que 1 mètre cube d'eau pèse 1000 kilogrammes,

$$d_1 = \frac{1,29318}{1000} = 0,00129318;$$

par suite,

$$Rd_1 = 29,272 \times 0,00129318, \quad Rd_1 = 0,0378540.$$

En rappelant les observations de MM. Moll et Van Beek, sur la vitesse du son, nous avons dit que le rapport de la capacité calorifique, sous pression constante, à la capacité calorifique sous volume constant, est

$$\frac{C_1}{C} = 1,41.$$

Cette relation nous permet de trouver immédiatement le calorique spécifique de l'air sous volume constant.

D'après M. Regnault, $C_1 = 0,23751$; on aura donc

$$\frac{0,23751}{C} = 1,41 \quad \text{et} \quad C = \frac{0,23751}{1,41} = 0,16844.$$

D'autre part, si nous prenons la formule

$$C_1 - C = AR,$$

on en déduit

$$A = \frac{C_1 - C}{R}.$$

Or A représente l'équivalent calorifique du travail : c'est l'inverse $\frac{1}{E}$ de l'équivalent mécanique de la chaleur. En substituant dans l'équation, nous aurons

$$\frac{1}{E} = \frac{C_t - C}{R}; \quad \text{d'où} \quad E = \frac{R}{C_t - C}.$$

Ainsi, avec les résultats obtenus par M. Regnault pour l'air atmosphérique, on pourra directement trouver l'équivalent mécanique de la chaleur, car

$$R = 29,272, \quad C_t = 0,23751, \quad C = 0,16844.$$

Introduisant ces nombres dans la dernière relation, il viendra

$$E = \frac{29,272}{0,23751 - 0,16844}$$

et, en effectuant les calculs,

$$E = 423^{kgm},80,$$

résultat conforme aux expériences de M. Joule. Quand il sera question de la recherche expérimentale de l'équivalent mécanique de la chaleur, nous verrons les écarts qui existent entre les résultats obtenus par différents physiciens. Quelques auteurs ont adopté le nombre 424 kilogrammètres; généralement c'est le nombre 425 que l'on emploie dans les calculs.

Si l'on suppose, *a priori*, que ce nombre soit connu, il sera facile de trouver les capacités calorifiques, en poids et en volume, des gaz à volume constant. Il suffira, à cet effet, d'introduire les quantités connues dans les deux équations

$$C_t - C = AR, \quad \Delta_p - \Delta_v = AR d_t.$$

Proposons-nous, par exemple, de trouver en poids le calorique spécifique de l'hydrogène sous volume constant.

D'après les tableaux où sont consignés les nombres qui se rapportent aux gaz permanents, dans les cas dont il est question,

$$C_t = 3,40900, \quad R = 422,612.$$

Si nous adoptons le nombre 424 kilogrammètres pour équivalent mécanique de la chaleur,

$$A = \frac{1}{424}.$$

Introduisant ces valeurs dans la première formule, nous aurons

$$3,40900 - C = \frac{422,612}{424};$$

d'où

$$C = 3,40900 - \frac{422,612}{424}, \quad C = 2,41226.$$

Pour la capacité calorifique en volume, on a

$$\Delta_p = 0,00030533, \quad d_1 = \frac{0,08957}{1000} = 0,00008957.$$

Au moyen de la seconde formule, il viendra

$$0,00030533 - \Delta_v = \frac{422,612 \times 0,00008957}{424},$$

$$\Delta_v = 0,00030533 - \frac{422,612 \times 0,00008957}{424},$$

$$\Delta_v = 0,00021605.$$

Généralement, quand on connaît le calorique spécifique en poids, pour l'obtenir en volume, il suffit de le multiplier par la densité du gaz relative à l'eau. Au moyen des formules et des valeurs données dans les tableaux ci-dessus, on trouve

	Capacité en poids à volume constant Δ_p.	Capacité en volume à volume constant Δ_v.	Rapport $\frac{C}{C} = \frac{\Delta_p}{\Delta_v}$.
Air atmosphérique.	0,16847	0,00021786	1,4098
Azote...........	0,17273	0,00021697	1,4114
Oxygène.........	0,15507	0,00022171	1,4026
Hydrogène.......	2,41226	0,00021605	1,4132

Les chiffres de ce tableau mettent en évidence que, pour les quatre gaz permanents, la capacité en volume, sous volume constant, est à peu près la même; on obtient un résultat identique pour la capacité calorifique en volume, sous pression constante. Enfin la comparaison des nombres consignés dans les tableaux fait aussi connaître que la différence des capacités calorifiques, en volume et sous pression constante, est invariable pour les gaz considérés; car on a :

Pour l'air atmosphérique..... $\begin{cases} \Delta_p = 0,00030714 \\ \Delta_v = 0,00021786 \end{cases}$

Différence........ $\Delta_p - \Delta_v = 0,00008928$

Pour l'oxygène............ $\begin{cases} \Delta_p = 0,00031099 \\ \Delta_v = 0,00022171 \end{cases}$

Différence........ $\Delta_p - \Delta_v = 0,00008928$

16. *Valeur du travail vibratoire d'un système et relation entre le travail interne et la chaleur sensible reçue ou cédée par le corps.* — De tout ce qui a été dit précédemment sur le rôle que joue la chaleur, considérée au point de vue de la Thermodynamique, on peut regarder comme suffisamment établis les faits suivants :

1° Toute quantité de chaleur sensible reçue par un corps est équivalente à un travail externe vibratoire positif et qui est produit alors par l'influence calorifique de corps plus chauds, soit par contact, soit par rayonnement. La chaleur sensible peut aussi donner lieu à un travail externe mécaniquement appréciable, et souvent les deux travaux s'accomplissent simultanément, ce qui donne lieu à un accroissement de force vive vibratoire. Conservant les notations déjà adoptées et désignant par T_v le travail vibratoire externe, on aura, en appliquant le théorème des forces vives,

$$T_e + T_v + T_m = \tfrac{1}{2} m (V'^2 - V^2).$$

2° Le phénomène inverse se manifeste lorsque le corps émet à l'extérieur de la chaleur sensible, c'est-à-dire que cette chaleur équivaut à une diminution de force vive vibratoire moyenne qui se convertit en un travail vibratoire externe négatif. Comme précédemment, il peut en résulter un travail externe mécanique, et les deux travaux peuvent encore coexister.

3° Toute quantité de chaleur sensible disparue spontanément à l'intérieur équivaut à une diminution de force vive

vibratoire moyenne qui se convertit en un travail interne négatif, accompagné ou non de variations de volume.

4° Toute quantité de chaleur sensible qui se révèle spontanément à l'intérieur d'un corps, sans l'influence calorifique
de corps environnants ou d'un travail mécanique externe, est
équivalente à un travail positif de changement de disposition
intérieure, qui se transforme en un accroissement de la force
vive vibratoire moyenne.

5° Un corps peut émettre de la chaleur latente, suivie ou
non de chaleur sensible ou de travail vibratoire. Dans ce cas,
la chaleur latente se convertit partiellement ou totalement en
un travail mécanique externe.

Ces principes étant posés, il est évident que, si nous désignons par Q le nombre de calories qui représente la chaleur
sensible reçue ou transmise, le travail vibratoire T_ν pourra
être exprimé par QE, et l'équation qui précède prendra la
forme

$$T_e + QE + T_m = \tfrac{1}{2}m(V'^2 - V^2).$$

Si nous désignons par P le poids du corps, par c le calorique spécifique absolu et si la température passe de t à t', on
aura

$$\tfrac{1}{2}m(V'^2 - V^2) = PEc(t' - t),$$

et par suite

$$T_e + QE + T_m = PEc(t' - t),$$

et en fonction des températures absolues

$$T_\nu + QE + T_m = PEc(T' - T),$$

d'où

$$T_\nu \text{ ou } QE = PEc(T' - T) - T_e - T_m.$$

Telle est l'expression générale du travail vibratoire externe
produit par la chaleur sensible reçue ou transmise par le corps.

On en déduit

$$Q = Pc(T' - T) - \frac{T_e}{E} - \frac{T_m}{E},$$

ou, en fonction de l'équivalent calorifique du travail,

$$Q = Pc(T' - T) - AT_e - AT_m.$$

Ces deux équations constituent la relation générale qui sert

4.

de base à la Théorie mécanique de la chaleur. On peut notamment en déduire le travail moléculaire interne T_m, à la condition toutefois que l'on connaîtra le calorique spécifique absolu du corps soumis à des opérations mécaniques ou calorifiques. On ne saurait cependant perdre de vue que cette relation ne peut recevoir une application utile quand le corps, ainsi que cela a lieu dans l'écoulement des liquides, ne se trouve pas à l'état de repos d'ensemble.

Au moyen de la dernière équation, on peut encore trouver les relations qui existent entre les différentes capacités calorifiques. Si, en effet, nous faisons $P = 1^{kg}$ et $T' - T = 1°$, la quantité Q ne sera autre chose que le calorique spécifique sous volume constant et, dans ce cas, le travail externe T_e étant nul, on aura

$$Q \text{ ou } C = c - A T_m.$$

Or, comme le travail moléculaire interne a pour valeur $k P (T' - T)$, dans l'hypothèse admise, il se réduira au coefficient k. Ainsi l'équation deviendra

$$C = c - A k.$$

Nous ferons observer que, le calorique spécifique sous volume constant étant plus grand que le calorique spécifique absolu, cette dernière relation n'est pas conforme à ce qui a été dit plus haut, et de plus elle semble être opposée à la relation $C = c + A k$, que nous avons obtenue précédemment par d'autres considérations.

La contradiction n'existe qu'en apparence et les deux relations doivent en réalité se confondre; car il est inadmissible que, pour un même corps, deux valeurs différentes du calorique spécifique sous volume constant puissent coexister.

Ainsi que la question a été envisagée en dernier lieu, nous avons admis implicitement que le corps cédait une certaine quantité de chaleur; par suite, dans ce cas, le changement de disposition intérieure, constituant un travail négatif, devient positif quand on l'introduit dans l'équation, puisque le terme $A k$, considéré en valeur absolue, est affecté du signe —.

Pareillement, si nous supposons que le volume du gaz varie sous pression constante, la valeur de Q représentera la capacité calorifique sous pression constante, et l'on aura

$$Q \text{ ou } C_1 = c - AT_e - AT_m, \quad C_1 = c - A k - AT_m.$$

Le travail externe résultant ordinairement d'une pression exercée par le fluide sur une étendue plus ou moins grande de la surface du système sera évidemment positif si le gaz diminue de volume et négatif dans le cas contraire. Ainsi, le corps que nous considérons passant du volume V à un volume V' plus grand, le travail externe sera négatif et pourra être exprimé de la manière suivante, en vertu des lois de Mariotte et de Gay-Lussac :

$$T_e = - p_1 (V' - V)$$

$$= - p_1 \left[V_1 \left(1 + \frac{t+1}{273} \right) - V_1 \left(1 + \frac{t}{273} \right) \right] = - \frac{p_1 V_1}{273},$$

et, comme la constante $\dfrac{p_1 V_1}{273} = R$, on aura, en substituant,

$$C_1 = c - A k + AR.$$

Le travail interne moléculaire k étant négatif dans le cas actuel, puisqu'il y a accroissement de volume, on revient, en changeant le signe, à la formule trouvée plus haut

$$C_1 = c + A k + T_e A = c + A k + AR.$$

Cette observation sur le signe qui doit affecter les termes T_e et T_m est de la plus haute importance pour l'interprétation des valeurs de c et de C_1, conformément aux définitions que nous avons données du calorique spécifique sous volume constant et du calorique spécifique sous pression constante.

17. *Énergie actuelle.* — *Énergie potentielle.* — *Énergie totale.* — Avant de donner la vraie signification de l'expression *énergie*, introduite par M. Rankine dans la Théorie mécanique de la chaleur, il importe de faire remarquer que le travail moléculaire interne devient égal à zéro, si le corps, à la fin de l'opération, reprend la disposition intérieure qu'il possédait à l'origine.

Considérons maintenant l'équation générale

$$T_v \text{ ou } EQ = PEc(T' - T) - T_e - T_m.$$

Si nous supposons un corps abandonné à lui-même et isolé de tout système, de manière qu'il ne reçoive et ne cède aucune quantité de chaleur, le terme EQ deviendra égal à zéro, ainsi que le terme T_e qui représente le travail mécanique externe. Ainsi l'équation sera

$$PEc(T' - T) - T_m = 0, \quad \text{d'où} \quad T_m = PEc(T' - T).$$

Cette équation se rapporte au cas où le corps changerait de disposition intérieure en même temps que la température absolue s'élèverait de T à T'. Par des considérations de haute analyse, on démontre que, si un corps passe d'une disposition intérieure à une autre, le travail moléculaire interne peut être considéré comme la différence de deux travaux internes positifs I et I', correspondant au passage des deux dispositions intérieures considérées à une troisième disposition intérieure déterminée par la condition que chacun des termes I et I' sera le maximum du travail interne qui peut être produit par tous les changements possibles de disposition intérieure dans les deux états successifs du corps. D'après cela, on aura

$$I - I' = PEc(T' - T) = cPET' - cPET,$$

et, par suite, le travail interne I sera plus grand que le travail interne I' si $cPET$, qui correspond à la première disposition intérieure, est moindre que $cPET'$.

De cette relation on déduit

$$I + cPET = I' + cPET'.$$

L'examen approfondi des quantités qui forment les deux membres de l'équation montre évidemment que chacun d'eux exprime le travail total maximum qui peut être effectué par la force vive vibratoire combinée avec les actions intérieures dans les deux états sous lesquels le corps est considéré. On voit encore, pour que l'équation puisse exister, que ce travail est une quantité constante et que les quantités telles que I et $cPET$ varient en sens inverse pour toutes les dispositions intérieures et les températures correspondantes, que peut successivement prendre le corps dès qu'il a été isolé de tout système pouvant exercer sur lui une influence calorifique.

Ce travail maximum a reçu le nom d'*énergie totale*, et correspond à la chaleur totale possédée par le corps. Cette énergie est la somme de deux grandeurs que l'on peut respectivement distinguer par les noms d'*énergie actuelle* et d'*énergie potentielle*.

L'*énergie actuelle*, représentée par $PETc$, n'est autre chose que la moitié de la force vive vibratoire $\frac{1}{2}mV^2$, qui correspond à la quantité de chaleur sensible que le corps possède au-dessus du zéro absolu. Elle est donc déterminée par l'état actuel du système et par les vitesse actuelles des différents points.

La fonction I, au contraire, représente le travail qui serait accompli si le corps passait de son état actuel à un autre état. En d'autres termes, elle exprime une grandeur qui, suivant le langage de la Philosophie, existe en puissance disponible dans l'état actuel du corps, mais toujours prête à manifester son action; c'est ce que l'on appelle l'*énergie potentielle* [1].

18. *Détermination du calorique spécifique absolu.* — Nous avons établi plus haut, d'après les expériences de **M. Regnault**, que le produit pc du poids atomique par la capacité calorifique absolue est une quantité constante. Partant de ce principe, il nous sera facile de connaître la valeur qui doit être attribuée au calorique absolu c des gaz permanents.

Nous avons vu précédemment que la capacité calorifique, sous pression constante, peut être exprimée par

$$C_1 = c + \frac{T_e}{E} + \frac{T_m}{E},$$

c représentant le calorique absolu, T_e le travail externe, T_m le travail moléculaire interne et E l'équivalent mécanique de la chaleur que nous ferons égal à 425 kilogrammètres, d'après ce qui a été dit plus haut. Comme le travail interne des gaz

---

[1] *Potentiel,* expression provenant d'Aristote et adoptée en Philosophie pour exprimer ce qui est virtuel, en puissance ou sans effet actuel.

permanents est négligeable, la formule deviendra

$$C_1 = c + \frac{T_e}{E}.$$

Prenons l'oxygène et remarquons que pour ce gaz, d'après le tableau, la capacité calorifique C_1 sous pression constante étant égale à 0,21751, on aura

$$0,21751 = c + \frac{T_e}{E}, \quad \text{d'où} \quad c = 0,21751 - \frac{T_e}{E}.$$

Cherchons maintenant la valeur de T_e. Nous avons dit que le travail externe s'obtient en multipliant la pression constante par l'accroissement de volume

$$T_e = vp.$$

Supposons que V_1 soit le volume occupé par 1 kilogramme d'oxygène à la pression normale de 76 centimètres de mercure, et que ce gaz passe de zéro à 1 degré. Dans ce cas, l'accroissement de volume sera représenté par

$$v = V_1 \alpha,$$

α représentant le coefficient de dilatation de l'oxygène, lequel est égal à 0,00367. De plus, comme la pression p vaut 10 334 kilogrammes par mètre carré de surface, en substituant dans l'équation qui donne la valeur du travail externe, nous aurons

$$T_e = 10334^{kg} \times 0,00367 \times V_1.$$

Puisque V_1 est le volume du gaz qui correspond au poids de 1 kilogramme, on pourra poser

$$1^{kg} = V_1 \times 1,4298,$$

d'où

$$V_1 = \frac{1}{1,4298} \quad \text{et} \quad T_e = \frac{10334 \times 0,00367}{1,4298}.$$

Introduisant cette valeur de T_e dans l'équation qui représente la capacité calorifique absolue, nous aurons

$$c = 0,21751 - \frac{10333 \times 0,00367}{1,4298 \times 424}, \quad c = 0,155.$$

Il a été établi plus haut que le produit pc du poids atomique par la capacité calorifique absolue est une quantité constante pour tous les corps ne renfermant qu'une espèce d'atomes, cette espèce pouvant d'ailleurs varier d'un corps à l'autre; on aura donc, en représentant par 100 le poids atomique de l'oxygène,

$$pc = 0,155 \times 100 = 15,5.$$

En appliquant la formule aux autres gaz permanents, on obtient des résultats qui diffèrent peu du nombre entier 15. Si donc nous admettons que ce produit pc convient à tous les corps simples, il sera facile de calculer la capacité calorifique de chacun d'eux.

Proposons-nous de trouver la capacité calorifique absolue de l'azote.

Dans ce cas, le poids atomique $p = 88,518$, rapporté à 100 d'oxygène. Nous aurons donc

$$88,518 \times c = 15,$$

d'où

$$c = \frac{15}{88,518}, \quad c = 0,16945.$$

Ces deux exemples nous montrent que, pour les gaz, la capacité calorifique absolue diffère peu de la capacité calorifique en poids sous volume constant.

Les progrès de la Chimie organique où l'hydrogène, le carbone, l'oxygène et l'azote sont les seuls éléments que l'on ait à considérer, ont conduit les chimistes à l'étude de composés multipliés à l'infini, dans lesquels l'oxygène ne joue plus le rôle prépondérant qu'il remplit dans la Chimie minérale. De même que pour les équivalents chimiques, on a adopté pour unité le poids atomique de l'hydrogène, qui donne des nombres très-simples pour les poids atomiques des éléments avec lesquels il se rencontre dans les composés organiques.

D'après cela, comme le poids atomique de l'hydrogène rapporté à 100 d'oxygène est $6,2398$, on aura

$$pc = \frac{0,155 \times 100}{6,2398} = 2,49.$$

L'équation générale

$$C_{\iota} = c + \frac{T_e}{E} + \frac{T_m}{E}$$

se simplifie quand elle doit être appliquée à un corps solide ou liquide, dont le volume est soumis à une faible pression et varie très-peu dans les limites de l'expérience. Dans ce cas, la pression extérieure étant une très-petite fraction de la somme de toutes les actions moléculaires, on peut négliger le travail externe, et l'équation devient

$$C_{\iota} = c + \frac{T_e}{E}.$$

Proposons-nous d'en faire l'application au fer, dont le poids atomique est 339,213, rapporté à l'oxygène, et la capacité calorifique 0,11379, d'après les dernières recherches de M. Regnault.

Introduisant ces nombres dans les relations qui précèdent, nous aurons

$$339,213 \times c = 15,$$

et

$$c = \frac{15}{339,213} = 0,04422, \quad 0,11379 = 0,04422 + \frac{T_m}{E},$$

$$\frac{T_m}{424} = 0,11379 - 0,04422, \quad T_m = (0,11379 - 0,4422)\,424,$$

$$T_m = 29^{\text{kgm}},50,$$

résultat qui fait connaître le travail interne développé par le mouvement atomique qui se manifeste dans 1 kilogramme de fer quand on lui communique une quantité de chaleur capable d'élever sa température de 1 degré C.

Nous avons vu (p. 17) que, si plusieurs corps simples forment un corps composé, les chaleurs spécifiques des atomes intégrants de la molécule s'ajoutent sans altération pour former la capacité calorifique du composé, indépendamment de la combinaison chimique qui s'est opérée.

Cette conclusion, interprétée d'abord à un point de vue général, a été depuis confirmée par les belles expériences de MM. Regnault et Neumann. Ainsi, la relation

$$pc + p'c' + p''c'' + \ldots = npc$$

pouvant être considérée comme absolument vraie, pour élucider la question, proposons-nous d'en faire l'application à la recherche de la capacité calorifique absolue de l'eau. L'analyse chimique de ce corps a appris qu'il est composé de 2 volumes d'hydrogène et de 1 volume d'oxygène ; par suite, une molécule d'eau contient 2 atomes d'hydrogène et 1 atome d'oxygène.

Le poids atomique de l'oxygène étant 6,2398 et celui de l'oxygène 100, il s'ensuit que le poids atomique de l'eau sera égal à

$$100 + 2 \times 6,2398 = 112,4796.$$

Remplaçant p par cette valeur dans la formule, nous aurons

$$C \times 112,4796 = npc.$$

Le nombre d'atomes étant égal à 3 et la constante pc ayant 15 pour valeur, on obtient

$$C \times 112,4796 = 3 \times 15 = 45,$$
$$C = \frac{45}{112,4796} = 0,40.$$

La capacité calorifique de l'eau étant égale à 1, le travail moléculaire interne sera représenté par

$$T_m = (1 - 0,40)425 = 255^{\text{kgm}}.$$

Telle est la valeur du travail moléculaire interne accompli par la chaleur communiquée à 1 kilogramme d'eau pour élever sa température de 1 degré C.

Poids atomiques des principaux corps simples.

Corps simples.	Formules.	Poids atomiques. O = 100.	Poids atomiques. H = 1.
Aluminium	Al	171,67	27,5
Antimoine..........	Sb	806,452	120,00
Argent.............	Ag	1351,707	107,93
Arsenic............	As	470,042	75,0
Azote.............	Az	88,518	14,044
Bismuth...........	Bi	1330,376	210,0
Calcium...........	Ca	256,010	40,0
Carbone	C	75,000	12,0

Poids atomiques des principaux corps simples (suite).

Corps simples.	Formules.	Poids atomiques. O = 100.	Poids atomiques. H = 1.
Chlore............	Cl	221,325	35,45
Chrome...........	Cr	351,819	52,40
Cobalt............	Co	368,991	59,0
Cuivre............	Cu	395,695	63,5
Étain.............	Sn	735,294	118,0
Fer..............	Fe	339,213	56,0
Hydrogène........	H	6,2398	1,0
Manganèse........	Mn	345,900	55,20
Mercure..........	Hg	1265,822	200,0
Nickel............	Ni	369,675	58,0
Or...............	Au	1243,013	197,00
Oxygène..........	O	100,00	16,00
Phosphore........	Ph	196,155	31,00
Platine...........	Pt	1215,220	198,00
Plomb............	Pb	1294,498	207,00
Potassium........	K	489,916	39,00
Silicium..........	Si	277,478	28,00
Sodium...........	Na	290,897	23,043
Soufre............	S	201,165	32,00
Strontium........	Sr	547,285	87,72
Tungstène.........	W	1183,196	184,00
Zinc.............	Zn	403,226	67,00

19. *Expériences de M. Joule. — Détermination de l'équivalent mécanique de la chaleur.* — Le principe de la transmission du travail nous a appris qu'une machine, étant à l'état d'équilibre dynamique, c'est-à-dire douée d'un mouvement uniforme, la somme des travaux de toutes les forces qui y sont appliquées est égale à zéro ; or, si l'on estime séparément le travail moteur et le travail utile, on trouve une différence plus ou moins grande, selon la constitution organique de la machine. La Mécanique en explique facilement la cause par l'existence d'une force particulière, le frottement, définie par cette condition que le travail qu'elle accomplit est précisément égal à la différence du travail moteur et de l'effet utile, ce qui signifie que le travail moteur doit être égal à la somme des travaux de toutes les résistances, tant utiles que nuisible. Pour plus de simplicité, supposons que la machine fonctionne de manière à ne produire aucun travail utile et que l'uniformité du mouvement soit conservée par la seule action de la force motrice combinée avec le frottement, ainsi que cela a lieu quand on expérimente une machine à vapeur ou une roue hydraulique au moyen du frein dynamométrique de Prony. Dans la plupart des cas, le frottement est accompagné d'une altération permanente des surfaces en contact : on remarque, en effet, production d'une limaille, modification de la structure des corps et décomposition des liquides ou autres enduits servant à les lubrifier. Par des procédés artificiels il y a toujours possibilité d'atténuer ces phénomènes, mais le frottement ne cessera pas de se manifester ; de sorte que, la machine marchant dans de telles conditions, les seuls faits en présence sont le travail moteur et l'élévation de température des principaux organes qui la composent. Par une augmentation plus ou moins grande de la masse des corps qui, sans subir directement l'action du frottement, participent néanmoins à cet accroissement de température, on pourra le réduire à volonté, de manière à approcher indéfiniment du cas où l'état des substances frottantes n'éprouverait aucune modification. On comprend dès lors que, le travail des forces moléculaires devenant absolument nul, la conséquence du travail moteur ne peut être que la production d'un phénomène calorifique équivalent.

Ainsi du travail d'une force motrice peut résulter, soit un phénomène thermique, soit l'accroissement d'énergie d'un système de corps ; et l'on est naturellement conduit à rechercher si les deux faits observés ne sont pas réellement identiques et s'il n'existe pas une relation définie entre le travail mécanique et le phénomène thermique qui en est la conséquence.

Telles sont les considérations qui ont guidé M. Joule dans les belles expériences qu'il a entreprises pour établir la notion d'équivalence entre la chaleur et le travail mécanique. Les expériences du savant ingénieur de Manchester, exécutées dans des conditions très-variées et aussi voisines que possible des conditions purement idéales que nous venons d'indiquer, permettent de reconnaître aujourd'hui, comme un fait absolument certain, l'existence d'un rapport constant entre la quantité de chaleur engendrée par le frottement et la quantité de travail absorbée en pure perte, comme on le dit en Mécanique.

La *fig.* 2 représente une section verticale de l'appareil employé par M̂. Joule et la *fig.* 3 une section horizontale.

Fig. 2.

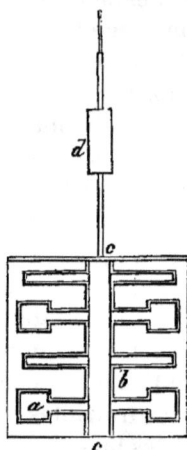

Fig. 3.

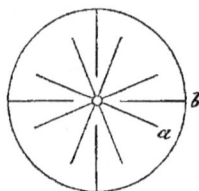

Voici en quoi consiste cét appareil : seize palettes en laiton *a, a,* ... fixées à un axe vertical mobile, peuvent tourner entre huit vannes *b, b,* ..., également en laiton. L'arbre autour duquel s'opère le mouvement de rotation des palettes est aussi du même métal; mais, à la partie supérieure, on a eu soin d'adapter un rouleau en bois *d* pour empêcher la chaleur développée pendant le mouvement de l'appareil de se perdre par voie de conductibilité. Les vannes fixes, entre lesquelles sont disposées les palettes, s'appuient sur un cadre de laiton servant aussi à supporter les coussinets *c, c* de l'axe. Tout le corps de l'appareil était renfermé dans un vase de cuivre contenant 7 à 8 litres d'eau et muni d'un couvercle percé de deux orifices, l'un pour donner passage à l'arbre vertical de rotation et l'autre pour introduire dans l'intérieur un thermomètre indicateur de la température de l'eau. L'agitation de l'eau par les palettes était produite au moyen du mécanisme représenté par la *fig*. 4. L'axe était mis en mouvement par un cordon qui s'enroulait sur deux poulies en bois D, C de même diamètre, et sollicitées par deux poids en plomb E, F qui tombaient d'une hauteur mesurée par des règles graduées G, H. Les fils

Fig. 4.

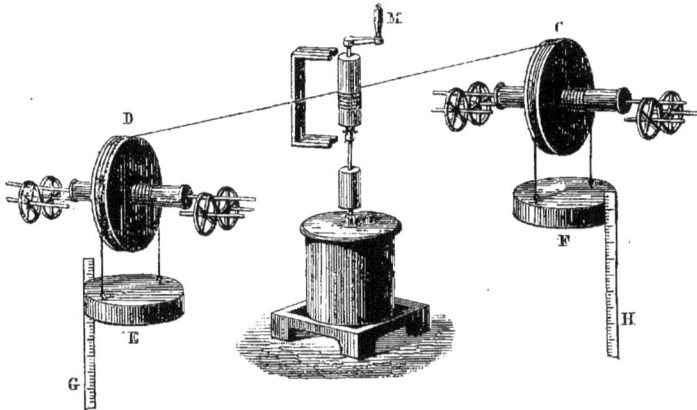

qui soutenaient ces poids s'enroulaient sur deux treuils horizontaux dont le diamètre était le sixième de celui des poulies qui leur servaient de roues de transmission. Pour atténuer les effets du frottement, les axes étaient en acier et soutenus par un système de roues analogue à celui que l'on remarque dans la machine d'Atwood. Enfin le vase de cuivre contenant l'appareil reposait, par un très-petit nombre de points, sur un support en bois, afin d'éviter les effets de la conductibilité pour la chaleur, et l'on avait aussi le soin, au moyen d'un écran, de protéger l'appareil contre la chaleur rayonnante émanant du corps de l'expérimentateur. Par la description succincte de ce mécanisme, on comprend que, pendant la chute des disques en plomb, les treuils horizontaux tournaient et entraînaient les poulies C et D. Alors les deux brins du cordon CD s'enroulaient sur ces poulies et communiquaient un mouvement de rotation à l'arbre vertical. Il en résultait encore que les palettes métalliques agitaient l'eau contenue dans le vase de cuivre et que, le mouvement étant gêné par la résistance des vannes fixes, ce liquide devait s'échauffer à la fois par le frottement et par l'agitation qui s'était produite dans toute sa masse.

Pour faire l'expérience, on amenait d'abord les disques en plomb E, F au haut de leur course, en maintenant l'appareil immobile au moyen d'une manivelle M adaptée à la partie supérieure de l'arbre vertical de rotation. L'introduction, par le couvercle, d'un thermomètre très-sensible, qui donnait les centièmes de degré de l'échelle de Fahrenheit, ayant fait connaître la température initiale de l'eau, on laissait descendre les disques de plomb jusqu'au sol, sous l'action de leur propre poids. Après avoir renouvelé vingt fois l'expérience, on déterminait de nouveau la température de l'eau, et l'on notait d'ailleurs celle de l'air ambiant au commencement, au milieu et à la fin de l'expérience. Pour apprécier les effets de la chaleur rayonnante, on observait immédiatement les variations du thermomètre pendant un temps égal à la durée de l'expérience.

De cette série d'observations on devait conclure que le travail moteur accompli par le poids des disques de plomb pendant leur chute se composait : 1° du travail accompli par le frottement des organes intérieurs de l'appareil ; 2° du travail dû au frottement des poulies et à la roideur des cordons ; 3° du travail correspondant à la force vive anéantie, à la fin de chaque expérience, par le choc des poids en plomb contre le sol.

D'après ce qui a été dit (t. II) sur la mise en marche des machines, il est certain que pendant les premiers instants le mouvement était accéléré, mais qu'il devenait uniforme dès que l'appareil était parvenu à l'état d'équilibre dynamique. On notait alors, le long des règles graduées, le point où se trouvaient les poids moteurs et l'on relevait la température de l'eau. Il est évident que, à partir de ce moment, le travail accompli par le poids des disques métalliques ne devait plus servir à accroître la force vive du système, mais bien être affecté tout entier à élever sa température.

Pour interpréter par le calcul l'ensemble de tous ces phénomènes, appelons

P le poids de chaque disque de plomb ;

p le poids équivalent au frottement des treuils, des poulies et de la roideur des cordons ;

P' le poids de l'eau renfermée dans l'appareil ;

q un poids d'eau équivalent aux organes solides qui participent à l'élévation de la température ;

t la température de l'eau observée au commencement de l'expérience ;

t' la température de l'eau observée au moment où le mouvement des poids moteurs devient uniforme ;

t'' la température observée à la fin de l'expérience ;

θ la variation de température correspondant à l'effet perturbateur du rayonnement;

h la hauteur parcourue par les poids d'un mouvement uniforme ;

h' la hauteur dont les mêmes poids sont descendus quand leur mouvement est accéléré ;

$H = h + h'$ la hauteur totale parcourue ;

V la vitesse des poids en arrivant au sol ;

v la vitesse communiquée aux molécules de l'eau renfermée dans l'appareil.

Nous ferons observer *a priori* que, pour atténuer l'effet de la température de l'air ambiant, que nous avons représentée par θ, on a soin, comme cela se pratique en calorimétrie, de se placer dans des conditions telles que l'on ait

$$\theta - t' = t'' - \theta \quad \text{ou} \quad \theta = \frac{t' + t''}{2}.$$

Cela posé, et sachant d'ailleurs que sur la hauteur h le mouvement est uniforme, l'équation du travail

$$T = EQ$$

deviendra

$$(P + P)h = E(P' + q)(t'' - t') + ph;$$

d'où

$$E(P' + q)(t'' - t') = (P + P)h - ph,$$

$$E = \frac{(P + P - p)h}{(P' + q)(t'' - t')}, \quad E = \frac{(2P - p)h}{(P' + q)(t'' - t')}.$$

On peut encore calculer la valeur de l'équivalent mécanique de la chaleur en s'appuyant sur le théorème des forces vives.

A cet effet remarquons que sur la hauteur H, le mouvement étant accéléré pendant une partie de l'expérience, il y a production de force vive et qu'il en est de même sur la hauteur h'. Nous ajouterons encore, pour la facilité de la mise en équation du problème, que sur la hauteur totale H parcourue par les poids moteurs, l'eau passe de la température t à la température t'', et que sur la hauteur h' la variation de température est $t' - t$. On aura donc successivement les deux équations suivantes :

$$(P + P)H = E(P' + q)(t'' - t) + pH + \frac{1}{2}\frac{P + P}{g}V^2,$$

$$(P + P)h' = E(P' + q)(t' - t) + ph' + \frac{1}{2}\frac{P + P}{g}V^2.$$

Retranchant membre à membre, il viendra

$$(P + P)H - (P + P)h'$$
$$= E(P' + q)(t'' - t) + pH - E(P' + q)(t' - t) - ph',$$

ou bien, en mettant en évidence les facteurs communs,

$$(P + P)(H - h') = E(P' + q)(t'' - t - t' + t) + p(H - h').$$

Substituant à $H - h'$ sa valeur h, l'équation deviendra

$$(P + P)h = E(P' + q)(t'' - t') + ph;$$

d'où l'on déduit

$$E(P' + q)(t'' - t') = (P + P - p)h,$$
$$E = \frac{(P + P - p)h}{(P' + q)(t'' - t')}, \quad E = \frac{(2P - p)h}{(P' + q)(t'' - t')},$$

expression identique à celle que nous avons déjà obtenue. Il est d'ailleurs évident que l'on peut toujours trouver la valeur de E en employant l'une des équations.

La force vive perdue par les disques en plomb à la fin de chaque expérience peut être facilement déterminée, car la vitesse acquise par les poids, sur la hauteur h', se déduisant de la formule

$$V^2 = 2gh',$$

on aura, pour chaque poids,

$$\frac{P}{g}V^2 = \frac{P}{g} \times 2gh' = 2Ph'.$$

La quantité p, qui, dans la relation, représente les frottements et la roideur du cordon, est plus difficile à obtenir. M. Joule a procédé de la manière suivante : Le rouleau de bois A était séparé de l'arbre qui portait les palettes, et, après avoir écarté le vase de cuivre qui contenait le corps de l'appareil, ce rouleau était rendu mobile sur deux pivots ; puis on changeait le sens de l'enroulement du cordon, de manière que l'un des poids ne pût descendre sans que l'autre montât, absolument comme les poids de la machine d'Atwood. Enfin M. Joule déterminait, par tâtonnement, quel poids il fallait ajouter à l'un des poids moteurs pour donner au système la vitesse uniforme qu'il possédait pendant l'expérience, et le travail accompli par ce poids additionnel mesurait le travail absorbé par les frottements. Il est cependant utile de faire observer que ce mode de recherche présente quelque inexactitude ; car, les deux poids qui sollicitent le cordon à ses extrémités cessant d'être égaux, l'appareil n'est plus symétrique, et la pression est augmentée du côté de la poulie où se trouve la surcharge.

M. Joule a fait les mêmes expériences sur le mercure, mais l'appareil a dû être construit en fer et, à cause de la grande densité du corps liquide expérimenté, on lui a fait subir une modification. L'arbre vertical de rotation portait douze palettes disposées entre seize vannes fixes. On avait préalablement déterminé l'équivalent en eau de l'appareil rempli de mercure par la méthode des mélanges, exactement comme pour la recherche de la chaleur spécifique des corps. La conduite de l'expérience était d'ailleurs la même que précédemment.

En introduisant dans les formules les moyennes des expériences de chaque série, M. Joule a obtenu les résultats suivants :

$$\text{Eau} \dots \dots \dots \dots \dots \quad E = 424,9$$
$$\text{Mercure} \dots \dots \dots \dots \left\{ \begin{array}{l} E = 425,0 \\ E = 426,3 \end{array} \right.$$

La précision des expériences faites par le physicien anglais permet de formuler ainsi la conclusion qu'il en a déduite :

La quantité de chaleur dégagée par le frottement est pro-

portionnelle au travail accompli par la force motrice et le coefficient de proportionnalité est complétement indépendant de la nature des surfaces frottantes.

De tout ce qui précède, nous admettrons donc que, en considérant l'expression de frottement dans le sens qui lui est propre, un travail mécanique a pour équivalent, non un accroissement d'énergie du système, mais bien un phénomène thermique auquel correspond une quantité déterminée de chaleur; le nombre 425 est le rapport constant de ces deux grandeurs.

20. *Expérience de M. Hirn.* — *Détermination de l'équivalent mécanique de la chaleur par l'écrasement du plomb.* — Pour cette expérience, M. Hirn, ingénieur civil à Mulhouse, dont les remarquables travaux ont puissamment contribué aux progrès de la Thermodynamique, a procédé ainsi que nous allons l'exposer.

Une masse de plomb D, présentant une cavité destinée à re-

Fig. 5.

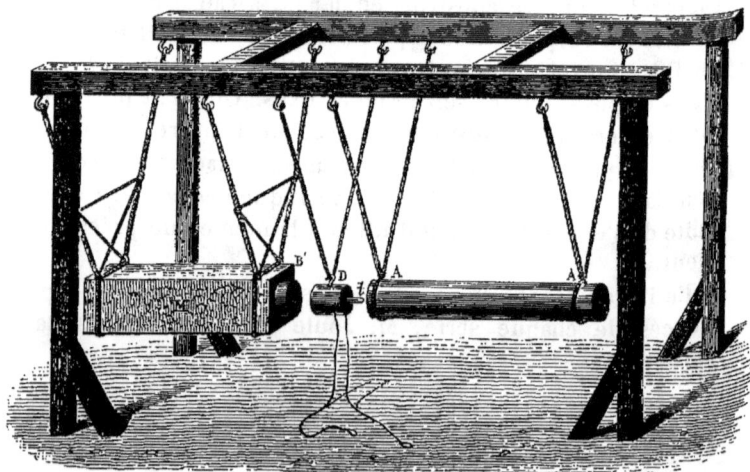

cevoir un thermomètre très-simple *t*, est disposée entre une enclume mobile en grès des Vosges M et un bélier en fer AA, dont la position peut également varier. Ces pièces sont suspendues, au moyen de cordes, à deux poutres inébranlables (*fig.* 5). Quand on soulève le bélier à une certaine hauteur, il retombe et vient frapper le plomb qui s'échauffe sous l'influence du choc. Dès que ce phénomène s'est accompli, on voit que, le bélier d'une part, l'enclume et la masse de plomb d'autre part, s'élèvent à différentes hauteurs au-dessus de leur position d'équilibre. Il en résulte que, la force vive acquise par le bélier n'étant pas complétement anéantie par le choc, on doit faire intervenir dans l'équation la quantité de travail qui correspond à l'élévation du centre de gravité de chaque pièce, comme on l'a fait dans la théorie du pendule balistique (t. I).

Appelons

H la hauteur de chute du bélier;
h la hauteur à laquelle il remonte;
h' la hauteur à laquelle s'élèvent le plomb et l'enclume de grès après la percussion;
P le poids du bélier;
P' le poids de l'enclume en grès;
p le poids de la masse de plomb soumise à l'expérience.

Pour déterminer la distance du centre de gravité de chaque pièce à l'axe de suspension, on la fait osciller comme un pendule, pendant un certain temps, en ayant soin de noter le nombre d'oscillations. Soient n ce nombre par minute et l la distance cherchée. On aura, à cause de l'isochronisme des oscillations,

$$\frac{60}{n} = \pi \sqrt{\frac{l}{g}}.$$

Élevant au carré les deux membres,

$$\frac{3600}{n^2} = \pi^2 \frac{l}{g};$$

d'où

$$l = \frac{36000 \times g}{n^2 \times \pi^2} = \frac{3600 \times 9,81}{n^2 \times 3,1415^2}, \quad l = \frac{3588,61}{n^2}.$$

Si nous désignons par α l'angle d'écart qui correspond au déplacement du centre de gravité de l'enclume en grès, son sinus G'M (*fig.* 6) représentera le recul de cette pièce, et la

Fig. 6.

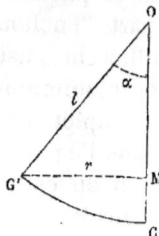

hauteur du centre de gravité au-dessus de la position d'équilibre sera GM. On aura donc

$$h' = l - \text{OM}.$$

Or

$$\text{OM} = l \cos \alpha;$$

d'où

$$h' = l - l \cos \alpha = l(1 - \cos \alpha) \quad \text{ou} \quad h' = 2 l \sin^2 \tfrac{1}{2} \alpha.$$

Cette expression peut encore être mise sous une autre forme.

Appelant r le recul horizontal de l'enclume en grès, du triangle rectangle OG'M on déduit

$$\overline{\text{OM}}^2 = l^2 - r^2 \quad \text{et} \quad \text{OM} = \sqrt{l^2 - r^2};$$

par suite,

$$h' = l - \sqrt{l^2 - r^2}.$$

On pourra donc, à un moment quelconque, calculer pour chaque pièce la hauteur à laquelle s'élève son centre de gravité.

Le travail accompli par le poids P pendant la chute étant PH et immédiatement après le choc, les travaux des masses qui servent à l'expérience ayant pour valeurs respectives $\text{P}h$, $\text{P}'h'$, ph', le travail détruit sera représenté par la différence

$$\text{PH} - \text{P}h - \text{P}'h' - ph' = \text{P}(\text{H} - h) - h'(\text{P}' + p).$$

Cherchons maintenant la chaleur créée, c'est-à-dire l'équivalent calorifique du travail absorbé par le choc. Appelons t la température de l'air du laboratoire et t' celle du morceau de plomb avant le choc, laquelle est donnée par le thermomètre placé dans la cavité cylindrique d'où on le retire au moment de la chute du bélier. Quand le choc a eu lieu, on enlève la masse de plomb à l'aide de cordons fixés d'avance et l'on verse dans la cavité un poids q d'eau à la température de zéro, en ayant soin d'y introduire de nouveau le thermomètre. On note de quatre minutes en quatre minutes les indications fournies par cet instrument. Représentons par t_0 la température commune au plomb et à l'eau, si l'équilibre calorifique entre ces deux substances s'établissait immédiatement à la fin du choc; de plus, désignons par t_1 et t_2 leurs températures relevées au moyen du thermomètre quatre minutes et huit minutes après le choc. Ainsi les excès de la température du plomb sur la température de l'air du laboratoire seront respectivement $(t_0 - t)$, $(t_1 - t)$, $(t_2 - t)$. Pour établir la loi de Newton sur le refroidissement, on démontre expérimentalement, *a priori*, que, l'une des boules du thermomètre différentiel de Leslie étant soumise au refroidissement, les excès de température indiqués par cet instrument forment une progression par quotient, si les temps après lesquels ont été faites les observations sont en progression arithmétique croissante [1]. Telle que la marche de l'expérience a eu lieu, la progression arithmétique relative aux intervalles de temps après lesquels ont été faites les observations thermométriques sera représentée par

$$\div 0.4.8,$$

et, d'après la loi invoquée, la progression géométrique sera

$$\div (t_0 - t) : (t_1 - t) : (t_2 - t) \quad \text{ou} \quad \frac{t_0 - t}{t_1 - t} = \frac{t_1 - t}{t_2 - t}.$$

Déduisant de cette relation la valeur de t_0, nous aurons

$$t_0 = \frac{(t_1 - t)^2}{t_2 - t} + t.$$

---

[1] JAMIN, Membre de l'Institut, *Cours de Physique de l'École Polytechnique*, *Loi de Newton*, t. II.

Appelant Q la chaleur dégagée par le choc, C_1 la capacité calorifique du plomb sous pression constante, T le travail mécanique absorbé qui, par l'effet du choc, s'est transformé en chaleur, il viendra

$$T = QE.$$

Or, d'après ce que nous venons de dire et en vertu de l'expérience de M. Hirn, la valeur de Q sera exprimée par

$$Q = p\,C_1\,(t_0 - t) + qt_0,$$

attendu que le plomb passe de la température t_0 à la température t, et l'eau de zéro à t_0.

Remplaçant Q par cette valeur dans l'équation précédente, le travail perdu par le choc sera représenté par l'expression

$$T = [p\,C_1\,(t_0 - t) + q\,t_0]\,E.$$

Mettant aussi à la place du travail absorbé T sa valeur trouvée plus haut, il viendra

$$P(H - h) - h'(P' + p) = [p\,C_1\,(t_0 - t) + qt_0]\,E.$$

On déduit de là, pour la valeur de l'équivalent mécanique de la chaleur,

$$E = \frac{P(H - h) - h'(P' + p)}{p\,C_1\,(t_0 - t) + qt_0}.$$

Introduisant dans cette équation les résultats fournis par l'expérience que nous venons de décrire, on trouve approximativement

$$E = 425.$$

21. *Expérience de M. Hirn sur une machine à vapeur. — Nouvelle recherche de l'équivalent mécanique de la chaleur.* — Pour bien comprendre les résultats obtenus par M. Hirn dans cette nouvelle voie, il est indispensable de connaître les transformations diverses qui s'accomplissent dans le cylindre d'une machine à vapeur pendant une pulsation double du piston, dès que le mouvement de la machine est arrivé à l'état de régime. Cet éminent ingénieur a su faire servir les ressources matérielles d'une importante manufacture à la solution d'un problème purement métaphysique qui agitait les esprits, depuis que Sadi Carnot et Clapeyron ont préparé les bases de la Thermodynamique. L'expérience de M. Hirn sur la machine à vapeur est doublement heureuse; d'abord parce qu'elle écarte immédiatement les objections dédaigneuses des praticiens contre ce qu'ils appellent les travaux de cabinet et les expériences de laboratoire; ensuite, c'est peut-être là le point capital, parce qu'une machine de 200 chevaux, dont les organes ont de grandes dimensions, atténue, pendant la longue durée des expériences, l'influence de ces nombreuses perturbations accidentelles qui surviennent toujours dans une recherche faite sur une petite échelle et qui, le plus souvent, finissent par se compenser quand elles se répètent plusieurs fois. Dans l'ordre d'idées adopté par M. Hirn, considérons les phénomènes thermiques qui se passent dans une machine à vapeur à détente et à condensation.

Une masse d'eau, à une température t par exemple, est prise dans le condenseur et se rend dans la chaudière où elle se transforme en vapeur à une température supérieure t'. Pendant que cette transformation a lieu, on remarque un abaissement notable de température des produits de la combustion des gaz, caractérisé par une quantité de chaleur déterminée. La vapeur saturée passe dans le cylindre de la machine, fait mouvoir le piston et revient au condenseur pour y reprendre la température primitive t, qu'on suppose entretenue constante par l'eau qu'injecte la pompe à eau froide. En même temps, il y a élévation de température d'un système de corps, formé par l'eau injectée dans le condenseur, par les enveloppes de la vapeur et par les corps extérieurs. Cette série de phénomènes, considérée au point de vue purement mécanique, constitue un véritable paradoxe. Il est constant, en effet, que, à l'origine et à la fin de la période considérée, l'état relatif de tout le système est absolument identique; car la masse d'eau enlevée au condenseur lui a été intégralement restituée, le piston est revenu à l'origine de sa course, et cependant un travail extérieur a été accompli.

Ainsi, d'après cela, le théorème des forces vives, qui est la base de la Mécanique appliquée, semble être en défaut. Cette contradiction apparente s'évanouit, si l'on observe les phénomènes thermiques qui se sont accomplis pendant la course du piston. Depuis longtemps l'expérience a montré que ces phénomènes ne sont pas équivalents, et que la quantité de chaleur absorbée pour l'accomplissement du premier est plus grande que celle dégagée pour le second. Il suit de là que l'accroissement d'énergie communiqué aux corps extérieurs doit être équivalent à la différence de ces quantités de chaleur et se trouver avec elle dans un rapport constant qui est l'équivalent mécanique de la chaleur. C'est ce que M. Hirn a établi par neuf expériences faites sur les machines à vapeur d'une filature de coton des environs de Colmar. Bien que la précision n'en puisse être très-grande, on comprend néanmoins tout l'intérêt qui se rattache à l'étude des phénomènes que présente la machine à vapeur dans les conditions où ils se manifestent chaque jour, et non dans celles où une expérimentation plus ou moins restreinte peut les faire connaître.

Les expériences de M. Hirn comprennent trois recherches distinctes : les deux premières se rapportent aux phénomènes thermiques qui s'accomplissent dans la chaudière et dans le condenseur; la troisième a pour objet l'évaluation du travail effectué par la vapeur en vertu de sa force élastique.

Présentement appelons P la quantité d'eau qu'il est nécessaire d'introduire dans la chaudière à chaque coup de piston pour le jeu régulier de la machine; t la température initiale de cette eau; T la température de la vapeur saturée qu'elle a engendrée.

D'après la formule de M. Regnault, la quantité de chaleur Q, absorbée par l'eau pour se transformer en vapeur, sera

$$Q = P(6o6,5 + o,3o5T - t).$$

D'autre part, en désignant par p le poids de l'eau froide qu'il faut injecter dans le condenseur pour opérer sa condensation et par t' sa température, la chaleur Q' enlevée par cette eau au condenseur aura pour valeur

$$Q' = p(t - t'),$$

qui est précisément la chaleur correspondant à la deuxième transformation. On peut trouver directement le poids p de l'eau nécessaire à la condensation au moyen d'un appareil à écoulement continu, que l'on règle jusqu'à ce que la tempé-

rature t du condenseur soit devenue absolument invariable.
Remarquons, toutefois, que l'expression $p(t - t')$ ne représente pas intégralement la chaleur abandonnée par la vapeur
en se condensant. Les organes qui servent à la conduire dans le
condenseur s'échauffent plus ou moins et rayonnent de la chaleur sur les corps environnants; pour procéder avec exactitude, il convient donc de tenir compte de cette circonstance.
Appelant S la quantité de chaleur qui correspond à ce phénomène perturbateur, quantité que l'on doit toujours chercher
à rendre aussi petite que possible, la véritable valeur de Q'
sera

$$Q' = p(t - t') + S.$$

Quant au travail accompli par la force élastique de la vapeur, M. Hirn l'a évalué au moyen d'un petit appareil très-
ingénieux, connu sous le nom d'*indicateur de Watt*. Nous en
donnerons plus loin une description détaillée. Ici nous nous
bornerons à dire que cet appareil consiste en un petit cylindre que l'on visse sur une ouverture pratiquée au couvercle du cylindre de la machine à vapeur et qui présente à
son intérieur un piston très-mobile. La tige de ce piston est
munie d'un crayon qui trace sur une bande de papier une
courbe dont les ordonnées font connaître la pression de la
vapeur, et dont les abscisses indiquent le point de la course
qui répond à cette pression. La quadrature de la surface limitée
par la courbe est l'expression du travail cherché.

C'est en employant ce procédé que M. Hirn a pu établir
d'une manière évidente la proportionnalité du travail accompli
à la chaleur perdue, dans le fonctionnement d'une machine à
vapeur.

Appelant T_e ce travail, la valeur de l'équivalent mécanique
de la chaleur sera représentée par la relation

$$E = \frac{T_e}{Q - Q'}.$$

Remplaçant Q et Q' par leurs valeurs respectives, nous
aurons

$$E = \frac{T_e}{P(606,5 + 0,305\,T - t) - [p(t - t') + S]}.$$

Les neuf expériences de M. Hirn ont conduit aux valeurs suivantes de l'équivalent mécanique de la chaleur :

$$310, \quad 355, \quad 408, \quad 368, \quad 453, \quad 398, \quad 606, \quad 299, \quad 387.$$

La moyenne de ces résultats 398 diffère du nombre adopté 425 de $\frac{1}{17}$ environ; on ne doit pas être surpris de cet écart, quand on voit que les nombres 299, 606 diffèrent eux-mêmes du double du plus petit de ces nombres. Néanmoins, on ne saurait méconnaître que les expériences de M. Hirn ont une importance considérable et qu'elles confirment de nouveau le principe fondamental d'équivalence de la chaleur et du travail.

Le nombre 413, qu'on donne quelquefois comme résultant de nouvelles expériences de M. Hirn, a été également obtenu par M. Clausius. Enfin, dans une expérience faite avec le plus grand soin et rapportée dans la dernière édition de sa *Théorie mécanique de la chaleur*, M. Hirn affirme avoir trouvé le nombre 426.

22. *Démonstration du principe de l'invariabilité de l'équivalent mécanique de la chaleur.* — De l'examen des phénomènes qui se manifestent dans une machine à vapeur en mouvement, il résulte que l'on peut considérer comme une loi générale de la nature la possibilité de la variation d'un système, pourvu toutefois qu'il y ait accomplissement d'un phénomène thermique. Cette proposition peut facilement être établie par une réduction à l'absurde, en s'appuyant, comme Sadi Carnot, sur l'impossibilité absolue du mouvement perpétuel ([1]).

Considérons, à cet effet, deux phénomènes quelconques dans lesquels ont lieu deux phénomènes inverses. Soit, par exemple, un appareil à frottement, tel que le frein dynamométrique de Prony, où du travail se transforme en chaleur, et une machine à vapeur, où une partie de la chaleur disparaît en produisant du travail mécanique. En désignant par E l'équivalent mécanique de la chaleur dans l'appareil à frottement,

---

([1]) Sadi Carnot, *Réflexions sur la puissance motrice du feu.*

par Q la quantité de chaleur engendrée et par T le travail moteur, on aura

$$T = QE.$$

Si cette quantité de chaleur Q est exclusivement employée à mettre en mouvement la machine à vapeur, le travail développé sera différent de T, dans le cas où l'équivalent mécanique de la chaleur ne serait pas le même que pour l'appareil à frottement. Supposons qu'il soit moindre et, par suite, que le travail produit soit $T(1 - k)$. Concevons, en outre, que ce travail serve uniquement à produire dans le volant de la machine à vapeur un accroissement d'énergie représenté par $T(1 - k)$.

Dans une nouvelle opération sur l'appareil à frottement, cet accroissement d'énergie pourra encore être employé à la marche de cet appareil en y produisant une autre quantité de chaleur Q′. Comme précédemment, nous aurons

$$T(1 - k) = Q'E.$$

Il est visible que la quantité de chaleur Q′ est moindre que Q et que, si elle est affectée à la marche de la machine à vapeur, le nouvel accroissement d'énergie x qui se développera dans le volant pourra être déduit de la relation suivante :

$$\frac{x}{T(1 - k)} = \frac{Q'}{Q}, \quad x = \frac{T(1 - k)Q'}{Q}.$$

Les deux valeurs QE et Q′E donnent, en divisant les deux équations membre à membre,

$$\frac{Q'E}{QE} = \frac{T(1 - k)}{T} \quad \text{ou} \quad \frac{Q'}{Q} = (1 - k).$$

Remplaçant dans la valeur de x le rapport $\dfrac{Q'}{Q}$ par $1 - k$, nous aurons

$$x = T(1 - k)(1 - k) = T(1 - k)^2;$$

après une troisième opération, la valeur de x sera

$$T(1 - k)^3,$$

et, en continuant indéfiniment la série de ces opérations, on

arriverait à réduire l'accroissement d'énergie à une valeur représentée par

$$T(1 - k)^n.$$

Or la machine à vapeur et l'appareil à frottement peuvent
être considérés comme un seul et même système dont le fonctionnement, dans le cas actuel, peut comprendre un nombre n
de périodes. Ainsi, si cette hypothèse était réellement admissible, on arriverait à cette conclusion, incompatible avec les
lois de la Mécanique, que l'énergie d'un système irait en décroissant indéfiniment, bien que les corps qui le composent
fussent absolument dans les mêmes conditions physiques,
au commencement et à la fin de chaque période du mouvement
général. L'existence d'un tel système tendant de lui-même
vers le repos, sans qu'aucune modification physique soit apportée à sa constitution organique, est évidemment contraire
au principe de l'inertie de la matière.

Dans l'hypothèse où l'équivalent mécanique de la chaleur E
serait plus grand pour la machine à vapeur que pour l'appareil
à frottement, on parviendrait à une conclusion dont l'absur-
dité ne serait pas moins manifeste; car alors l'énergie d'un
système de corps réagissant les uns sur les autres pourrait
s'accroître au delà de toute limite, ce qui conduirait naturellement à reconnaître l'existence du mouvement perpétuel,
dont nous avons cependant fait ressortir l'impossibilité (t. II,
*Application du principe des forces vives au mouvement des
machines*).

CHAPITRE III.

23. *Représentation graphique de l'état d'un corps. — Point figuratif.* — En Thermodynamique l'état d'un corps est caractérisé par trois éléments : sa *température*, son *volume* et sa *pression*. Éclairés par l'expérience, les physiciens ont été conduits à accepter seulement deux de ces éléments pour définir l'état du corps considéré. On comprend dès lors que ces trois variables indépendantes doivent être liées entre elles par une équation. Jusqu'à ce jour la Science a été impuissante à trouver la forme sous laquelle la relation doit être présentée pour un corps quelconque; mais, pour les gaz considérés comme parfaits, elle est exprimée avec une exactitude suffisante par les deux lois combinées de Mariotte et de Gay-Lussac. Ordinairement, et c'est le moyen le plus simple, on prend le *volume* et la *pression* pour les deux éléments caractéristiques de l'état d'un corps.

Pour rendre plus facile l'interprétation des phénomènes, les volumes et les pressions sont indiqués par les positions diverses d'un point rapporté à deux axes rectangulaires. On le nomme *point figuratif* et ses coordonnées, variables selon les positions qu'il occupe, représentent respectivement le volume et la pression à un instant donné.

Considérons deux axes rectangulaires OX, OY (*fig.* 7) et portons sur l'axe des x une longueur Oa représentant à une certaine échelle le volume du corps qui correspond à l'état considéré. Élevant au point a une perpendiculaire de longueur aa', proportionnelle à la pression, l'extrémité a' de cette perpendiculaire sera la position du point figuratif qui répond à l'état du corps défini par le volume et par la pression. Pareillement on obtiendra la position b' du point figuratif pour une deuxième transformation du corps, à l'aide des coordonnées O*b*, *bb'* représentant, à la même échelle que précédemment, le volume et la pression qui caractérisent le nouvel état du corps. En continuant ainsi de suite, on trouvera toutes les positions du point figuratif qui correspondent à des états

Fig. 7.

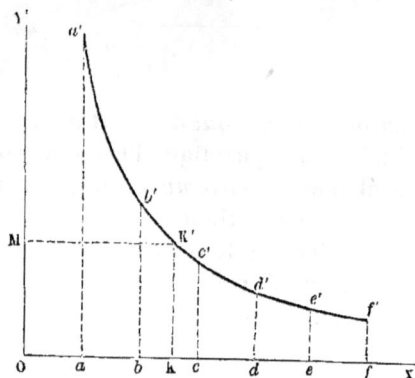

divers du corps. La ligne continue qui passe par toutes ces positions a reçu le nom de *ligne de transformation* ou de *ligne figurative de transformation*. Cette ligne est l'expression géométrique de la loi qui lie le volume à la pression, pendant les différentes transformations que subit le corps. Ainsi, si nous voulons connaître le volume du corps correspondant à une pression donnée, sur l'axe des *y*, à partir du point origine O, portons une longueur OM représentant la pression à l'échelle convenue. La parallèle menée par le point M rencontre la ligne de transformation en un point K', qui est la position du point figuratif pour cette pression, et i'abscisse OK de ce point représentera le volume correspondant. Réciproquement, on pourrait se proposer, étant donné le volume du corps, de trouver la pression qui doit servir à définir son état.

Pour compléter ce qui vient d'être dit sur le mode de représentation de l'état d'un corps, il importe de connaître les circonstances qui peuvent modifier la forme de la courbe de transformation.

D'abord il est évident que cette ligne doit varier pour un

même poids du corps observé, selon les échelles adoptées pour représenter les volumes et les pressions; ensuite avec des échelles déterminées pour les volumes et les pressions, la ligne de transformation ne conserve pas la même forme, quand on considère la substance soumise à l'étude, sous des poids différents. Enfin, dans ce dernier cas, les lignes de transformation sont semblables; et, par suite, si l'on a soin de prendre l'échelle des volumes en raison inverse des divers poids de la même substance, toutes ces lignes se confondront, pourvu toutefois que l'échelle des pressions ne cesse pas d'être la même.

24. *Représentation graphique du travail externe.* — Supposons, comme précédemment, l'état du corps caractérisé par les valeurs de deux variables indépendantes, le *volume* et la *pression*. Construisons la ligne de transformation en prenant, suivant le procédé indiqué, ces deux variables, l'une pour abscisse, l'autre pour ordonnée du point figuratif dans un système de deux axes rectangulaires OX, OY (*fig.* 8). Soit MN

Fig. 8.

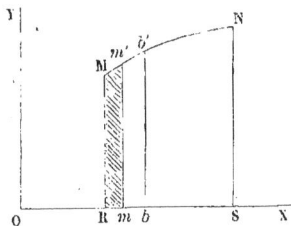

la courbe figurative d'une transformation finie quelconque. Tel que le point figuratif a été défini, il pourra être considéré comme déterminant l'état d'un corps, et de plus le lieu de ses positions fera toujours connaître la série des états intermédiaires par lesquels ce corps aura passé. D'après cela, le travail externe sera géométriquement représenté par la surface comprise entre la courbe MN, l'axe des volumes OX et les deux ordonnées extrêmes MR, NS. En effet, nous avons vu plus haut que, pour une variation élémentaire de volume *v*, sous une pression constante *p*, le travail externe est *pv* et que, pour une transformation finie du corps, le travail est la somme de quantités analogues à pv, c'est-à-dire que l'on a

$$T = pv + p'v' + p''v'' + \ldots = \Sigma pv.$$

A partir du point R, prenons un élément Rm du volume Rb et élevons la perpendiculaire mm'. En vertu de considérations que nous avons souvent employées et qu'il est inutile de reproduire, le travail élémentaire externe sera représenté par la surface RM$m'm$. Pour une deuxième variation élémentaire de volume, le travail serait également représenté par une surface analogue; de sorte que la somme de tous les travaux élémentaires, c'est-à-dire le travail externe accompli pendant un temps fini, aura pour valeur, comme nous l'avons dit *a priori*, l'aire limitée par la courbe figurative concurremment avec l'axe des volumes et les ordonnées extrêmes.

Si le point figuratif de l'état du corps parcourt la courbe de transformation dans le sens de M vers N, tous les travaux élémentaires sont positifs et par conséquent le travail total l'est aussi; si, au contraire, la courbe a été parcourue par le point figuratif dans le sens inverse de N vers M, le travail est négatif, et, dans ce cas, il est encore représenté par la même surface que le travail positif. Ainsi, quand un corps subit successivement deux séries de transformations correspondant l'une et l'autre à la même courbe figurative, non considérée dans le même sens, les deux travaux sont égaux et de signes contraires, c'est-à-dire que le travail total accompli pendant les deux périodes est absolument nul.

Ces deux séries de transformations se produisent lorsque, par exemple, un corps augmente d'abord de volume, et puis reprend son état primitif en se contractant.

Étendons ces considérations au cas où un corps subit une série quelconque de transformations qui le ramènent à son état primitif. La ligne décrite par le point figuratif sera une courbe fermée, telle que MNPQ (*fig.* 9). Si l'on convient de prendre positivement le travail externe accompli dans la dilatation et négativement le travail externe qui correspond à la contraction, on voit que le travail positif est égal à l'aire RMNPS et le travail négatif à l'aire SPQMR. La somme algébrique de ces deux quantités ou l'aire MNPQ représente donc le travail externe effectué pendant les deux séries de transformations, après lesquelles le corps reprend son état initial. Ainsi, en

Fig. 9.

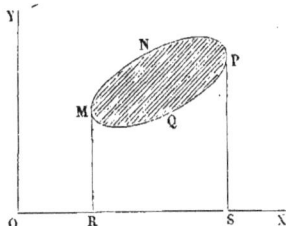

désignant par T le travail externe et par S la surface limitée par là courbe fermée des transformations, on aura

$$T = S.$$

Multipliant par l'équivalent calorifique du travail $A = \dfrac{1}{E}$, on

aura la quantité de chaleur Q qui correspond à l'accroissement d'énergie communiquée aux corps extérieurs

$$Q = \frac{S}{E} = SA.$$

Ce mode de représentation graphique du travail extérieur, très-répandu aujourd'hui, a été employé pour la première fois par Clapeyron dans son commentaire des *Réflexions sur la puissance motrice du feu* de Sadi Carnot ([1]).

25. *Lignes isothermiques et isodynamiques.* — On appelle ligne isothermique la courbe décrite par le point figuratif quand le corps éprouve une transformation sous une pression variable, la température restant constante. En vertu de cette définition, cette ligne représente la loi suivant laquelle la pression varie avec le volume, lorsque la température reste constante. Ce nom lui a été donné par M. Macquorn Rankine, ingénieur civil anglais d'un grand mérite, qui est en même temps un des principaux fondateurs de la Thermodyna-

([1]) *Journal de l'École Polytechnique*, XIVᵉ cahier, 1834.

6.

mique (¹). Dans le cas particulier des gaz permanents supposés rigoureusement parfaits, les courbes isothermiques sont des hyperboles équilatères rapportées aux asymptotes; car, ces gaz étant soumis à la loi de Mariotte, le produit du volume par la pression est une quantité constante

$$pv = \text{const.};$$

et cette équation est précisément celle d'une hyperbole rapportée à un système d'axes rectangulaires. Nous établirons d'ailleurs par la Géométrie, dans la graduation du manomètre à air comprimé, que cette courbe représente parfaitement la loi de la compression et de la dilatation de l'air, la température demeurant constante.

M. Cazin, un de nos physiciens les plus distingués, dans ses intéressants travaux sur la Théorie mécanique de la chaleur, a désigné sous le nom de *courbe isodynamique* la *ligne qui serait décrite par le point figuratif si, pendant le changement d'état des corps, on réglait la pression extérieure et l'introduction de la chaleur de manière que le travail interne restât constant.*

Du principe de l'équivalence entre la chaleur transmise et le travail accompli, M. Zeuner, par une savante discussion, a déduit la conclusion suivante : *La courbe isodynamique des gaz parfaits se confond avec la courbe isothermique.*

Sans entrer dans les considérations métaphysiques qui ont conduit l'éminent professeur à cette remarquable conséquence, il est cependant facile d'en reconnaître synthétiquement toute l'exactitude. En effet, lorsque la température des gaz parfaits reste invariable, leur *énergie potentielle* est une quantité constante; car alors le travail intérieur, qui n'est autre chose que la variation de cette énergie, est égal à zéro (p. 53). On a d'ailleurs vu que la constance de la température entraînait celle de l'*énergie actuelle*. Or, comme l'*énergie totale* est égale à l'*énergie potentielle* augmentée de l'*énergie actuelle*,

---

(¹) En 1817, M. de Humboldt a introduit le nom de *lignes isothermes* dans l'étude de la Météorologie. C'est pour éviter toute confusion que les thermo-dynamistes ont employé la dénomination de *lignes isothermiques*, qui s'applique à un ordre d'idées différent.

il est évident que, dans les conditions que nous nous sommes imposées, elle doit aussi avoir une valeur constante ; par conséquent la courbe isodynamique sera encore une hyperbole équilatère caractérisée par l'équation

$$pv = \text{const.};$$

mais nous ajouterons que la coïncidence de la courbe isodynamique et de la courbe isothermique n'appartient qu'aux gaz permanents considérés comme gaz parfaits.

26. *Lignes adiabatiques.* — Cette dénomination, due encore à M. Rankine, sert à désigner *la ligne qui indique comment la pression varie avec le volume, quand il n'y a ni introduction, ni perte de chaleur, et quand la pression extérieure et la force expansive du corps ne cessent pas d'être égales pendant tout le changement d'état.* La *ligne adiabatique* est aussi appelée par quelques auteurs *ligne de nulle transmission.* De cette définition, il résulte que le corps, pendant la transformation qu'il subit, se trouve exactement dans les mêmes conditions que s'il était renfermé dans une enveloppe complétement dépourvue de conductibilité.

Les *courbes adiabatiques* des gaz parfaits sont caractérisées par l'équation suivante :

$$p \, V^{\frac{C_1}{C}} = p_1 V_1^{\frac{C_1}{C}} \quad \text{ou} \quad p V^k = p_1 V_1^k,$$

en faisant

$$\frac{C_1}{C} = k.$$

L'exposant $\dfrac{C_1}{C}$ représente le rapport de la capacité calorifique sous pression constante à la capacité calorifique sous volume constant, et l'on a trouvé plus haut

$$\frac{C_1}{C} = 1,41.$$

On pourra donc poser

$$p V^{1,41} = \text{const.}$$

Cette équation de la courbe adiabatique est relative au point dont les coordonnées sont les variables indépendantes p_1, V_1. Lorsque les coordonnées de ce point sont connues, le tracé de la courbe adiabatique est entièrement déterminé, car la constante de l'équation est simplement $p_1 V_1$.

On reconnaît facilement la nature de la courbe adiabatique; les asymptotes de cette courbe sont les axes des coordonnées; mais elle se rapproche davantage de l'axe des abscisses que les courbes isothermique et isodynamique, car l'équation de ces dernières courbes est

$$p V = \text{const.},$$

et celle de la courbe adiabatique

$$p V^k = \text{const.} \quad \text{ou} \quad p V^{1,41} = \text{const.}$$

Comme $k > 1$, on comprend que le rapprochement de la courbe vers l'axe des abscisses ait lieu, puisque dans ce dernier cas, à la pression p correspond une abscisse plus grande que dans le cas de la courbe isothermique.

Poisson est le premier qui ait trouvé, mais par une autre méthode, que la pression d'un gaz varie suivant la loi exprimée par la dernière équation, lorsque le changement n'est accompagné ni d'accroissement, ni de perte de chaleur. On doit encore à M. Cazin une excellente démonstration de cette loi, qu'il a publiée dans les *Annales de Chimie et de Physique*, t. LXVI.

27. *Construction des lignes de transformation.* — Admettons, comme il a été dit plus haut, que la pression et le volume suffisent à caractériser l'état du corps et qu'il s'agisse plus particulièrement des gaz permanents. Nous avons déjà vu que, la courbe étant représentée par l'équation

$$p V = \text{const.},$$

pour avoir les différentes positions du point figuratif, il fallait porter sur l'axe des x, à partir du point origine, des longueurs proportionnelles aux volumes et élever aux points de division des perpendiculaires représentant, à l'échelle adoptée, les pressions correspondantes.

Connaissant la position initiale du point figuratif qui, par ses coordonnées, détermine l'état du corps, on peut facilement déterminer une série de points de la courbe de transformation, sans recourir au procédé que nous venons de rappeler. A cet effet, considérons deux axes rectangulaires OX, OY (*fig.* 10) et, à partir de l'origine des axes, portons des lon-

Fig. 10.

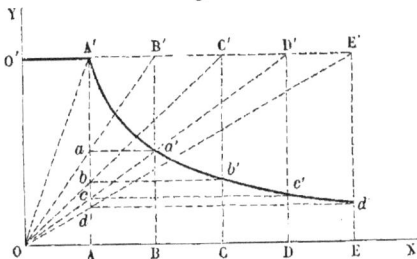

gueurs OA, OB = 2OA, OC = 3OA, ..., représentant à une certaine échelle les volumes V_1, V, V', V'', ... successivement occupés par le corps, et menons les ordonnées AA', BB', CC', ... à l'axe des x, que nous prolongerons jusqu'à leur rencontre avec la parallèle à cet axe menée par le point O'. Joignons le point O aux points de division A', B', C', D', ..., et par les points a, b, c, d, où les concourantes du point O rencontrent la première ordonnée, menons des parallèles à l'axe des abscisses, les points d'intersection de ces parallèles avec les ordonnées de même rang, à partir du point A, sont autant de positions du point figuratif de l'état du corps.

Pour le démontrer, remarquons que, les deux triangles OAa, OBB' étant semblables, on aura la relation

$$\frac{Aa}{BB'} = \frac{OA}{OB}.$$

Remplaçant Aa par son égale Ba' et BB' par son égale AA', il viendra

$$\frac{Ba'}{AA'} = \frac{OA}{OB}, \quad \text{d'où} \quad Ba' \times OB = AA' \times OA.$$

Or AA' représente la pression initiale p_1 et OA le volume V_1 du corps avant la transformation; donc

$$Ba' \times OB = V_1 p_1.$$

La similitude des triangles OAb, OCC' conduit aussi à la relation

$$Cb' \times OC = V_1 p_1.$$

Puisque les points tels que a', b', c', ..., par les relations de leurs coordonnées, expriment la loi de Mariotte, il est évident qu'ils représentent les positions diverses du point figuratif sur la courbe de transformation.

Avec les données que nous avons prises pour le tracé de la courbe, on reconnaît aisément que les pressions qui correspondent aux différentes positions du point figuratif ont pour valeurs respectives

$$Ba' = p = \tfrac{1}{2} p_1, \quad Cb' = p' = \tfrac{1}{3} p_1, \quad Dc' = p'' = \tfrac{1}{4} p_1.$$

Pour généraliser la question, supposons que le volume représenté par AE soit égal à n fois le volume primitif (*la quantité n étant un nombre entier ou une expression fractionnaire.*) On aura, par conséquent,

$$OE = (1 + n) OA, \quad \text{ou} \quad OE = (1 + n) V_1,$$

et, en vertu de la loi de Mariotte, la valeur de la pression correspondante p_n sera

$$p_n = \frac{p_1}{1 + n}.$$

Menons la perpendiculaire EE' à l'axe des abscisses et joignons le point O au point E'. La parallèle menée par le point d au même axe rencontrera l'ordonnée EE' en un point d' qui sera la position du point figuratif lorsque le volume du corps sera devenu égal à $(n + 1)$ fois son volume initial; car la similitude des triangles OAd, OEE' donne la relation

$$\frac{Ad}{EE'} = \frac{OA}{OE} = \frac{OA}{(1 + n) OA} = \frac{1}{(1 + n)}.$$

Remplaçant Ad par son égale Ed' et EE' par AA', on aura

$$\frac{Ed'}{AA'} = \frac{OA}{OE} = \frac{1}{(1 + n)}, \quad \text{d'où} \quad Ed' = \frac{AA'}{(1 + n)},$$

et

$$Ed' \times OE = AA' \times OA.$$

Substituant à AA′ et OA leurs valeurs respectives p_1 et V_1, il viendra

$$E d' \times OE = V_1 p_1, \quad \text{ou} \quad \frac{AA'}{(1+n)} \times OA(1+n) = V_1 p_1.$$

Le premier membre de l'équation représente le produit du volume à la fin de la transformation par la pression correspondante, de sorte que, si l'on fait $OA(1+n) = V_n$, l'équation prendra la forme

$$V_n p_n = V_1 p_1 ;$$

donc le point d' appartient à la courbe figurative de l'état du corps considéré.

Dans le tracé de ces courbes, si le volume du corps n'a pas une grande étendue, on donne successivement à la quantité n des valeurs entières, de sorte que les volumes qui répondent aux positions déterminées du point figuratif sont des multiples du volume primitif.

On peut encore construire la courbe de transformation par le procédé suivant :

Traçons deux axes rectangulaires OX, OY ($fig.$ 11) et,

Fig. 11.

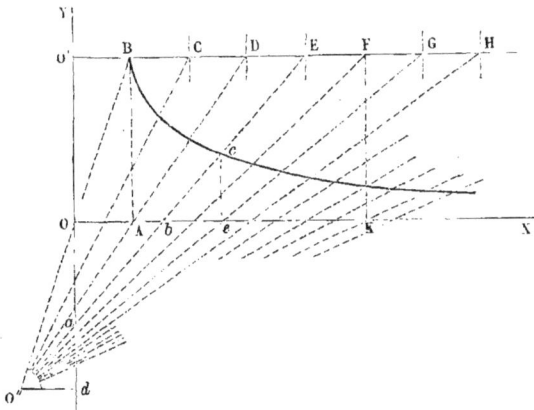

comme dans la méthode précédente, prenons OA et AB qui, a une échelle convenue, représentent respectivement le volume et la pression. Par le point O′ menons une parallèle O′H à l'axe des abscisses et, à partir du point O', portons des longueurs proportionnelles aux volumes successivement occupés par le corps. Le rapport de ces volumes au volume primitif peut être un nombre fractionnaire, mais généralement, dans la pratique, on le fait égal à un nombre entier, surtout quand le volume primitif n'est pas très-considérable. Proposons-nous de trouver le point figuratif qui correspond à un volume quelconque occupé par le corps. A cet effet, joignons le point B à l'origine O des axes et prolongeons la ligne de jonction d'une quantité $OO'' = OB$. Unissons aussi le point E au point O'' et notons les points a et b où cette nouvelle droite concourante rencontre les axes OX, OY. Si, à partir du point b, on porte sur bE une longueur $bc = O''a$, on aura la position du point figuratif, quand le volume du corps sera Oe. Pour le démontrer, menons l'ordonnée ce du point c et la parallèle $O''d$ à l'axe des abscisses jusqu'à la rencontre de l'axe des ordonnées. Remarquons que, les deux triangles bce, Oab étant semblables, on aura entre les côtés la relation

$$\frac{ce}{be} = \frac{Oa}{Ob}, \quad \text{d'où} \quad \frac{ce + Oa}{be + Ob} = \frac{ce}{be} = \frac{Oa}{Ob}.$$

D'autre part, les deux triangles rectangles OBA, $OO''d$ étant manifestement égaux, on aura

$$Od = AB, \quad O''d = OA,$$

et, à cause de l'égalité des triangles bce, $O''ad$,

$$be = O''d = OA, \quad ce = ad;$$

par suite,

$$ce + Oa = Oa + ad = Od = AB \quad \text{et} \quad be + Ob = Oe.$$

En substituant, la relation deviendra

$$\frac{AB}{Oe} = \frac{ce}{OA}, \quad \text{d'où} \quad Oe \times ce = AB \times OA,$$

et, comme OA et AB représentent le volume primitif du corps et la pression correspondante,

$$Oe \times ce = V_1 p_1.$$

Ainsi le point c appartient à la courbe de transformation.

28. *Construction des courbes adiabatiques.* — Prenons l'équation de la courbe adiabatique d'un gaz permanent relative à un point de cette courbe caractérisée par les coordonnées (p, V),

$$p V^{\frac{c_1}{c}} = p V^k = p V^{1,41} = \text{const.}$$

L'état initial du corps étant donné par les coordonnées p_1, V_1, la constante sera représentée par $p_1 V_1^k$, et l'on aura

$$p V^k = p_1 V_1^k, \quad \text{d'où} \quad p = \frac{p_1 V_1^k}{V^k} = p_1 \left(\frac{V_1}{V} \right)^k.$$

Dans le second membre de l'équation, on donnera successivement à V des valeurs en mètres cubes et fractions de mètre cube plus ou moins différentes les unes des autres, selon le degré d'exactitude avec lequel on veut opérer le tracé de la courbe, en tenant compte d'ailleurs des échelles adoptées pour représenter les éléments de la question.

Pour fixer les idées, appliquons la formule à l'air atmosphérique et supposons que, à l'origine de la transformation, la pression soit égale à 6 atmosphères et que le volume de l'air soit 2 mètres cubes. Cherchons d'abord la pression p, qui correspond au volume $2^{\text{mc}}, 500$. On aura

$$p = 6 \left(\frac{2}{2,500} \right)^{1,41} = 6 \times (0,8)^{1,41};$$

d'où

$$\log p = \log 6 + 1,41 \log 0,8, \quad \log p = 0,6415082,$$

$$p = 4^{\text{atm}}, 38.$$

En kilogrammes, par mètre carré, la valeur de p sera

$$p = 10334 \times 4,38 = 45262^{\text{kg}}, 92.$$

Introduisant dans la formule d'autres valeurs de V et résolvant l'équation, ainsi que nous venons de le faire, on aura les valeurs correspondantes de p. Avec ces coordonnées numériques, représentées par des lignes à une échelle convenue, on obtiendra une suite de positions du point figuratif et, en les unissant par un trait continu, on aura la courbe adiabatique de la transformation du corps.

29. *Cycle d'opérations*. — Pour bien comprendre le sens de cette expression, fort souvent employée en Thermodynamique, supposons que l'état initial d'un corps soit donné par son volume et la pression, et admettons qu'il reçoive ou perde de la chaleur en se dilatant ou en se contractant, c'est-à-dire par la production d'une certaine quantité de travail extérieur.

L'ensemble de ces modifications a reçu le nom de *cycle d'opérations*. Par extension, on désigne sous le même nom la *ligne représentative* de toutes les trnsformations.

Un cycle est *incomplet* si l'on ne considère qu'une partie des modifications subies par le corps. Il résulte de cette définition qu'un cycle incomplet ne comprend qu'une partie de la courbe figurative de toute la série des phénomènes qui se sont manifestés dans l'état du corps.

Un cycle est dit *fermé* lorsque, à la fin de l'observation, l'état du corps redevient absolument le même qu'au commencement. On comprend dès lors que le travail interne, à la fin de l'opération, doit être nul, puisque le corps a repris la disposition intérieure qu'il possédait à l'origine.

Un cycle est *réversible* quand on peut faire subir à un corps une série de transformations inverses après lesquelles il reprend son état primitif. Dans la première succession des opérations, le travail consommé a servi à créer une certaine quantité de chaleur; au contraire, dans la succession inverse des mêmes opérations, une certaine quantité de chaleur a disparu pour engendrer un travail équivalent.

Par opposition, le cycle est *non réversible* quand on ne peut faire subir au corps une série de transformations opposées qui le ramènent à l'état initial.

On trouve un exemple d'un cycle non réversible dans la détente brusque d'une masse gazeuse que l'on fait subitement communiquer, soit avec un espace vide, soit avec une enceinte où la pression diffère en moins de celle du gaz d'une quantité notable. Il en est encore de même pour les mélanges explosifs servant à faire marcher le piston d'une machine. Lorsque la série des transformations subies par le corps est un cycle non réversible, la température et la pression ne sont pas uniformes dans toute la masse. Du côté où le gaz s'échappe, la pression à la surface est égale à la pression extérieure;

mais, dans l'intérieur, elle croît sensiblement jusqu'à une certaine limite.

Un cycle peut encore être *simple* ou *composé* : il est dit *simple* lorsque l'ensemble des lignes qui le représentent est formé de deux couples de courbes; mais on suppose expressément que les deux courbes d'un même couple sont de même nature, c'est-à-dire qu'elles ne diffèrent entre elles que par la valeur attribuée à une constante. Dans tous les autres cas le cycle est dit *composé*.

On appelle *diagramme figuratif* du cycle l'ensemble de toutes les lignes de transformation relatives à la pression et au volume qui font connaître les différentes phases de l'état du corps pendant l'opération.

Nous verrons que la quadrature de la surface limitée par l'ensemble des lignes figuratives du cycle est l'expression du travail accompli par le corps pendant la transformation.

30. *Cycle de Carnot.* — Pour établir le théorème qui porte son nom, Sadi Carnot a imaginé un cycle fermé et réversible qui rend très-facile l'examen des phases diverses par lesquelles peut passer l'état d'un corps. Le volume primitif étant connu, on suppose le corps en présence d'une source de chaleur et d'une source de froid qui produisent alternativement sa dilatation et sa contraction, en même temps que l'influence de ces deux phénomènes se manifeste sur les corps environnants. Le cycle de Carnot comporte une généralité qui permet de l'appliquer, non-seulement aux gaz et aux vapeurs, mais encore à un corps quelconque, soit liquide, soit solide, pourvu que la dilatation et la contraction aient une étendue qui puisse être appréciée.

Soient (*fig.* 12)

OX, OY les axes des coordonnées;

MN, PQ deux lignes isothermiques;

MQ, NP deux lignes adiabatiques qui correspondent à des températures différentes t, t';

MNPQM le chemin décrit par le point figuratif.

La série des transformations subies par le corps, c'est-à-dire le cycle d'opérations, comprend quatre parties distinctes :

1° Quand le point figuratif a parcouru l'arc MN de la courbe isothermique, le volume d'abord représenté par OA devient OC et la pression primitive AM est réduite à NC. Ainsi, la température restant constante, le volume du corps augmente et la pression diminue, ce qui revient à reconnaître que le corps considéré reçoit de la source calorifique une quantité de chaleur Q et que pendant cette première partie de l'opération un travail extérieur représenté par l'aire MNCA a été effectué. Il est évident que ce travail externe est dû à l'accroissement de volume du corps et à la pression exercée sur les corps voisins; tel est le cas, par exemple, d'un piston soumis à l'action de la vapeur agissant en plein.

Fig. 12.

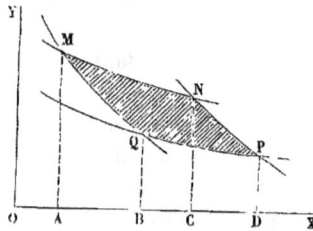

2° De N en P une partie de l'énergie intérieure du corps se transforme en énergie sensible extérieure et donne lieu à une production de travail positif représenté par l'aire CNPD; dans cette opération, aucune quantité de chaleur n'est empruntée ou communiquée à l'extérieur, mais le corps passe de la température t à la température inférieure t', ce qui, en d'autres termes, signifie que le corps se détend sans qu'il subisse aucune variation de température.

3° De P en Q, la pression augmente, le volume diminue et la température t' reste constante. Cette phase de la transformation du corps s'explique en admettant qu'il se trouve en présence d'une masse de parfaite conductibilité à laquelle il transmet une quantité de chaleur Q'. Ainsi, tandis que le corps se contracte, sous l'influence d'une pression extérieure, la source de froid lui enlève de la chaleur.

Dans l'ordre d'idées que comprend la Thermodynamique, ce phénomène peut être interprété d'une manière bien simple : une partie de l'énergie sensible qui a été développée dans les opérations précédentes se transforme en énergie interne qui sert à accroître l'énergie calorifique du corps froid de la quantité Q'. Pendant cette troisième opération la courbe des volumes est une nouvelle isothermique et le travail externe est négatif ; sur la figure il est représenté par l'aire BQPD.

4° Enfin de Q en M une autre partie d'énergie sensible sert à augmenter l'énergie intérieure du corps qui reprend son état initial sans qu'il y ait aucune quantité de chaleur empruntée ou cédée aux corps extérieurs. Ainsi, quand le point figuratif parcourt l'adiabatique QM, la pression augmente, le volume diminue et le travail, qui est encore négatif ou résistant, est représenté par l'aire ABQM.

En résumé, la série des opérations indiquées par le cycle met en évidence que la somme des variations de l'énergie interne du corps est nulle, puisque l'état final est identique à l'état initial ; en d'autres termes, le corps qui parcourt ce cycle d'opérations emprunte à la source calorifique une quantité de chaleur représentée par Q, cède une quantité de chaleur Q' à la source de froid et accomplit un travail externe égal à la somme des travaux positifs, diminué de la somme des travaux résistants. Ainsi, T_e étant ce travail, on aura

$$T_e = AMNC + CNPD - (BQPD + AMQB) \quad \text{ou} \quad T_e = MNPQ.$$

Ainsi le travail externe est représenté par l'aire du diagramme formé par les courbes de transformation, et, comme cela a plus particulièrement lieu dans le jeu des machines thermiques, il sert à accroître l'énergie totale d'un système extérieur de corps solidaires.

D'après ce qui vient d'être dit, on peut exprimer le rapport qui existe entre la quantité de chaleur transportée de la masse infinie de température t sur la masse infinie de température t' et le travail accompli pour accroître l'énergie totale du système extérieur. En effet, la chaleur empruntée à la source infinie calorifique étant Q, et la source ayant absorbé une quantité Q' de cette chaleur, évidemment celle qui s'est transformée en travail externe sera Q — Q'. Par suite, en fonction de l'équivalent mécanique, le travail sera

$$E(Q - Q')$$

et le rapport dont il est question sera représenté par

$$\frac{Q'}{E(Q - Q')} = A \frac{Q'}{Q - Q'},$$

A représentant l'équivalent calorifique du travail ou l'inverse de l'équivalent mécanique. Ce rapport est absolument le même que dans le cas où l'agent de la transformation est un gaz parfait.

Si l'on compare les opérations indiquées par le cycle de Carnot aux phénomènes thermiques qui se passent dans une machine à vapeur, on voit sans peine qu'elles peuvent être assimilées aux états divers de la vapeur, depuis son introduction dans le cylindre jusqu'à son retour dans la chaudière.

Première opération. — Le point figuratif décrit la courbe isothermique MN. (Admission de la vapeur dans le cylindre.)

Deuxième opération. — Le point figuratif parcourt la courbe adiabatique NP. (Détente de la vapeur.)

Troisième opération. — Le point figuratif décrit la seconde isothermique. (Condensation de la vapeur.)

Quatrième opération. — Le point figuratif parcourt la seconde adiabatique. (Alimentation de la chaudière.)

Le cycle de Carnot jouit de la propriété remarquable d'être réversible, c'est-à-dire que le point figuratif peut décrire le diagramme en sens inverse.

Dans ce cas, voici comment les transformations auront lieu:

1° Quand le point figuratif décrit l'adiabatique MQ, le corps se détend à l'abri de toute action calorifique, jusqu'à ce que sa température se soit abaissée de t à t' degrés.

2° Dans le parcours de l'isothermique QP, le corps se détend encore à la température en empruntant à la source de froid la quantité Q', qu'elle avait primitivement reçue.

3° De P en N, la pression augmentant et le volume diminuant, le corps est comprimé sans absorption ni transmission de chaleur, de manière qu'à la fin de cette opération il passe de la température t' degrés à la température supérieure t degrés.

4° Enfin en suivant l'isothermique NM, comme le volume

continue à diminuer et la pression à augmenter, la température restant constante, le corps est encore comprimé ; dans cette dernière opération, il cède à la source de chaud une quantité de chaleur que nous avons représentée par Q.

En examinant avec attention le mouvement du point figuratif sur le cycle tout entier MQPNM, dans le parcours inverse, on remarque que la quantité de chaleur Q, absorbée par la source calorifique, se compose de la quantité de chaleur empruntée à la source de froid, augmentée de la chaleur restituée par le travail externe. Or nous avons vu que le travail externe est représenté par l'aire du diagramme MQPN et la quantité de chaleur qui lui correspond est $Q - Q'$. Par suite, la chaleur absorbée par le corps chaud après les quatre opérations du cycle sera

$$Q' + Q - Q' = Q,$$

comme nous l'avons dit en décrivant la quatrième opération.

31. *Invariabilité du rapport entre la chaleur transportée sur un corps et le travail externe effectué.* — Nous avons trouvé précédemment, pour l'expression de ce rapport,

$$A \frac{Q'}{Q - Q'}.$$

A cet effet, considérons deux machines différentes, l'une à gaz, l'autre à liquide, marchant, suivant le cycle de Carnot, entre les mêmes limites de température t, t' et dépensant la même quantité de chaleur pour la production du travail externe.

Appelant q la chaleur dépensée dans les deux machines et Q_1, Q'_1 les quantités de chaleur successivement empruntées et cédées par l'agent intermédiaire de la transformation, nous aurons

$$A \frac{Q'}{Q - Q'} = A \frac{Q'}{q}, \qquad A \frac{Q'_1}{Q_1 - Q'_1} = A \frac{Q'_1}{q}.$$

Or

$$Q' = 1 + \alpha t' \quad \text{et} \quad Q = 1 + \alpha t.$$

En substituant et comme on sait, d'ailleurs, que les deux

machines marchent dans les mêmes conditions de température, il viendra

$$A\frac{Q'}{q} = A\frac{1+\alpha t'}{\alpha(t-t')}, \qquad A\frac{Q'_1}{q} = A\frac{1+\alpha t'}{\alpha(t-t')}.$$

Pour établir cet important théorème, démontrons d'abord qu'on ne saurait avoir

$$A\frac{Q'_1}{q} > A\frac{1+\alpha t'}{\alpha(t-t')} \quad \text{ou} \quad \frac{Q'_1}{q} > \frac{1+\alpha t'}{\alpha(t-t')}.$$

Remarquons, à cet effet, que dans la machine à liquide, le cycle des transformations étant réversible, la courbe représentative du cycle peut être décrite dans les deux sens par le point figuratif de l'état du corps. Ainsi, selon le sens du mouvement de ce point, la seconde machine pourra servir à transformer la chaleur dépensée $Q_1 - Q'_1$ en travail mécanique ou, réciproquement, à convertir en chaleur le travail mécanique que représente l'expression $E(Q_1 - Q'_1)$. En nous plaçant dans ce dernier cas, la machine à liquide reçoit d'un corps à la température t' une quantité de chaleur Q'_1, qu'elle transmet sur un autre corps de température t, en y ajoutant, intérieurement, toute la chaleur qui provient de la transformation du travail externe $E(Q_1 - Q'_1) = Eq$.

En admettant l'inégalité que nous avons posée plus haut, nous aurons

$$\frac{Q'_1}{q} > \frac{Q'}{q} \quad \text{ou} \quad Q'_1 > Q'.$$

Cette inégalité, résultant de l'hypothèse admise, ne peut exister. En effet, accouplons la machine à liquide avec la machine à gaz, de telle sorte que le travail accompli dans celle-ci par l'action de la chaleur serve précisément à faire marcher la machine à liquide dans le sens que nous venons d'indiquer. En considérant la machine à gaz, on voit qu'elle emprunte à un corps extérieur M, de température t, une quantité de chaleur $Q = Q' + q$, dont la partie q se transforme en travail externe, tandis que l'autre est transportée sur un corps N qui se trouve à la température t'. Dans la machine à liquide, la série des phénomènes a lieu dans un ordre inverse. Elle reçoit d'un corps N, à la température t', une quantité de chaleur Q'_1, et cette quantité de chaleur, étant augmentée de celle qui résulte de la transformation du travail externe Eq fourni par la machine à gaz, est transportée sur un corps de température t, qui peut encore être le corps désigné par M. En résumé, après une révolution complète des deux machines accouplées, il n'y a absolument ni chaleur produite, ni travail créé : la double série de transformations n'a eu d'autre objet que de transporter, du corps N de température t' sur le corps M de température t, une quantité de chaleur représentée par $Q'_1 - Q_1$. Il résulterait de là que l'énergie calorifique d'un corps de température t se serait accrue d'une certaine quantité aux dépens de l'énergie calorifique d'un corps ayant une température t plus élevée. Cette conséquence, qui découle de l'hypothèse admise plus haut, est manifestement contraire à la réalité. Dans un corps ou dans un système subissant une série de transformations telles, que l'état initial et l'état final sont identiques, un transport de chaleur accompli dans ces conditions serait en formelle contradiction avec le principe suivant, accepté comme un axiome par tous les thermodynamistes :

La chaleur ne peut passer d'elle-même d'un corps plus froid sur un corps plus chaud.

En vertu de ce principe, lorsque deux corps sont en présence, si la température de l'un s'élève tandis que celle de l'autre s'abaisse, pour être corrélatifs, ces deux phénomènes thermiques ne doivent pas seulement être dans un rapport déterminé, il faut encore que le corps dont la température s'abaisse soit plus chaud que celui dont la température s'élève, à moins qu'on ne fasse intervenir une cause capable de renverser l'ordre de ces phénomènes. Ainsi il est très-facile d'opérer la fusion de la glace en faisant condenser de la vapeur aqueuse à 100 degrés ; mais le phénomène inverse, c'est-à-dire une seconde vaporisation de la vapeur liquéfiée, ne pourrait être obtenu par une nouvelle congélation de l'eau fondue.

On ne saurait donc reconnaître l'hypothèse $Q'_1 > Q'$, qui a servi de base à notre raisonnement, comme l'expression de la

7.

vérité : elle serait le renversement de lois physiques parfaitement établies par l'observation.

Par l'accouplement inverse de deux machines, qui consiste
à faire produire du travail par la machine à liquide et de la
chaleur par la machine à gaz, on démontrerait, en suivant le
même raisonnement, que l'hypothèse

$$Q'_1 < Q'$$

est également inadmissible ; donc

$$Q'_1 = Q'.$$

Par suite, la conclusion à laquelle conduit l'étude de tous
ces phénomènes peut être ainsi formulée :

*Dans les deux machines considérées, le rapport qui existe
entre la quantité de chaleur transportée d'un corps ayant la
température t sur un corps ayant la température t' et le travail
externe effectué est représenté par*

$$A \frac{1 + \alpha t'}{\alpha(t - t')}.$$

On peut, dans ce rapport, remplacer les températures ordinaires par les températures absolues ; car, d'après la définition
qui a été donnée du zéro absolu, on a

$$T = 273 + t, \quad T' = 273 + t',$$
$$\alpha = 0,00367 = \tfrac{1}{273},$$

d'où

$$t = T - 273, \quad t' = T' - 273.$$

Introduisant ces valeurs dans le rapport, on aura

$$A \frac{1 + \alpha t'}{\alpha(t - t')} = A \frac{1 + \frac{1}{273}(T' - 273)}{\frac{1}{273}(T - 273 - T' + 273)},$$
$$A \frac{1 + \alpha t'}{\alpha(t - t')} = A \frac{\frac{1}{273}(273 + T' - 273)}{\frac{1}{273}(T - T')},$$
$$A \frac{1 + \alpha t'}{\alpha(t - t')} = A \frac{T'}{T - T'}.$$

32. *Théorème de Sadi Carnot.* — Les considérations qui
précèdent ont conduit à un théorème d'une haute importance,

établi pour la première fois par Sadi Carnot et dont l'énoncé est présenté sous différentes formes par les thermodynamistes.

Dans toute machine thermique où l'agent employé pour la conversion de la chaleur en travail parcourt un cycle de transformations telles qu'il n'emprunte de chaleur qu'à un corps d'une température déterminée et n'en abandonne qu'à un autre d'une température également déterminée, mais plus basse, il existe un rapport constant entre la quantité de chaleur transportée du corps le plus chaud sur le corps le plus froid et la quantité de chaleur transformée en travail; ce rapport, indépendant de la nature de l'agent employé, est égal à la plus basse des températures absolues entre lesquelles la machine fonctionne, divisée par la différence de ces températures. (Émile VERDET).

Lorsque deux corps fonctionnent suivant le principe de Carnot, entre les mêmes limites de température, à une même quantité de chaleur transportée correspond une même quantité de travail produit, quelle que soit la nature de l'agent intermédiaire. (MOUTIER.)

Sadi Carnot, dans ses *Réflexions sur la puissance motrice du feu*, donne l'énoncé suivant :

La puissance motrice de la chaleur est indépendante des agents mis en œuvre pour la réaliser ; sa quantité est uniquement fixée par les températures des corps entre lesquels se fait, en dernier résultat, le transport du calorique.

Enfin Clapeyron, dans le commentaire analytique des idées émises par Carnot, a traduit, sous une autre forme, ce principe si fécond, devenu aujourd'hui fondamental dans l'étude de la Thermodynamique :

Au transport d'une quantité donnée de chaleur d'un corps à un autre corps, dont la température est moindre, équivaut la production d'une quantité déterminée de travail, lorsque l'état du corps intermédiaire ne subit pas de changements permanents. La quantité de chaleur reste constante pendant l'opération.

C'est d'après ce principe ainsi formulé que le savant commentateur de Carnot a établi ses calculs. M. Clausius a fait remarquer le premier que, présenté sous cette forme, le théorème ne s'accorde pas avec le principe de l'équivalence de la chaleur et du travail et qu'il faut rejeter le dernier passage : *La quantité de chaleur reste constante.*

Carnot et Clapeyron admettaient que la quantité de chaleur Q, empruntée au corps chaud, est égale à la quantité de chaleur cédée au corps froid, et, par suite, que le travail produit est proportionnel à la quantité de chaleur transportée sur le corps froid.

Du temps de Carnot et de Clapeyron on ne connaissait pas le principe fondamental de la Théorie mécanique de la chaleur, qui admet la coexistence d'une production de travail et d'une disparition de chaleur; c'est ce qui explique pourquoi ces deux savants géomètres, par l'examen du cycle représentatif des transformations, ont été amenés à conclure que $Q = Q'$, c'est-à-dire que la chaleur empruntée à la source de chaud est égale à celle qui est transmise à la source de froid.

A Clausius revient le mérite d'avoir démontré que cette égalité est absolument inadmissible et que, dans l'énoncé du théorème, il faut supprimer le dernier passage : *La quantité de chaleur reste constante.* Le travail externe représenté par l'aire du diagramme correspond à la quantité $Q - Q'$ de chaleur disparue. Néanmoins les travaux de Sadi Carnot et de Clapeyron font époque dans la science nouvelle qui nous occupe, et leur principe, si fécond en conséquences, est encore aujourd'hui accepté comme vrai ; mais, pour le mettre d'accord avec le principe de l'équivalence de la chaleur et du travail, il est indispensable de substituer à la dernière partie de la proposition la phrase suivante : *Dans cette opération du cycle de Carnot il y a disparition d'une quantité de chaleur proportionnelle au travail produit.*

La démonstration du théorème de Carnot, telle que nous l'avons donnée précédemment, avec la modification introduite par le célèbre géomètre allemand, repose tout entière sur une impossibilité physique qui n'apparaît pas avec le même degré de certitude qu'une imposibilité mécanique. Aussi croyons-nous devoir reproduire la démonstration de Carnot, d'après l'hypothèse alors admise de la matérialité du calorique.

35. *Démonstration du théorème par Sadi Carnot.* — L'observation a fait reconnaître, dans une machine à feu quelconque, l'absolue nécessité d'avoir un foyer pour échauffer le corps intermédiaire (vapeur, air, etc.) et un corps réfrigérant pour le refroidir. Une machine étant établie dans ces conditions, Sadi Carnot avait été frappé de cette particularité que la production du travail était toujours accompagnée de l'état d'équilibre dans le calorique. D'après lui, le mouvement était dû, non à une absorption plus ou moins considérable de calorique, mais bien au transport du fluide d'un corps chaud sur un corps froid.

Conformément aux idées alors admises, il considérait le calorique comme une sorte de fluide tendant à se mouvoir dans une certaine direction, exactement comme les fluides que nous présente la nature. Acceptant sans restriction l'hypothèse de la matérialité de ce fluide, il assimila la puissance motrice de la chaleur à celle d'une chute d'eau. De même que la force motrice d'une chute d'eau dépend à la fois de sa hauteur et de la quantité de liquide qui s'écoule, la puissance motrice de la chaleur dépend aussi de la quantité de chaleur employée et de ce qu'il appelle aussi, par analogie, sa *hauteur de chute*, c'est-à-dire de la différence de température des corps entre lesquels se fait l'échange de calorique. Cette assimilation, assurément fort ingénieuse, fut le point de départ du théorème fondamental. Pour le démontrer Sadi Carnot s'appuie sur l'impossibilité du mouvement perpétuel.

A cet effet, supposons qu'un corps A, subissant les transformations du cycle de Carnot, transporte d'un corps M à la température t une quantité de chaleur Q sur un corps N à la température t', et qu'une quantité de travail T_e soit effectuée sur le parcours du cycle. Admettons de plus qu'un autre corps B, subissant la même série de transformations, dans les mêmes limites de température, opère le transport de la quantité de chaleur Q en produisant un travail $T'_e > T_e$. Dans cette double hypothèse le mouvement perpétuel devient possible.

En effet, puisque le cycle de Carnot est réversible, on pourra toujours accoupler les deux corps ou système de corps A, B, deux machines par exemple, de manière que dans la dernière le travail effectué T'_e provienne du transport de la quantité de chaleur Q du corps M à la température de t degrés sur le corps N à t' degrés, tandis que dans la première on peut supposer que la quantité de travail T_e est empruntée au travail T'_e pour transporter la même quantité de chaleur Q du corps N à t' degrés sur le corps M à t degrés. Après une révolution complète des deux machines accouplées, la quantité de chaleur Q est revenue intégralement à la source qui l'a fournie, et il reste cependant une quantité de travail disponible représentée par $T'_e - T_e$. Telle que la question a été envisagée, une transformation qui, à la fin de la période considérée, n'amènerait aucun changement dans l'état d'un système de corps ou d'une machine, serait donc capable de produire une certaine quantité de travail, ce qui est manifestement impossible; s'il en était autrement, l'un des organes de la machine, le volant notamment s'il s'agit d'une machine à vapeur, emmagasinerait, sans aucune dépense de force motrice extérieure, une quantité de force vive de plus en plus grande, ce qui conduirait à la réalisation du *mouvement perpétuel*, dont l'impossibilité est universellement reconnue. Ainsi, de tout ce qui précède, il résulte que l'on doit avoir

$$T_e = T'_e.$$

Par suite, quel que soit le point de vue sous lequel on considère la question, le principe de Carnot est vrai avec la modification introduite dans l'énoncé par Clausius.

34. *Extension du théorème de Carnot.* — Considérons deux corps quelconques dont les transformations ont lieu directement suivant un cycle de Carnot, entre les mêmes limites de température, mais en empruntant des quantités différentes de chaleur à la source calorifique.

Soient

Q la chaleur empruntée par le premier corps à la source calorifique;

Q' la chaleur transportée sur le corps réfrigérant;

T_e le travail externe effectué pendant la série des opérations;

Q_1 la chaleur empruntée par le second corps à la source calorifique;

Q'_1 la chaleur cédée par ce corps au réfrigérant;

T''_e le travail externe accompli pendant la transformation.

Si nous supposons $Q > Q_1$ et que n soit le rapport de ces deux quantités de chaleur, nous aurons

$$Q = n Q_1$$

et, en vertu du théorème de Carnot,

$$T_e = n T'_e.$$

Divisant ces deux égalités membre à membre, il viendra

$$\frac{T_e}{Q} = \frac{n T'_e}{n Q_1} = \frac{T'_e}{Q_1}.$$

D'autre part, le principe de l'équivalence de la chaleur et du travail fournit les relations

$$T_e = E(Q - Q') \quad \text{et} \quad T'_e = E(Q_1 - Q'_1).$$

En substituant dans l'équation précédente, on aura

$$\frac{E(Q - Q')}{Q} = \frac{E(Q_1 - Q'_1)}{Q_1} \quad \text{ou} \quad \frac{Q - Q'}{Q} = \frac{Q_1 - Q'_1}{Q_1}.$$

De là cette conclusion :

Le rapport qui existe entre la quantité de chaleur qui s'est convertie en travail externe et la quantité de chaleur totale dépensée est constant pour tous les corps dont les transformations suivent le cycle de Carnot entre les mêmes limites de température.

Ce rapport a reçu le nom de *rendement calorifique*.

La quantité de chaleur possédée par un corps étant proportionnelle à la température, on comprend que le rapport dont il s'agit est une fonction exclusive des deux températures absolues observées au commencement et à la fin des opérations.

Ainsi, quand on connaîtra la valeur de cette fonction pour un corps déterminé, on l'aura pour tous les autres.

De tous les corps que nous présente la nature, les gaz sont ceux dont les propriétés physiques ont été le mieux définies;

il est donc naturel que l'on recherche dans l'étude de ces corps tous les éléments du calcul.

Considérons un gaz fonctionnant suivant un cycle de Carnot et nommons (*fig.* 12) :

p et V la pression et le volume correspondant au point M du cycle ;

p' et V' la pression et le volume correspondant au point N ;

p'' et V'' la pression et le volume correspondant au point P ;

p''' et V''' la pression et le volume correspondant au point Q.

Estimons d'abord le travail externe développé lorsque le point figuratif décrit l'isothermique MN. D'après ce que nous avons vu (p. 7), le travail externe effectué sur cette partie du cycle est représenté géométriquement par la surface du trapèze mixtiligne AMNC et algébriquement par l'équation

$$T_e = pV \times 2,3026 \times \log \frac{V'}{V} \quad \text{ou} \quad T_e = pV \log \text{hyp.} \frac{V'}{V}.$$

Or, comme Q exprime la quantité de chaleur empruntée à la source calorifique, en vertu du principe de l'équivalence de la chaleur et du travail, nous aurons aussi

$$EQ = T_e, \quad EQ = pV \log \text{hyp.} \frac{V'}{V}.$$

Pareillement, lorsque le point figuratif parcourt l'isothermique PQ, le travail externe représenté par le trapèze mixtiligne PQBD aura pour valeur

$$T'_e = p''' V''' \times 2,3026 \log \frac{V''}{V'''}$$

ou

$$T'_e = p''' V''' \log \text{hyp.} \frac{V''}{V'''}.$$

Nous avons vu que la combinaison des lois de Mariotte et de Gay-Lussac est représentée par la relation

$$pV = p_1 V_1 (1 + \alpha t);$$

quand le volume primitif V_1 est à la température de zéro.

Présentement, désignant par T, T' les températures absolues

du foyer et du réfrigérant, d'après ce qui a été dit, on aura

$$T = 273 + t, \quad T' = 273 + t';$$

d'où

$$t = T - 273; \quad t' = T' - 273.$$

Remplaçant t par sa valeur en fonction de T dans l'équation précédente, il viendra

$$pV = p_1 V_1 \left[1 + \frac{1}{273} (T - 273) \right],$$

$$pV = p_1 V_1 \left(1 + \frac{1}{273} T - \frac{273}{273} \right),$$

$$pV = \frac{p_1 V_1}{273} \times T.$$

La quantité $\frac{p_1 V_1}{273}$ étant une constante que nous avons désignée par R, nous aurons

$$pV = \text{const.} \times T = RT.$$

D'autre part, nous avons déjà dit que l'équation de la courbe adiabatique était de la forme

$$pV^k = \text{const.} \quad \text{ou} \quad pV^{\frac{C_1}{C}} = \text{const.},$$

C_1 et C représentant respectivement les capacités calorifiques sous pression constante et sous volume constant.

Divisant membre à membre les équations des courbes isothermique et adiabatique, nous aurons la relation

$$\frac{pV}{pV^k} = \text{const.} \times T \quad \text{et} \quad V^{1-k} = \text{const.} \times T,$$

d'où l'on déduit

$$V = \text{const.} \times \sqrt[1-k]{T}, \quad V = \text{const.} \times T^{\frac{1}{1-k}}.$$

Remplaçant k par sa valeur $\frac{C_1}{C}$, il viendra

$$V = \text{const.} \times T^{\frac{1}{1-\frac{C_1}{C}}}, \quad V = \text{const.} \times T^{\frac{C}{C-C_1}}.$$

Considérant successivement les volumes V'', V' qui correspondent aux deux points extrêmes de l'adiabatique PN, nous aurons

$$V'' = \text{const.} \times T'^{\frac{c}{c-c_1}}, \quad V' = \text{const.} \times T^{\frac{c}{c-c_1}}.$$

Divisant membre à membre,

$$\frac{V''}{V'} = \left(\frac{T'}{T}\right)^{\frac{c}{c-c_1}}.$$

Pour les points extrêmes de l'adiabatique QM, nous aurons aussi

$$\frac{V'''}{V} = \left(\frac{T'}{T}\right)^{\frac{c}{c-c_1}},$$

d'où

$$\frac{V''}{V'} = \frac{V'''}{V} \quad \text{et} \quad \frac{V'}{V} = \frac{V''}{V'''}.$$

En se reportant aux deux équations exprimant les travaux accomplis quand le point figuratif décrit les isothermiques NM, PQ, on voit parfaitement, d'après la dernière relation obtenue, que

$$\log \text{hyp.} \frac{V''}{V'''} = \log \text{hyp.} \frac{V'}{V}.$$

Par suite, en divisant membre à membre ces deux équations, on aura

$$\frac{T_c}{T'_c} = \frac{p\,V}{p'''\,V'''},$$

ou

$$\frac{EQ}{EQ'} = \frac{p\,V}{p'''\,V'''}, \quad \frac{Q}{Q'} = \frac{p\,V}{p'''\,V'''}.$$

Or

$$p\,V = \text{const.} \times T \quad \text{et} \quad P'''\,V''' = \text{const.} \times T';$$

par conséquent

$$\frac{Q}{Q'} = \frac{T}{T'}.$$

Cette relation étant tout à fait indépendante du corps intermédiaire, qui a servi aux transformations, on pourra d'une manière générale, l'exprimer ainsi en langage ordinaire :

Lorsqu'un corps fonctionne suivant un cycle de Carnot,

la quantité de chaleur empruntée au foyer est à la quantité de chaleur transportée au réfrigérant dans le rapport des températures absolues du foyer et du réfrigérant.

De cette relation on déduit

$$\frac{Q - Q'}{Q} = \frac{T - T'}{T} \quad \text{et} \quad \frac{Q - Q'}{Q'} = \frac{T - T'}{T'}.$$

Ces deux nouvelles relations donnent lieu aux propositions suivantes :

1° *Lorsqu'un corps fonctionne suivant un cycle de Carnot, la quantité de chaleur convertie en travail est à la chaleur empruntée au foyer comme la différence des températures absolues extrêmes est à la température absolue du foyer.*

2° *Lorsqu'un corps fonctionne suivant un cycle de Carnot, la quantité de chaleur convertie en travail est à la quantité de chaleur transportée au réfrigérant comme la différence des températures absolues extrêmes est à la température absolue du réfrigérant.*

La relation

$$\frac{Q}{Q'} = \frac{T}{T'}$$

peut encore être mise sous la forme

$$\frac{Q}{T} = \frac{Q'}{T'}, \quad \text{d'où} \quad \frac{Q}{T} - \frac{Q'}{T'} = 0.$$

Cette dernière forme a été adoptée par M. Clausius dans sa *Théorie mécanique de la chaleur.*

Ces différentes relations, qui au fond n'en forment qu'une seule, sont indifféremment employées en Thermodynamique; mais celle qui est traduite par le premier énoncé est préférée aux autres en Mécanique appliquée, comme beaucoup plus commode pour l'interprétation des phénomènes observés.

Tel est, avec ses conséquences, le fameux théorème de Sadi Carnot. Malgré le commentaire publié par Clapeyron en 1834, il resta longtemps dans l'oubli, et ce n'est qu'à partir de 1849 que les remarquables travaux de MM. Thomson, Clausius et

Rankine révélèrent au monde savant les idées fécondes qu'il renferme.

Aujourd'hui ce principe n'existe plus à l'état purement spéculatif : il est entré dans le domaine de la Science appliquée, et, par la facilité avec laquelle il se prête à l'étude des transformations d'un corps soumis à l'action de la chaleur, on peut rigoureusement apprécier la valeur réelle d'une machine thermique sans recourir, comme on le faisait autrefois, à des considérations paradoxales ou à des hypothèses plus ou moins hasardées.

Carnot admettant la matérialité du fluide calorique a désigné sous le nom de *hauteur de chute* la différence des températures extrêmes comptées à partir du zéro absolu.

Quelques auteurs, pour mieux graver dans les esprits le principe de l'équivalence de la chaleur et du travail, ont imaginé, d'après l'assimilation faite par Carnot, de donner aux formules ci-dessus un sens exclusivement mécanique. Ainsi les expressions $\dfrac{EQ}{T}$ et $\dfrac{EQ'}{T'}$, égales entre elles, sont regardées comme de véritables poids et les températures extrêmes T, T' comme les hauteurs de ces poids au-dessus d'un même plan horizontal de comparaison. Ces poids ainsi exprimés sont désignés sous le nom de *poids thermiques*. Comme EQ, EQ' représentent des kilogrammètres, si l'on convient de considérer comme des mètres les températures absolues T, T' et de les désigner, dans cette hypothèse, par les notations T^m, T'^m, le travail externe en fonction des poids thermiques sera représenté par

$$T_e = \left(\frac{EQ}{T}\right)^{kg} T^m - \left(\frac{EQ'}{T'}\right)^{kg} T'^m.$$

Or $\dfrac{EQ}{T}$, $\dfrac{EQ'}{T'}$ représentent respectivement les poids thermiques qui correspondent aux quantités de chaleur Q, Q', et, comme on sait d'ailleurs qu'ils sont égaux, on pourra substituer l'un à l'autre dans l'expression précédente, ce qui revient à mettre $\dfrac{EQ}{T}$ en facteur. On aura donc

$$T = \left(\frac{EQ}{T}\right)^{kg} (T - T')^m.$$

Cette conclusion peut être ainsi formulée :

Lorsqu'un corps fonctionne suivant le cycle de Carnot, le travail externe effectué est égal à celui que produirait le poids thermique en tombant d'une hauteur exprimée en mètres représentée par la différence $T - T'$.

35. *Application du théorème de Carnot à tous les cycles fermés réversibles.* — L'extension du principe est de la plus haute importance pour apprécier les avantages des machines dont la marche ne suit pas le cycle de Carnot. C'est encore M. Clausius qui, le premier, a montré qu'on pouvait en faire l'application à un cycle fermé quelconque.

Considérons, en effet, un cycle fermé ACBDA (*fig.* 13) et

Fig. 13.

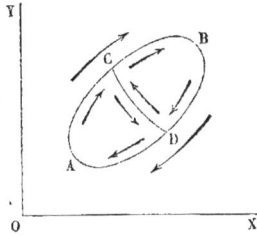

concevons une transformation du corps telle que la ligne représentative CD, décrite par le point figuratif, rencontre la courbe fermée ACBD. Supposons de plus que, pour opérer la transformation représentée par CD, il soit nécessaire de fournir au corps une quantité de chaleur q. D'après ce que nous avons vu dans l'étude du cycle de Carnot sur les transformations inverses, quand le point figuratif décrira la courbe DC dans un sens opposé au premier, la même quantité de chaleur sera cédée aux corps environnants. Il est visible que, pendant ce mouvement alternatif du point figuratif de C en D et de D en C, les deux transformations inverses se compensent exactement et qu'à la fin des opérations la quantité de chaleur nécessaire pour les produire est nulle. Il s'ensuit que la série des transformations représentées par le cycle fermé ACBDA peut être remplacée par deux séries de transformations respec-

tivement représentées par CDAC et CBDC. Lorsque le cycle
donné est réversible, les deux cycles composants CDAC et
CBDC sont également réversibles, comme l'indiquent les
fig. 13 et 14. D'après cela, un cycle étant décomposé en deux

Fig. 14.

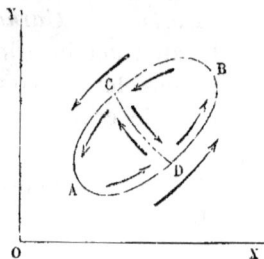

cycles partiels, on peut encore décomposer l'un de ces derniers en deux autres cycles composants, ce qui donnera, pour
le cycle total ACBDA, trois cycles composants. En continuant
ainsi de suite cette décomposition, le cycle total pourra être
formé d'autant de cycles partiels que l'on voudra.

Présentement considérons un cycle fermé réversible AB
(*fig.* 15), obtenu par le travail d'un corps mis alternativement

Fig. 15.

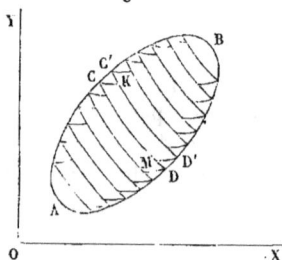

en communication avec des sources de chaleur et de froid.
Menons une série de lignes adiabatiques infiniment voisines,
telles que CD; C'D'. En conformité de ce qui vient d'être dit
sur la décomposition des cycles, on pourra toujours partager
le cycle total en une infinité de cycles élémentaires, tels que
CC'D'DC. En menant les lignes isothermiques des points C et

D', le cycle partiel fermé et réversible sera égal à la somme des trois cycles fermés réversibles CC'K, CKD'M, D'DM.

Ces explications préliminaires étant données, appelons

T la température absolue qui correspond au point C ;

q la quantité de chaleur empruntée au foyer pour opérer la transformation élémentaire CC' ;

q' la quantité de chaleur nécessaire pour opérer la transformation élémentaire CK sur l'isothermique du point C ;

T' la température absolue qui correspond au point D' ;

q_1 la quantité de chaleur à fournir pour effectuer la transformation élémentaire DD';

q'_1 la quantité de chaleur nécessaire pour la transformation ND' sur l'isothermique du point D'.

Dans les développements qui vont suivre, il importe de faire la plus grande attention au sens des chemins décrits par le point figuratif pour en déduire le signe algébrique des quantités de chaleur q, q', q_1, q'_1, selon la signification attribuée précédemment à chacune d'elles.

Remarquons que l'aire CC'DD', qui fait partie de la surface que limite la courbe du cycle donné, diffère de la surface CKD'M relative au cycle de Carnot CKD'MC compris dans le cycle partiel CC'D'DC d'une quantité égale à la somme des aires CC'K, DD'M. Or, ces aires triangulaires, ayant pour bases respectives les longueurs C'K, DM, excessivement petites par rapport aux bases KD', CM de la surface du cycle de Carnot CKD'MC, et même hauteur que cette dernière surface, peuvent être négligées sans erreur sensible. D'autre part, lorsque le corps décrit les cycles élémentaires CC'KC, D'DMD', les quantités de chaleur dépensées sont représentées par les différences $q - q'$ et $q_1 - q'_1$, puisque sur les parties C'K, DM des lignes adiabatiques CD, C'D', par la nature même de ces lignes, il n'y a ni absorption ni perte de chaleur. Or, les dépenses de chaleur sont directement proportionnelles aux travaux accomplis et, par suite, aux aires CC'K, DD'N qui les représentent; donc ces aires étant négligeables, comme nous l'avons dit, par rapport à la surface CKD'N, les différences $q - q'$ et $q_1 - q'_1$ pourront aussi être négligées devant la quantité de chaleur $q' - q'_1$ qui correspond à la surface du cycle de Carnot

CK D'N et *a fortiori* devant la quantité de chaleur q correspondant à la transformation élémentaire CC' sur le cycle
donné. Ces considérations, d'ailleurs très-faciles à comprendre
nous montrent que la différence $q' - q'_1$ peut être remplacée
par $q - q_1$ et q' par q. Ainsi, au cycle partiel CC'D'DC on
pourra substituer le cycle élémentaire de Carnot CKD'NC et,
par suite, le cycle total réversible AB se compose d'une série
de cycles élémentaires de Carnot placés les uns à la suite des
autres, ainsi que la figure l'indique.

D'après les lois précédemment établies, le cycle de Carnot
partiel que nous avons considéré dans le cycle total donné
conduit à la relation

$$\frac{q' - q'_1}{q'} = \frac{T - T'}{T},$$

et, en faisant la substitution dont il vient d'être question, on
aura

$$\frac{q - q_1}{q} = \frac{T - T'}{T}.$$

On obtiendrait la même relation pour chacun des autres
cycles élémentaires de Carnot insérés dans le cycle donné
AB; donc

$$\sum \frac{q - q_1}{q} = \sum \frac{T - T'}{T}.$$

Les cycles élémentaires de Carnot insérés dans le cycle
donné, pouvant toujours être pris de manière que la quantité q ait la même valeur pour tous, il est évident que, dans
cette hypothèse, la relation pourra être présentée sous la forme

$$\frac{\Sigma q - \Sigma q_1}{q} = \sum \frac{T - T'}{T}.$$

Comme $\Sigma q - \Sigma q_1$ exprime une quantité proportionnelle au
travail externe, on peut conclure de la relation précédente
que ce travail est tout à fait indépendant de la nature et du
poids du corps fonctionnant entre les mêmes limites de température et empruntant au foyer une quantité de chaleur q
multipliée par le nombre n de cycles de Carnot dont se compose le cycle donné.

Nous avons trouvé plus haut

$$\frac{Q}{T} - \frac{Q'}{T'} = 0.$$

Dans le cas actuel, c'est-à-dire pour tous les cycles de Carnot dont la somme constitue le cycle total AB, on aura

$$\sum \frac{q}{T} - \sum \frac{q'}{T'} = 0,$$

ou d'une manière plus simple

$$\sum \frac{q}{T} = 0,$$

q représentant la quantité de chaleur reçue ou transmise par le corps à la température absolue T, à chaque instant de sa transformation, cette quantité de chaleur étant prise positivement dans le premier cas et négativement dans le second.

L'équation $\sum \frac{q}{T} = 0$ peut être considérée comme l'expression la plus générale du théorème de Carnot dans le cas où le cycle est réversible. Elle est appelée *équation de Clausius*, parce que le célèbre géomètre allemand l'a déduite du théorème de Carnot par des considérations qui n'étaient rien moins qu'évidentes. Il ne faut pas perdre de vue que dans chacun des rapports $\frac{q}{T}$ qu'embrasse le symbole Σ, la quantité q représente la quantité élémentaire de chaleur positive ou négative, reçue par le corps pendant chaque intervalle infiniment petit du cycle, et que T est la température absolue qui correspond à cet intervalle. Dans les applications, ces intervalles infiniment petits sont remplacés par des intervalles finis, au bout desquels la température absolue T change d'un certain nombre de degrés plus ou moins grand, selon la rapidité avec laquelle a lieu la variation de température relativement aux quantités de chaleur reçues ou cédées par le corps. On adopte pour la valeur de T celle qui correspond au milieu de l'intervalle fini considéré. Quand la température absolue reste constante pendant un certain temps, on obtient la somme des

8.

quantités telles que $\frac{q}{T}$, en divisant la chaleur totale émise ou reçue pendant ce temps, par la valeur invariable de T.

Il est important de remarquer que l'équation de Clausius n'est pas applicable à toute espèce de cycles. La démonstration que nous avons donnée repose sur la considération d'un cycle d'opérations où le corps expérimenté n'est en présence que de corps ayant une température très-voisine de la sienne, et où la pression extérieure diffère infiniment peu de celle exercée par le corps lui-même. On comprend que, dans de telles conditions, le cycle est toujours réversible; car il suffit d'admettre une variation infiniment petite dans la température des corps extérieurs, pour que les réfrigérants deviennent sources de chaleur, et réciproquement; de même encore une modification infiniment petite de la pression extérieure suffit pour la rendre supérieure ou inférieure à la pression intérieure, et, selon le cas, le point figuratif décrit, dans un sens ou dans l'autre, la courbe représentative des transformations que le corps subit.

Mais, lorsque les transformations du corps sont telles que les conditions de réversibilité ne sont pas remplies, la démonstration qui précède se trouve en défaut, et il y a lieu de rechercher, dans ce cas, ce qu'on peut encore déduire du théorème de Carnot pour l'étude des nouveaux phénomènes qui se présentent.

36. *Cycles non réversibles.* — Lorsque les transformations des corps se rapportent à des phénomènes purement thermiques, les cycles peuvent être non réversibles dans trois cas différents :

1° Si dans le cours des opérations le corps dont on étudie les transformations emprunte de la chaleur à des corps dont la température est supérieure à la sienne d'une quantité finie ou s'il en cède à d'autres d'une température notablement inférieure.

2° Si le corps produit, par frottement, un dégagement plus ou moins considérable de chaleur, il est visible que le phénomène inverse est impossible.

3° Enfin si le corps, en se dilatant, développe une quantité d'énergie sensible, inférieure au travail accompli par sa force élastique, c'est-à-dire si la pression qu'il doit vaincre est bien moindre que sa propre pression, dans ce cas l'opération inverse ne saurait ramener le corps à son volume primitif.

Ce dernier cas est le plus important et l'on en voit un exemple, soit dans le mouvement de la vapeur qui s'échappe d'une chaudière à haute pression, soit dans la mémorable expérience de Joule, quand l'air, comprimé dans un récipient, pénètre dans un autre où l'on a fait le vide. Nous allons successivement examiner ces trois circonstances des cycles non réversibles.

A cet effet, désignons comme précédemment par q la quantité élémentaire de chaleur reçue ou transmise par le corps expérimenté à chaque instant de sa transformation, et par T sa température absolue. On aura encore

$$\sum \frac{q}{T} = 0,$$

car la loi de transformation reste la même, pourvu que la quantité de chaleur reçue ou cédée soit aussi à chaque instant la même dans les divers modes de communication avec l'extérieur.

Nous ferons observer que dans cette équation T désigne uniquement la température absolue du corps et non plus celle des sources extérieures.

Comme il est beaucoup plus facile de connaître la température de la source calorifique que celle des corps expérimentés, introduisons dans l'équation cette nouvelle valeur à la place de la température absolue T. Si nous désignons par t la différence de ces deux températures, celle de la source aura pour valeur $T + t$, et le premier membre de l'équation deviendra

$$\sum \frac{q}{T + t}.$$

Ainsi modifié, le premier membre de l'équation n'est plus égal à zéro ; il est facile de voir qu'il devient négatif. Remarquons, à cet effet, que $\sum \frac{q}{T}$ est la somme algébrique des quantités telles que $\frac{q}{T}$, c'est-à-dire que dans cette expression il existe des quantités positives et des quantités négatives ; un élément positif $\frac{q}{T}$, où l'on remplace la température absolue du corps par la température $T + t$ de la source calorifique avec laquelle le corps se trouvait en contact quand sa température était T, devient $\frac{q}{T + t}$, quantité évidemment moindre en valeur absolue, puisque le dénominateur a été augmenté. Appelons maintenant T′ la température qui correspond à un élément négatif de l'expression générale et t' la quantité dont cette température surpasse celle du réfrigérant ; alors cet élément devient $-\frac{q'}{T' - t'}$, et l'on a ainsi augmenté sa valeur absolue, puisque le dénominateur a été rendu plus petit. Ainsi, en introduisant dans l'équation les températures des sources calorifiques et des réfrigérants à la place des températures du corps, la valeur absolue des éléments positifs diminue, tandis que celle des éléments négatifs augmente ; par conséquent, si l'on cherche la valeur de l'expression $\sum \frac{q}{T}$ avec les nouveaux éléments de calcul, on aura

$$\sum \frac{q}{T} < 0.$$

En second lieu, supposons que le corps, pendant la série des transformations, éprouve des frottements qui absorbent une notable partie du travail externe. Dans ce cas, la pression extérieure est nécessairement supérieure à la force élastique que le corps lui oppose ; il s'ensuit qu'elle n'est plus égale à l'ordonnée de la courbe de transformation qui a pour coordonnées, par rapport à deux axes rectangulaires, le volume et la pression du corps. Le travail externe ne saurait donc être représenté par l'aire que limite cette courbe et la démonstration qui précède cesse d'être applicable.

Si l'on fait abstraction du frottement, la pression extérieure devient égale à la pression intérieure, et l'équation reste

$$\sum \frac{q}{T} = 0.$$

Mais remarquons que le frottement a uniquement pour effet de déterminer un accroissement dans la grandeur du travail moteur, et comme ce surcroît de travail, correspondant au frottement à vaincre, se transforme en chaleur reçue par les réfrigérants, il en résulte une augmentation notable de la valeur absolue des termes négatifs qui entrent dans la valeur générale de l'équation ; on aura donc

$$\sum \frac{q}{T} < 0.$$

Il nous reste enfin à considérer le cas où, dans la période d'extension du cycle, la pression du corps surpasse la pression extérieure d'une quantité appréciable.

Pour simplifier la question, considérons un gaz qui se détend, soit dans le vide, soit dans un récipient où la pression est notablement inférieure à celle du gaz. Appelons p la pression du gaz et v l'accroissement de volume qui, dans le cycle précédent, dépense une quantité de chaleur q. Si la pression restait constante, le travail serait pv ; mais comme, dans la détente élémentaire, la pression varie suivant la loi de Mariotte, le travail effectué sera moindre et la quantité de chaleur q' communiquée au gaz dans cette transformation sera moindre que q. On pourra donc poser l'inégalité

$$q' < q.$$

Le même raisonnement s'appliquant à la première période tout entière, chaque terme $\frac{q'}{T}$ est inférieur au terme correspondant $\frac{q}{T}$ du second cycle. Comme précédemment, la somme des termes positifs est moindre que dans le cas où la réversibilité a lieu, et par suite on doit avoir

$$\sum \frac{q'}{T} < \sum \frac{q}{T};$$

d'où

$$\sum \frac{q'}{T} - \sum \frac{q}{T} < 0 \quad \text{et} \quad \frac{\Sigma q' - \Sigma q}{T} < 0.$$

Si l'on désigne par $\sum \frac{q}{T}$ la somme algébrique de tous les éléments, soit positifs, soit négatifs, on aura d'une manière générale

$$\sum \frac{q}{T} < 0.$$

Lorsque le corps est comprimé sous l'action d'une pression qui diffère notablement de sa force élastique, la valeur absolue des éléments négatifs devient encore supérieure à celle des éléments positifs, ce qui conduit à la même expression.

Par conséquent, dans tous les cas où le cycle n'est pas réversible, la somme $\sum \frac{q}{T}$ est négative, et l'expression générale du théorème de Carnot, pour un cycle fermé quelconque, peut être présentée sous les deux formes suivantes :

$$\sum \frac{q}{T} = 0 \quad \text{(cycle réversible)},$$

$$\sum \frac{q}{T} < 0 \quad \text{(cycle non réversible)}.$$

Il est utile de faire observer que, si le corps soumis aux transformations indiquées par le cycle ne se trouve en contact qu'avec des réservoirs de chaleur qui présentent la même température que lui, il est indifférent que T exprime la température du foyer ou celle du corps considéré. En attribuant à la quantité T cette dernière signification, il est évident que l'équation

$$\sum \frac{q}{T} = 0$$

se rapporte aussi au cas où le corps, dont le volume change, est en communication avec des sources calorifiques dont la température diffère de la sienne d'une quantité finie, pourvu toutefois que les autres conditions du cycle réversible soient remplies.

37. APPLICATIONS DIVERSES : 1° *Comment se comporte un corps quand on lui fournit de la chaleur, son volume demeurant constant ?*

Pour résoudre cette question, puisque le volume dans le

cours des opérations est invariable, il suffira de recourir à la formule

$$Q = cP(t' - t),$$

dans laquelle c exprime la capacité calorifique absolue.

Supposons que l'on ait une masse d'air du poids de 5 kilogrammes à la température de 12 degrés et à la pression de 2 atmosphères, à laquelle on communique 40 calories.

D'après le tableau des capacités calorifiques pour l'air, $c = 0,16847$. On aura donc, en introduisant ces données numériques dans l'équation,

$$40 = 0,16847 \times 5 (t' - 12),$$

d'où

$$t' - 12 = \frac{40}{0,16847 \times 5} \quad \text{et} \quad t' = \frac{40}{0,16847 \times 5} + 12 = 59°,48.$$

La quantité de chaleur communiquée étant égale à 40 calories, en vertu du principe de l'équivalence du travail et de la chaleur, le travail interne sera

$$T_m = 40 \times 425 = 17000^{kgm}.$$

On obtiendra la pression qui correspond à la température $t' = 59°,48$ par l'application des deux lois de Mariotte et de Gay-Lussac combinées ensemble,

$$\frac{p'V'}{pV} = \frac{273 + t'}{273 + t},$$

et comme, dans le cas actuel, le volume demeure constant, la formule devient

$$\frac{p'}{p} = \frac{273 + t'}{273 + t};$$

d'où

$$p' = \frac{p(273 + t')}{273 + t}, \quad p' = \frac{2(273 + 59,48)}{273 + 12}, \quad p' = 2^{atm},33.$$

2° *Comment se comporte un corps quand on lui enlève de la chaleur, son volume demeurant constant?*

Supposons que l'on ait une masse d'oxygène du poids de 3 kilogrammes à la température de 30 degrés et à la pression de $1^{atm},5$, et qu'en la refroidissant on lui enlève 50 calories,

$$Q = c\,P(t' - t).$$

D'après le tableau pour l'oxygène, $c = 0,15507$:

$$50 = 0,15507 \times 3(30 - t'),$$

$$30 - t' = \frac{50}{0,15507 \times 3}, \quad -t' = \frac{50}{0,15507 \times 3} - 30,$$

ou

$$t' = 30 - \frac{50}{0,15507 \times 3} = -77°.$$

La pression qui correspond à cette dernière température aura pour valeur

$$p' = \frac{1,5(273 - 77°)}{273 + 30}, \quad p' = 0^{atm},97.$$

3° *Comment se comporte un corps lorsqu'on lui fournit de la chaleur en maintenant la pression constante?*

Soit, par exemple, une masse d'air pesant 3 kilogrammes à laquelle il faut communiquer une quantité de chaleur égale à 80 calories, sachant que la température primitive est de 30 degrés.

Prenons la formule

$$Q = c\,P(t' - t),$$

et remarquons que, dans ce cas, c représente la capacité calorifique de l'air sous pression constante.

D'après le tableau, $c = 0,23751$.

Introduisant les valeurs numériques dans la formule, nous aurons

$$80 = 0,23751 \times 3(t' - 30);$$

d'où

$$t' - 30 = \frac{80}{0,23751 \times 3}, \quad t' = \frac{80}{0,71253} + 30, \quad t' = 142°.$$

Dans la combinaison des lois de Mariotte et de Gay-Lussac, on peut négliger la pression, puisqu'elle demeure constante. Alors la relation devient

$$\frac{V'}{V} = \frac{273 + 142}{273 + 30} = 1,37, \quad \text{d'où} \quad V' = 1,37\,V.$$

Il faut remarquer que, dans les applications de ce genre, la chaleur communiquée au corps n'est pas exclusivement affectée à exalter l'état calorifique du corps; une partie, qui représente ce que nous avons nommé plus haut *calorique latent de dilatation*, se transforme en travail extérieur.

On sait que la capacité calorifique absolue de l'air a pour valeur $c = 0,16847$; donc la chaleur absorbée pour faire passer le corps de la température 30 degrés à la température 140 degrés sera exprimée par

$$3 \times 0,16847 (142 - 30) = 56^{cal},$$

et pour la valeur du calorique latent de dilatation on aura

$$80 - 56 = 24^{cal}.$$

Comme dans les gaz parfaits, le travail interne est nul; il s'ensuit que les 24 calories serviront uniquement à accomplir le travail extérieur.

Ce travail, d'après le principe de l'équivalence, sera égal à

$$425 \times 24 = 10200^{kgm}.$$

4° *Comment se comporte un gaz quand on lui enlève de la chaleur en maintenant sa pression constante?*

Supposons qu'on se propose d'enlever 40 calories à 5 kilogrammes d'air à la température de 120 degrés, la pression demeurant constante.

On obtiendra la nouvelle température au moyen de la relation

$$40 = 5 \times 0,23751 (120 - t), \quad \text{d'où} \quad 120 - t = \frac{40}{5 \times 0,23751},$$

et

$$t = 120 - \frac{40}{5 \times 0,23751}, \quad t = 120 - 33 = 87°.$$

On obtiendra le rapport des volumes par la formule

$$\frac{V'}{V} = \frac{273 + 87}{273 + 120} = 0,91, \quad \text{d'où} \quad V' = 0,91 \, V.$$

La chaleur absolue enlevée qui détermine l'abaissement de température aura pour valeur

$$5 \times 0,16847 (120 - 87) = 27^{cal},80.$$

Par conséquent la chaleur dépensée pour la compression du gaz sera égale à

$$40 - 27,80 = 12^{cal},20,$$

et le travail correspondant à cette perte de chaleur aura pour valeur

$$12,20 \times 425 = 5185^{kgm}.$$

5° *Un corps fonctionnant suivant un cycle de Carnot entre un foyer à la température de 160 degrés et un réfrigérant à 40 degrés, a reçu 800 calories de la source calorifique.*

On demande le travail externe développé et la quantité de chaleur transmise au réfrigérant.

Pour résoudre cette question, on aura recours à la relation

$$\frac{Q - Q'}{Q} = \frac{T - T'}{T},$$

$$Q = 800^{cal}, \quad T = 273 + 160, \quad T' = 273 + 40.$$

Introduisant ces données numériques dans l'équation, on aura

$$\frac{800 - Q'}{800} = \frac{(273 + 160) - (273 + 40)}{273 + 160},$$

d'où

$$800 - Q' = \frac{(273 + 160) - (273 + 40)}{273 + 160} \times 800,$$

expression qui représente la chaleur dépensée pour effectuer le travail externe.

En effectuant les calculs, on obtient

$$800 - Q' = 221^{cal}.$$

En multipliant ce nombre par l'équivalent mécanique de la chaleur, on aura le travail externe accompli

$$T_e = 221 \times 425 = 93925^{kgm}.$$

Quant à la chaleur transportée au réfrigérant, on la déduit de la relation

$$800 - Q' = 221, \quad Q' = 800 - 221 = 579^{cal}.$$

6° *Un corps est soumis à une série de transformations re-*

présentées par un cycle fermé réversible dans les conditions suivantes : 1° il passe de la température de 60 degrés, à partir du zéro ordinaire, à 130 degrés, en empruntant 800 calories au foyer, la ligne de transformation du volume et de la pression pouvant d'ailleurs affecter différentes formes, selon le mode de changement qu'on est libre de supposer pour la pression extérieure à laquelle le corps est soumis; 2° le corps, en se maintenant à la température de 130 degrés, absorbe encore 300 calories et décrit nécessairement une isothermique; 3° il passe de 130 à 60 degrés en restituant 250 calories, la ligne de transformation du volume et de la pression étant quelconque; 4° enfin, pendant la dernière phase du cycle, le corps se maintient à une température constante de 60 degrés et subit une nouvelle opération.

Au moyen de ces données numériques, on propose de déterminer la quantité de chaleur que le corps cède ou qu'il reçoit pendant la dernière phase des opérations.

Pendant la première phase, la différence des températures est $130 - 60 = 70°$. D'après la théorie que nous avons établie, il faudrait diviser cette différence en un nombre infiniment grand de parties égales; mais contentons-nous de la diviser en cinq parties, ce qui donnera 14 degrés pour chacune d'elles. Si nous considérons successivement, comme nous l'avons dit plus haut, les températures correspondant au milieu de chaque partie du cycle pour laquelle la température varie de 14 degrés, nous aurons, à partir de 70 degrés au-dessus de la glace fondante,

$$60 + 7, \quad 60 + 3 \times 7, \quad 60 + 5 \times 7, \quad 60 + 7 \times 7, \quad 60 + 9 \times 7,$$

et au-dessus du zéro absolu

$$273 + 67, \quad 273 + 81, \quad 273 + 95, \quad 273 + 109, \quad 273 + 123.$$

Puisque, pendant la première phase du cycle, le corps a absorbé 800 calories, la quantité de chaleur qui correspond à chacune des cinq parties sera $\frac{800}{5} = 160^{cal}$. Ainsi, pour cette première opération, on aura

$$\sum \frac{q}{T} = \frac{160}{273+67} + \frac{160}{273+81} + \frac{160}{273+95} + \frac{160}{273+109} + \frac{160}{273+123}.$$

Pendant la deuxième phase, la température se maintenant à 130 degrés et le corps absorbant 300 calories, on aura également

$$\sum \frac{q}{T} = \frac{300}{273 + 130}.$$

Pour la troisième phase, si nous divisons comme précédemment la portion du cycle qui lui correspond en cinq parties égales, il revient à chacune de ces parties une quantité de chaleur égale à $\frac{300}{5} = 60^{cal}$. Comme dans cette phase il y a perte ou restitution de chaleur, il est évident que tous les termes dont $\frac{q}{T}$ est l'expression générale seront négatifs. En procédant ainsi que nous l'avons fait pour la première phase, il viendra

$$\sum \frac{q}{T} = - \frac{60}{273 + 67} - \frac{60}{273 + 81}$$
$$- \frac{60}{273 + 95} - \frac{60}{273 + 109} - \frac{60}{273 + 123}.$$

Désignant par x la chaleur reçue ou cédée dans la dernière phase, et sachant d'ailleurs que la température reste constante, nous aurons

$$\sum \frac{q}{T} = \frac{x}{60 + 273}.$$

En effectuant les opérations qui se rapportent à chaque phase du cycle, nous obtenons les résultats suivants :

Première phase......... $\sum \frac{q}{T} = 2,179$

Deuxième phase.... .... $\sum \frac{q}{T} = 0,744$

Troisième phase........ $\sum \frac{q}{T} = -0,816$

Quatrième phase....... $\sum \frac{x}{T} = 0,003\,x.$

Il ne reste plus maintenant qu'à faire l'application de la formule générale

$$\sum \frac{q}{T} - \sum \frac{q'}{T'} = 0.$$

Introduisant dans cette formule les valeurs numériques que nous avons trouvées, l'ensemble de tous les phénomènes thermiques dont il est question sera ainsi représenté par

$$2,179 + 0,744 - 0,816 + 0,003 x = 0$$

ou

$$2,107 + 0,003 x = 0.$$

On déduit de là

$$0,003 x = -2,107, \quad x = -\frac{2,107}{0,003} = -702.$$

La valeur de x étant négative, il s'ensuit que dans la dernière phase du cycle fermé il y a émission de chaleur et qu'elle est approximativement égale à 702 calories.

CHAPITRE IV.

38. *Machines thermiques en général.* — On désigne sous le nom de *machine thermique* toute machine qui a pour objet la transformation de la chaleur en travail mécanique ou, en d'autres termes, toute machine qui fonctionne sous l'action de la chaleur. Les *machines à vapeur, à air chaud, à gaz*, les *armes à feu* rentrent dans la classe des machines thermiques.

Comme le mouvement de ces machines doit être continu, il est évident que leur marche doit donner lieu à un cycle d'opérations.

On distingue deux sortes de machines thermiques : 1° les machines à *récipient unique*, qu'on appelle aussi machines à *cylindre fermé;* 2° les machines à *récipients distincts*, nommées aussi machines à *cylindre ouvert*.

Quand la machine thermique est à cylindre fermé, le récipient est formé de plusieurs compartiments en communication permanente entre eux. Dans ce récipient est contenue la substance motrice qui produit le mouvement alternatif de l'organe moteur en se dilatant et en se contractant successivement.

Cette disposition constitue en quelque sorte une dérogation aux règles qui président à l'établissement des machines thermiques; aujourd'hui on ne la rencontre que dans la machine à air chaud de Stirling.

Les machines à feu employées dans l'industrie se composent de trois récipients qui ne communiquent entre eux que par intermittence : la substance motrice est amenée dans le premier et généralement s'y échauffe; dans le deuxième elle accomplit le travail mécanique et se refroidit dans le troisième.

On donne le nom de *générateur* et fort souvent celui de *chaudière* au récipient où vient s'échauffer la substance motrice.

Le récipient où s'accomplit le travail mécanique s'appelle le *cylindre*, bien-que cet organe n'affecte pas toujours la forme géométrique indiquée par son nom, comme cela se présente dans les machines à vapeur rotatives. La pièce immédiatement soumise à l'action de la substance motrice se nomme *piston*, quoique le sens généralement attribué à cette dénomination ne réponde pas, dans les machines rotatives, à la forme de cet organe.

Enfin le récipient où s'opère le refroidissement de la substance motrice a reçu le nom de *réfrigérant* ou de *condenseur*.

Dans les machines thermiques où l'échappement se fait à l'air libre, comme dans les machines à vapeur sans condensation, ce milieu peut être assimilé à un réfrigérant et dès lors on peut le considérer comme renfermant une masse indéfinie de substance motrice à la pression et à la température de l'atmosphère.

39. *Rendement des machines thermiques.* — Dans l'industrie on apprécie la valeur d'une machine au moyen de certains rapports qui ont reçu le nom générique de *rendements*. Ces rapports expriment la relation mathématique qui existe entre l'effet et la cause.

Mais le plus souvent on appelle *rendement* d'une machine le rapport du travail utile au travail disponible, c'est-à-dire au travail dont on peut disposer pendant le même temps par le moyen de la machine. Dans l'application du théorème des forces vives (t. II) nous avons vu que ce rapport est une fraction qui se rapproche d'autant plus de l'unité que la machine est plus parfaite. Les considérations qui ont servi à établir le rendement des roues hydrauliques s'imposent naturellement à l'esprit dans la recherche du rendement des machines thermiques. Mais ici comment estimer en général le travail disponible? Le premier moyen qui se présente consiste à convertir en travail la quantité totale de chaleur fournie à la machine par chaque seconde. Ainsi, Q étant la chaleur communiquée, le travail disponible sera représenté par

$$\frac{Q}{A} = QE.$$

On peut encore se placer à un autre point de vue dans la solution de cette importante question. La chaleur transmise à la machine thermique est produite en brûlant du combustible dans le foyer, et l'on connaît le pouvoir calorifique des combustibles employés dans l'industrie, c'est-à-dire la quantité de chaleur en calories produite par la combustion de l'unité de poids de chacun d'eux. On peut donc considérer comme disponible le travail équivalent à la quantité de chaleur que la combustion dans le foyer rend libre dans une seconde. Partant de cet ordre d'idées, on pourrait juger de l'efficacité des machines en général et de la machine à vapeur en particulier.

M. Redtenbacher est le premier qui ait adopté ce dernier mode d'évaluation du travail disponible; par ce moyen il est parvenu à un résultat si peu favorable aux machines à vapeur actuelles et aux machines à air dilaté qu'il a dû en conclure qu'elles se présentent à nous comme les plus *imparfaites* de toutes les machines motrices employées dans l'industrie. Pour les machines à vapeur à l'état ordinaire, il a trouvé un rendement de o,o4 à o,o6 et, pour les plus parfaites, un rendement maximum de o,o7 (¹).

Par ce que nous venons de dire on comprend que, selon la manière d'envisager la question, il doit exister plusieurs rendements qui dépendent de la quantité prise pour terme de comparaison. Il arrive souvent que les ingénieurs ou les auteurs désignent le même rendement par différentes dénominations, ce qui jette une véritable confusion dans une question dont le développement réclame la plus grande clarté. Pour prévenir toute équivoque, nous adopterons les dénominations suivantes, proposées par quelques thermodynamistes :

1° *Utilisation du combustible;*
2° *Rendement calorifique* ou *rendement économique;*
3° *Rendement spécifique;*
4° *Rendement organique;*
5° *Rendement industriel.*

(¹) Redtenbacher, *Der Maschinenband*, traduction de M. Mannheim, t. II, p. 592.

40. *Utilisation du combustible.* — On désigne sous ce nom le rapport de la quantité de chaleur empruntée au foyer par le corps intermédiaire (*gaz* ou *vapeur*) à la quantité totale de chaleur que peut dégager le combustible dans l'hypothèse d'une combustion complète de tous les éléments qui le composent.

Lorsque la machine comporte deux récipients distincts, le foyer et le générateur, comme dans les chaudières à vapeur, le rendement s'éloigne toujours plus ou moins du travail intégral disponible. La perte de chaleur qui se produit dans cette circonstance a non-seulement pour cause la dépense occasionnée par l'aspiration de l'air nécessaire au tirage, mais encore l'absolue nécessité de laisser dégager certains produits de la combustion à une température égale, sinon supérieure à celle du corps intermédiaire qui accomplit le travail mécanique.

Dans les machines thermiques, et principalement dans les machines à vapeur, le degré de perfection du foyer, les dispositions intérieures du générateur et son état d'entretien influent notablement sur l'utilisation du combustible. L'expérience a appris que sa valeur maxima ne saurait dépasser 0,75 avec un tirage naturel et 0,85 avec un tirage forcé.

Pour élucider la question nous allons indiquer successivement comment il faut procéder pour mesurer l'utilisation d'une machine à air chaud et d'une machine à vapeur.

Dans la machine à air chaud on calcule d'abord la quantité de chaleur possédée par le fluide au moment de son admission dans le cylindre, d'après sa température, sa pression et le volume qu'il occupe; le rapport du nombre obtenu à celui qui représente le pouvoir calorifique du combustible exprime l'utilisation de ce combustible. On pourrait encore remplacer l'une des trois variables par le poids de l'air qu'introduit la pompe alimentaire. Les nombres qui constituent les éléments du calcul sont très-difficiles à obtenir; de sorte que, dans les machines de ce genre, l'utilisation du combustible ne peut être que fort imparfaitement appréciée.

Si nous considérons une machine à vapeur ordinaire, il faudra chercher le poids de vapeur que l'on pourra obtenir en brûlant un nombre déterminé de kilogrammes de combustible, ainsi que la quantité d'eau que contient cette vapeur. Par la formule de M. Regnault, il sera facile de calculer la quantité de chaleur communiquée à l'eau qui s'est transformée en vapeur pour la marche de la machine. La question sera ainsi ramenée à prendre le rapport de cette quantité de chaleur exprimée en calories à la chaleur totale dégagée par le combustible, que d'ailleurs on peut facilement évaluer au moyen du pouvoir calorifique par unité de poids.

41. APPLICATION NUMÉRIQUE. — *Trouver l'utilisation du combustible dans une machine à vapeur qui, avec une dépense de 600 kilogrammes de houille de qualité moyenne, a produit 5100 kilogrammes de vapeur à 159 degrés, sachant que cette vapeur contient 10 pour 100 d'eau, que le pouvoir calorifique de la houille est égal à 7500 calories et que l'eau de l'alimentation est à la température de 40 degrés.*

Puisque la vapeur contient 10 pour 100 ou 0,1 d'eau, la chaleur absorbée se compose de deux parties : 1° la chaleur nécessaire pour transformer les 0,9 de 5100 kilogrammes d'eau à 40 degrés en vapeur à 159 degrés; 2° la chaleur nécessaire pour faire passer de 40 à 159 degrés un dixième de 5100 kilogrammes d'eau.

On obtiendra intégralement la chaleur absorbée en combinant par voie d'addition la formule de M. Regnault avec la formule générale de la chaleur spécifique des corps. Ainsi, Q désignant la quantité de chaleur et P le poids total de la vapeur, on aura

$$Q = 0,9 P (606,5 + 0,305 t - t') + 0,1 P (t - t').$$

Introduisant dans cette formule les données numériques de la question, il viendra

$$Q = 0,9 \times 5100 (606,5 + 0,305 \times 159 - 40)$$
$$+ 0,1 \times 5100 (159 - 40),$$
$$Q = 2883517^{cal}.$$

D'autre part, la quantité de chaleur produite par la combustion de 600 kilogrammes de houille est égale à

$$7500 \times 600 = 4500000^{cal};$$

par conséquent l'utilisation ou le rendement sera représenté par le rapport

$$\frac{2883517}{4500000} = 0,64.$$

Supposons que la vapeur soit sèche et surchauffée à la température de 200 degrés. Comme, d'après M. Regnault, la capacité calorifique de la vapeur sèche est exprimée par le nombre 0,48, on aura dans ce cas

$$Q = 5100(606,5 + 0,305 \times 159 - 40) \\ + 0,48 \times 5100(200 - 40),$$

$$Q = 3528154^{cal},$$

et par suite le rapport qui exprime le rendement sera

$$\frac{3528154}{4500000} = 0,78.$$

La recherche des éléments du calcul présente de sérieuses difficultés pour la vapeur. Aussi les ingénieurs apprécient fort rarement la valeur d'une machine à vapeur ou plutôt de la chaudière par la quantité de chaleur utilisée. Dans les applications industrielles, ce n'est pas la valeur absolue de la machine ou de la chaudière qu'il importe de connaître, mais bien son efficacité économique comparée à une autre prise pour type et qui réalise les mêmes conditions de marche. D'ailleurs les ingénieurs constructeurs ont recours à un procédé qui diffère essentiellement de celui que nous venons de rapporter. A cet effet, ils cherchent d'abord la quantité de vapeur sèche que peut engendrer dans la chaudière la combustion de chaque kilogramme de houille et, en divisant le nombre obtenu par le poids total de la vapeur qui correspond au pouvoir calorifique du combustible employé, le quotient exprime l'utilisation. Au moyen du tableau que nous reproduisons, M. Ledieu a rendu facile la détermination de ce rendement. Il est à remarquer que, dans la colonne où sont consignées les températures de l'eau d'alimentation, les nombres 15 et 40 degrés se rapportent respectivement à une machine sans condensation et à une machine à condensation, c'est-à-dire que, d'après les constructeurs, quand l'eau est prise au dehors, il faut compter sur une température moyenne de 15 degrés, et, quand elle est prise dans le condenseur, sa valeur normale est approximativement égale à 40 degrés.

PRESSION absolue à la chaudière.	TEMPÉRA- TURE à la chaudière.	TEMPÉRA- TURE de l'eau d'alimenta- tion.	NOMBRE de calories nécessaires à la formation de 1 kilogr. de vapeur sèche.	POIDS DE VAPEUR SÈCHE engendré par la combustion parfaite de 1 kilog. de houille, le pouvoir calorifique étant		
				6500 calories houille médiocre.	7500 calories houille moyenne.	8000 calories bonne houille.
atm 2	0 120	15 40	628 603	kg 10,25 10,78	kg 11,94 12,44	kg 12,74 13,27
3	134	15 40	632 607	10,28 10,71	11,87 12,35	12,66 13,18
5	152	15 40	638 613	10,19 10,60	11,75 12,23	12,54 13,05
7	165	15 40	642 617	10,12 10,53	11,68 12,15	12,46 12,96

Pour montrer l'utilité de ce tableau, M. Ledieu en a fait l'application aux chaudières réglementaires à faces planes adoptées dans la marine militaire. D'après ce savant, voici quelle est la quantité de vapeur fournie par ces chaudières à la pression de 3 atmosphères, en alimentant avec de l'eau à la température de 40 degrés.

$6^{kg},20$ de vapeur sèche avec de la houille médiocre ;
$7^{kg},15$ de vapeur sèche avec de la houille moyenne ;
$8^{kg},10$ de vapeur sèche avec de la bonne houille.

En prenant le rapport qui existe entre ces nombres et ceux du tableau qui correspondent à la pression de 3 atmosphères et à la température 40 degrés de l'eau d'alimentation, on aura l'utilisation du combustible dans les chaudières du genre de celles qui ont servi aux expériences. On obtient ainsi :

Avec de la houille médiocre.. $\dfrac{6^{kg},20}{10^{kg},71} = 0,58$

Avec de la houille moyenne.. $\dfrac{7^{kg},15}{12^{kg},35} = 0,58$

Avec de la bonne houille.... $\dfrac{8^{kg},10}{13^{kg},18} = 0,61$

Ces nombres se rapportent à des chaudières de machines marines en bon état d'entretien, mais ils deviendraient notablement moindres dans le cas où il existerait intérieurement des incrustations. Dans les bonnes chaudières des machines employées dans l'industrie, l'utilisation du combustible est un peu supérieure aux résultats obtenus pour les machines marines. Il ne faut pas toutefois perdre de vue que, pour apprécier exactement ces résultats, ils doivent être comparés aux rendements maxima 0,75 et 0,85 dont il a été question, selon que le tirage est naturel ou forcé.

En général, dans la marche d'une machine thermique, il y a deux périodes distinctes à considérer. Dans la première, une certaine quantité d'énergie calorifique se transforme en énergie sensible ; on appelle *dépense primitive* la quantité de chaleur correspondant au phénomène thermique qui accompagne cette transformation. Dans la seconde période, l'énergie sensible développée revient à l'état d'énergie calorifique et l'on désigne sous le nom de *dépense utile* l'excès de la dépense primitive sur la chaleur régénérée dans la seconde période. Il peut arriver que cette dernière quantité de chaleur ne soit pas complétement perdue pour le fonctionnement de la machine ; mais on doit examiner *a priori* si elle n'est pas susceptible d'être employée en partie pour aider à fournir la dépense primitive nécessaire pour une opération exactement identique à la première. On appelle aussi *dépense totale* l'excès de la dépense primitive sur la portion de chaleur régénérée qui est ensuite employée.

42. Coefficient économique. — On appelle *rendement calorifique* ou *coefficient économique* d'une machine thermique le rapport de la dépense utile à la dépense totale.

On peut encore dire que le *coefficient économique* est le rapport qui existe entre la quantité de chaleur équivalente au travail accompli et la quantité de chaleur empruntée au foyer par le corps intermédiaire.

D'après ce qui a été dit, ce rapport sera représenté par

$$\frac{Q - Q'}{Q}.$$

En vertu de la définition du coefficient économique, si la machine fonctionne suivant un cycle de Carnot, la valeur de ce rapport sera donnée par la relation

$$\frac{Q - Q'}{Q} = \frac{T - T'}{T} \quad \text{ou} \quad \frac{Q - Q'}{Q} = 1 - \frac{T'}{T}.$$

Il peut aussi arriver que la machine fonctionne suivant un cycle fermé réversible. Dans ce cas, avons-nous dit, la machine peut être remplacée par une série de machines élémentaires fonctionnant toutes suivant des cycles de Carnot, tels que les coefficients économiques qui leur correspondent se présentent sous la forme qui précède. Alors le coefficient économique de la machine est compris entre les deux valeurs *maxima* et *minima* de tous les coefficients économiques des machines élémentaires dont il vient d'être question. Il en résulte que le coefficient économique de la machine considérée est moindre que celui d'une autre machine, marchant suivant le cycle de Carnot, entre les mêmes limites de température T, T', qui correspondent à la valeur maxima du coefficient économique des machines élémentaires.

Enfin, lorsque le cycle des opérations de la machine est fermé et non réversible, le coefficient économique est encore moindre que celui d'une machine fonctionnant suivant le cycle de Carnot ; car, dans l'hypothèse où la température du foyer est T et celle du réfrigérant T', d'après ce qui a été vu sur les cycles non réversibles, on aura

$$\frac{Q}{T} - \frac{Q'}{T'} < 0,$$

ou, en divisant par Q et en multipliant par T' les deux membres de l'inégalité,

$$\frac{T'}{T} - \frac{Q'}{Q} < 0.$$

Pour que cette dernière inégalité puisse subsister, il faut que l'on ait

$$\frac{Q'}{Q} > \frac{T'}{T}.$$

Retranchant l'unité aux deux membres, nous aurons

$$\frac{Q'}{Q} - 1 > \frac{T'}{T} - 1$$

ou

$$\frac{Q'-Q}{Q} > \frac{T'-T}{T}, \quad \frac{Q'-Q}{Q} > \frac{T'}{T} - 1;$$

en changeant les signes, l'inégalité aura lieu en sens inverse

$$\frac{Q-Q'}{Q} < 1 - \frac{T'}{T}.$$

La comparaison de cette inégalité avec la relation qui se rapporte au cycle de Carnot conduit à cette conclusion remarquable :

Le coefficient économique, c'est-à-dire le rendement calorifique d'une machine thermique est maximum, lorsque cette machine fonctionne suivant un cycle de Carnot.

Ces considérations nous montrent donc que le meilleur mode d'utiliser la chaleur fournie par le foyer d'une machine thermique consiste à faire fonctionner la machine suivant un cycle de Carnot. De l'équation relative à ce cycle,

$$\frac{Q-Q'}{Q} = 1 - \frac{T'}{T},$$

on déduit

$$Q - Q' = Q \left(1 - \frac{T'}{T} \right),$$

expression qui représente la quantité de chaleur équivalente au travail externe accompli.

Il est visible que la grandeur de ce travail dépend essentiellement des limites de température T et T' ou, en d'autres termes, que le travail externe sera d'autant plus grand que le rapport $\frac{T'}{T}$ sera plus petit. Il est donc de la plus haute importance, pour tirer le meilleur parti possible d'une machine thermique, d'élever la température du foyer et d'abaisser la température du réfrigérant ; mais, comme celle-ci, en aucun cas, ne saurait descendre au zéro absolu, le terme $\frac{T'}{T}$ ne pourra jamais devenir nul, de sorte qu'une partie seulement de la chaleur dégagée par le foyer sert à la production du travail externe. A l'inspection de la formule, on reconnaît que ce travail est indépendant du corps intermédiaire qui reçoit la chaleur pour l'accomplir. Ainsi, s'il était possible de construire des machines thermiques fonctionnant rigoureusement suivant des cycles de Carnot, le choix de l'agent intermédiaire serait tout à fait indifférent, et l'on pourrait, sans difficulté, substituer un gaz à un autre gaz, à une vapeur ou *vice versa*, pourvu toutefois que dans les opérations du cycle les températures conservassent leurs valeurs respectives.

43. APPLICATION NUMÉRIQUE. --- *Trouver le coefficient économique d'une machine à vapeur qui consomme* $0^{kg},75$ *de combustible par heure et par force de cheval-vapeur, sachant que le pouvoir calorifique de ce combustible est égal à 7500 calories et que son utilisation est les $\frac{2}{3}$ de la consommation.*

La chaleur représentée par Q dans la formule aura pour valeur, par force de cheval,

$$\tfrac{2}{3} \times 0^{kg},75 \times 7500 = 3750^{cal}.$$

De plus, comme un cheval-vapeur correspond à un travail de 75 kilogrammètres par seconde, le travail externe équivalent à la chaleur absorbée $Q - Q'$ de la formule aura pour valeur

$$75^{kgm} \times 3600^s;$$

d'où

$$Q - Q' = \frac{75 \times 3600}{E} = \frac{75 \times 3600^s}{425}$$

$$Q - Q' = 635^{cal}.$$

Par suite, le coefficient économique de la machine en question sera représenté par

$$\frac{635}{3750} = 0,17.$$

Nous ferons observer que, pour procéder rigoureusement, les deux nombres 635 et 3750 calories devraient être divisés par le nombre de cycles que décrit la machine pendant une heure de marche; mais, comme ce facteur se serait trouvé dans les deux termes du rapport, on comprend que, avec les données de la question, on ait pu en faire abstraction.

Le coefficient obtenu convient à une machine perfectionnée dont la dépense en combustible est très-faible. Rarement, dans les ateliers de construction, on trouvera des machines dans de telles conditions économiques, de sorte que l'on ne saurait même se flatter d'obtenir le coefficient 0,17, quelque minime que soit sa valeur relative.

Supposons que la machine consomme $1^{kg},500$ de combustible par heure et par force de cheval-vapeur, les autres données étant les mêmes :

$$Q = \tfrac{2}{3} \times 1^{kg},5 \times 7500 = 7500^{cal},$$

$$Q - Q' = \frac{75^{kgm} \times 3600''}{425} = 635^{cal};$$

donc

$$\frac{Q - Q'}{Q} = \frac{635}{7500} = 0,08.$$

Ces résultats ainsi obtenus semblent indiquer que les machines thermiques en général, et les machines à vapeur en particulier, offrent de bien médiocres avantages au point de vue de l'utilisation du combustible ou de la chaleur qui se dégage de la chaudière, ce qui est la même chose. Ils nous apprennent, en effet, que les machines de précision, qui ne sont pas celles que l'on emploie le plus généralement, ne transforment en travail effectif que les 0,17 de la chaleur empruntée et que, dans les machines ordinaires, ce coefficient descend jusqu'à 0,06 et 0,08. En appliquant les mêmes principes aux machines à air chaud et aux machines à gaz bien construites, on trouve 0,14 pour les premières et 0,18 pour les secondes. Pour expliquer cette infériorité apparente des machines thermiques comparées aux autres machines motrices de l'industrie, nous dirons que le *coefficient économique* a, dans chaque cas, un *maximum absolu*, dépendant uniquement des températures limites entre lesquelles fonctionne le cycle des opérations, et que l'absolue nécessité, pour qu'il y ait cycle, de ramener le corps à son état primitif, conduit à l'impossibilité mathématique de les dépasser.

Les valeurs maxima de ces coefficients sont :

Machines à vapeur.................... 0,28
Machines à air chaud.................. 0,48
Machines à gaz....................... 0,86

Si nous prenons pour unité la quantité de chaleur Q empruntée au foyer, nous voyons que, pour ces machines, les pertes de chaleur sont respectivement 0,72, 0,52 et 0,14. Malgré le soin apporté à l'agencement des organes de la machine et la forme la plus convenable donnée au générateur, ces pertes sont inévitables; mais la différence du coefficient économique, maximum avec le rendement calorifique, représente une perte de chaleur qui, avec un degré de perfection suffisant donné à la machine, peut, sinon disparaître complétement, au moins être considérablement atténuée.

La perte de chaleur qui peut être évitée tient à deux causes: d'abord il peut arriver que la substance motrice (gaz ou vapeur) s'échappe par des fuites au cylindre et que cet organe éprouve des refroidissements intérieurs ou extérieurs, ce qui constitue une imperfection dissimulée du cycle des opérations ; ensuite ce cycle peut encore devenir défectueux, indépendamment des fuites et des refroidissements par l'abandon inutile au réfrigérant d'une certaine quantité de chaleur. Dans les machines à vapeur où la détente est convenablement réglée, la première cause influe plus profondément sur la marche de la machine; mais, si cette condition n'est pas satisfaite, les deux causes produisent des effets qui ont la même importance, avec cette différence cependant que la seconde est révélée par l'imperfection très-apparente du cycle des opérations. Le contraire a lieu dans les machines à gaz et à air chaud: le rôle que joue la seconde cause est très-considérable, tandis que celui de la première est, pour ainsi dire, insignifiant.

En terminant ces explications complémentaires, nous ajouterons que quelques auteurs estiment le rendement d'une machine thermique en multipliant le coefficient économique par l'équivalent mécanique de la chaleur $E = 425^{\text{kgm}}$.

44. Rendement spécifique. — D'après ce qui vient d'être dit, pour toute machine fonctionnant, suivant un cycle de

Carnot, entre deux températures données, il existe toujours un rendement calorifique maximum, représenté par une fonction de ces températures, mais il arrive fort souvent que ce maximum n'est pas réalisé. Dans ce cas, on désigne sous le nom de *rendement spécifique* le rapport du rendement calorifique réellement obtenu au rendement calorifique maximum.

En vertu de cette définition, on comprend aisément que ce rapport peut tendre de plus en plus vers l'unité, et qu'il lui deviendra égal lorsque le cycle des opérations se rapportera au rendement calorifique maximum. Il est évident que la valeur de ce rapport dépend à la fois de la perfection du cycle et de la somme de toutes les pertes de chaleur dues aux fuites et aux refroidissements externe et interne qui se produisent au cylindre de la machine. On pourrait, à la rigueur, déterminer la grandeur de ce rapport en calculant séparément les deux rendements calorifiques réel et maximum ; mais, avec les données de la question, on peut l'obtenir d'une manière simple. A cet effet, on divise la dépense fictive qui correspond au maximum d'effet par la consommation réelle de combustible par heure et par force de cheval-vapeur sur la surface du piston. C'est, d'ailleurs, ainsi que l'on procède ordinairement.

45. APPLICATION NUMÉRIQUE. — *Trouver le rendement spécifique d'une machine à vapeur fonctionnant à la pression de 6 atmosphères, sachant qu'elle consomme* 0^{kg},75 *de combustible par heure et par force de cheval, qu'elle utilise les* $\frac{2}{3}$ *du pouvoir calorifique du combustible et que la température du condenseur est de* 40 *degrés.*

D'après les dernières Tables de MM. Regnault et Zeuner, la température qui correspond à la pression absolue de 6 atmosphères est de 159 degrés. Ainsi la machine fonctionne entre les températures limites 159 et 40 degrés. D'autre part, nous avons vu que le pouvoir calorifique de la houille de qualité moyenne est égal à 7500 calories, et que le coefficient économique maximum d'une machine à vapeur est 0,28.

Le travail accompli en une heure par la pression de la vapeur agissant sur la surface du piston aura pour valeur

$$75 \times 3600 = 270000^{kgm},$$

et le travail correspondant au rendement calorifique maximum sera

$$425 \times \tfrac{2}{3} \times 7500 \times 0,28 = 595000^{\text{kgm}}.$$

Généralement, les praticiens remplacent le coefficient économique ou rendement calorifique par la dépense de charbon par heure et par cheval-vapeur. Par conséquent, dans le cas actuel, cette consommation sera égale à

$$\frac{270000}{595000} = 0^{\text{kg}},453,$$

et, d'après la définition que nous avons donnée du rendement spécifique, il aura pour valeur

$$\frac{0^{\text{kg}},453}{0^{\text{kg}},750} = 0,60.$$

On aurait pu obtenir ce rendement d'une manière encore plus simple, en divisant le nombre 0,17 déjà obtenu pour les machines à vapeur par le coefficient économique maximum 0,28.

On trouve, en effet, que

$$\frac{0,17}{0,28} = 0,60.$$

Le nombre 0,60 s'applique aux machines à vapeur d'une grande perfection. Dans la marine on a même adopté le nombre 0,62; mais ces coefficients de rendement ne sauraient convenir aux machines ordinaires que l'on rencontre le plus souvent dans les ateliers de l'industrie. Par les considérations auxquelles nous avons eu recours, on trouverait qu'il tombe à 0,30 et même au-dessous. Pour les machines à air chaud, il varie de 0,23 à 0,29 et pour les autres machines thermiques à gaz de 0,10 à 0,20.

46. *Rendement organique.* — On appelle *rendement organique* le rapport de la force sur l'arbre moteur à la force sur le piston.

Bien que ce mode d'appréciation de la valeur d'une machine offre moins d'intérêt que les rendements dont il a été question, les constructeurs cependant lui donnent la préférence. Dans les ateliers de construction, il sert à faire connaître le travail absorbé par le frottement des pistons et par les organes de la transmission du mouvement, ainsi que par le jeu des pompes inhérentes au système de la machine. Par sa valeur, il conduit souvent le praticien à donner sans nécessité des dimensions plus grandes aux cylindres pour obtenir une puissance donnée sur l'arbre de couche de la machine.

Pour mesurer le travail mécanique transmis par cet arbre, on fait usage du frein dynamométrique de M. de Prony, dont il sera donné plus loin une description détaillée, en même temps que nous ferons connaître comment l'expérience doit être conduite. Toutefois, l'emploi de cet appareil est limité aux machines de l'industrie dont la force nominale n'est pas très-considérable, et, pour les machines de très-grandes dimensions, on se sert de dynamomètres très-puissants, tels que ceux construits par M. Taurines. Quant au travail développé sur la surface du piston, on l'obtient facilement au moyen de l'indicateur de Watt, dont nous avons déjà parlé.

Les expériences entreprises pour connaître la valeur relative des machines à vapeur par la considération du rendement organique ont donné en moyenne le coefficient 0,80 pour les machines marines perfectionnées, et 0,60 pour la limite inférieure des machines affectées au même objet, mais établies mécaniquement dans des conditions peu avantageuses.

Les mêmes coefficients peuvent aussi être appliqués aux machines fixes de l'industrie, ainsi qu'aux machines à vapeurs mixtes.

47. *Rendement industriel.* — On désigne sous ce nom la dépense de combustible par heure et par force de cheval mesurée sur l'arbre moteur. Ce rendement comprend tous ceux qui précèdent, même l'utilisation du combustible. Comme, dans l'industrie, les machines sont livrées à la condition qu'elles ne consommeront qu'une quantité déterminée de combustible et que l'arbre de couche transmettra un travail donné évalué en chevaux-vapeur, c'est en réalité le seul coefficient que l'acheteur ait intérêt à connaître. Il doit, en effet, lui importer fort peu que la partie qui se rapporte à chaque coefficient spécial ait telle valeur ou telle autre, dès l'instant que le prix du travail industriel qu'il veut produire ne cesse pas d'être le même.

Aujourd'hui on estime que les machines à vapeur construites dans les meilleures conditions dépensent 1 kilogramme de combustible par heure et par force de cheval-vapeur mesurée sur l'arbre de couche; mais, dans les machines dont le fonctionnement est anormal ou dont le système est défectueux, cette dépense peut aller jusqu'à $3^{kg},5$ par heure.

48. *Températures du générateur et du réfrigérant d'une machine à vapeur.* — Nous avons établi précédemment, au moyen de la relation

$$\frac{Q - Q'}{Q} = \frac{T - T'}{T},$$

que, sous le rapport économique, il convient qu'une machine fonctionne suivant un cycle de Carnot. Il y a donc lieu de rechercher les valeurs des températures extrêmes T, T' que l'on doit adopter dans la pratique, puisque du rapport $\frac{T'}{T}$ dépend uniquement la grandeur du coefficient économique.

Dans tous les cycles réversibles, et notamment dans celui de Carnot, on admet généralement que les sources de chaud et de froid en contact avec le corps intermédiaire sont toujours indéfinies.

Cette hypothèse est suffisamment justifiée dans la pratique pour le corps réfrigérant; car, ordinairement, on se sert de l'air ou de l'eau dans l'état où la nature nous les présente. La discussion du terme

$$\frac{T - T'}{T} = 1 - \frac{T'}{T}$$

nous a appris que le rendement calorifique est d'autant plus grand que la quantité T' est plus petite, c'est-à-dire que la température du réfrigérant est moins élevée. Il convient donc théoriquement que cette température soit la plus basse possible. Mais, dans les applications, elle a pour limite la température propre du fluide dont on peut disposer pour opérer le refroidissement. On pourrait, à la vérité, par des procédés artificiels, abaisser de plus en plus cette température, mais certainement, en aucun cas, la dépense qu'occasionneraient les nouvelles dispositions à prendre ne serait compensée par l'accroissement du rendement calorifique. D'autre part, nous ferons observer que, pour renouveler l'eau qui sert au refroidissement et pour la mettre en contact avec le corps intermédiaire, il faut développer une certaine quantité de travail qui n'est pas indiquée dans le cycle de Carnot. Comme ce travail négatif augmente en valeur absolue proportionnellement à la masse liquide qui sert au refroidissement, il est dès lors évident que, s'il y a gain en rendement calorifique par l'abaissement de la limite inférieure de température, il en résulte aussi une perte en rendement organique occasionnée par l'accroissement du travail négatif. De ces considérations nous devons conclure que, si au point de vue exclusif des principes de la Thermodynamique la température inférieure peut être indéfiniment abaissée, il ne saurait en être ainsi dans les applications et qu'il convient de maintenir celle du corps intermédiaire au-dessus de la température de l'eau qui sert au refroidissement.

Occupons-nous maintenant de la source calorifique et supposons, comme c'est le cas le plus général, que le foyer et le générateur soient deux récipients distincts. Dans cette hypothèse, la source de chaleur réside dans les parois du foyer qui communiquent l'action du feu à la substance, motrice et, pour une activité donnée de combustion, la face de ce foyer conserve la même température. Il est constant que, s'il était possible au corps intermédiaire d'atteindre cette température, le rendement calorifique serait augmenté par suite d'une utilisation plus avantageuse de la chaleur que dégage le combustible; mais le jeu rapide de la machine ne permet pas à la température maxima de s'uniformiser instantanément dans toute la masse du corps intermédiaire, de sorte qu'elle est toujours un peu au-dessous de la température de la face du foyer. D'autre part, pour accroître le rendement calorifique maximum, il faudrait que la différence de température du foyer et de la face de ses parois devînt égale à zéro ou la plus petite possible. Enfin, pour satisfaire complètement aux conditions du maximum de rendement tel que nous l'envisageons, la température du foyer devrait atteindre celle qui correspond à la combustion complète. Dans de telles circonstances, les gaz qui résultent de la combustion n'auraient pas le temps de perdre leur chaleur sensible, et leur émission dans l'atmosphère se ferait à une température d'autant plus élevée que l'on se rapprocherait davantage de la limite supérieure marquée par la combustion. Nous ajouterons que, dans ces conditions, l'échappement des produits de la combustion amènerait dans l'utilisation du combustible la perte entière, et même au delà, de tous les avantages résultant de l'élévation de température de la substance motrice.

Les développements dans lesquels nous venons d'entrer démontrent qu'il doit exister une température supérieure du corps intermédiaire à laquelle correspond le maximum du rendement calorifique. Tel est le problème que nous nous proposons de résoudre.

A cet effet, appelons

n le pouvoir calorifique de 1 kilogramme de combustible, c'est-à-dire le nombre de calories qu'il peut dégager par sa combustion ;

P le poids des gaz provenant de cette combustion ;

t leur température à partir de la glace fondante, laquelle est aussi égale à la température supérieure de la substance motrice ;

$t' = 40°$ la température du réfrigérant ;

C_1 la capacité calorifique des gaz sous pression constante.

Prenons la formule du cycle de Carnot

$$\frac{Q - Q'}{Q} = \frac{T - T'}{T}.$$

Comme, dans les applications industrielles, les températures sont estimées à partir de la glace fondante, remplaçons les températures absolues T et T' par leurs valeurs respectives en fonction de t et t',

$$T = t + 273, \quad T' = t' + 273.$$

Par conséquent,

$$\frac{Q - Q'}{Q} = \frac{t + 273 - t' - 273}{t + 273}, \quad \frac{Q - Q'}{Q} = \frac{t - t'}{t + 273}.$$

Pour simplifier la question, supposons que le combustible et l'air nécessaire pour activer la combustion soient introduits dans le foyer à la température zéro.

La quantité de chaleur communiquée au générateur, et par suite à la substance motrice, aura pour valeur

$$n - PC_1 t.$$

Comme le rendement calorifique maximum d'une machine qui fonctionne suivant un cycle de Carnot est représenté par l'expression

$$\frac{t - t'}{273 + t},$$

il s'ensuit que, suivant les hypothèses faites, le maximum du rendement calorifique sera donné par le maximum de l'expression

$$(n - PC_1 t) \frac{t - t'}{273 + t}.$$

A cet effet, posons

$$(n - PC_1 t) \frac{t - t'}{273 + t} = x,$$

et faisons disparaître le dénominateur

$$nt - PC_1 t^2 - nt' + PC_1 tt' = 273 x + xt$$

ou

$$nt - PC_1 t^2 - nt' + PC_1 tt' - 273 x - xt = 0,$$

et, en changeant les signes,

$$PC_1 t^2 - nt + nt' - PC_1 tt' + 273 x + xt = 0.$$

Divisant les deux membres de l'équation par PC_1, on aura

$$t^2 - \frac{tn}{PC_1} + \frac{nt'}{PC_1} - tt' + \frac{273 x}{PC_1} + \frac{xt}{PC_1} = 0.$$

Mettant t en facteur commun,

$$t^2 - t \left(\frac{n}{PC_1} + t' + \frac{x}{PC_1} \right) - \frac{nt'}{PC_1} + \frac{273 x}{PC_1} = 0.$$

10.

Résolvant cette équation complète du second degré par rapport à t, nous aurons

$$t = \frac{n-x}{2\,PC_1} + \frac{t'}{2} \pm \sqrt{\left(\frac{n-x}{2\,PC_1} + \frac{t'}{2}\right)^2 - \frac{273\,x}{PC_1} - \frac{nt'}{PC_1}}$$

ou

$$t = \frac{n-x+PC_1\,t'}{2\,PC_1} \pm \sqrt{\frac{(n-x+PC_1\,t')^2}{4\,P^2C_1^2} - \frac{4 \times 273\,x\,PC_1}{4\,P^2C_1^2} - \frac{4\,PC_1\,nt'}{4\,P^2C_1^2}},$$

$$t = \frac{n-x+PC_1\,t' \pm \sqrt{(n-x+PC_1\,t')^2 - 4.x \times 273\,PC_1 - 4\,PC_1\,nt'}}{2\,PC_1},$$

$$t = \frac{n-x+PC_1\,t' \pm \sqrt{(n-x+PC_1\,t')^2 - 4\,PC_1\,(273\,x + nt')}}{2\,PC_1}.$$

Pour que les racines de cette équation soient réelles, il faut que l'on ait

$$(n-x+PC_1\,t')^2 > 4\,PC_1\,(273\,x+nt'),$$

et à la limite on aura

$$(n-x+PC_1\,t')^2 = 4\,PC_1\,(273\,x+nt')$$

ou

$$(n-x+PC_1\,t')^2 - 4\,PC_1\,(273\,x+nt') = 0.$$

Il reste maintenant à chercher quelle doit être la valeur de l'indéterminée x, pour que la quantité placée sous le radical soit positive. A cet effet, si nous effectuons les calculs indiqués dans la dernière équation, nous aurons

$$x^2 + (n+PC_1\,t')^2 - 2\,x\,(n+PC_1\,t') - 273 \times 4\,PC_1\,x - 4\,PC_1\,nt' = 0$$

ou

$$x^2 - 2\,x\,(n+PC_1\,t' + 273 \times 2\,PC_1) + (n+PC_1\,t')^2 - 4\,PC_1\,nt' = 0;$$

par suite, en résolvant l'équation par rapport à x,

$$x = n+PC_1\,t' + 273 \times 2\,PC_1 \pm \sqrt{4\,PC_1\,nt' + (n+PC_1\,t'+273 \times 2\,PC_1)^2 - (n+PC_1\,t')^2}$$

Les valeurs de x capables de rendre positives, dans la valeur de t, la quantité placée sous le radical, sont comprises entre les racines de la dernière équation. Ainsi, en remarquant que dans l'équation de la température t le radical s'annule si nous introduisons la plus petite valeur de x, il viendra

$$t = \frac{n + PC_1 t' - n - PC_1 t' - 273 \times 2 PC_1 + \sqrt{4 PC_1 nt' + (n + PC_1 t' + 273 \times 2 PC_1)^2 - (n + PC_1 t')^2}}{2 PC_1}$$

ou, en simplifiant,

$$t = -273 + \frac{\sqrt{4 PC_1 nt' + (n + PC_1 t' + 273 \times 2 PC_1)^2 - (n + PC_1 t')^2}}{2 PC_1}.$$

Faisant passer le dénominateur $2 PC_1$ sous le radical,

$$t = -273 + \sqrt{\frac{4 PC_1 nt' + (n + PC_1 t' + 273 \times 2 PC_1)^2 - (n + PC_1 t')^2}{4 P^2 C_1^2}}.$$

Remplaçant, sous le radical, la différence des deux carrés par le produit de deux facteurs du premier degré,

$$t = -273 + \sqrt{\frac{4 PC_1 nt' + (n + PC_1 t' + 273 \times 2 PC_1 + n + PC_1 t')(n + PC_1 t' + 273 \times 2 PC_1 - n - PC_1 t')}{4 P^2 C_1^2}},$$

$$t = -273 + \sqrt{\frac{4 PC_1 nt' + (2n + 2 PC_1 t' + 273 \times 2 PC_1) 273 \times 2 PC_1}{4 P^2 C_1^2}},$$

$$t = -273 + \sqrt{\frac{4 PC_1 nt'}{4 P^2 C_1^2} + \frac{2(n + PC_1 t' + 273 \times PC_1) 273 \times 2 PC_1}{4 P^2 C_1^2}},$$

et, en simplifiant les expressions placées sous le radical,

$$t = -273 + \sqrt{\frac{nt'}{PC_1} + \frac{(n + PC_1 t' + 273 \times PC_1) 273}{PC_1}}$$

ou

$$t = -273 + \sqrt{\left(\frac{n}{PC_1} + t' + 273\right) 273 + \frac{n}{PC_1} t'},$$

$$t = -273 + \sqrt{\left(\frac{n}{PC_1} + 273\right) 273 + 273 \times t' + \frac{n}{PC_1} t'}.$$

Mettant sous le radical t' en facteur commun,

$$t = -273 + \sqrt{\left(\frac{n}{PC_1} + 273\right) 273 + t'\left(\frac{n}{PC_1} + 273\right)}.$$

Enfin, en mettant encore en évidence le facteur commun

$\left(\dfrac{n}{PC_1} + 273\right)$, nous aurons

$$t = -273 + \sqrt{\left(\dfrac{n}{PC_1} + 273\right)(273 + t')}.$$

Pour trouver la valeur numérique de t, nous supposerons que, pour activer la combustion, il soit nécessaire d'introduire dans le fourneau 18 mètres cubes d'air froid, pesant approximativement $1^{kg},3$ par mètre cube, et que la capacité calorifique des gaz qui s'échappent par la cheminée soit sensiblement égale à celle de l'air, soit $C_1 = 0,23751$.

La houille employée, étant de qualité moyenne, son pouvoir calorifique aura pour valeur 7500 calories. On aura donc

$$\frac{n}{PC_1} = \frac{7500}{(1 + 1,3 \times 18)\,0,23751} = \frac{7500}{5,795} = 1294.$$

Quand la machine est à condensation, la température $t' = 40$, et, si l'échappement de la vapeur se fait librement dans l'atmosphère, $t' = 15°$.

Dans le premier cas, on aura

$$t = -273 + \sqrt{(1294 + 273)(273 + 40)} = -273 + \sqrt{1567 \times 313},$$
$$t = -273 + 700 = 427°;$$

dans le second cas,

$$t = -273 + \sqrt{(1294 + 273)(273 + 15)} = -273 + \sqrt{1567 \times 288},$$
$$t = -273 + 671 = 398°.$$

Ces deux températures, 427 et 398 degrés, pourraient théoriquement être atteintes sans toutefois ne jamais être dépassées. On ne doit pas perdre de vue que le rendement calorifique maximum $\dfrac{Q - Q'}{Q} = \dfrac{t - t'}{273 + t'}$ ne croît pas proportionnellement à la température supérieure, et il est même à remarquer qu'à partir d'une certaine température son accroissement est peu sensible, ce qui est mis en évidence par le tableau suivant, où sont consignés les résultats obtenus pour les machines à condensation depuis 40 jusqu'à 700 degrés.

TEMPÉRATURE		RENDEMENT calorifique maximum $\dfrac{Q - Q'}{Q} = \dfrac{t - t'}{t}$.	ACCROISSEMENT du rendement calorifique pour des augmentations de température de 100°.
inférieure de la vapeur t'.	supérieure de la vapeur t.		
40°	40°	$\dfrac{0}{313} = 0$	//
»	100°	$\dfrac{60}{373} = 0,161$	
»	150°	$\dfrac{110}{423} = 0,200$	0,177
»	200°	$\dfrac{160}{473} = 0,338$	
»	300°	$\dfrac{260}{573} = 0,454$	0,116
»	400°	$\dfrac{360}{673} = 0,535$	0,081
»	500°	$\dfrac{460}{773} = 0,595$	0,060
»	600°	$\dfrac{560}{873} = 0,641$	0,046
»	700°	$\dfrac{660}{973} = 0,678$	0,037

À l'inspection de ce tableau, et nous ne saurions trop insister sur ce point, on voit que les coefficients économiques sont indépendants de la nature des substances motrices, que pour une augmentation de 100 degrés jusqu'à la limite supérieure que l'on s'est imposée, le rendement calorifique croît de moins en moins avec l'élévation de température.

Si, au point de vue purement théorique, il importe peu que la température maxima dépasse les limites 427 et 398 degrés, selon que la machine est avec ou sans condensation, il n'en est pas de même dans les applications.

Ainsi, lorsque commence à apparaître la chaleur rouge, ce qui a lieu vers la température de 500 degrés, tous les métaux employés dans les usages de l'industrie s'oxydent au contact de l'air et cessent de posséder la ténacité suffisante pour ré-

sister à la grandeur des efforts qu'ils supportent. On remarque
même que, vers 400 degrés, l'altération des pièces de la machine a déjà eu lieu. D'un autre côté, les substances grasses
ou visqueuses, employées pour atténuer les effets du frottement, seraient volatilisées ou carbonisées à cette température ; l'huile et le suif, par exemple, entrent en ébullition à
la température de 250 degrés environ, et perdent de la sorte
toutes leurs propriétés lubrifiantes, phénomène que l'on remarque d'ailleurs quand ces substances se trouvent en contact
avec de la vapeur sèche à la température de 170 degrés. On comprend donc que, dans de telles conditions, le mouvement de
glissement de certains organes de la machine s'accomplirait
à sec et qu'il en résulterait inévitablement de profondes gri-
pures qui ne tarderaient pas à les mettre hors d'usage. Ces
considérations pratiques nous conduisent à reconnaître que,
contrairement aux conclusions de la théorie, il doit exister
une température limite, fournie par l'expérience et naturellement imposée par la résistance des métaux, par l'influence
d'une chaleur trop intense sur leur état physique, et nous
ajouterons encore, par la nécessité de ne pas atteindre, dans
la chambre de chauffe, des températures intolérables pour les
mécaniciens préposés à la conduite de la machine.

49. *Cycle autre que celui de Carnot, réalisant le maximum
de rendement calorifique.* — D'après ce qui a été dit, il n'existe
certainement pas de cycle qui, sous le rapport de l'utilisation
de la chaleur, conduise à un résultat plus avantageux, mais ce
n'est pas le seul qui puisse fournir le coefficient économique
maximum.

Considérons, à cet effet, un cycle réversible formé de deux
lignes isothermiques MN, PQ, et de deux lignes adiabatiques
MQ, NP (*fig.* 16), telles que la quantité de chaleur empruntée
par le corps à des systèmes environnants dans la transformation QM soit égale à la quantité de chaleur cédée par le
même corps à d'autres systèmes environnants dans la transformation NP. D'après cela, si nous désignons par Q la quantité de chaleur empruntée au foyer dans la transformation MN
à la température T et par Q′ la quantité de chaleur cédée au
réfrigérant dans la transformation PQ à la température T′, dans

ce cas, comme pour le cycle de Carnot, on pourra appliquer l'équation donnée par Clausius; on aura donc

$$\frac{Q}{T} - \frac{Q'}{T'} = 0 \quad \text{ou} \quad \frac{Q - Q'}{Q} = \frac{T - T'}{T} = 1 - \frac{T'}{T}.$$

Présentement concevons deux lignes isothermiques infiniment voisines, telles que AB, A'B', et appelons

Fig. 16.

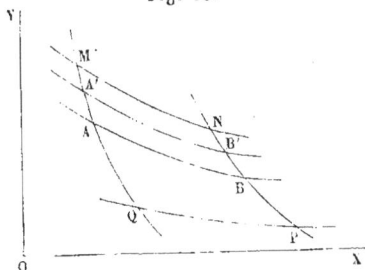

t_1 l'accroissement élémentaire de température subi par le corps;

q la quantité de chaleur absorbée ou cédée dans chacune des transformations élémentaires AA', BB';

V, p les coordonnées de A, c'est-à-dire le volume et la pression correspondant au point A;

$V + v$ le volume correspondant au point A', la quantité v étant positive ou négative, selon le sens du mouvement du point figuratif;

V', p' les coordonnées du point B;

$V' + v'$ le volume qui correspond au point B';

C la chaleur spécifique du corps.

D'après ce que nous avons vu plus haut, la quantité de chaleur absorbée ou cédée pendant chacune des transformations élémentaires AA', BB' sera représentée par les deux relations suivantes :

$$q = A p v + C t_1, \quad q = A p' v' + C t_1,$$

A représentant l'équivalent calorifique du travail, v et v' les deux variations élémentaires de volume dans les transformations considérées; de là on déduit

$$A p v + C t_1 = A p' v' + C t_1 \quad \text{ou} \quad p v = p' v'.$$

D'ailleurs, en vertu de la loi de Mariotte, on a aussi

$$pV = p'V'.$$

Divisant membre à membre, on aura

$$\frac{p\upsilon}{pV} = \frac{p'\upsilon'}{p'V'} \quad \text{ou} \quad \frac{\upsilon}{V} = \frac{\upsilon'}{V'},$$

et, par déduction,

$$\frac{V+\upsilon}{V} = \frac{V'+\upsilon'}{V'} \quad \text{ou} \quad \frac{V'}{V} = \frac{V'+\upsilon'}{V+\upsilon} = \text{const.}$$

Désignant cette constante par β, il viendra

$$\frac{V'}{V} = \beta, \quad V' = \beta V,$$

et par suite, si de la loi de Mariotte, représentée par $pV = p'V'$, on tire la valeur de p', nous aurons

$$p' = \frac{pV}{V'},$$

et, en remplaçant V' par sa valeur en fonction de la constante β,

$$p' = \frac{pV}{\beta V} = \frac{p}{\beta}.$$

On peut toujours se donner arbitrairement la ligne de transformation MQ. Or, comme la forme de cette ligne dépend des deux variables V, p, elle représente une fonction implicite de ces quantités, et, partant, l'équation de la ligne MQ sera de la forme

$$f(p,\ V) = 0,$$

et celle de la ligne NP, en fonction de la constante, sera

$$f\left(\frac{i}{\beta}\,p,\ \beta V\right) = 0.$$

Ces deux équations indiquent que le problème comporte une infinité de solutions et que, la première ligne étant donnée, on pourra toujours déterminer la seconde de manière à satisfaire à toutes les conditions voulues.

Supposons d'abord que la ligne donnée MQ soit une droite parallèle à l'axe des pressions OY. Dans ce cas particulier, son équation sera

$$V = \text{const.},$$

et celle NP sera représentée par

$$\beta V \text{ ou } V' = \text{const.};$$

donc la ligne NP sera une droite parallèle à MQ.

En second lieu, si la ligne MQ est parallèle à l'axe OX des volumes, son équation est

$$p = \text{const.},$$

et celle de NP

$$\frac{p}{\beta} \text{ ou } p' = \text{const.};$$

la ligne NP est alors une droite parallèle à la nouvelle position de MQ. On peut donc déduire de ce nouveau genre de cycles la conclusion suivante :

Lorsqu'une machine fonctionne suivant un cycle réversible limité, d'une part, par deux isothermiques et, d'autre part, par deux droites parallèles, soit à l'axe des pressions, soit à l'axe des volumes, elle fournit le rendement calorifique maximum.

Dans la pratique, il paraît aussi difficile de construire des machines marchant rigoureusement suivant de tels cycles que suivant un cycle de Carnot, et l'exemple que nous avons pris, comme la discussion qui l'a suivi, a uniquement pour objet de mettre en évidence que, théoriquement, la marche d'une machine dans ces conditions présente les mêmes avantages que le cycle de Carnot.

Le rendement calorifique des machines thermiques, suivant leur constitution et l'agencement des organes, diffère plus ou moins de la valeur maxima qui lui est assignée par le cycle de Carnot. Aussi convient-il de le calculer en particulier pour chaque genre de machines, d'après l'étude des transformations effectuées. Comme application de ce qui précède, nous allons étudier, au point de vue de la Thermodynamique, les

machines à air chaud de Stirling et d'Ericsson, dans l'hypothèse
où ce gaz existe à l'état rigoureusement parfait.

50. *Machine de Stirling.* — L'apparition de cette machine
remonte à l'année 1816. Son invention est due à sir Robert
Stirling, et, bien qu'elle n'ait pas été acceptée par l'industrie,
il nous semble utile de la décrire sommairement et de montrer qu'elle réalise l'un des cycles dont il vient d'être question. Elle rentre dans la catégorie des machines dites *à cy-*
lindre fermé et où, par conséquent, la masse de la substance
motrice reste constamment la même pendant la durée des
opérations. La machine Stirling se compose : 1° d'un cylindre
moteur A dans lequel se meut un piston P; 2° d'un second
cylindre B en communication permanente avec le premier au
moyen d'un tuyau T (*fig.* 17). Ce dernier récipient fait à la

Fig. 17.

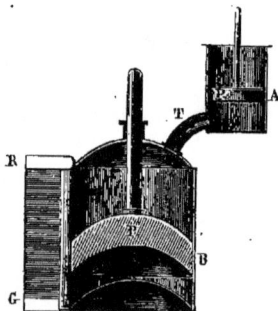

fois office de générateur par la partie inférieure dont le fond
est soumis à l'action de la chaleur fournie par un foyer, et de
réfrigérant par sa partie supérieure dont le couvercle est sans
cesse refroidi. Les deux parties dans lesquelles s'accomplissent les phénomènes contraires sont séparées par un piston
mobile P', contenant des substances qui conduisent mal la
chaleur; mais elles peuvent communiquer entre elles au moyen
d'un régénérateur de vapeur RG.

Expliquons maintenant le jeu de l'appareil. Quand on soulève le piston P', l'air qui se trouve au-dessus traverse le
régénérateur RG et vient se réchauffer à la partie inférieure

du récipient. Comme la communication existe sans cesse entre les diverses parties de l'appareil, il s'ensuit que la pression tend de plus en plus à devenir uniforme dans tout l'ensemble du système, sans que le volume de la substance motrice éprouve la moindre variation jusqu'au moment où cette pression sera suffisante pour vaincre la résistance que le piston P du premier cylindre oppose au mouvement. Alors, le piston P′ étant parvenu à la limite supérieure de sa course, on le maintient quelques instants dans cette position. D'autre part, l'air se dilatant prendra une température comprise entre celle du dessus et du dessous du piston P′, mais qui diffère fort peu de cette dernière. Sous l'influence de la pression exercée par l'air, le piston P montera et, dès qu'il aura atteint la limite supérieure de sa course, on l'y maintiendra aussi quelques instants. Ensuite on fera descendre le piston P′, de manière que l'air en contact avec la source de chaleur se rende au-dessus de ce piston en traversant le régénérateur : ces phénomènes s'accomplissent sans qu'il y ait le moindre changement de volume dans la masse gazeuse, à cause de l'immobilité instantanée du piston P. Il en résulte que, dans son passage au générateur, l'air perdra une partie de la chaleur qu'il possédait et qu'en arrivant au-dessus du piston il achèvera de se refroidir au contact du couvercle qui ferme le cylindre B. Dans tout le système la pression descendra jusqu'à 1 atmosphère et plus particulièrement dans le cylindre A. Quand le piston P′ sera parvenu au bas de sa course, on obligera le piston P à descendre. On comprend dès lors que l'air en contact avec ce dernier piston sera comprimé à une température constante comprise aussi, comme dans le phénomène précédemment observé, entre celle du dessous et celle du dessus du piston P′. Il est donc manifeste qu'en réitérant les opérations que nous avons décrites, on parviendra à imprimer au piston P un mouvement alternatif rectiligne.

Dans la machine à air chaud de Stirling les opérations sont représentées par un cycle réel. Il est évident qu'il est formé de deux lignes droites de volume constant MQ, NP (*fig.* 18), perpendiculaires à l'axe des x, qui correspondent à une course double du piston P′, et de deux lignes isothermiques MN, PQ, la pression représentée par l'ordonnée PB étant de 1 atmosphère, ainsi que nous l'avons indiqué dans la description de l'appareil. Le diagramme représentatif du cycle d'opérations n'est autre chose que la courbe qui serait relevée au moyen de l'indicateur de Watt. L'abscisse OA représente, sur la figure, le volume constant occupé par l'air pendant l'arrêt qui a lieu entre le bas de la course du piston moteur P et l'instant où commence son mouvement ascensionnel.

Fig. 18.

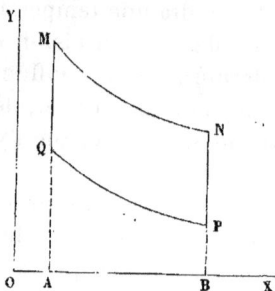

Cette machine ainsi établie à l'origine, et sur laquelle il n'a été fait aucune expérience pour en connaître le rendement, a subi quelques modifications.

L'air s'échauffe dans un *générateur* et va se détendre dans un cylindre moteur; de là il se rend dans un *réfrigérant* qui fait office de condenseur, comme dans la machine à vapeur ordinaire, et ensuite est refoulé dans le générateur moyen d'une pompe alimentaire.

Dans de telles conditions, le cycle d'opérations est bien formé comme dans le jeu de la machine primitive de deux droites MQ, NP, parallèles à l'axe des pressions, mais les deux lignes isothermiques MN, PQ sont remplacées par deux adiabatiques.

Voici d'ailleurs en quoi consiste la série des transformations subies par l'air :

1° Pendant la transformation représentée par QM, le volume OA reste constant et le gaz, possédant au point Q une température T, prend au point M une température supérieure T'; de sorte que, si nous appelons q la chaleur communiquée par le foyer, C la chaleur spécifique de l'air sous volume constant et P son poids, on aura

$$q = PC(T' - T).$$

2° De M en N le gaz se dilate sans variation de chaleur, la température s'abaisse de T' à T_1 et le travail effectué est égal à l'aire hyperbolique AMNB.

3° De N en P on refroidit l'air sous le volume constant OB, et la température s'abaisse de T_1 à T'_1 ; par conséquent la chaleur q' cédée au réfrigérant sera représentée par l'équation

$$q' = PC(T_1 - T'_1).$$

4° De P en Q on comprime le gaz de manière à le réduire à son volume primitif OA et la température T'_1 s'élève à la température initiale T. Pendant cette dernière transformation on dépense une quantité de travail mesurée par l'aire ABPQ. Il est visible que le travail engendré par la détente est supérieur au travail absorbé par la compression et que l'excès MNPQ pourra recevoir telle application que l'on voudra.

En suivant avec attention la marche des opérations, on reconnaît sans peine que le cycle est fermé et réversible; par suite il rentre dans le théorème de Carnot et peut être représenté par la formule de Clausius; on aura donc

$$(a) \qquad \frac{T'}{T} = \frac{T'_1}{T_1}.$$

D'après ce qui a été dit plus haut, la quantité de chaleur qui s'est transformée en travail sera la différence de q et q'. En retranchant les deux égalités membre à membre, il viendra

$$q - q' = PC(T' - T) - PC(T_1 - T'_1).$$

Mettant PC en facteur commun, on aura

$$q - q' = PC(T' - T - T_1 + T'_1).$$

Si nous remplaçons T_1 par sa valeur $\frac{TT'_1}{T'}$ déduite de la relation (a), l'équation deviendra

$$q - q' = PC\left(T' + T'_1 - T - \frac{TT'_1}{T'}\right).$$

51. *Machine à air chaud d'Ericsson.* — Cette machine, importée en France vers 1852, est aujourd'hui tombée dans l'oubli, même sur le continent américain. Dans la Science il n'en est question pour ainsi dire qu'au point de vue historique, et si nous en donnons une description sommaire, c'est uniquement pour l'étude des phénomènes thermiques qui accompagnent les transformations diverses des gaz dont la Thermodynamique s'occupe spécialement.

Elle se compose de deux cylindres verticaux C, C′, de diamètres différents, et dans lesquels peuvent se mouvoir deux

Fig. 19.

pistons P, P′, rendus solidaires l'un de l'autre au moyen de colonnes (*fig.* 19). Le grand cylindre, dont la partie inférieure est convexe, reçoit directement l'action d'une source de chaleur. Le dessous du piston P affecte une forme exactement semblable et, pour éviter les refroidissements, on a soin de le former d'une enveloppe métallique contenant des substances peu perméables à la chaleur, telles qu'un mélange de charbon de bois et d'argile pulvérisés ou simplement du plâtre. C'est la tige du piston P qui est articulée au balancier destiné à transmettre le mouvement.

Le cylindre C communique librement avec l'atmosphère par les ouvertures OO pratiquées dans la couronne qui relie les deux cylindres et la partie du cylindre C', qui se trouve au-dessous du piston P', communique également avec l'atmosphère par les mêmes ouvertures. Un réservoir cylindrique R est disposé à côté des cylindres C et C' et a pour objet de renfermer de l'air comprimé. La partie supérieure du cylindre C' communique d'une part avec l'atmosphère au moyen d'une soupape s, qui s'ouvre de l'extérieur à l'intérieur, et d'une autre part avec le réservoir d'air R par la soupape s', s'ouvrant de bas en haut. L'air contenu dans ce réservoir peut se rendre dans le cylindre C en traversant l'ouverture de la soupape σ, ainsi que l'espace U contenant des toiles métalliques qui constituent le régénérateur. Ces deux soupapes σ et σ' sont commandées par la machine elle-même. La soupape σ étant fermée et la soupape σ' étant ouverte, l'air renfermé dans le cylindre C peut s'échapper dans l'atmosphère, en traversant le régénérateur U, l'ouverture de la soupape σ' et le tuyau d'échappement T qui établit la communication.

Voici comment a lieu le fonctionnement de la machine. On commence par faire du feu sur la grille du foyer, pendant deux heures environ, pour communiquer au régénérateur la chaleur nécessaire; on comprime ensuite de l'air dans le réservoir R au moyen d'une pompe, de manière que la pression soit environ de $1\frac{1}{2}$ atmosphère, puis l'on ouvre la soupape σ. L'air comprimé du réservoir se rend dans le cylindre C en traversant les toiles métalliques U; il s'échauffe d'abord au contact de ces toiles et par l'action de la chaleur du foyer que lui transmet la paroi convexe qui forme le fond du cylindre C. Sous la pression qu'il éprouve, le piston P monte en même temps que le piston P'. Il s'ensuit que l'air contenu au-dessus de ce dernier piston et qui s'y est précédemment introduit par la soupape s est comprimé et refoulé dans le réservoir R par l'ouverture de la soupape s'. Lorsque le double piston est sur le point d'arriver à la limite de sa course ascendante, la soupape σ se ferme et, dès que la course est terminée, la soupape σ' s'ouvre ; l'air contenu au-dessus du piston P s'échappe dans l'atmosphère, après avoir traversé les toiles métalliques du régénérateur. Alors les deux pistons P, P' redescendent en vertu de leur propre poids ou sous l'action de contre-poids convenablement disposés à cet effet. Pendant que ce phénomène s'accomplit, la soupape s' se ferme tandis que la soupape s s'ouvre pour donner passage à une nouvelle quantité d'air atmosphérique, et le jeu de la machine recommence dans les mêmes conditions que précédemment.

Par cette description on comprend que la machine d'Ericsson est à simple effet et que la force élastique de l'air ne produit que le mouvement ascensionnel des pistons. Toutefois, en faisant agir alternativement deux machines de ce genre aux deux extrémités d'un même balancier, le résultat obtenu serait identique à celui d'une machine à double effet agissant sur une seule extrémité.

Le cycle représentatif qui convient le mieux au jeu de la machine se compose : 1° de deux lignes d'*égale pression* MN, PQ (*fig.* 20) parallèles à l'axe des volumes qui correspondent

Fig. 20.

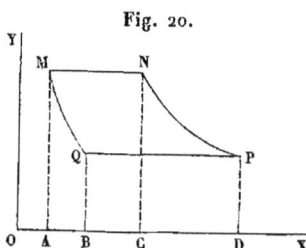

aux périodes d'introduction et d'évacuation du gaz ; 2° d'une isothermique NP relative à la détente ; 3° d'une adiabatique MQ correspondant au refoulement de l'air provenant du cylindre C', à la condition toutefois que ce cylindre n'éprouve aucun refroidissement. S'il en était autrement, la courbe représentative de la transformation serait une ligne intermédiaire entre une isothermique et une adiabatique.

Le gaz partant d'un état initial déterminé par la position du point figuratif M est d'abord échauffé sous pression constante, de manière que son volume, qui primitivement était OA, devienne OC en même temps que la température passe de T à T'; alors il se détend à température constante de N en P et son volume augmente de CD. Il est ensuite refroidi à pression constante de P en Q; son volume diminue et devient OB, tandis que la température passe de T' à une température inférieure T_1; enfin il est comprimé à température constante jusqu'à ce qu'il reprenne son état primitif.

Des expériences faites au Havre sur une machine de ce type ont appris qu'elle consommait $1^{kg},5$ par force de cheval-vapeur sur la surface du piston, abstraction faite du travail absorbé par l'alimentation, et de $2^{kg},5$ par force de cheval mesurée sur l'arbre au moyen du frein dynamométrique de Prony. L'utilisation du combustible étant de 40 pour 100 ou $0,4$, et le pouvoir calorifique de la houille étant égal à 7500 calories par kilogramme, le *rendement calorifique réel* sera

$$\frac{75 \times 3600}{425 \times 0,4 \times 7500 \times 1,5} = 0,14.$$

Dans l'hypothèse où la température de l'air extérieur faisant office de réfrigérant est de 15 degrés et celle du foyer de 280, d'après ce qui a été vu plus haut (p. 135, n° 42), le rendement calorifique maximum sera

$$\frac{280° - 15°}{273° + 280°} = 0,48.$$

Puisque nous avons admis que $0,4$ du combustible seulement étaient utilisés, la quantité de houille consommée qui correspond à ce rendement calorifique aura pour valeur

$$\frac{75^{kg} \times 3600^n}{425^{kg} \times 0,4 \times 7500 \times 0,48} = 0^{kg},44.$$

Ainsi le rendement spécifique sera représenté par le rapport

$$\frac{0^{kg},44}{1^{kg},50} = 0,29.$$

52. *Recherche de la chaleur consommée ou produite par un moteur à gaz. Méthode de M. Bourget.* — Nous avons vu plus haut que M. Mayer, par la considération des lois de Ma-

riotte et de Gay-Lussac, est parvenu à donner une valeur
approximative de l'équivalent mécanique de la chaleur. En
s'appuyant sur les mêmes lois physiques, M. Bourget, par des
travaux de haute analyse, a pu non-seulement établir ce principe primordial, mais encore donner une méthode qui permet
d'interpréter par le calcul les phénomènes calorifiques qui
s'accomplissent dans un moteur à gaz ([1]). Écartant du travail
de ce savant thermodynamiste tout ce qui est d'un ordre trop
élevé pour un cours élémentaire, nous présenterons cette importante question sous une forme plus simple.

A cet effet, appelons p_1 la pression et V_1 le volume qui caractérisent l'état initial du gaz. Si nous le considérons sous
le volume V à la pression p et à la température t, d'après ce
que nous avons vu, la loi de Mariotte, combinée avec celle de
Gay-Lussac, sera exprimée par l'équation

$$V p = V_1 p_1 (1 + \alpha t)$$

et, en désignant par K la constante $V_1 p_1$

$$V p = K (1 + \alpha t);$$

d'où l'on déduit

$$K = V_1 p_1 = \frac{V p}{1 + \alpha t}.$$

Si, sous le volume V_1 la pression p_1 est de $1^{atm} = 10334^{kg}$
par mètre carré, en appelant P le poids du gaz et d sa densité
par rapport à l'air, comme on sait d'ailleurs que le poids de
1 mètre cube d'air est égal à $1^{kg},2932$, on aura

$$P = V_1 \times 1^{kg},2932 \times d, \quad \text{d'où} \quad V_1 = \frac{P}{1,2932 \times d}.$$

Remplaçant V_1 par cette valeur, il viendra

$$\frac{V p}{1 + \alpha t} = \frac{P \times 10334}{1,2932 \times d} = K.$$

A l'aide de cette relation, la constante K sera donc toujours
facile à calculer.

([1]) BOURGET, directeur des Études à Sainte-Barbe, *Théorie mathématique des
machines à air chaud*, 1871.

Cela posé, admettons que le gaz passe à un état caractérisé par le volume V' et la température t' sans que la pression p change, on aura encore

$$V'p = K(1 + \alpha t').$$

Retranchant membre à membre les deux égalités

$$V'p - Vp = K(1 + \alpha t') - K(1 + \alpha t)$$

ou

$$(V' - V)p = K(1 + \alpha t' - 1 - \alpha t),$$
$$(V' - V)p = K\alpha(t' - t),$$

appelant q la quantité de chaleur que reçoit le gaz de son enveloppe et, comme précédemment, C_1 sa capacité calorifique sous pression constante, on aura

$$q = PC_1(t' - t).$$

Éliminant $t' - t$ entre les deux dernières équations, la quantité de chaleur q sera exprimée par

$$q = \frac{PC_1 p(V' - V)}{K\alpha}.$$

Supposons maintenant que le gaz subissant une nouvelle transformation conserve le volume V' en passant à la pression p' et à la température t''. Par les mêmes considérations que précédemment, on pourra poser l'équation

$$V'p' = K(1 + \alpha t''),$$

et, par suite, en retranchant de nouveau membre à membre,

$$V'p' - V'p = K(1 + \alpha t'') - K(1 + \alpha t'),$$

ou

$$V'(p' - p) = K\alpha(t'' - t').$$

Désignant par q' la nouvelle quantité de chaleur reçue par le gaz et par C la capacité calorifique sous volume constant, on aura

$$q' = PC(t'' - t').$$

Si nous éliminons $t'' - t'$ entre les deux dernières équations, la valeur de q' prendra la forme

$$q' = \frac{PCV'(p' - p)}{K\alpha}.$$

Ajoutant membre à membre les égalités qui donnent les deux valeurs q, q' et, pour simplifier les calculs, posant $q_1 = q + q'$, il viendra

$$q + q' \text{ ou } q_1 = \frac{PC_1 p(V' - V) + PCV'(p' - p)}{K\alpha},$$

ou bien, en mettant $\dfrac{P}{K\alpha}$ en facteur commun,

$$q_1 = \frac{P}{K\alpha}[C_1 p(V' - V) + CV'(p' - p)].$$

Multipliant et divisant à la fois par C le second membre de l'équation, on aura

$$q_1 = \frac{PC}{K\alpha}\left[\frac{C_1}{C} p(V' - V) + V'(p' - p)\right].$$

Appelons β le rapport constant $\dfrac{C_1}{C}$ des capacités calorifiques, que nous avons trouvé plus haut égal à 1,41, et l'équation deviendra

$$q_1 = \frac{PC}{K\alpha}[\beta p(V' - V) + V'(p' - p)].$$

Si nous admettons que les variations $t - t'$, $t'' - t'$, $V' - V$, $p' - p$ soient excessivement petites, on comprend que le gaz d'abord à la température t_1, sous le volume V_1 et sous la pression p_1, parviendra à un nouvel état déterminé en passant par une infinité d'états intermédiaires; par conséquent, si nous désignons par Q la quantité totale de chaleur qu'il a reçue, nous aurons

$$Q = \Sigma q_1 = \frac{PC}{K\alpha}[\beta \Sigma p(V' - V) + \Sigma V'(p' - p)].$$

La représentation graphique des termes contenus dans la parenthèse conduit à une simplification très-importante de l'équation qui précède. Considérons d'abord le terme $\Sigma p(V' - V)$, et remarquons que, si l'on connaissait la relation exacte qui existe entre le volume et la pression, il serait facile de l'exprimer par une courbe représentative ayant pour ordonnées les pressions et pour abscisses les volumes successivement occupés par le gaz.

Supposons que la courbe AMQB (*fig.* 21) exprime cette relation. Soient

Fig. 21.

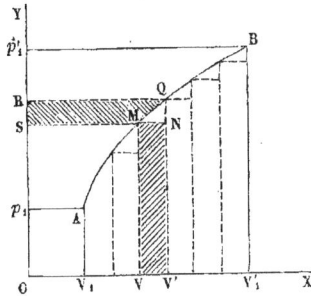

$OV_1 = V_1$ le volume initial du gaz ;
$AV_1 = p_1$ la pression correspondante ;
$OV'_1 = V'_1$ le volume du gaz à la fin des opérations ;
$BV'_1 = p'_1$ la pression finale.

De plus, admettons que le volume V et la pression p qui lui correspond soient respectivement compris entre les limites V_1, V'_1, p_1 et p'_1. Sur la figure, le volume V étant représenté par OV et la pression correspondante p par l'ordonnée VM, quand le volume deviendra $OV' = V'$ et la pression $V'Q = p'$, les variations de volume et de pression seront figurées par

$$OV' - OV = VV', \quad V'Q - VM = QN.$$

Or, comme ces variations sont infiniment petites, le travail élémentaire $p(V' - V)$ sera représenté par l'aire du rectangle VMNV' qui, à la limite, se confondra avec le trapèze mixtiligne VMQV'.

Partant de l'état initial représenté par les coordonnées OV_1, Op_1 le gaz passera par une infinité d'états intermédiaires jusqu'à ce qu'il ait pris l'état final représenté par les coordonnées OV'_1, Op'_1, et pour chacune de ces transformations élémentaires le travail sera géométriquement représenté par un trapèze analogue à VMQV'; de sorte que, à la fin des opérations, le terme général $\Sigma p(V' - V)$ sera figuré par l'aire trapézoïdale $AV_1V'_1B$.

Pareillement, le travail élémentaire $V'(p' - p)$ sera représenté par l'aire du rectangle NQRS ayant pour dimensions $QN = p' - p$ et $SN = V'$. A la limite, il se confondra aussi avec la surface mixtiligne MQRS. Ainsi, après la dernière transformation élémentaire, le travail total $\Sigma V'(p' - p)$ sera figuré par l'aire trapézoïdale $AB p'_1 p_1$.

Remarquons présentement que le rectangle $OV'_1 B p'_1$ est égal au rectangle $OV_1 A p_1$ augmenté de la somme des aires trapézoïdales $AV_1 V'_1 B$, $AB p'_1 p_1$. Or, comme les deux dimensions du premier rectangle sont $OV'_1 = V'_1$, $O p'_1 = p'_1$ et celle du second $OV_1 = V_1$, $O p_1 = p_1$, nous pourrons poser

$$V'_1 p'_1 = V_1 p_1 + AV_1 V'_1 B + AB p'_1 p_1$$

ou

$$V'_1 p'_1 = V_1 p_1 + \Sigma p(V' - V) + \Sigma V'(p' - p),$$

d'où l'on déduit

$$\Sigma V'(p' - p) = V'_1 p'_1 - V_1 p_1 - \Sigma p(V' - V).$$

Introduisant cette valeur dans l'équation qui exprime celle de la quantité totale de chaleur Q, on aura

$$Q = \frac{PC}{K\alpha} \left[\beta \Sigma p(V' - V) + V'_1 p'_1 - V_1 p_1 - \Sigma p(V' - V) \right]$$

ou

$$Q = \frac{PC}{K\alpha} (V'_1 p'_1 - V_1 p_1) + \frac{PC}{K\alpha} (\beta - 1) \Sigma p(V' - V).$$

Désignons par t_1 et t'_1 les températures qui correspondent aux volumes V_1 et V'_1. En vertu de la double loi de Mariotte et de Gay-Lussac, il viendra

$$V'_1 p'_1 = K(1 + \alpha t'_1), \quad V_1 p_1 = K(1 + \alpha t_1).$$

Retranchons membre à membre,

$$V'_1 p'_1 - V_1 p_1 = K(1 + \alpha t'_1 - 1 - \alpha t_1),$$
$$V'_1 p'_1 - V_1 p_1 = K\alpha(t'_1 - t_1).$$

Remplaçant dans l'équation qui donne la valeur Q la différence $V'_1 p'_1 - V_1 p_1$ par sa valeur $K\alpha(t'_1 - t_1)$, nous aurons

$$Q = \frac{PC}{K\alpha} K\alpha(t'_1 - t_1) + \frac{PC}{K\alpha} (\beta - 1) \Sigma p(V' - V).$$

Supprimant $K\alpha$ au premier terme du second membre et désignant par T le travail intégral exprimé par $\Sigma p(V' - V)$ l'équation prendra la forme

$$Q = PC(t'_1 - t_1) + \frac{PC(\beta - 1)}{K\alpha}\, T.$$

Telle est l'expression générale de la quantité de chaleur produite ou consommée par un moteur à gaz. Avec un peu d'attention, on remarque que le gaz a reçu du foyer deux quantités de chaleur distinctes :

1° Une quantité de chaleur proportionnelle au nombre qui représente la capacité calorifique sous volume constant, mais indépendante de tout travail accompli ;

2° Une seconde quantité de chaleur proportionnelle à ce travail, puisque le coefficient $\dfrac{PC(\beta - 1)}{K\alpha}$ est constant.

Si l'on fait ce coefficient égal à l'équivalent calorifique du travail, on aura

$$\frac{PC(\beta - 1)}{K\alpha} = A = \frac{1}{E}, \quad \text{d'où} \quad E = \frac{K\alpha}{PC(\beta - 1)}.$$

Remplaçant la constante K par sa valeur trouvée plus haut, il viendra

$$E = \frac{10334 \times \alpha}{d(\beta - 1) \times 1,2932\,C}.$$

Du rapport $\dfrac{C_1}{C} = \beta$, on déduit

$$C = \frac{C_1}{\beta}.$$

Remplaçant par cette valeur dans l'équation précédente, on a

$$E = \frac{10334 \times \alpha}{d(\beta - 1) \times 1,2932\dfrac{C_1}{\beta}},$$

ou, en faisant passer β au numérateur,

$$E = \frac{10334 \times \alpha\beta}{d(\beta - 1) \times 1,2932\,C_1}.$$

Au moyen de cette formule on a pu déterminer, par approximation, le nombre qui exprime l'équivalent mécanique de la chaleur. On a ainsi obtenu $E = 431^{kgm}$, résultat probablement plus exact que le nombre 425, qui cependant a été généralement adopté par la plupart des physiciens et des géomètres.

De même, si dans l'équation qui exprime la valeur Q nous substituons $\dfrac{1}{E}$ au rapport constant $\dfrac{PC(\beta - 1)}{K\alpha}$, nous aurons

$$Q = PC(t'_1 - t_1) + \frac{T}{E}.$$

CHAPITRE V.

53. *Écoulement des fluides d'après les principes de la Thermodynamique.* — La théorie de l'écoulement des fluides est présentée en Mécanique d'une manière insuffisante, parce qu'on ne tient pas compte des phénomènes calorifiques qui se produisent dans le voisinage de l'orifice. Les principes de la Thermodynamique permettent d'établir une formule générale pour tous les fluides, et d'en faire l'application à chacun d'eux dans des conditions approchant de la réalité et compatibles au moins avec la nature des gaz.

Si l'on envisage le problème dans tous ses détails, on ne tarde pas à reconnaître qu'il est d'une excessive complication. Aussi, comme dans toutes les recherches théoriques analogues, nous simplifierons la question, en écartant les phénomènes secondaires qui accompagnent le phénomène général, de manière à obtenir un résultat dont l'exactitude sera toujours suffisante pour les besoins de la pratique. C'est d'ailleurs la marche qui a été suivie par Torricelli et Daniel Bernoulli pour étudier l'écoulement des fluides et établir les formules qui sont encore employées de nos jours.

Considérons un réservoir A (*fig.* 22) muni d'une tubulure dans laquelle peut se mouvoir un piston P destiné à maintenir constante la pression p du fluide contenu dans ce réservoir. La communication est établie au moyen d'un orifice O avec un second réservoir B où la pression p' est également rendue constante par le mouvement d'un piston P'. Par conséquent, la pression p étant plus grande que la pression p', le fluide s'écoulera du réservoir A dans le réservoir B. Si nous désignons par v le volume occupé par 1 kilogramme du fluide dans le premier réservoir et par v' celui qu'il occupera

dans le second après l'écoulement, il est évident que le piston P a dû s'abaisser de manière à diminuer le volume du réservoir A d'une quantité égale à v et que le piston P' s'est élevé
d'une quantité telle que le volume du réservoir B a augmenté

Fig. 22.

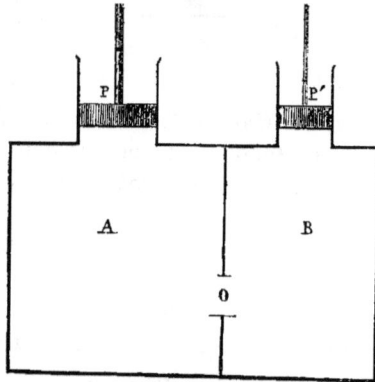

d'une quantité égale à v'. Il en résulte donc que, d'une part, il
a été effectué un travail extérieur positif représenté par pv et
de l'autre un travail négatif égal en valeur absolue à $p'v'$. Ainsi
le travail réel accompli par le fluide aura pour mesure la
somme algébrique de ces deux travaux, c'est-à-dire $pv - p'v'$,
et puisque, pendant l'accomplissement de ce phénomène, le
fluide passe du volume v au volume v' intérieurement, il se
sera produit un travail moléculaire que nous désignerons par
T_m suivant la notation adoptée précédemment. Maintenant
appelons V et V' les vitesses relatives au mouvement général
de chaque molécule fluide au commencement et à la fin du
temps considéré. Pendant la durée de cette période, le travail
accompli se compose de trois parties distinctes :

1° La somme des travaux des forces extérieures que nous
avons appelée T_e;

2° La somme des travaux des forces vibratoires extérieures
que nous désignerons par T_v;

3° La somme T_m de toutes les forces moléculaires intérieures.

Appliquant le théorème des forces vives, nous aurons

$$T_e + T_v + T_m = \tfrac{1}{2}\left(\Sigma m V'^2 - \Sigma m V^2\right).$$

Le travail extérieur T_e, dans le cas dont il s'agit, étant représenté par $pv - p'v'$, si Q représente la quantité de chaleur reçue ou perdue par le fluide pendant l'écoulement, le travail vibratoire extérieur aura pour valeur $Q \times E$, le facteur E exprimant l'équivalent mécanique de la chaleur. Appelant V_1 et V_2 les vitesses du mouvement d'ensemble du système et du mouvement vibratoire, chacune des expressions de la forme $\Sigma m V^2$ pourra être remplacée dans l'équation précédente par une autre expression de la forme $\Sigma m V_1^2 + \Sigma m V_2^2$. Nous aurons ainsi

$$\left(pv - p'v'\right) + EQ + T_m = \tfrac{1}{2}\Sigma m V_1'^2 - \tfrac{1}{2}\Sigma m V_1^2 + \tfrac{1}{2}\Sigma m V_2^2.$$

Remarquons présentement que, le gaz ayant été considéré sous l'unité de poids, on aura

$$m = \frac{1^{kg}}{g},$$

et par suite

$$\tfrac{1}{2}\Sigma m V_1'^2 = \frac{V_1'^2}{2g} \quad \text{et} \quad \tfrac{1}{2}\Sigma m V_1^2 = \frac{V_1^2}{2g};$$

d'où, en substituant dans l'équation générale,

$$\left(pv - p'v'\right) + EQ + T_m = \frac{V_1'^2 - V_1^2}{2g} + \tfrac{1}{2}\Sigma m V_2^2.$$

D'autre part, d'après ce qui a été vu plus haut (p. 16, n° 10),

$$\tfrac{1}{2}\Sigma m V_2^2 = cET,$$

c désignant la capacité calorifique absolue du gaz et T la température absolue égale à $273 + t$. Introduisant cette valeur dans l'équation et ne perdant pas de vue que la variation de température est $T' - T$, nous aurons

$$\left(pv - p'v'\right) + EQ + T_m = \frac{V_1'^2 - V_1^2}{2g} + cE(T' - T);$$

d'où l'on déduit

$$\frac{V_1'^2 - V_1^2}{2g} = \left(pv - p'v'\right) + EQ + T_m - cE(T' - T).$$

Pour éviter toute confusion, nous rappellerons que les lettres non accentuées se rapportent au réservoir A et celles qui le sont au réservoir B.

D'après ce que nous avons vu, $T_m - c\,\mathrm{E}(\mathrm{T}' - \mathrm{T})$ n'est autre chose que la différence des énergies intérieures au-dessus du zéro absolu possédées par la masse gazeuse dans les réservoirs. En les désignant respectivement par U et U', l'équation deviendra

$$\frac{V_1'^2 - V_2^t}{2\,g} = (p\,v - p'\,v') + \mathrm{EQ} + (\mathrm{U}' - \mathrm{U}).$$

Telle est l'équation générale qui sert de base à la recherche de la vitesse d'écoulement des fluides au point de vue de la Thermodynamique. Nous ajouterons que, dans l'état actuel de la Science, il est fort difficile et souvent impossible de trouver, même par approximation, la valeur du terme $\mathrm{U}' - \mathrm{U}$.

La vitesse V'_1, qui se trouve dans le premier membre de l'équation, se rapporte à l'instant où le fluide passe du réservoir A dans le réservoir B. Il suit de là que, si l'orifice est muni d'un ajutage, la vitesse doit être calculée à l'extrémité de cet appendice. On comprend dès lors que, suivant sa longueur, le frottement du fluide contre les parois absorbe une quantité de travail plus ou moins considérable qui se transforme en chaleur et que, pour procéder d'une manière entièrement rigoureuse, il y aurait lieu de tenir compte des effets produits par ces phénomènes. Ainsi, dans l'équation générale, puisque le travail du frottement est négatif, il conviendrait de diminuer $p\,v - p'\,v'$ d'une quantité égale à ce travail, en même temps que la quantité Q devrait être augmentée de la valeur correspondant à la chaleur engendrée. Pendant l'écoulement la chaleur ainsi créée se révèle par une élévation de la température de la veine fluide. Il est également manifeste que le travail négatif dont il est question doit notablement influer sur la vitesse d'écoulement, ce qui oblige, comme nous l'avons déjà vu (t. III, p. 29), à faire usage d'un *coefficient* moindre que l'unité, ce qui indique que la *vitesse réelle* ou *effective* est inférieure à la vitesse théorique obtenue par les formules.

La compressibilité des liquides est si faible qu'on peut, à

la rigueur, les considérer comme complétement incompressibles, ce qui nous conduit à faire $v = v'$ dans l'équation générale. De plus, si l'on admet qu'il n'y ait aucune action sensible de la part de la chaleur externe, et que la température soit constante, dans de telles conditions $Q = o$ et, par suite, il ne se produira aucun changement intérieur dans la masse liquide, de sorte que l'on aura aussi $U—U' = o$. Enfin, si nous supposons l'aire de l'orifice O très-petite par rapport à la section du bassin A, la quantité V_1 sera négligeable devant V'_1. En tenant compte de toutes ces circonstances, l'équation se présente sous la forme

$$\frac{V'^2_1}{2g} = (p — p')v ;$$

d'où

$$V'^2_1 = 2g(p — p')v, \quad V'_1 = \sqrt{2g(p — p')v}.$$

Supposons qu'il s'agisse de l'écoulement de l'eau et désignons par h la hauteur de la colonne d'eau qui, sur 1 mètre carré, correspond à la pression $p — p'$, exprimée en kilogrammes. On aura

$$p — p' = 1000 \times h.$$

De plus comme, dans l'équation, v représente le volume occupé par 1 kilogramme d'eau, $v = o^{mc},001$. En substituant, l'équation devient

$$V'_1 = \sqrt{2g \times 1000\,h \times o^{mc},001}, \quad V'_1 = \sqrt{2gh},$$

résultat identique à celui obtenu par Torricelli pour l'écoulement des liquides dans l'hypothèse du parallélisme des tranches.

Il convient de faire observer que l'hypothèse de la constance de la température n'est admissible que dans le cas où la durée de l'écoulement est telle qu'il ne saurait y avoir consommation de chaleur interne sensible ni latente, ce qui, d'ailleurs, a toujours lieu quand la température du réservoir d'où le liquide s'écoule est au-dessous de la température de saturation de la vapeur de ce liquide, relative à la pression du réservoir ou du milieu dans lequel se produit l'écoulement. Il est évident, en effet, qu'alors il ne saurait y avoir production de vapeur dans l'intérieur de la veine liquide, comme cela arrive dans l'écoulement ordinaire de l'eau dont la température est bien inférieure à 100 degrés, c'est-à-dire à la température de saturation de la vapeur aqueuse correspondant à la pression atmosphérique. Ainsi, que l'eau soit froide ou chaude, pourvu que sa température reste inférieure à 100 degrés, on pourra toujours lui appliquer, sans erreur sensible, la formule de Torricelli. Mais, si l'eau est renfermée dans une chaudière à vapeur, il n'en est plus de même et, dans ce cas, comme dans tous les cas analogues, on est obligé de recourir à une autre formule que nous établirons plus loin.

Proposons-nous maintenant de trouver la vitesse d'écoulement des gaz parfaits, et reprenons, à cet effet, l'équation générale

$$\frac{V_1'^2 - V_1^2}{2g} = (pv - p'v') + EQ + T_m - cE(T' - T).$$

Remplaçant la différence $T' - T$ des températures absolues par la différence $t' - t$ des températures comptées à partir du zéro de la glace fondante, on aura

$$\frac{V_1'^2 - V_1^2}{2g} = (pv - p'v') + EQ + T_m - cE(t' - t).$$

Nous avons vu (p. 41) que le travail interne T_m est exprimé par $k(t' - t)$. Introduisant cette valeur dans l'équation, il viendra

$$\frac{V_1'^2 - V_1^2}{2g} = (pv - p'v') + EQ + k(t' - t) - cE(t' - t).$$

Multiplions et divisons le terme $k(t' - t)$ par l'équivalent mécanique E de la chaleur. Au moyen de cet artifice de calcul, l'équation prendra la forme

$$\frac{V_1'^2 - V_1^2}{2g} = (pv - p'v') + \frac{Ek}{E}(t' - t) - cE(t' - t) + EQ;$$

et si l'on met $E(t' - t)$ en facteur commun, on a

$$\frac{V_1'^2 - V_1^2}{2g} = (pv - p'v') + EQ + E\left(\frac{k}{E} - c\right)(t' - t),$$

ou bien, en se rappelant que le rapport $\frac{1}{E}$ est l'équivalent calorifique du travail que nous avons désigné par A,

$$\frac{V_1'^2 - V_1^2}{2g} = (pv - p'v') + EQ + E(Ak - c)(t' - t).$$

Changeant les signes des termes qui composent les deux facteurs $(AK - c)$ et $(t' - t)$, ce qui peut être fait sans troubler l'équation, nous aurons

$$\frac{V_1'^2 - V_1^2}{2g} = (pv - p'v') + E(c - Ak)(t - t') + EQ.$$

Or $(c - Ak)$ (p. 52) équivaut au calorique spécifique C sous volume constant. En remplaçant, il viendra

$$\frac{V_1'^2 - V_1^2}{2g} = (pv - p'v') + EQ + EC(t - t').$$

Nous avons encore vu (p. 36) que pour 1 kilogramme d'un gaz déterminé $pv = RT$; par conséquent

$$pv - p'v' = Rt - Rt' = R(t - t'),$$

et, en introduisant cette valeur dans l'équation générale,

$$\frac{V_1'^2 - V_1^2}{2g} = R(t - t') + EQ + EC(t - t').$$

Multipliant et divisant par E le terme R, nous aurons

$$\frac{V_1'^2 - V_1^2}{2g} = \frac{RE(t - t')}{E} + EQ + EC(t - t')$$

ou

$$\frac{V_1'^2 - V_1^2}{2g} = ARE(t - t') + EQ + EC(t - t'),$$

et, si nous mettons $E(t - t')$ en facteur commun,

$$\frac{V_1'^2 - V_1^2}{2g} = E(C + AR)(t - t') + EQ.$$

Mais, d'après ce qui a été dit (p. 42), le terme $C + AR$ est égal à la capacité calorifique C_1 sous pression constante. On aura donc, en substituant,

$$\frac{V_1'^2 - V_1^2}{2g} = EC_1(t - t') + EQ.$$

Si, comme nous l'avons supposé dans l'écoulement des liquides, la vitesse dans le réservoir de départ A peut être négligée par rapport à la vitesse d'écoulement, et, d'un autre côté, si nous faisons $Q = o$, comme cela a généralement lieu dans les cas usuels qui se présentent, l'équation prend la forme simple

$$\frac{V_1'^2}{2g} = EC_1(t - t').$$

Ordinairement la température t' du fluide pendant l'écoulement est inconnue; mais comme, dans l'hypothèse admise, $Q = o$, la chaleur extérieure n'exerce aucune action, il est toujours facile de calculer la valeur de t' en fonction de la pression correspondante p'. D'après cela, il est manifeste que le point figuratif des changements de volume et de pression décrira une courbe adiabatique dont l'équation sera (p. 91)

$$p'v'^{\frac{C_1}{C}} = pv^k = \text{const.} = p'v'^k.$$

C_1 représentant la capacité calorifique sous pression constante et C la capacité calorifique sous volume constant, on en déduit

(a)
$$\frac{p'v'^k}{pv^k} = 1 \quad \text{et} \quad \frac{p'}{p} = \frac{v^k}{v'^k};$$

d'où

$$\frac{\sqrt[k]{p'}}{\sqrt[k]{p}} = \frac{v}{v'} \quad \text{et} \quad \frac{p'^{\frac{1}{k}}}{p^{\frac{1}{k}}} = \frac{v}{v'},$$

ou bien encore

(b)
$$\frac{v'p'^{\frac{1}{k}}}{vp^{\frac{1}{k}}} = 1.$$

Nous avons déjà trouvé

$$\frac{p'v'}{pv} = \frac{T'}{T} = \frac{273 + t'}{273 + t}.$$

Divisons successivement les deux membres de cette dernière équation par les deux membres des équations (a) et (b) : nous aurons

1º
$$\frac{p'v' \times pv^k}{pv \times p'v'^k} = \frac{273 + t'}{273 + t}, \quad \frac{v' \times v^k}{v \times v'^k} = \frac{273 + t'}{273 + t},$$

que l'on peut mettre sous les formes suivantes :

$$\frac{v'}{v'^k} : \frac{v}{v^k} = \frac{273 + t'}{273 + t},$$

$$\frac{v'^{1-k}}{v^{1-k}} = \frac{273 + t'}{273 + t}, \quad \left(\frac{v'}{v}\right)^{1-k} = \frac{273 + t'}{273 + t},$$

ou, en remplaçant l'exposant $1 - k$ par sa valeur $1 - \dfrac{C_1}{C} = \dfrac{C - C_1}{C}$,

$$\left(\frac{v'}{v}\right)^{\frac{C-C_1}{C}} = \frac{273 + t'}{273 + t};$$

2º
$$\frac{p'v'}{pv}\frac{vp^{\frac{1}{k}}}{v'p'^{\frac{1}{k}}} = \frac{273 + t'}{273 + t}, \quad \text{ou} \quad \frac{p'}{p'^{\frac{1}{k}}}\frac{p^{\frac{1}{k}}}{p} = \frac{273 + t'}{273 + t},$$

que l'on peut aussi mettre sous les formes suivantes :

$$\frac{p'}{p'^{\frac{1}{k}}} : \frac{p}{p^{\frac{1}{k}}} = \frac{273 + t'}{273 + t},$$

$$\frac{p'^{1-\frac{1}{k}}}{p^{1-\frac{1}{k}}} = \frac{273 + t'}{273 + t},$$

$$\left(\frac{p'}{p}\right)^{1-\frac{1}{k}} = \frac{273 + t'}{273 + t}.$$

Remplaçant $1 - \dfrac{1}{k}$ par sa valeur,

$$1 - \frac{1}{\dfrac{C_1}{C}} = 1 - \frac{C}{C_1} = \frac{C_1 - C}{C_1},$$

nous aurons

$$\left(\frac{p'}{p}\right)^{\frac{C - C_1}{C_1}} = \frac{273 + t'}{273 + t}.$$

Au moyen de l'une de ces relations on trouvera la valeur de la température t'. Si, par exemple, nous considérons la dernière, il viendra

$$t' = (273 + t)\left(\frac{p'}{p}\right)^{\frac{C_1 - C}{C_1}} - 273.$$

Introduisant cette valeur de t' dans l'équation qui contient la vitesse d'écoulement V'_1, nous aurons

$$\frac{V'^2_1}{2g} = EC_1\left[t - (273 + t)\left(\frac{p'}{p}\right)^{\frac{C_1 - C}{C_1}} + 273\right],$$

$$\frac{V'^2_1}{2g} = EC_1\left[(273 + t) - (273 + t)\left(\frac{p'}{p}\right)^{\frac{C_1 - C}{C_1}}\right],$$

$$\frac{V'^2_1}{2g} = EC_1\left\{(273 + t)\left[1 - \left(\frac{p'}{p}\right)^{\frac{C_1 - C}{C_1}}\right]\right\};$$

d'où l'on déduit

$$V'^2_1 = 2gEC_1\left\{(273 + t)\left[1 - \left(\frac{p'}{p}\right)^{\frac{C_1 - C}{C_1}}\right]\right\},$$

$$V'_1 = \sqrt{2gEC_1\left\{(273 + t)\left[1 - \left(\frac{p'}{p}\right)^{\frac{C_1 - C}{C_1}}\right]\right\}}.$$

Par des considérations théoriques analogues on obtient la

vitesse d'écoulement des vapeurs saturées et des liquides chauds.

Dans le premier cas on a

$$\frac{V_1'^2 - V_1^2}{2g} = EC_1(t - t')$$
$$+ E\left[Lq - (273 + t')\left(\frac{Lq}{273 + t} + C_1 \log hyp. \frac{273 + t}{273 + t'}\right)\right]$$
$$+ (p - p')v,$$

relation dans laquelle t représente la température de la vapeur saturée, t' la température qui correspond à l'ébullition du liquide, q le poids d'une certaine quantité de vapeur saturée, p la tension de la vapeur, p' la pression à la température de saturation, v le volume de liquide qui s'est transformé en vapeur et L' la chaleur latente de vaporisation.

L'équation qui précède peut aussi prendre les formes suivantes :

$$\frac{V_1'^2 - V_1^2}{2g} = EC_1(t - t') + ELq - (273 + t')\frac{ELq}{273 + t}$$
$$- (273 + t')EC_1 \times \log hyp. \frac{273 + t}{273 + t'} + (p - p')v.$$

Mettant la quantité EC_1 en facteur commun,

$$\frac{V_1'^2 - V_1^2}{2g} = EC_1\left[(t - t') - (273 + t')\log hyp. \frac{273 + t}{273 + t'}\right]$$
$$+ ELq - (273 + t')\frac{ELq}{273 + t} + (p - p')v.$$

Réduisant dans le second membre de l'équation le terme ELq au dénominateur $273 + t$,

$$\frac{V_1'^2 - V_1^2}{2g} = EC_1\left[(t - t') - (273 + t')\log hyp. \frac{273 + t}{273 + t'}\right]$$
$$+ \frac{ELq - (273 + t)}{273 + t} - (273 + t')\frac{ELq}{273 + t}$$
$$+ (p - p')v.$$

Mettant ELq en facteur commun,

$$\frac{V_1'^2 - V_1^2}{2g} = EC_1 \left[(t - t') - (273 + t') \log \text{hyp.} \frac{273 + t}{273 + t'} \right]$$
$$+ \frac{ELq(273 + t - 273 - t')}{273 + t} + (p - p')v,$$

$$\frac{V_1'^2 - V_1^2}{2g} = EC_1 \left[(t - t') - (273 + t') \log \text{hyp.} \frac{273 + t}{273 + t'} \right]$$
$$+ \frac{ELq(t - t')}{273 + t} + (p - p')v.$$

Comme plus haut, nous ferons observer que, si la section du générateur de vapeur est très-grande par rapport à celle de l'orifice, ce qui a lieu le plus souvent, on pourra négliger la vitesse V_1, et l'équation deviendra

$$\frac{V_1'^2}{2g} = EC_1 \left[(t - t') - (273 + t') \log \text{hyp.} \frac{273 + t}{273 + t'} \right]$$
$$+ \frac{ELq(t - t')}{273 + t} + (p - p')v;$$

d'où l'on déduit

$$V_1'^2 = 2g\,EC_1 \left[(t - t') - (273 + t') \log \text{hyp.} \frac{273 + t}{273 + t'} \right] + \frac{2g\,ELq(t - t')}{273 + t} + 2g(p - p')v,$$

$$V_1' = \sqrt{2g\,EC_1 \left[(t - t') - (273 + t') \log \text{hyp.} \frac{273 + t}{273 + t'} \right] + \frac{2g\,ELq(t - t')}{273 + t} + 2g(p - p')v}.$$

L'application de cette formule aux cas les plus usuels de la pratique a mis en évidence que le terme $\dfrac{ELq(t - t')}{273 + t}$ joue un rôle capital et, par suite, qu'on peut faire abstraction des autres termes sans erreur sensible. On pourra ainsi poser

$$\frac{V_1'^2}{2g} = ELq\,\frac{t - t'}{273 + t},$$

d'où

$$V_1'^2 = 2g\,ELq\,\frac{t - t'}{273 + t}, \quad V_1' = \sqrt{2g\,ELq\,\frac{t - t'}{273 + t}}.$$

Si nous considérons en second lieu l'écoulement des liquides chauds dont la température est supérieure à la température de saturation qui correspond à la pression extérieure, il est évident que la formule générale relative aux vapeurs saturées pourra convenir en ayant soin de faire égale à zéro la quantité q qui représente le poids de la vapeur sèche. On a ainsi

$$V_1'^2 = 2\,g\,EC_1\left[(t-t') - (273+t')\log \text{hyp.}\,\frac{273+t}{273+t'}\right];$$

d'où

$$V_1'' = \sqrt{2\,g\,EC_1\left[(t-t')(273+t')\log \text{hyp.}\,\frac{273+t}{273+t'}\right]}.$$

54. *Densité des vapeurs saturées d'après les lois de la Thermodynamique.* — D'après l'ancienne théorie, la plupart des ingénieurs admettent encore aujourd'hui que les vapeurs saturées se comportent comme les gaz parfaits, c'est-à-dire qu'elles suivent rigoureusement les lois combinées de Mariotte et de Gay-Lussac. Nous avons eu déjà occasion de faire observer que les expériences de M. Regnault n'ont qu'approximativement confirmé cette hypothèse, même pour les gaz ordinaires, et que, pour les vapeurs, les écarts sont d'autant plus considérables qu'elles se rapprochent davantage de leur point de liquéfaction. Cette dérogation aux lois précitées a été mise en évidence par M. Clausius, dans un remarquable Mémoire qu'il a publié en 1850, sur la formation de la vapeur aqueuse. Par les formules de la Thermodynamique, le célèbre géomètre allemand a pu déterminer toute l'étendue des écarts que présente ce fluide aériforme. Sans entrer dans les considérations métaphysiques qui ont présidé à ce travail, il nous semble au moins utile d'en donner une idée sous une forme élémentaire.

Considérons, à cet effet, un poids d'eau à la température t, avec un autre poids de vapeur saturée à la même température. Traçons deux axes rectangulaires OX, OY (*fig.* 23) auxquels nous rapporterons, comme précédemment, les volumes et les pressions. Soient OA′ le volume de la vapeur augmenté de celui de liquide, et AA′ la tension de la vapeur qui correspond à la température t.

Par l'application du cycle de Carnot à l'eau et à la vapeur qui se trouve en contact avec elle, il est facile de se rendre compte de tous les phénomènes thermiques qui se produisent.

L'ensemble de ces phénomènes comprend la classification suivante :

1° Transmission de chaleur à la température t, de telle sorte qu'une nouvelle quantité de liquide se transforme en vapeur. La pression $p = AA′$ de la vapeur reste constante et, par suite, le point figuratif du cycle des opérations décrit une ligne isothermique AB qui est parallèle à l'axe des volumes.

Fig. 23.

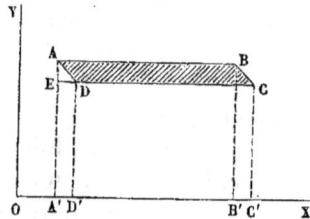

2° La vapeur se détend et la pression décroît sans que la chaleur éprouve de variation. Alors la température commune à la vapeur et au liquide producteur s'abaisse de t à $t′$. Si nous supposons cette transformation très-petite, le point figuratif décrira un élément de courbe adiabatique qui se confondra avec l'élément rectiligne BC. Suivant la nature du liquide, dans le cours de cette transformation, il se produit ou une légère condensation ou une légère vaporisation, et, à la fin, la tension de la vapeur prendra une valeur $p′ = CC′$ qui correspond à la température $t′$.

3° La vapeur à la température constante $t′$ est comprimée sous la pression $p′$, qui reste également invariable. Pendant cette troisième transformation, une partie de la vapeur se condense et cède de la chaleur au réfrigérant. Ainsi le point figuratif parcourt une nouvelle isothermique CD, parallèle à l'axe des volumes.

4° Enfin la compression de la vapeur est arrêtée quand le point figuratif occupe la position D; mais si, à partir de cette position, on comprime cette vapeur suivant une courbe adiabatique, le point figuratif reviendra au point origine A, de manière que la vapeur et le liquide qui la surmonte auront repris leur état primitif. La transformation représentée par DA étant analogue à celle représentée par BC, on comprend que, si le long de l'adiabatique BC une certaine quantité de vapeur se condense ou se forme au contraire à la surface du liquide, le phénomène inverse se produira suivant l'adiabatique DA, c'est-à-dire qu'il y aura formation ou condensation de la vapeur.

Il est manifeste que le cycle des opérations est fermé et réversible; par conséquent, le théorème de Carnot peut lui être appliqué, comme nous l'avons dit en commençant, et, de plus, le travail externe sera représenté par la surface du quadrilatère ABCD. Remarquons que les transformations figurées par AB, DC étant très-petites, les deux isothermiques AB, DC pourront être considérées comme égales et, par suite, le trapèze ABCD se confondra avec un parallélogramme ayant pour aire $DC \times AE$.

Présentement appelons

q le poids de la vapeur qui s'est condensée pendant la transformation représentée par l'isothermique CD;

W le volume occupé par un kilogramme de vapeur saturée sèche à la température t, sous la pression p, ou, en d'autres termes, le volume spécifique de la vapeur;

V_1 le volume de 1 kilogramme du liquide producteur à la même température et sous la même pression;

u la différence $W - V_1$.

Puisque u se rapporte à la diminution de volume de la somme des volumes de 1 kilogramme de vapeur sèche saturée et de 1 kilogramme du liquide producteur, il est évident que pendant la troisième transformation, pour une diminution de volume représentée par l'isothermique CD, la diminution sera représentée par

$$(W - V_1)\, q.$$

D'autre part, remarquons que, pendant la quatrième transformation DA, l'accroissement de pression $p - p' = AE$, tandis que la température passe de t à t'. Ainsi le travail effectué aura pour valeur

$$u \times q \, (p - p')$$

et la quantité de chaleur équivalente sera exprimée par

$$\frac{1}{E} \times u \times q \, (p - p') = A \, uq \, (p - p').$$

Pendant la transformation représentée par l'isothermique AB décrite par le point figuratif, la quantité de chaleur empruntée au générateur est égale au poids du liquide qui s'est transformé en vapeur, multiplié par la chaleur latente de vaporisation; elle aura donc pour valeur $L \times q$. D'après cela, en vertu du théorème de Carnot et de la formule de Clausius (p. 109),

$$\frac{Q - Q'}{Q} = \frac{T - T'}{T};$$

on aura dans le cas actuel

$$\frac{A \, uq \, (p - p')}{L \, q} = \frac{T - T'}{T}$$

et, en fonction de la température qui correspond au zéro de la glace fondante,

$$\frac{A \, uq \, (p - p')}{L \, q} = \frac{t - t'}{273 + t},$$

que l'on peut aussi écrire sous la forme

$$A \, u \, \frac{p - p'}{t - t'} \, (273 + t) = L.$$

Il ne faut pas oublier que cette relation convient exclusivement au cas où la différence des pressions $(p - p')$ correspond à une variation excessivement faible de température $(t - t')$. Dans les applications, on se contente d'introduire dans la formule des variations très-petites de pression et de température, mais ayant cependant une valeur finie appréciable.

Lorsque la différence des températures $(t - t') = 1°$, Joule a donné au produit $u (p - p')$ le nom de *fonction métamorphique*. Cette expression a été adoptée par la plupart des thermodynamistes anglais et allemands.

Si nous remarquons que, d'après la notation adoptée,

$$u (p - p') = (\mathrm{W} - \mathrm{V_1}) (p - p'),$$

on voit que cette fonction est égale à la variation du travail externe effectué pendant la vaporisation, lorsque la température varie de 1 degré. Enfin l'équation qui exprime la valeur de la chaleur latente de vaporisation L montre que le produit de la fonction métamorphique par la température absolue $\mathrm{T} = 273 + t$ est précisément égal au travail interne développé pour la vaporisation de l'eau, car on en déduit

$$u (p - p') (273 + t) = \frac{\mathrm{L} (t - t')}{\mathrm{A}} = \mathrm{LE} (t - t');$$

et, puisque la variation de température $(t - t') = 1°$, il vient

$$u (p - p') (273 + t) = \mathrm{LE}.$$

La même équation fournit encore la relation

$$u = \mathrm{W} - \mathrm{V_1} = \frac{\mathrm{L} (t - t')}{\mathrm{A} (p - p') (273 + t)},$$

d'où

$$\mathrm{W} = \mathrm{V_1} + \frac{\mathrm{L} (t - t')}{\mathrm{A} (p - p') (273 + t)}.$$

Si la variation de température est de 1 degré, on aura

$$\mathrm{W} = \mathrm{V_1} + \frac{\mathrm{L}}{\mathrm{A} (p - p') (273 + t)}.$$

Les expériences de M. Kopp ont mis en lumière ce fait remarquable que, sous la pression atmosphérique, la dilata-

tion des liquides est très-faible quand la température s'élève.
Si, d'autre part, on admet que la dilatation est encore bien
moindre quand le liquide producteur, comme cela a généralement lieu, supporte une pression supérieure à la tension
de la vapeur, les variations de volume peuvent être négligées
par rapport aux changements de volume inhérents à la vaporisation du liquide et à la condensation de la vapeur qu'il a
produite. De là cette conséquence que le volume de l'unité
de poids d'un liquide peut être considéré comme une quantité constante, quelles que soient d'ailleurs la température du
liquide et la pression qu'il doit surmonter pour sa transformation en vapeur.

En se rappelant que la densité d est le rapport du poids P
au volume W, on aura

$$P = W\,d \quad \text{ou} \quad d = \frac{P}{W}.$$

Remplaçant W par sa valeur trouvée plus haut, nous aurons

$$d = \frac{P}{V_1 + \dfrac{L\,(t - t')}{A\,(p - p')\,(273 + t)}},$$

ou bien

$$d = \frac{PA\,(p - p')\,(273 + t)}{AV_1\,(p - p')\,(273 + t) + L\,(t - t')}.$$

Avec les données que nous avons prises $P = 1^{kg}$. Dans ce
cas, l'équation devient

$$d = \frac{A\,(p - p')\,(273 + t)}{AV_1\,(p - p')\,(273 + t) + L\,(t - t')}.$$

MM. Tate et Fairbairn, en déterminant directement la densité de la vapeur aqueuse saturée et sèche pour des températures de 60 à 150 degrés et différant entre elles de 30 degrés
en moyenne, ont trouvé des résultats identiques à ceux obtenus par l'application de la formule. Cette parfaite concordance confirme l'exactitude des principes de la Thermodynamique qui ont servi à la recherche dont il est question. Le
tableau qui suit, dressé par M. Zeuner, renferme tous les

éléments relatifs à la vapeur d'eau saturée et sèche en prenant $V_1 = 0^{mc},001$, de sorte que pour avoir le poids de 1 mètre cube il suffira de multiplier par 1000. Ce savant thermodynamiste a proposé la formule empirique

$$d = \alpha P^{\frac{1}{n}} \quad (^1),$$

dans laquelle $\alpha = 0,6061$, $\dfrac{1}{n} = 0,9393$ et P la pression de la vapeur exprimée en atmosphères; d'où

$$d = 0,6061 \, (P)^{0,9393}.$$

(^{1}) Zeuner, *Théorie mécanique de la chaleur avec ses applications aux machines*, p. 286.

Pression, température, volume, chaleur latente, densité de la vapeur aqueuse saturée,

d'après les expériences de M. Regnault et les calculs de M. Zeuner.

PRESSION en atmosphères.	PRESSION en millimètres de mercure.	PRESSION en kilogrammes par mètre carré.	TEMPÉRATURE en degrés centigrades.	VOLUME en mètres cubes de 1 kilogramme de vapeur.	POIDS de 1 mètre cube de vapeur en kilogrammes.	CHALEUR du liquide au-dessus de zéro.	CHALEUR totale de la vapeur au-dessus de zéro.	CHALEUR latente de vaporisation.	CHALEUR latente interne.	CHALEUR latente externe.
0,1	76	1033,4	46,21	14,5518	0,0687	46,282	620,59	574,31	538,848	35,464
0,2	152	2066,8	60,45	7,5431	0,1326	60,589	624,94	564,35	527,584	36,764
0,3	228	3100,2	69,49	5,1398	0,1945	69,687	626,69	557,00	520,433	37,574
0,4	304	4133,6	76,25	3,9164	0,2553	76,499	629,76	553,26	515,086	38,171
0,5	380	5167,0	81,71	3,1715	0,3153	82,017	630,42	548,40	510,767	38,637
0,6	456	6200,4	86,32	2,6710	0,3744	86,662	632,83	546,17	507,121	39,045
0,7	532	7233,8	90,32	2,3096	0,4330	90,704	633,07	542,37	503,957	39,387
0,8	608	8267,2	93,88	2,0365	0,4910	94,304	635,13	540,83	501,141	39,688
0,9	684	9300,6	97,08	1,8226	0,5487	97,543	636,11	538,47	498,610	39,957
1,0	760	10334,6	100,00	1,6504	0,6059	100,500	637,00	536,50	496,300	40,200
1,1	836	11367,4	102,68	1,5087	0,6628	103,216	637,82	534,60	494,180	40,421
1,2	912	12400,8	105,17	1,3901	0,7194	105,740	638,58	532,84	492,210	40,626
1,3	988	13434,2	107,50	1,2892	0,7757	108,104	639,29	531,18	490,367	40,816
1,4	1064	14467,6	109,68	1,2024	0,8317	110,316	639,95	529,64	488,643	40,993
1,5	1140	15501,0	111,74	1,1268	0,8874	112,408	640,58	528,17	487,014	41,159
1,6	1216	16534,4	113,69	1,0605	0,9430	114,389	641,18	526,79	485,471	41,315
1,7	1292	17567,8	115,54	1,0005	0,9983	116,289	641,76	525,47	484,008	41,463
1,8	1368	18601,2	117,30	0,9463			643,38	531,87	460,005	41,601

2,0	1520	20668,0	120,60	0,8598	1,1634	131,412	643,28	521,82	485,005	41,984
2,1	1596	21712,4	121,15	0,8612	1,3177	133,995	648,76	520,75	498,779	41,096
2,2	1672	22432,8	123,64	0,7861	1,3231	125,970	644,21	519,70	477,678	42,207
2,3	1748	23768,4	125,07	0,7559	1,3364	127,386	644,65	518,68	476,478	42,314
2,4	1824	24801,6	126,46	0,7244	1,3805	128,753	645,07	517,68	475,370	42,416
2,5	1900	25835,0	127,80	0,6971	1,4345	130,079	645,48	516,73	474,310	42,515
2,6	1976	26868,4	129,10	0,6719	1,4893	131,354	645,88	515,80	473,282	42,610
2,7	2052	27901,8	130,35	0,6485	1,5420	132,599	646,26	514,90	472,293	42,702
2,8	2128	28935,2	131,57	0,6267	1,5956	133,814	646,63	514,03	471,328	42,791
2,9	2204	29968,6	132,76	0,6064	1,6490	134,989	646,99	513,18	470,387	42,876
3,0	2280	31002,0	133,91	0,5874	1,7024	136,133	647,34	512,35	469,477	42,960
3,1	2356	32035,9	135,03	0,5696	1,7556	137,247	647,68	511,55	468,591	43,040
3,2	2432	33068,8	136,12	0,5528	1,8088	138,341	648,02	510,77	467,729	43,119
3,3	2508	34102,2	137,19	0,5371	1,8618	139,404	648,34	510,00	466,883	43,196
3,4	2584	35135,6	137,23	0,5223	1,9147	140,438	648,66	509,26	466,060	43,269
3,5	2660	36169,0	139,24	0,5082	1,9676	141,450	648,97	508,53	465,261	43,342
3,6	2736	37202,4	140,23	0,4950	2,0203	142,453	649,27	507,82	464,478	43,413
3,7	2812	38235,8	141,21	0,4824	2,0729	143,416	649,57	507,12	463,703	43,480
3,8	2888	39269,2	142,15	0,4705	2,1255	144,368	649,86	506,44	462,959	43,548
3,9	2964	40302,6	143,08	0,4591	2,1780	145,310	650,14	505,77	462,224	43,614
4,0	3040	41336,0	144,00	0,4484	2,2363	146,222	650,42	505,11	461,496	43,677
4,1	3116	42369,4	144,89	0,4381	2,2826	147,114	650,69	504,47	460,792	43,739
4,2	3192	43402,8	145,76	0,4283	2,3349	147,985	650,96	503,84	460,104	43,799
4,3	3268	44436,2	146,61	0,4189	2,3871	148,857	651,22	503,23	459,431	43,859
4,4	3344	45469,6	147,16	0,4100	2,4391	149,708	651,48	502,62	458,759	43,918
4,5	3420	46503,0	148,29	0,4014	2,4911	150,539	651,73	502,02	458,103	43,975
4,6	3496	47536,4	149,10	0,3932	2,5430	151,360	651,98	501,44	457,462	44,030
4,7	3572	48569,8	149,90	0,3854	2,5949	152,171	652,22	500,86	456,829	44,085
4,8	3648	49603,2	150,69	0,3778	2,6467	152,171	652,46	500,29	456,204	44,139
4,9	3724	50636,6	151,46	0,3706	2,6984	152,961	652,70	499,73	455,595	

Pression, température, volume, chaleur latente, densité de la vapeur aqueuse saturée,

d'après les expériences de M. Regnault et les calculs de M. Zeuner (suite).

PRESSION en atmosphères.	PRESSION en millimètres de mercure.	PRESSION en kilogrammes par mètre carré.	TEMPÉRATURE en degrés centigrades.	VOLUME en mètres cubes de 1 kilogramme de vapeur.	POIDS de 1 mètre cube de vapeur en kilogrammes.	CHALEUR de liquide au-dessus de zéro.	CHALEUR totale de la vapeur au-dessus de zéro.	CHALEUR latente de vaporisation.	CHALEUR latente interne.	CHALEUR latente externe.
5,0	3800	51670,0	152,22	0,3636	2,7500	153,741	652,93	499,19	454,994	44,192
5,1	3876	52703,4	152,97	0,3569	2,8016	154,512	653,16	498,65	454,401	44,243
5,2	3952	53736,8	153,70	0,3505	2,8521	155,262	653,38	498,12	453,823	44,293
5,3	4028	54770,2	154,43	0,3443	2,9046	156,012	653,60	497,59	453,246	44,343
5,4	4104	55803,6	155,14	0,3383	2,9660	156,741	653,82	497,08	452,684	44,392
5,5	4180	56837,0	155,85	0,3325	3,0073	157,471	654,04	496,56	452,123	44,441
5,6	4256	57870,4	156,54	0,3239	3,0586	158,181	654,24	496,06	451,577	44,487
5,7	4332	58903,8	157,22	0,3215	3,1098	158,880	654,45	495,57	451,039	44,533
5,8	4408	59937,2	157,90	0,3163	3,1610	159,579	654,66	494,40	450,501	44,579
5,9	4484	60970,6	158,56	0,3113	3,2122	160,259	654,86	494,60	449,979	44,623
6,0	4560	62004,0	159,22	0,3064	3,2632	160,938	655,06	494,12	449,457	44,667
6,1	4636	63037,4	159,87	0,3017	3,3142	161,607	655,26	493,65	448,943	44,710
6,2	4712	64070,8	160,50	0,2972	3,3652	162,255	655,45	493,20	448,444	44,753
6,3	4788	65104,2	161,14	0,2927	3,4161	162,915	655,65	492,74	447,938	44,794
6,4	4864	66137,6	161,76	0,2884	3,4670	163,553	655,84	492,29	447,448	44,836
6,5	4940	67171,0	162,37	0,2843	3,5178	164,181	656,02	491,84	446,965	44,876
6,6	5016	68204,4	162,98	0,2802	3,5685	164,816	656,21	491,40	446,483	44,916
6,7	5092	69237,8	163,58								45,043

6,90	45,035	465,6·6	490,19	656,75	166,645	3,7206	0,2688	164,76	71304,6	5464
7,00	45,070	444,616	489,69	656,93	167,243	3,7711	0,2653	165,34	74338,0	5530
7,25	45,162	443,485	488,65	657,37	168,718	3,8924	0,2566	166,72	74925,5	5510
7,50	45,250	442,393	487,64	657,79	170,142	4,0034	0,2485	168,15	77565,0	5700
7,75	45,337	441,325	486,66	658,20	171,535	4,1490	0,2410	169,50	80088,5	5890
8,00	45,420	440,289	485,71	658,60	172,888	4,2745	0,2339	170,81	82672,0	6080
8,25	45,501	439,269	484,77	658,99	174,221	4,3907	0,2273	172,10	85255,5	6270
8,50	45,578	438,280	483,86	659,37	175,514	4,5248	0,2210	173,35	87839,0	6460
8,75	45,654	437,315	482,97	659,74	176,775	4,6495	0,2151	174,57	90422,5	6650
9,00	45,727	436,366	482,09	660,11	178,017	4,7741	0,2095	175,77	93006,0	6840
9,25	45,798	435,440	481,24	660,47	179,228	4,8985	0,2041	176,94	95589,5	7030
9,50	45,868	434,539	480,41	660,82	180,408	5,0226	0,1991	178,08	98173,0	7220
9,75	45,935	433,645	479,58	661,16	181,579	5,1466	0,1943	179,21	100756,5	7410
10,00	46,001	432,775	478,78	661,50	182,719	5,2704	0,1897	180,31	103340,0	7600
10,25	46,064	431,928	477,99	661,82	183,828	5,3941	0,1854	181,38	105923,5	7790
10,50	46,127	431,090	477,21	662,14	184,927	5,5174	0,1812	182,44	108507,0	7980
10,75	46,189	430,267	476,45	662,46	186,005	5,6405	0,1773	183,48	111090,5	8170
11,00	46,247	429,460	475,71	662,77	187,065	5,7636	0,1735	184,50	113674,0	8360
11,25	46,306	428,661	474,97	663,08	188,113	5,8864	0,1699	185,51	116257,5	8550
11,50	46,362	427,886	474,25	663,38	189,131	6,0092	0,1664	186,49	118841,0	8740
11,75	46,417	427,119	473,63	663,67	190,139	6,1318	0,1631	187,46	121424,5	8930
12,00	46,471	426,368	472,84	663,97	191,126	6,2543	0,1599	188,41	124008,0	9120
12,25	46,524	425,624	472,15	664,25	192,104	6,3765	0,1568	189,35	126591,5	9310
12,50	46,576	424,896	471,47	664,53	193,060	6,4986	0,1539	190,27	129175,0	9500
12,75	46,626	424,177	470,80	664,80	194,007	6,6206	0,1510	191,18	131758,5	9690
13,00	46,676	423,465	470,14	665,09	194,944	6,7424	0,1483	192,08	134342,0	9880
13,25	46,724	422,769	469,50	665,35	195,860	6,8642	0,1457	192,96	136925,5	10070
13,50	46,772	422,080	468,80	665,61	196,766	6,9857	0,1431	193,83	139509,0	10260
13,75	46,818	421,400	468,22	665,88	197,662	7,1072	0,1407	194,69	142092,5	10450
14,00	46,864	420,736	467,60	666,14	198,537	7,2283	0,1383	195,53	144676,0	10640

55. Applications. — 1° *Trouver la vitesse avec laquelle s'écoule dans l'atmosphère de l'air renfermé dans un récipient où la température est de 40 degrés et la pression de 2 atmosphères.*

Prenons à cet effet la formule

$$\frac{V_1'^2}{2g} = EC_1(t - t') \quad \text{(p. 178)}.$$

On a

$$g = 9,81, \quad E = 425, \quad C_1 = 0,23751, \quad C = 0,16847,$$
$$T = t + 40 = 273 + 40 = 313, \quad p = 2^{\text{atm}}, \quad p' = 1^{\text{atm}}.$$

Par l'application de la formule

$$t' = (273 + t)\left(\frac{p'}{p}\right)^{\frac{C_1 - C}{C_1}} - 273 \quad \text{(p. 180)},$$

on aura

$$t' = 313\left(\frac{1}{2}\right)^{\frac{0,23751 - 0,16847}{0,23751}} - 273, \quad t' = 313(0,5)^{\frac{6904}{23751}} - 273,$$

$$\log 313 + \frac{6904}{23751}\log 0,5 = 2,4080402,$$

d'où

$$313(0,5)^{\frac{6904}{23751}} = 255,89,$$

et

$$t' = 255,89 - 273 = -17°, \quad t - t' = 40 + 17 = 57°.$$

Introduisant ces valeurs dans l'équation générale, il viendra

$$\frac{V_1'^2}{19,62} = 425 \times 0,23751 \times 57°,$$

$$V_1'^2 = 19,62 \times 425 \times 0,23751 \times 57,$$

$$V_1' = \sqrt{19,62 \times 425 \times 0,23751 \times 57},$$

$$\log V_1' = \frac{\log 19,62 + \log 425 + \log 0,23751 + \log 57}{2} = 2,5263223;$$

d'où

$$V_1' = 335^{\text{m}},99.$$

2° *Trouver la vitesse d'écoulement de la vapeur sèche et sa-*

*turée contenue dans une chaudière, sachant que la pression est
de 6 atmosphères et que la section de l'orifice est très-petite
par rapport à celle de la chaudière.*

Prenons la formule

$$V'_1 = \sqrt{2g\,EC_1\left[(t-t') - (273+t')\log\text{hyp.}\frac{273-t}{273-t'}\right] + \frac{2g\,EL\,q\,(t-t')}{273+t} + 2g(p-p')v}.$$

Puisque l'écoulement a lieu à l'air libre, $p' = 1^{\text{atm}}$ et la vapeur étant saturée $t' = 100°$.

D'autre part, d'après le tableau, la chaleur latente $L = 494,12$, et de plus on a

$$C_1 = 1, \quad q = 1^{\text{kg}}, \quad v = 0^{\text{mc}},001, \quad t = 159°,22,$$
$$t - t' = 159°,22 - 100 = 59°,22;$$

la différence des pressions étant d'ailleurs exprimée en kilogrammes par $10334\,(6-1)$ sur un mètre carré; en introduisant ces valeurs dans l'équation générale, il viendra

$$V'_1 = \sqrt{\left\{\begin{array}{l} 19,62 \times 425\left(59°,22 - 373\log\text{hyp.}\dfrac{432,22}{373}\right) \\[2mm] + 19,62 \times 425 \times 494,12 \times \dfrac{59,22}{432,22} + 19,62 \times 10334 \times 5 \times 0,001 \end{array}\right\}},$$

$$\log\text{hyp.}\frac{432,22}{373} = 0,14842,$$

et par suite

$$V'_1 = \sqrt{19,62 \times 425\,(59,22 - 373 \times 0,14842) + 563958,85 + 496,96},$$
$$V'_1 = \sqrt{32186,61 + 563958,85 + 496,96} = \sqrt{596642,42},$$
$$V_1 = 772^{\text{m}},4.$$

Appliquons maintenant la formule qui peut servir aux cas les plus usuels de la pratique

$$V'_1 = \sqrt{2g\,EL\,q\,\frac{(t-t')}{273+t}}.$$

On aura, en introduisant les valeurs numériques précédemment obtenues,

$$V'_1 = \sqrt{19,62 \times 425 \times 494,12 \times \frac{59,22}{432,22}},$$

$$V_1 = \sqrt{563958,85} = 750^m,9.$$

La comparaison de ce résultat avec celui que nous avons obtenu au moyen de la formule non modifiée montre que dans les applications on pourra toujours, sans erreur sensible, se contenter des résultats fournis par la dernière formule.

3° *Trouver la vitesse d'écoulement à l'air libre de l'eau renfermée dans une chaudière où la pression est de 6 atmosphères.*

Considérons la formule

$$V'_1 = \sqrt{2g\mathrm{EC}_1\left[(t-t')-(273+t')\log \text{hyp.} \frac{273+t}{273+t'}\right]} \quad (\text{p. } 182).$$

On a encore

$$g = 9,81, \quad E = 425, \quad C_1 = 1, \quad t = 159,22, \quad t' = 100.$$

Il vient donc, avec ces valeurs numériques,

$$V'_1 = \sqrt{19,62 \times 425\left(59,22 - 373\log \text{hyp.} \frac{432,22}{373}\right)},$$

$$V'_1 = \sqrt{32186,61} = 179^m,40.$$

Pour faire ressortir le rôle important que jouent les phénomènes thermiques dans l'écoulement des liquides, comparons ce résultat avec celui auquel conduit l'application de la formule de Torricelli

$$V'_1 = \sqrt{2gh}.$$

Si la quantité h représente la hauteur de la colonne d'eau, qui sur 1 mètre carré produit une pression de 6 atmosphères, on aura

$$1 \times h \times 1000 = 10334 \times 6 = 62004^{kg};$$

d'où

$$h = \frac{62004}{1000} = 62,004$$

et

$$V'_1 = \sqrt{19,62 \times 62,004}, \quad V'_1 = 34^m,80.$$

La différence énorme qui existe entre ce résultat et celui déduit des principes de la Thermodynamique était facile à prévoir.

Dans la formule de Torricelli on fait abstraction de la chaleur interne du liquide qui se manifeste avec une très-grande énergie.

De l'abaissement de température qui dès lors se produit, il résulte qu'une partie très-notable de la force vive vibratoire se transforme immédiatement en force vive sensible, ce qui détermine un accroissement considérable de la vitesse d'écoulement.

4° *Trouver la densité de la vapeur d'eau à la pression de 6 atmosphères.*

$$d = 0,6061\,(P)^{0,9393} \quad \text{(formule de Zeuner, p. 188)},$$
$$d = 0,6061 \times (6)^{0,9393};$$

d'où

$$\log d = \log 0,6061 + 0,9393 \log 6,$$
$$\log 0,6061 = \overline{1},7825443,$$
$$\log 6\ldots = 0,7781513,$$
$$\log d = 0,5134618 \quad \text{et} \quad d = 3^{kg},262,$$

résultat qui concorde parfaitement avec le nombre consigné dans les Tables correspondant à la pression de 6 atmosphères.

Dans la plupart des Traités de Mécanique on emploie, pour résoudre cette question, la formule

$$d = \frac{0,81\,n}{1 + \alpha t},$$

n représentant la pression en atmosphères, t la température en degrés C. qui correspond à cette pression et a le coefficient moyen de dilatation de la vapeur aqueuse dont la valeur est approximativement égale à 0,00367 pour 1 degré C.

Introduisant les valeurs numériques dans la formule en rappelant que, d'après le tableau, la température 159°,22 correspond à la pression 6 atmosphères, on aura

$$d = \frac{0,81 \times 6}{1 + 0,00367 \times 159,22} = 3^{kg},8,$$

ce qui nous apprend qu'à cette pression les lois de Mariotte et de Gay-Lussac peuvent être appliquées aux vapeurs saturées sans que l'écart soit trop considérable.

56. *Vaporisation.* — Tous les liquides, à l'exception de quelques-uns qui se décomposent sous l'action de la chaleur, se transforment en vapeur, quand on élève suffisamment leur température. Il arrive pour chacun d'eux un instant où des mouvements tumultueux se produisent, et l'on voit se former le long des parois du vase des bulles qui viennent crever à la surface. Ce phénomène observé constitue ce qu'on nomme *l'ébullition.* Ces bulles renferment la substance gazeuse nommée *vapeur,* dont la composition chimique est d'ailleurs absolument la même que celle du liquide.

On désigne sous le nom de *vaporisation* la formation rapide de la vapeur dans toute la masse liquide sous l'influence d'une source de chaleur plus ou moins intense.

Le mot *évaporation* s'applique plus particulièrement à la formation lente de la vapeur à la surface libre.

57. *Causes qui influent sur la température de l'ébullition.* — Ces causes sont au nombre de quatre :

1° *La nature du vase.* — Les expériences de Gay-Lussac ont mis en évidence que, dans un vase métallique, l'ébullition correspond à une température moins élevée que dans un vase formé d'une autre substance. Dans le premier cas, l'ébullition se fait d'une manière régulière et continue; les bulles de vapeur se succèdent, sans interruption, à la température de 100 degrés, tandis que, dans un ballon de verre, elles prennent seulement naissance en quelques points qui sont toujours les mêmes. On remarque aussi que ces bulles sont plus grosses, moins rapprochées et que la température est comprise entre 101 et 102 degrés. En projetant au fond du vase des poussières métalliques, la température de l'ébullition est ramenée au degré ordinaire.

2° *La nature du liquide.* — Pour l'eau, la température de l'ébullition est de 100 degrés, tandis que, pour l'huile de lin, elle atteint 316 degrés, que pour l'alcool elle descend à $79°,7$ et pour l'éther sulfurique à 25 degrés.

Quand le liquide est visqueux, l'ébullition se produit par saccades et la température est variable.

3° *Les substances tenues en dissolution.* — Ainsi l'eau pure entre en ébullition à la température de 100 degrés, et, quand elle contient en dissolution des substances salines, l'ébullition correspond à une température d'autant plus élevée, que la proportion de ces matières est plus considérable. Saturée de sel marin, elle bout à 109 degrés, et, quand elle contient une quantité suffisante de chlorure de calcium, la température peut s'élever jusqu'à 180 degrés. En la mélangeant avec des liquides très-volatils, on peut, au contraire, abaisser notablement le point d'ébullition.

4° *La pression extérieure.* — Cette cause est celle qui produit les plus grandes perturbations dans la température. En effet, la force élastique des bulles gazeuses qui tendent à se former devant toujours être capable de vaincre la pression extérieure, il est évident que la température s'élèvera jusqu'au moment où l'équilibre aura lieu entre les deux pressions. De là cette conséquence, qui sera d'ailleurs rappelée plus loin : *La force élastique de la vapeur d'un liquide quelconque exposé à l'air libre, à la température de l'ébullition,* est égale à la pression atmosphérique. Ainsi la température de l'ébullition diminue quand la pression extérieure décroît et s'élève sensiblement quand cette pression augmente. Ce principe est confirmé par une expérience de Leslie, que l'on reproduit dans les cours de Physique. On place sous le récipient d'une machine pneumatique un vase contenant de l'acide sulfurique concentré et surmonté d'une capsule remplie d'eau. En raréfiant l'air autant que le permet la précision de la machine, l'eau bout rapidement, les vapeurs sont aussitôt absorbées et l'ébullition se continue indéfiniment. Mais il est à remarquer que, pour passer à l'état gazeux, l'eau absorbe de la chaleur latente, et, comme aucune source calorifique externe ne lui fournit la chaleur nécessaire pour se vaporiser, il en résulte un abaissement de température qui ne tarde pas à produire la congélation de l'eau.

MM. Bravais et Martin, en faisant bouillir de l'eau sur les montagnes, à différentes hauteurs, ont observé, au moyen d'un thermomètre très-sensible, les variations de la température, en même temps qu'un baromètre accusait les pressions de l'atmosphère.

De même, avec l'appareil connu sous le nom de *marmite* ou *digesteur de Papin,* on montre qu'il est toujours possible d'élever la température d'un liquide quelconque, sans qu'il y ait ébullition. La pression toujours croissante de la vapeur préexistante dans la partie de l'appareil que n'occupe pas l'eau pèse sur la surface du liquide et s'oppose d'une manière permanente à la formation des bulles gazeuses.

58. *Formation des vapeurs dans le vide.* — Dans les cours de Physique, au moyen d'un appareil composé de quatre tubes barométriques, on établit les lois suivantes, que nous rappellerons seulement, sans indiquer la marche de l'expérience :

1° *Lorsqu'un liquide quelconque est contenu dans un espace vide, il fournit instantanément une quantité de vapeur qui dépend de l'étendue de l'espace.*

2° *Quand la vapeur qui s'est formée est en présence d'un excès de liquide, elle possède une tension maxima qu'elle ne peut dépasser, que le volume augmente ou diminue, pourvu que la température reste constante.*

3° *Lorsque la vapeur est séparée du liquide producteur ou que le liquide n'est pas en excès, si l'on fait varier le volume, elle est soumise comme les gaz à la loi de Mariotte.*

On donne le nom de *vapeurs saturées* aux vapeurs qui sont en contact permanent avec le liquide producteur. Quelquefois aussi on dit que *la vapeur est à saturation ou à son maximum de tension.*

4° *La force élastique de la vapeur saturée croît quand on élève sa température.*

Dans ce cas la vapeur est dite *surchauffée.*

59. *Mesure de la tension des vapeurs.* — D'après ce qui vient d'être dit, la tension de la vapeur aqueuse croissant avec la température, on a dû nécessairement rechercher la loi progressive qu'elle suit. Cette importante question, qui se rattache à l'étude des machines à vapeur, a été élucidée par les

travaux de Dalton et de MM. Dulong, Arago, Coriolis, Roche et Combes. Sans faire connaître les méthodes suivies qui rentrent dans le domaine de la Physique, nous nous bornerons à indiquer les formules empiriques qu'ils ont déduites de leurs expériences.

60. *Formule de Dalton.* — Suivant ce physicien, lorsque les tensions des vapeurs croissent suivant une progression géométrique, les températures correspondantes forment une progression arithmétique. Ainsi, appelant t, t_1, t_2, t_3, ..., t_n les températures, et p, p_1, p_2, p_3, ..., p_n les pressions correspondantes, si l'unité est la raison de la progression arithmétique et a celle de la progression géométrique, on aura successivement :

$$t_1 = t + 1, \quad t_2 = t + 2, \quad t_3 = t + 3, \quad ..., \quad t_n = t + n,$$

et

$$p_1 = pa, \quad p_2 = pa^2, \quad p_3 = pa^3, \quad ..., \quad p_n = pa^n.$$

Du dernier terme de la progression arithmétique on déduit

$$n = t_n - t \quad \text{ou} \quad n = T - t,$$

en désignant par T une température quelconque.

Par conséquent, si l'on remplace n par cette valeur dans le dernier terme de la progression géométrique, et si l'on appelle F la force élastique de la vapeur en atmosphères, on aura

$$p_n \text{ ou } F = pa^{(T-t)}.$$

Or, comme la pression de 1 atmosphère correspond à la température de 100 degrés, si dans la formule on fait $p = 1$, elle prendra la forme

$$F = a^{(T-100)};$$

d'où

$$\log F = (T - 100) \log a \quad \text{et} \quad \log a = \frac{\log F}{T - 100},$$

ou

$$a = \sqrt[T-100]{F}.$$

Il est évident que, si la loi posée par Dalton est exacte, la valeur de a doit être constante. La vérification qui en a été faite entre 1 et 7 atmosphères a montré que la valeur $\log a$ décroît sans cesse. A la pression de 1 atmosphère on a, par approximation,

$$\log a = 0,0146,$$

et à celle de 10 atmosphères,

$$\log a = 0,0124.$$

Malgré l'inexactitude de cette loi, on peut cependant l'appliquer aux machines à vapeur; car la pression dépassant rarement 7 atmosphères, on pourra adopter la valeur moyenne des valeurs comprises entre ces limites. On trouve ainsi

$$\log a = 0,0136.$$

Nous ferons toutefois observer que l'emploi de ce nombre conduirait à des valeurs trop grandes de la force élastique F et qu'il paraît convenable d'adopter

$$\log a = 0,0132.$$

Remplaçant $\log a$ par cette valeur dans l'expression de F, on aura

$$\log F = 0,0132\,(T - 100).$$

Comme le logarithme $0,0132$ correspond au nombre $1,031$, l'expression deviendra, en substituant,

$$\log F = \log 1,031\,(T - 100) \quad \text{ou} \quad F = 1,031^{(T-100)}.$$

Pour la température, on aura

$$\frac{\log F}{\log 1,031} = T - 100;$$

d'où

$$T = 100 + \frac{\log F}{\log 1,031} \quad \text{ou} \quad T = 100 + \frac{\log F}{0,0132}.$$

61. Formule de Dulong et Arago. — Ces deux savants, à la suite d'expériences très-étendues exécutées en 1829 par délégation du Gouvernement, ont proposé la formule suivante :

$$F = \left(1 + 0,7153\,\frac{T - 100}{100}\right)^5,$$

F représentant la force élastique en atmosphères et T la température correspondante de la vapeur. En divisant par 100 le facteur 0,7153, elle prend la forme

$$F = [1 + 0,007153\,(T - 100)]^5 = (1 - 0,7153 + 0,007153\,T)^5,$$

ou

$$F = (0,007153\,T + 0,2847)^5.$$

Pour trouver la température correspondante, on déduit de la formule générale

$$\sqrt[5]{F} = 1 + 0,7153\,\frac{T - 100}{100};$$

d'où

$$\frac{T - 100}{100} = \frac{\sqrt[5]{F} - 1}{0,7153} \quad \text{et} \quad T = \frac{100\sqrt[5]{F} - 100}{0,7153} + 100.$$

Mettant 100 en facteur commun,

$$T = \frac{100\left(\sqrt[5]{F} - 1\right)}{0,7153} + 100,$$

que l'on peut mettre encore sous la forme

$$T = \frac{\sqrt[5]{F} - 1}{\dfrac{0,7153}{100}} + 100,$$

ce qui donne

$$T = \frac{\sqrt[5]{F} - 1}{0,007153} + 100.$$

Formule de Tredgold. — Cette formule a été présentée par MM. Dulong et Arago sous la forme suivante :

$$T = 85\sqrt[5]{P} - 75,$$

T exprimant la température en degrés C.;
P la pression en centimètres de mercure.

Pour l'obtenir, comme les précédentes, en fonction du nombre d'atmosphères F, remarquons qu'une colonne de mercure de 76 centimètres étant équivalente à 1 atmosphère, on aura

$$P = 76\,F,$$

et en introduisant cette valeur dans la formule, il viendra

$$T = 85 \sqrt[6]{76F} - 75$$

et, en extrayant la racine sixième de 76,

$$T = 85 \times 2{,}06 \sqrt[6]{F} - 75,$$
$$T = 175 \sqrt[6]{F} - 75.$$

De là on déduit, pour la valeur de la force élastique en atmosphères,

$$F = \left(\frac{T + 75}{175}\right)^6.$$

63. Formule de Coriolis. — Dans les *Annales de Chimie et de Physique* cette formule est ainsi donnée :

$$F = \left(\frac{1 + 0{,}01878T}{2{,}878}\right)^{5,355};$$

d'où l'on déduit, pour la température correspondante,

$$\frac{1 + 0{,}01878T}{2{,}878} = \sqrt[5,355]{F}, \quad T = \frac{2{,}878 \sqrt[5,355]{F} - 1}{0{,}01878}.$$

64. Formule de M. Combes. — L'auteur l'a présentée sous la forme suivante :

$$100p = (1{,}300172 + 0{,}0187457\,T)^{6,0077},$$

dans laquelle p exprime la pression en kilogrammes par centimètre carré, et T la température en degrés C.

Pour la température correspondante, on aura

$$\sqrt[6,0077]{100p} = 1{,}300172 + 0{,}0187457\,T;$$

d'où

$$T = \frac{\sqrt[6,0077]{100p} - 1{,}300172}{0{,}0187457}.$$

65. Formule de M. Roche. — Cette formule est ainsi représentée :

$$f = a\,x^{\frac{t}{1 + mt}}.$$

f exprime la pression en millimètres de mercure ;

t l'excès de la température sur 100 degrés, c'est-à-dire

$t = T - 100$;

$a = 760$ millimètres;

$\log x = 0,01494$ et $x = 1,035$;

$m = 0,002727$.

Par conséquent, on aura

$$f = 760 \times 1,035^{\frac{T-100}{1+0,002727\,(T-100)}}.$$

Pour obtenir la pression en atmosphères, remarquons que $f = 760\,F$; d'où, en substituant,

$$760\,F = 760 \times 1,035^{\frac{T-100}{1+0,002727\,(T-100)}},$$

et, en divisant les deux membres par 760,

$$F = 1,035^{\frac{T-100}{1+0,002727\,(T-100)}}.$$

En développant par logarithmes la formule générale, il viendra

$$\log f = \log a + \frac{t}{1+mt}\log x, \quad \text{d'où} \quad \frac{t}{1+mt} = \frac{\log f - \log a}{\log x}.$$

Divisant par t les deux termes du premier membre, on aura

$$\frac{1}{\frac{1}{t}+m} = \frac{\log f - \log a}{\log x}$$

et

$$\frac{1}{t}+m = \frac{\log x}{\log f - \log a},$$

$$\frac{1}{t} = \frac{\log x}{\log f - \log a} - m = \frac{\log x - m\,(\log f - \log a)}{\log f - \log a};$$

d'où

$$t = \frac{\log f - \log a}{\log x - m\,(\log f - \log a)}.$$

Remplaçant t par $T - 100$, la pression f par sa valeur $760\,F$ et a par 760, on aura

$$T - 100 = \frac{\log 760\,F - \log 760}{\log x - m\,(\log 760\,F - \log 760)},$$

ou

$$T - 100 = \frac{\log 760 + \log F - \log 760}{\log x - m(\log 760 + \log F - \log 760)},$$

$$T - 100 = \frac{\log F}{\log x - m \log F}.$$

Enfin, en mettant à la place de x et de m les valeurs numériques qui leur ont été assignées, l'expression deviendra

$$T - 100 = \frac{\log F}{0,01494 - 0,002727 \log F};$$

d'où

$$T = \frac{\log F}{0,01494 - 0,002727 \log F} + 100.$$

66. *Formule de M. Regnault.* — Ce savant a résumé par la formule empirique qui suit la corrélation entre les forces élastiques des vapeurs saturées et les températures correspondantes :

$$\log P = a - b\alpha^x - c\beta^x.$$

P exprime la force élastique de la vapeur en millimètres de mercure;
$x = T + 20$;
$a = 6,2640348$;
$\log b = 0,1397743$;
$\log c = 0,6924351$;
$\log \alpha = \overline{1},994049292$;
$\log \beta = \overline{1},998343862$.

La formule de M. Regnault se rapporte à des températures comprises entre $-32°$ et $+230°$.

On trouve dans tous les Traités de Physique publiés de nos jours une Table des tensions et des températures correspondantes dressée d'après l'important travail de M. Regnault.

Pour transformer cette formule de manière à avoir la pression en atmosphères, nous remplacerons, comme nous l'avons déjà fait, P par sa valeur 760 F. D'autre part, si à la place de x nous mettons sa valeur $T + 20$, la formule, telle qu'elle devra être employée dans les applications, prendra la forme

$$\log 760 F = a - b\alpha^{(T+20)} - c\beta^{(T+20)}$$

ou

$$\log 760 + \log F = a - b\,\alpha^{(T+20)} - c\,\beta^{(T+20)},$$
$$\log F = a - b\,\alpha^{(T+20)} - c\,\beta^{(T+20)} - \log 760.$$

67. *Observation sur l'emploi des formules.* — La formule de M. Regnault est celle qui présente le plus d'exactitude, mais elle est peu commode pour les applications, de sorte que, lorsqu'on n'aura pas à sa disposition les Tables de ce physicien, on pourra se contenter des résultats obtenus au moyen de la formule de Dalton, pour des pressions comprises entre 1 et 7 atmosphères. La formule de M. Combes est applicable à des températures de 30 à 160 degrés. Jusqu'à 140 degrés on peut se servir de celle de Tredgold. La formule de Dulong et Arago convient aux températures élevées; il en est de même de celle de Coriolis. Pour les températures moyennes on peut employer la formule de M. Roche. La comparaison des résultats obtenus avec ces différentes formules montre la concordance qui existe entre quelques-unes d'entre elles.

68. *Densité de la vapeur d'eau.* — De la composition chimique de l'eau, M. Regnault a déduit que la densité de la vapeur aqueuse par rapport à l'air est égale à 0,622. Or, d'après ce savant, le poids de 1 mètre cube d'air à la température zéro et à la pression de 1 atmosphère est de $1^{kg},29318$. Donc, quand on aura trouvé la densité de l'air à une certaine température et à une certaine pression, on obtiendra, en multipliant par 0,622, la densité de la vapeur.

Appelons

d la densité de l'air à la température t et à la pression p;
d' la densité de l'air à la température t' et à la pression p';
$\alpha = 0,00367$ par degré C. le coefficient moyen de dilatation.

La combinaison de la loi de Mariotte avec celle de Gay-Lussac conduit à la relation suivante entre les densités, les températures et les pressions :

$$\frac{d}{d'} = \frac{p\,(1 + \alpha t')}{p'\,(1 + \alpha t)}, \quad \text{d'où} \quad d' = \frac{p'\,(1 + \alpha t)}{p\,(1 + \alpha t')}.$$

Si nous faisons $p = 1$, le rapport $\dfrac{p'}{p}$ représentera en atmosphères la pression p', que nous désignerons par n. De plus, la température qui correspond à la pression p étant zéro, la formule deviendra

$$d' = \frac{nd}{1 + \alpha t'}.$$

Remplaçant d par sa valeur $1^{kg},29318$, on aura

$$d' = \frac{1^{kg},29318 n}{1 + \alpha t'}.$$

Ainsi, en multipliant par $0,622$, on aura la densité D à la pression de n atmosphères et à la température T,

$$D = \frac{0,622 \times 1^{kg},29318 n}{1 + \alpha T} = \frac{0,8044 n}{1 + \alpha T}.$$

Pour trouver le volume occupé par 1 kilogramme de vapeur à saturation, remarquons que le poids est égal au volume multiplié par la densité. On aura donc

$$P = VD,$$

d'où

$$V = \frac{P}{D} = \frac{1 + \alpha T}{0,622 \times 1,29318 n}, \quad V = \frac{1 + \alpha T}{0,8044 n}.$$

Ces formules, encore employées aujourd'hui par les mécaniciens, diffèrent de celles obtenues par les principes de la Thermodynamique. Nous avons montré plus haut, par une application numérique, les écarts qui existent entre les résultats successivement obtenus.

69. *Formule de M. Fairbairn.* — On doit à ce célèbre ingénieur la formule suivante, qui établit la relation entre le volume de vapeur et le volume d'eau :

$$V = 25,62 + \frac{1257605}{P + 18,29},$$

dans laquelle V exprime le volume de vapeur comparé au volume d'eau sous le même poids, et P la pression en millimètres de mercure.

D'où l'on déduit, pour la valeur de la pression,

$$V - 25,62 = \frac{1257605}{P + 18,29},$$

$$P + 18,29 = \frac{1257605}{V - 25,62} \quad \text{et} \quad P = \frac{1257605}{V - 25,62} - 18,29.$$

Si nous désignons par n la tension de la vapeur en atmosphères, on aura

$$P = 760\,n,$$

et, en substituant dans la première formule, il viendra

$$V = 25,62 + \frac{1257605}{760\,n + 18,29}.$$

Si l'on divise le numérateur et le dénominateur du second terme par 760, la formule prendra la forme

$$V = 25,62 + \frac{1655}{n + 0,024},$$

et, pour la tension en atmosphères, on aura

$$n = \frac{1655}{V - 25,62} - 0,024.$$

Si nous faisons la pression $n = 1^{\text{atm}}$, il vient

$$V = 25,62 + \frac{1655}{1 + 0,024} = 1641,83,$$

ce qui indique que 1 volume d'eau donne naissance à 1 volume de vapeur à la pression de 1 atmosphère, 1642 fois plus grand, résultat bien différent de 1699,5, que l'on obtient en admettant que la densité de la vapeur par rapport à l'air est égale à 0,622.

70. *Formule de Navier.* — Ce géomètre a proposé la formule suivante :

$$V = \frac{1000}{0,09 + 0,0000484\,p},$$

et, en divisant par 1000 les deux termes,

$$V = \frac{1}{0,00009 + 0,0000000484\,p},$$

p représentant la pression en kilogrammes par mètre carré, et V le volume de vapeur comparé au volume d'eau. Comme la pression de 1 atmosphère correspond à 10334 kilogrammes par mètre carré, on aura

$$p = 13034\,n,$$

et en substituant

$$V = \frac{1}{0,00009 + 0,0000000484 \times 10334\,n},$$

$$V = \frac{1}{0,00009 + 0,0005\,n}.$$

Pour la force élastique exprimée en atmosphères, il viendra

$$V\,(0,00009 + 0,0005\,n) = 1,$$

$$0,00009 + 0,0005\,n = \frac{1}{V}, \qquad 0,0005\,n = \frac{1}{V} - 0,00009;$$

d'où

$$n = \frac{1}{0,0005\,V} - \frac{0,00009}{0,0005}, \qquad n = \frac{1}{0,0005\,V} - 0,18.$$

En faisant $n = 1$, on trouve

$$V = 1695.$$

71. *Formule de M. de Pambour.* — Cette formule, dont les résultats se rapprochent plus de ceux obtenus par la formule déduite des observations de Gay-Lussac, est représentée ainsi :

$$V = \frac{10000}{0,4227 + 0,000529\,p} = \frac{1}{0,00004227 + 0,0000000529\,p};$$

pour des pressions qui ne dépassent pas 2 atmosphères, et, en remplaçant p par 10334 n, on a

$$V = \frac{1}{0,00004227 + 0,0000000529 \times 10334\,n}$$

$$= \frac{1}{0,00004227 + 0,00054662\,n}.$$

On en déduit, pour la valeur de la pression,

$$V(0,00004227 + 0,00054662\,n) = 1;$$

d'où

$$n = \frac{1}{0,00054662\,V} - \frac{0,00004227}{0,00054662}, \quad n = \frac{1}{0,00054662\,V} - 0,077.$$

Lorsque la pression est supérieure à 2 atmosphères, M. de Pambour adopte la formule

$$V = \frac{10000}{1,421 + 0,000471\,p} = \frac{1}{0,0001421 + 0,000000471\,p},$$

et en fonction de la pression n en atmosphères,

$$V = \frac{1}{0,0001421 + 0,0000471 \times 10333\,n} = \frac{1}{0,0001421 + 0,00048668\,n}.$$

Réciproquement, la pression n sera exprimée par la formule

$$n = \frac{1}{0,00048668\,V} - \frac{0,0001421}{0,0004868} = \frac{1}{0,00048668\,V} - 0,291.$$

Par l'application de cette formule à une pression de 3 atmosphères, on obtient $V = 624$, tandis que la première formule conduit à la valeur 618.

Ainsi les résultats déduits des relations établies par M. de Pambour s'accordent assez approximativement avec ceux obtenus directement par la considération de la densité de la vapeur aqueuse.

Les expériences de M. Clausius, basées sur la théorie de l'équivalent mécanique de la chaleur, ont confirmé, jusqu'à un certain point, l'exactitude de la loi de M. Fairbairn. Néanmoins aujourd'hui encore, dans les applications aux machines à vapeur, on continue à se servir de la formule relative aux densités des vapeurs saturées.

72. *Unité de chaleur.* — On sait que, pour mesurer mathématiquement une grandeur, il faut la comparer à une grandeur de même espèce, servant d'unité, pourvu toutefois que cette unité puisse être facilement obtenue. Dans le cas particulier de la chaleur, l'unité qu'on a choisie est la *quantité de*

chaleur nécessaire pour élever 1 kilogramme d'eau de zéro à 1 degré. Elle a reçu le nom de *calorie*. D'après cela, la quantité de chaleur contenue dans un poids donné d'eau sera exprimée par le poids en kilogrammes, multiplié par la température en degrés C.,

$$X = P t^{cal.}$$

L'expérience a montré que des quantités de chaleur égales échauffent inégalement un même poids de substances différentes ou, en d'autres termes, qu'il faut des quantités de chaleur inégales pour porter à la même température des poids égaux de diverses substances.

Ce fait d'observation conduit à la définition suivante :

On appelle chaleur spécifique *ou* capacité calorifique *d'un corps la quantité de chaleur exprimée en calories nécessaire pour élever de zéro à 1 degré 1 kilogramme de ce corps.*

D'après cela, si l'on désigne par P le poids d'un corps, par *c* son calorique spécifique, et par *t* sa température en degrés C., la quantité X de chaleur qu'il possède sera représentée par la formule

$$X = P t c.$$

De même, si la température initiale du corps est *t* et qu'il soit porté à une température supérieure *t'*, la quantité de chaleur qu'il aura absorbée sera

$$X = P c (t' - t).$$

Ces deux formules supposent que la quantité de chaleur transmise à une substance quelconque est proportionnelle à la variation de température. Cette hypothèse est approximativement exacte pour l'eau et pour un très-grand nombre de corps. Toutefois on ne saurait la considérer comme une loi physique d'une rigueur absolue.

73. *Quantité de chaleur renfermée dans un poids donné de vapeur à saturation.* — On appelle, en général, *chaleur latente* ou *calorique latent* la quantité de chaleur nécessaire pour opérer le changement d'état d'un corps, sans en modifier la température.

La chaleur latente de fusion est le nombre de calories qu'absorbe 1 kilogramme d'un corps solide pour se constituer à l'état liquide sans que sa température change ou réciproquement la chaleur qu'il dégage lorsque, existant à l'état liquide, il vient à se solidifier.

Par des méthodes qui rentrent dans le domaine de la Physique, on a trouvé que pour la glace la chaleur latente de fusion est approximativement égale à 79 calories.

La chaleur latente de vaporisation est le nombre de calories nécessaire pour réduire en vapeur 1 kilogramme d'un liquide sans amener aucun changement de température, ou bien la chaleur dégagée par 1 kilogramme de vapeur lorsque la transformation inverse a lieu.

Nous nous bornerons à indiquer les résultats qui se rapportent à la vapeur d'eau.

Watt, s'appuyant sur des expériences peu complètes, pensait que, pour élever 1 kilogramme d'eau à la température t^o et la transformer en vapeur saturée, il faut une quantité constante de chaleur égale à $625^{cal},2$.

Or, comme la quantité totale de chaleur possédée par la vapeur est égale à la chaleur latente augmentée de la chaleur sensible, en désignant par l la chaleur latente et par t la température, on aura

$$X = l + t, \quad \text{d'où} \quad l = X - t,$$

ou bien, en remplaçant X par sa valeur $625^{cal},2$:

$$l = 625,2 - t,$$

ce qui indique que, d'après Watt, la chaleur latente diminue de plus en plus, à mesure que la température augmente.

Il est évident que cette loi ne saurait être considérée comme exacte, car elle aurait pour conséquence de n'établir aucune différence calorifique entre des poids égaux de vapeur à des températures quelconques.

Tel était l'état de la question lorsque Southern et Creigton proposèrent d'estimer en calories la quantité de chaleur renfermée dans un poids donné de vapeur saturée par la formule suivante :

$$X = 525 + t.$$

Ainsi, d'après ces physiciens, la chaleur latente est constante à toute température et égale à 525 calories. Cette loi, comme celle de Watt, est fausse; car la chaleur latente, comme l'ont appris les expériences très-précises de M. Regnault, dépend de la température.

Ce savant, après une discussion approfondie des nombres fournis par ses expériences, a adopté la formule générale

$$X = 606,5 + 0,305\,t,$$

et pour un poids p de vapeur exprimé en kilogrammes

$$X = p\,(606,5 + 0,305\,t).$$

Il est aisé de déduire la chaleur latente l de la formule de M. Regnault. En effet on a, d'après ce qui a été dit,

$$X = l + t \quad \text{ou} \quad l = X - t,$$

et, en substituant à X sa valeur,

$$l = 606,5 + 0,305\,t - t,$$
$$l = 606,5 + t\,(1 - 0,305),$$
$$l = 606,5 - 0,695\,t.$$

Cette dernière relation met en évidence la diminution progressive de la chaleur latente et indique, comme nous l'avons dit, que, contrairement à la loi posée par Southern et Creigton, elle ne saurait être indépendante de la température.

Dans les applications nous ferons usage de la formule de M. Regnault.

74. *Quantité de chaleur contenue dans un poids donné de vapeur surchauffée.* — Des expériences de M. Regnault il résulte encore que la chaleur spécifique de la vapeur d'eau est égale à $0^{cal},475$ par kilogramme. Donc, pour avoir la quantité totale de chaleur, il suffira d'ajouter à la chaleur possédée par la vapeur saturée celle qui est nécessaire pour la porter à une température plus élevée. Alors, si t est la température de saturation et t' la température finale, la chaleur consommée pour surchauffer la vapeur sera

$$0,475\,(t' - t).$$

Par suite, on estimera la chaleur totale, pour 1 kilogramme, au moyen de la formule

$$X = 606,5 + 0,305\,t + 0,475\,(t' - t),$$

et pour un nombre quelconque p de kilogrammes

$$X = p\,[606,5 + 0,305\,t + 0,475\,(t' - t)].$$

75. *Chaleur totale contenue dans la vapeur humide.* — Jusqu'à ce jour il n'a été fait aucune expérience directe se rattachant à cette question. Toutefois on admet généralement que la quantité totale de chaleur est égale à la somme des quantités de chaleur contenues dans la vapeur saturée et dans l'eau qu'elle entraîne. Ainsi, si nous appelons p le poids de la vapeur, p' le poids de l'eau et t la température, on aura

$$X = p\,(606,5 + 0,305\,t) + p'\,t.$$

CHAPITRE VI.

76. *Classification des machines à vapeur.* — On donne, en général, le nom de *machine à vapeur* à l'ensemble des organes mécaniques ayant pour objet d'utiliser le travail produit par la tension d'une vapeur agissant sur une pièce mobile ou récepteur.

Dans les machines à vapeur d'eau, les seules dont nous nous occuperons, le récepteur, nommé *piston*, est animé d'un mouvement rectiligne alternatif. Il est de forme cylindrique et se meut dans un cylindre creux de même diamètre.

La tige du piston glisse à frottement doux dans un *presse-étoupes* ou *stuffing-box* adapté à l'un des fonds du cylindre, de manière à empêcher toute communication avec l'extérieur.

Le mouvement alternatif rectiligne imprimé au piston par la pression de la vapeur est transformé en mouvement de rotation continu au moyen de communicateurs, tels que le parallélogramme articulé de Watt, les bielles et les manivelles.

Dans les machines dont la marche doit être régulière, on assure la précision du mouvement en plaçant un volant le plus près possible de la manivelle.

La production de vapeur se fait dans un appareil distinct du corps de la machine et auquel on a donné le nom de *chaudière* ou *générateur.*

La vapeur s'introduit dans le cylindre par deux orifices pratiqués dans la paroi, que l'on nomme *lumières d'admission.* Quand elle a alternativement produit son action sur chacune des faces de piston, elle s'échappe au dehors par un nouvel orifice pratiqué dans la paroi et nommé *lumière d'évacuation* ou *d'échappement.*

L'admission de la vapeur dans le cylindre est réglementée au moyen d'un organe nommé *tiroir*, renfermé dans une capacité rectangulaire nommée *botte à tiroir*. Enfin l'ensemble de tous les organes mobiles servant à produire l'admission et l'échappement de la vapeur est appelé la *distribution*.

Suivant le mode d'action de la vapeur, les machines prennent les dénominations suivantes :

1° *Machines sans détente ni condensation*. Dans les machines de ce genre, la vapeur agit en plein sur la surface du piston pendant toute la durée de sa course, et s'échappe librement dans l'atmosphère après avoir produit son action. Pendant l'oscillation suivante, le piston éprouve une *contre-pression* un peu supérieure à la pression atmosphérique, à cause des résistances diverses qui s'opposent à l'émission de la vapeur au dehors.

2° *Machines à détente et à condensation*. La vapeur agit en plein sur la surface du piston pendant toute la course, et, après avoir produit son action, elle est envoyée dans un récipient nommé *condenseur*, dans lequel de l'eau froide, qui se renouvelle périodiquement, la ramène à l'état liquide de manière à former un vide plus ou moins parfait. Dans une machine de ce système, la contre-pression est approximativement égale à la pression de la vapeur saturée correspondant à la température de l'eau du condenseur, aussitôt que la condensation s'est opérée.

3° *Machines à détente et à condensation*. La vapeur n'afflue sur la surface du piston que pendant une partie de la course ; dans l'autre partie, elle agit par expansion en se détendant, et la pression diminue graduellement. Comme précédemment, après avoir produit son action sur la surface du piston, la vapeur est envoyée dans le condenseur.

4° *Machines à détente et sans condensation*. La vapeur afflue sur la surface du piston pendant une partie de la course, se détend pendant l'autre partie, et, après avoir produit son action, s'échappe dans l'atmosphère.

Quand on considère la valeur de la tension de la vapeur, les machines peuvent être classées de la manière suivante :

1° *Machines à basse pression*, dans lesquelles la tension de la vapeur ne dépasse pas 2 atmosphères.

2° *Machines à moyenne pression*. Dans ces machines, la pression absolue de la vapeur dans la chaudière varie de 2 à 4 atmosphères.

3° *Machines à haute pression*, dans lesquelles la pression absolue de la vapeur est supérieure à 4 atmosphères.

On désigne encore sous le nom de *machines à simple effet* celles anciennement construites, dont l'une des faces du piston seulement est soumise à l'action de la vapeur. Depuis les perfectionnements introduits par Watt, les machines sont à *double effet*, c'est-à-dire que la vapeur agit alternativement sur les deux faces du piston.

Les machines à vapeur sont affectées à des usages divers. Considérées sous ce point de vue, elles se distinguent en :

1° *Machines fixes*. Elles sont employées dans les ateliers et dans les usines pour imprimer le mouvement aux *machines-outils*.

2° *Locomobiles*. Ces machines sont ordinairement montées sur des roues qui servent à les transporter facilement d'un lieu à un autre. Ainsi que les machines fixes, elles sont munies d'un volant et d'un régulateur.

3° *Locomotives*. Elles ont pour objet de produire un mouvement de transport sur les chemins de fer. Dans ces machines, comme dans les locomobiles, le mécanisme fait corps avec le générateur de vapeur, et il n'y a pas de condensation. On peut considérer une locomotive comme formée de deux machines dont les manivelles, calées à angles droit, agissent sur un arbre commun. L'emploi du volant dans ces machines devient inutile, attendu que le moment d'inertie des organes de rotation est très-considérable. Il en est encore de même du régulateur, à cause de la surveillance incessante exercée par le machiniste et le chauffeur.

4° *Machines marines ou des bateaux*, dans lesquelles, pour le même motif que précédemment, on supprime le volant et le régulateur.

77. *Théorie de la machine à vapeur basée sur les principes de la Thermodynamique*. — Quand on établit la théorie d'une machine motrice, il importe de faire connaître l'effet utile produit, en même temps que les conditions auxquelles doivent satisfaire les organes de transmission, la disposition et la marche de la machine pour que la plus grande partie possible du travail moteur soit utilisée. D'autre part, il convient encore que la théorie conduise à des formules, aussi simples que rigoureuses, qui permettent au praticien de calculer les dimensions des organes, de manière que la machine soit capable de produire l'effet demandé. On comprend donc que, pour la machine à vapeur en particulier, on obtiendra le maximum d'effet utile si les transformations ont lieu suivant le cycle de Carnot, c'est-à-dire si, le véhicule de la chaleur étant ramené à son état physique primitif, il ne conserve à la fin des opérations aucune partie de la chaleur empruntée au foyer et qu'il n'en résulte aucun travail moléculaire interne.

La question ainsi posée peut facilement être résolue par la méthode qu'a suivie Poncelet dans la recherche de l'effet utile théorique des récepteurs hydrauliques.

A cet effet, on détermine d'abord le *travail disponible*, c'est-à-dire le *travail potentiel* du générateur dans l'unité de temps. On cherche ensuite, soit par le calcul, soit par l'expérience, le travail réellement transmis par les organes de la machine. Appelons :

T_u le travail utile;

T_m le travail moteur ou disponible ;

$T_1, T_2, T_3, \ldots$ les différentes pertes de travail qui se manifestent pendant la marche de la machine.

Comme pour les roues hydrauliques, on aura

$$T_u = T_m - T_1 - T_2 - T_3 - \ldots$$

ou

$$T_u = T_m - (T_1 + T_2 + T_3 + \ldots).$$

Divisant les deux membres de l'égalité par le travail moteur T_m, l'équation deviendra

$$\frac{T_u}{T_m} = 1 - \left(\frac{T_1}{T_m} + \frac{T_2}{T_m} + \frac{T_3}{T_m} + \ldots \right).$$

Le rapport $\dfrac{T_u}{T_m}$ du travail utile au travail disponible se nomme le *rendement de la machine.* Il est évident que la machine est d'autant plus parfaite que ce rapport s'approche davantage de l'unité. La discussion des termes tels que $\dfrac{T_n}{T_m}$ indique les perfectionnements que l'on peut apporter à la construction de la machine, en même temps qu'elle fait connaître les pertes les plus considérables. Dans cette discussion, on doit surtout s'attacher à découvrir les causes qui occasionnent ces pertes pour atténuer autant que possible les effets inutilement absorbés.

L'objet principal de la théorie de la machine à vapeur consiste donc à chercher d'abord le travail disponible d'après les principes de la nouvelle théorie de la chaleur.

La recherche de la formule qui sert à calculer le travail disponible d'une machine à vapeur conduit aussi aux dispositions que doit présenter, au point de vue théorique, une machine supposée parfaite.

Soit A (*fig.* 24) le cylindre de la machine à vapeur dans

Fig. 24.

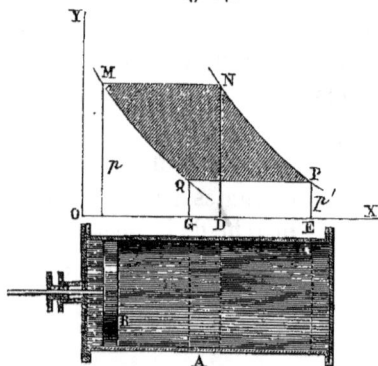

lequel se meut un piston R, et supposons qu'à la fin de sa course il existe à sa gauche P kilogrammes d'eau à la température absolue T; pour empêcher la formation de la vapeur, nous admettons que, sur la face opposée, le piston supporte une pression p par unité de surface qui soit égale à la tension maxima de la vapeur correspondant à la température absolue T ou à la température ordinaire t.

Admettons encore que les opérations aient lieu suivant le cycle suivant.

1° L'eau reçoit de la chaleur d'une source extérieure, et le piston rétrograde sous l'influence de la pression p. Dans cette première opération, la température T demeure constante, attendu que l'eau se transforme en vapeur sous une pression constante. Le volume devenant OD = V, si nous appelons m la quantité spécifique de vapeur contenue dans l'eau, et r la chaleur de vaporisation, la quantité de chaleur Q qu'il faudra fournir pour cette opération s'obtiendra par la formule

$$Q = P \, mr.$$

2° Par les deux points M et N faisons passer les deux adiabatiques MQ, NP, et supposons que le mélange d'eau et de vapeur se dilate, sans qu'il y ait chaleur reçue ou cédée, jusqu'à ce que le volume soit devenu OE = V′, la pression PE = p' et la température T′. Appelant, dans ce nouvel état, m' la proportion de vapeur contenue dans l'eau, et r' la chaleur de transformation, on pourra encore représenter la chaleur primitivement reçue par P $m'r'$.

3° Comprimons la masse fluide sous une pression constante jusqu'à ce que la ligne des pressions, qui est droite et parallèle à l'axe des abscisses, rencontre au point Q l'adiabatique du point M. En désignant par m'' la proportion de vapeur qui correspond à cette période, la chaleur possédée à la fin sera P $m''r'$. Pendant la compression, la température T′ étant invariable, la chaleur qu'il a fallu soustraire pendant cette opération aura pour valeur

$$Q' = P \, m' \, r' - P \, m'' \, r' = P \, r' \, (m' - m'').$$

4° Enfin, si nous comprimons le mélange suivant, l'adiabatique QM, jusqu'à ce que le corps qui a servi de véhicule à la chaleur ait repris son état primitif, c'est-à-dire jusqu'à ce que toute la vapeur se soit réduite en eau à la température T sous la pression p, le cycle des opérations est fermé, ce qui signifie que les opérations peuvent être recommencées.

Le travail utile T_u est évidemment représenté par la surface mixtiligne MNPQ que limite le diagramme représentatif.

Comme la quantité de chaleur Q a été communiquée au corps intermédiaire, tandis que la quantité Q′ a été soustraite, la chaleur disparue pour produire le travail effectif sera Q − Q′.

En vertu du principe de l'équivalence de la chaleur et du travail mécanique, on aura

$$T = E(Q - Q') \quad \text{ou} \quad T = \frac{Q - Q'}{A}.$$

On a trouvé plus haut

$$\frac{Q - Q'}{Q} = \frac{T - T'}{T},$$

d'où l'on déduit

$$Q - Q' = \frac{Q(T - T')}{T}.$$

Introduisant cette valeur dans l'équation du travail, il viendra

$$T_u = \frac{Q}{AT}(T - T').$$

Telle est l'équation générale qui sert à trouver le travail effectif d'une machine à vapeur d'après les règles de la Thermodynamique. Avec un peu d'attention, on reconnaît facilement que ce mode de recherches présente une parfaite analogie avec celui qui a été adopté pour calculer l'effet utile des récepteurs hydrauliques.

Si nous supposons que p, correspondant à la température absolue T, soit la pression maxima qui convient aux dimensions de la machine, et que p' correspondant à T' soit la plus faible pression que l'on puisse atteindre pendant le refroidissement, il est évident que T_u représentera le *maximum d'effet utile* que l'on pourra obtenir avec cette machine. En effet, puisque la vaporisation s'est opérée sous pression constante, si p est la plus forte pression qui puisse être obtenue dans le cycle représentatif des opérations, il faut que la vaporisation sous la pression constante p et à la température absolue T se fasse suivant MN. Pareillement, si p' est la pression minima, la compression, pendant la troisième période, ayant lieu sous la pression constante p' et à la température T', s'effectuera suivant la ligne figurative PQ.

Ainsi que nous l'avons établi pour les machines thermiques en général, le travail diminuerait à un certain instant si, pendant la vaporisation, la pression devenait moindre que la pression maxima p et plus grande que la pression minima p' pendant la compression.

De ce qui précède, nous pouvons conclure qu'une machine à vapeur dont la marche réaliserait le cycle que nous venons de décrire présenterait, au point de vue théorique, le type d'une machine parfaite. Les machines construites pour les besoins des arts, que nous appellerons *machines réelles*, n'offrent pas tous les avantages des *machines parfaites ou imaginaires*. Le cycle des machines réelles est un peu différent du cycle parfait que nous venons d'étudier; de sorte que, dans l'hypothèse même où il serait possible de négliger les résistances nuisibles inhérentes au mouvement, on ne pourrait obtenir le maximum de travail qu'une quantité de chaleur Q disponible serait capable de fournir. Ne perdons pas de vue toutefois qu'une machine à vapeur est d'autant meilleure que son travail se rapproche davantage du travail maximum de la machine parfaite. Il résulte de là que le travail obtenu au moyen de la dernière équation peut être considéré comme le travail disponible d'une machine à vapeur, en comparant le travail de la machine réelle à celui de la machine parfaite, qui fonctionnerait entre les mêmes pressions p et p', ou, ce qui est au fond la même chose, entre les mêmes températures absolues T et T'.

Dans l'ordre d'idées que nous avons adopté et conformément à ce qui a été dit plus haut, la différence des températures limites $T - T'$ se nomme *chute de température disponible*, et le rapport $\dfrac{Q}{AT}$ représente le *poids thermique* dont on peut disposer et que l'on fait descendre en lui faisant produire du travail, par analogie à ce qui a lieu dans une chute d'eau qui fait mouvoir une roue hydraulique.

78. *Comparaison d'une machine parfaite et d'une machine réelle.* — Dans la machine imaginaire fonctionnant suivant le cycle que nous avons décrit, les quatre périodes de ce cycle s'accomplissent dans le même espace. Ainsi le cylindre serait le siége de toutes les opérations subies par la vapeur depuis son introduction jusqu'à son retour à l'état initial. La construction d'un appareil de ce genre rencontre des difficultés qu'on ne pourra probablement jamais vaincre. Le cycle d'une machine à vapeur réelle n'est donc pas parfait; car, dans les opérations que l'on doit réellement effectuer, on est obligé de faire passer, d'un espace dans un autre, le corps intermédiaire qui reçoit la chaleur du foyer. La chaudière à vapeur est l'espace où l'on concentre la chaleur; de là le mélange de vapeur et de liquide est introduit dans le cylindre, où il se répand d'abord, sous une pression constante, pour se détendre ensuite sous une pression variable; la perte de chaleur a lieu dans le condenseur si la machine est à condensation, mais la dernière période pendant laquelle toute la vapeur est complétement réduite en eau fait absolument défaut et se trouve remplacée par une autre opération.

Par cette comparaison, on voit que la machine réelle doit être beaucoup plus volumineuse que la machine parfaite, puisque les opérations décrites ne peuvent pas être effectuées dans le même espace.

79. *Force nominale de la machine.* — Comme nous l'avons déjà dit, si l'on veut calculer une machine réelle, il faudra prendre pour valeur du travail disponible celui que l'on obtiendrait par la formule de la machine parfaite qui fonctionnerait entre les mêmes températures limites, en ayant soin de prendre pour valeur de Q la quantité de chaleur introduite dans la chaudière par chaque seconde. La quantité T représente la plus haute température absolue qu'on remarque dans le cours des opérations, c'est-à-dire la température de la vapeur dans la chaudière; T' est la température *minima* ou celle du condenseur, quand la machine est à condensation. Si la machine n'est pas à condensation, T' est la température de la vapeur à saturation sous la pression de 1 atmosphère. Dans ce dernier état physique, $t' = 100°$ et la température absolue $T' = 100 + 273$ ou 373 degrés. Ainsi une machine à vapeur sans condensation peut être considérée comme une machine à condensation dans laquelle la pression dans le condenseur serait de 1 atmosphère et la température de 100 degrés.

D'après ce qui vient d'être dit, on comprend que les quantités Q, T, T' peuvent servir à calculer le *travail effectif* de la machine *parfaite* ou *imaginaire*, qui représente le travail disponible de la machine *réelle*. Le plus souvent les températures limites T et T′ sont obtenues directement par l'observation. Quant à la quantité Q de chaleur disponible, on l'obtiendra toujours par la relation

$$Q = P\,mr,$$

P représentant le poids du mélange d'eau et de vapeur, m la quantité spécifique de la vapeur et r la chaleur de vaporisation. Remplaçant Q par cette valeur dans l'équation générale, on aura

$$T_u = \frac{P\,mr}{AT}\,(T - T').$$

Désignant par N la force nominale de la machine en chevaux-vapeur, on pourra remplacer T par N × 75; d'où

$$N \times 75 = \frac{P\,mr}{AT}\,(T - T') \quad \text{et} \quad N = \frac{P\,mr}{75 \times AT}\,(T - T').$$

Appelant P_1 la quantité réelle de vapeur qui peut être produite en une heure, puisque Pm est la quantité effective de vapeur fournie en une seconde, on aura

$$P_1 = 3600\,P\,m \quad \text{et} \quad P\,m = \frac{P_1}{3600}.$$

Remplaçant Pm par cette valeur dans la dernière équation, nous aurons

(a)
$$N = \frac{P_1\,r\,(T - T')}{3600 \times 75\,AT}.$$

Supposons, par exemple, que le poids de la vapeur nécessaire à la marche de la machine pendant une heure soit égal à 100 kilogrammes. Comme on sait d'ailleurs que l'équivalent calorifique du travail $A = \frac{1}{425}$, en introduisant ces valeurs dans l'équation, il viendra

$$N = \frac{100 \times r\,(T - T')}{3600 \times 75 \times \frac{1}{425} \times T} = \frac{100 \times 425\,r\,(T - T')}{3600 \times 75 \times T}.$$

Effectuant les calculs, on aura

(b)
$$N = 0{,}157407\,\frac{r}{T}\,(T - T').$$

Dans la pratique, on estime fort souvent le degré de perfection d'une machine à vapeur par la quantité de vapeur qu'elle dépense en une heure par force de cheval-vapeur. Évidemment cette quantité est représentée par le rapport $\dfrac{P_1}{N}$. On déduira de l'équation (a)

$$\frac{P_1}{N} = \frac{3600 \times 75\,AT}{r\,(T - T')},$$

et en remplaçant A par sa valeur numérique,

$$\frac{P_1}{N} = \frac{3600 \times 75\,T}{425\,r\,(T - T')} = \frac{635,294\,T}{r\,(T - T')}.$$

La formule bien simple (a) permet de calculer facilement la force nominale d'une machine à vapeur parfaite quand on connaît a priori la température t de la chaudière et la température t' du condenseur. Ordinairement on se donne les pressions, et, au moyen du tableau qui se trouve plus haut, on obtient les températures correspondantes. Pour les machines à condensation, on prend la pression p' dans le condenseur égale à $\frac{1}{10}$ d'atmosphère, et pour les machines sans condensation, $p' = 1^{\text{atm}}$. Par suite, dans les machines à condensation,

$$t' = 46°,21, \quad T' = 273 + 46°,21 = 319°,21,$$

et dans les machines sans condensation,

$$t' = 100°, \quad T' = 273° + 100° = 373°.$$

On doit à M. Zeuner le tableau suivant, établi d'après les règles de la Thermodynamique pour une machine à vapeur supposée parfaite :

Poids de vapeur, exprimé en kilogrammes, que produit une machine à vapeur par heure et par force de cheval.

Tension de la vapeur en atmosphères.	Machines	
	avec condensation.	sans condensation.
$1\frac{1}{2}$...............	7,078	33,143
3...............	5,767	14,914
4...............	5,375	11,497
5...............	5,117	10,387
6...............	4,929	9,406
8...............	4,670	8,217
10...............	4,496	7,507

L'examen des nombres consignés dans ce tableau met en lumière ce fait remarquable, que la différence est d'autant moindre pour les deux systèmes de machines que la tension de la vapeur est plus élevée, et que dans chaque système le poids de la vapeur produite diminue de plus en plus quand la pression augmente.

Il en résulte encore que la condensation de la vapeur convient aux machines à moyenne pression, mais qu'il n'en est pas de même pour les machines marchant à 6, 8 et 10 atmosphères. Bien que dans tous les cas la quantité de vapeur à fournir pour les machines à condensation soit moindre que pour les machines sans condensation, comme la différence est très-petite et que d'ailleurs la détente ne saurait être poussée jusqu'à $\frac{1}{10}$ d'atmosphère, comme nous l'avons admis, les nombres qui conviennent aux deux systèmes de machines sont approximativement les mêmes.

Le tableau montre l'avantage qui résulte des fortes pressions pour les machines sans condensation, ce qui a lieu dans les locomotives et les machines américaines, où quelquefois la tension de la vapeur atteint 10 atmosphères.

Comme il s'agit de machines parfaites ou imaginaires, qui n'existent pas dans la pratique, nous ferons observer que les nombres du tableau sont bien au-dessous de ceux que l'on adopte pour les machines réelles.

Dans la pratique, on estime qu'une machine à basse pression et à condensation dépense 34 kilogrammes de vapeur par heure et par force de cheval. Pour les machines à moyenne pression et à haute pression, on compte ordinairement sur une dépense de 30 kilogrammes dans les mêmes conditions de durée de marche et de force nominale.

Si l'on compare ces derniers nombres avec ceux du tableau dressé par M. Zeuner, il semble de prime abord que les machines livrées à l'industrie sont de beaucoup inférieures aux machines hypothétiques dont il vient d'être question. Les nombres 34 et 40 kilogrammes représentent des valeurs maxima qui se rapportent uniquement au cas où la machine fonctionne sous la plus faible dilatation de la vapeur. Ils servent, non pour apprécier la valeur de la machine, mais bien pour calculer les dimensions de la chaudière et des appareils d'alimentation et de condensation, afin que, suivant les circonstances, la machine puisse réaliser sans danger une force nominale supérieure à celle qui correspond à sa marche normale.

Le savant thermodynamiste de Zurich, après avoir constaté l'accord très-approximatif qui existe entre les nombres du tableau et ceux déduits d'expériences rigoureusement faites sur des machines marchant dans les meilleures conditions, a pu faire connaître le rendement d'une machine parfaite :

Travail en chevaux-vapeur d'une machine parfaite pour une production de 100 kilogrammes de vapeur par heure.

Tension de la vapeur en atmosphères.	Machines	
	avec condensation.	sans condensation.
$1\frac{1}{2}$	14,127	2,531
3	17,341	6,705
4	18,601	8,369
5	19,543	9,627
6	20,288	10,631
8	21,414	12,169
10	22,241	13,320

Ces nombres ont été obtenus en résolvant successivement l'équation (b), p. 225, par rapport à la température absolue T qui correspond à la tension de la vapeur.

Considérons maintenant l'équation

$$T_u = \frac{Q}{AT}(T - T'),$$

et désignons par Q_1 la quantité de chaleur estimée en calories, nécessaire à la machine par chaque heure de marche. On aura

$$Q_1 = 3600 \times Q \quad \text{et} \quad Q = \frac{Q_1}{3600},$$

et comme on sait d'ailleurs que

$$T_u = 75N,$$

on aura, en introduisant ces valeurs dans l'équation,

$$75N = \frac{Q_1}{3600\,AT}(T - T');$$

d'où

$$\frac{Q_i}{N} = \frac{425\,(T - T')}{75 \times 3600 \times T}, \quad \frac{Q_i}{N} = \frac{635,294\,T}{T - T'}.$$

Au moyen de cette relation, on obtiendra *la quantité de chaleur dépensée par heure et par force de cheval-vapeur disponible*. C'est ainsi qu'ont été calculés les nombres consignés dans le tableau suivant :

Quantité de chaleur, exprimée en calories, nécessaire à la machine par heure et par force de cheval-vapeur disponible.

Tension de la vapeur en atmosphères.	Machines	
	avec condensation.	sans condensation.
$1\frac{1}{2}$	3738,4	17505,2
3	2954,7	7641,2
4	2715,0	6034,5
5	2554,3	5185,0
6	2435,5	4647,7
8	2268,3	3991,1
10	2152,6	3594,2

L'équation générale qui représente le travail T_a d'une machine parfaite montre que le travail correspondant à une certaine quantité de chaleur fournie à la machine ne dépend absolument que de la différence $T - T'$ des températures absolues, c'est-à-dire de ce que nous avons appelé chute de température, par analogie avec ce qui se passe dans les roues hydrauliques. On comprend dès lors que le rapport $\frac{Q}{AT}$ représente le poids thermique que l'on doit chercher à utiliser sur la hauteur de chute $T - T'$, exactement comme le poids d'un liquide qui descendrait d'un niveau supérieur à un niveau inférieur.

Ainsi, dans la construction des machines à vapeur, le problème que l'ingénieur se propose de résoudre consiste à utiliser le plus complétement possible le travail qui correspond au poids thermique sur une hauteur de chute indiquée par les températures limites, lesquelles sont toujours comprises dans les données de la question.

80. *Cycle des machines à vapeur réelles.* — Les machines à vapeur, telles qu'on les livre à l'industrie ou à la navigation,

fonctionnent certainement suivant un cycle complet, puisque
le mélange d'eau et de vapeur, à la fin de chaque opération,
revient à son état initial; mais, à cause de l'agencement des
organes, ce cycle ne saurait être le cycle parfait qui donne le
maximum d'effet, dans l'hypothèse même où il serait permis
de négliger les résistances passives inhérentes à la matière.

Proposons-nous de déterminer le cycle qui convient à une
machine réelle construite dans les conditions les plus favorables.

A cet effet, faisons les hypothèses suivantes :

1° Suppression des espaces nuisibles aux extrémités du
cylindre ;

2° La tension de la vapeur introduite dans le cylindre est
égale à la tension dans la chaudière ;

3° La contre-pression qui prend le piston à revers est égale
à la pression dans le condenseur, si la machine est à condensation, et à la pression atmosphérique si la machine est sans
condensation ;

4° La détente est complète, c'est-à-dire que la pression de
la vapeur peut diminuer depuis celle de la chaudière jusqu'à
celle du condenseur ou de l'atmosphère, selon le système de
la machine ;

5° Les soupapes sont disposées de telle sorte que le tuyau
d'admission de la vapeur est complétement ouvert pendant
toute la durée de l'introduction.

Appelons (*fig.* 25) :

G la chaudière dans laquelle le mélange a une température t
et une pression p;

C le cylindre à vapeur ;

R le condenseur, où l'eau et la vapeur ont la température
commune t' ;

A la pompe à air, faisant office également de pompe d'alimentation.

Plaçons à côté du cylindre le diagramme représentatif du
cycle des opérations.

Quand le piston est au haut de sa course, la vapeur commence à affluer sur sa face supérieure, et la force élastique de
la vapeur p, à pleine pression, est représentée par l'ordonnée

MN. Cette pression reste constante pendant que le piston parcourt l'espace $MS = v$. A partir de cette nouvelle position du piston, la détente commence et continue jusqu'à ce que la vapeur occupe le volume $MF = V$. Pendant cette opération,

Fig. 25.

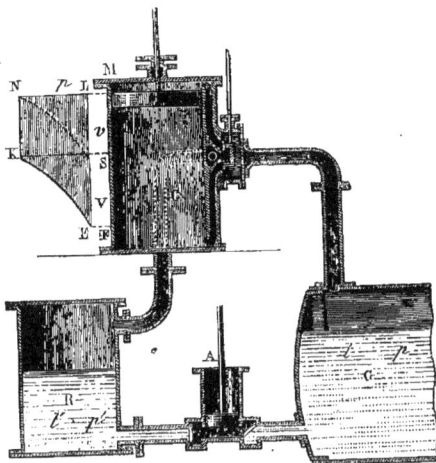

la pression passe de p à la pression inférieure p'. Lorsque le piston remonte, la vapeur, selon le système de la machine, est transportée, sous la pression constante p', dans le condenseur ou dans l'atmosphère. Dans ce dernier cas, la machine étant sans condensation, l'atmosphère peut être considérée comme un condenseur dans lequel la pression est celle de l'atmosphère, et où la condensation s'opère à la température correspondante, c'est-à-dire à 100 degrés.

Pour bien comprendre la forme affectée par le diagramme représentatif, il faut se rappeler que, lorsque la vapeur motrice agit sur l'une des faces du piston, la contre-pression développe, sur la face opposée, un travail négatif égal en valeur absolue au travail qu'elle effectuerait si elle agissait en plein sur le piston pendant toute la durée de sa course.

Ainsi, abstraction faite de la contre-pression, quand la vapeur agit à pleine pression, le travail est représenté par la surface MNKS, et quand elle se détend, par la surface SKEF. Par suite, dans cette hypothèse, le travail total aura pour valeur l'aire de la surface mixtiligne MNKEF. Le travail developpé par la contre-pression pendant une pulsation est représenté par l'aire du rectangle EFML, et, comme il est négatif, si nous le retranchons du travail total, on voit que le travail utile de la machine sera mesuré par l'aire LNKE de la surface que limite le contour du diagramme représentatif.

81. *Observation importante.* — Les considérations qui précèdent ont pour objet de faire ressortir l'imperfection des machines à vapeur résultant de leur nature même. A cet effet, nous avons comparé le cycle qu'effectue une machine réelle, construite dans les conditions les plus favorables, avec celui d'une machine théoriquement parfaite.

Par l'examen approfondi d'une machine à vapeur réelle, on reconnaît aisément que le cycle que nous venons de considérer ne saurait être rigoureusement celui suivant lequel la machine fonctionne. Ainsi nous avons négligé :

1° *L'espace nuisible*, qui exerce une influence notable sur le rendement. On désigne sous ce nom l'espace compris entre le piston au fond de sa course et la glace de distribution. Chaque espace nuisible atteint fort souvent $\frac{1}{15}$ du volume engendré par le piston. Ses inconvénients résultent principalement de ce que l'on introduit la vapeur de la chaudière dans un milieu contenant de la vapeur à faible tension; de sorte que la machine dépense plus de vapeur qu'une machine sans espace nuisible. A la vérité, cette quantité additionnelle de vapeur n'est pas complétement perdue, puisqu'elle participe au travail de la détente; mais ce léger avantage ne saurait intégralement compenser la perte de travail occasionnée par l'espace nuisible.

2° Pendant son trajet vers le cylindre, la vapeur éprouve, dans le tuyau de conduite, certaines résistances qu'elle doit surmonter, et d'où résulte que la pression moyenne, pendant l'introduction, est moindre que la pression dans la chaudière. Dans l'état actuel de la Science, la théorie est inhabile à trouver la valeur exacte de la pression moyenne, et il en est de même de la contre-pression, qui est toujours supérieure à la pression dans le condenseur ou à la pression atmosphérique, si la machine est sans condensation. Ces deux quantités dépendent essentiellement du degré de perfection de la machine, et si elles échappent à toute recherche purement théorique, elles peuvent cependant se déduire des diagrammes fournis expérimentalement par l'indicateur de Watt. Par de nombreuses expériences, il est aisé d'établir des règles empiriques qui font connaître la relation qui lie la pression dans la chaudière à la pression dans le cylindre, de même que celle qui existe entre la contre-pression sur la face du piston et la pression dans le condenseur. Ainsi, il y a donc deux pertes de travail inhérentes à ces différences de pression.

3° Dans les machines que l'on construit, la détente n'est jamais complète, c'est-à-dire qu'elle ne s'étend pas suffisamment pour que la pression de la vapeur soit réduite à celle du condenseur ou de l'atmosphère, selon la nature de la machine. De là résulte une perte que l'on nomme *perte de travail provenant d'une détente incomplète.*

4° A ces pertes de travail viennent encore s'ajouter celles dues aux résistances nuisibles ou passives, telles que le frottement. D'après M. de Pambour, ces résistances se composent de deux parties : la première constitue la résistance constante qui se manifeste même quand la machine marche à vide ; la seconde, due au frottement, occasionnerait une perte de travail proportionnelle au *travail effectif accompli par la machine.* M. Zeuner, envisageant la question sous un autre point de vue, estime que le travail consommé par le frottement est proportionnel au *travail disponible*, et que, dans tous les cas, pour les machines construites, il convient de déterminer cette perte de travail par des expériences directes.

5° Enfin le jeu des pompes nécessaires à la marche de la machine absorbe encore une fraction du travail disponible, qui diminue d'autant le travail effectif.

Toutes ces circonstances, qui influent sur le rendement, sont tellement complexes que l'application des règles de la Thermodynamique conduirait à une formule peu commode pour les usages de la pratique. D'ailleurs, la considération du rendement thermique d'une machine ne s'impose pas absolument aux besoins de l'industrie, où l'on ne prend, en effet, pour terme de comparaison que le travail développé sur la surface du piston, si, pendant l'admission, la pression était la même que dans la chaudière. Encore de nos jours, on estime le travail théorique en supposant que, pendant la détente, la vapeur suit la loi de Mariotte, bien que cette hypothèse ne soit approximativement exacte que dans le cas où le cylindre est muni d'une chemise de vapeur destinée à le préserver du refroidissement.

La théorie que nous avons sommairement exposée ne présente pas encore un caractère assez simple qui permette de l'adopter immédiatement, malgré les ingénieuses recherches de Clausius et de Zeuner. Nous n'avons eu d'autre but que d'en faire connaître les bases fondamentales, et de montrer l'avenir réservé à la Thermodynamique dans les plus hautes questions qu'embrasse la Mécanique appliquée. Les progrès incessants de la Science permettent d'affirmer que, grâce aux efforts combinés des physiciens, des géomètres et des praticiens eux-mêmes, l'économie actuelle de la machine à vapeur ne tardera pas à être remplacée par une théorie plus satisfaisante, basée sur les principes rationnels que nous avons énoncés.

CHAPITRE VII.

82. *Travail de la vapeur à pleine pression.* — Ce cas se présente dans les machines ordinaires à basse pression avec condensation, et dans les machines à haute pression sans détente, avec ou sans condensation, en admettant, ce qui n'est pas rigoureusement vrai, que, dans le cylindre, la vapeur agit avec la tension de production dans la chaudière, et que pendant toute la durée de l'action elle conserve la même température.

A cet effet appelons

p la pression en kilogrammes par mètre carré ;
A l'aire du piston en mètres carrés ;
l sa course.

La pression intégrale exercée sur le piston sera Ap, et puisque, pendant l'admission, cette pression reste constante, le travail T accompli aura pour valeur

$$T = A\,pl = A\,lp.$$

Or, Al est le volume engendré par le piston, c'est-à-dire le volume de vapeur admis à saturation, que nous désignerons par v ; par conséquent, l'expression du travail prendra la forme

$$T = vp,$$

ce qui montre que le travail accompli par un volume de vapeur agissant en plein est *égal au produit de ce volume par la pression exprimée en kilogrammes.*

83. *Travail de la vapeur agissant d'abord en plein, puis avec détente.* — Lorsque la vapeur agit en plein sur une face du piston pendant une partie de sa course correspondant au volume v, si p représente la tension de la vapeur, le travail sera vp. Supposons que, à un instant donné, le tiroir ferme l'orifice d'admission pendant la seconde partie de la course du piston. Alors la vapeur, étant séparée du liquide producteur, est soumise à la loi de Mariotte. En se détendant, elle passe par une série de volumes successifs que nous pouvons supposer en progression géométrique croissante dont nous ferons la raison

$$r = 1 + \frac{1}{k},$$

le volume primitif étant pris pour unité, et l'accroissement $\frac{1}{k}$ étant très-petit, ce qui revient à faire le dénominateur k très-grand. Ainsi, si nous désignons par m le nombre d'accroissements de volume, depuis le commencement de la détente jusqu'à la fin de la course du piston, la progression géométrique sera représentée par

$$\div v : vr : vr^2 : vr^3 \ldots vr^{m-1} : vr^m.$$

Appelant p_1 la pression de la vapeur quand elle occupe le volume vr, après le premier accroissement, en vertu de la loi de Mariotte, on aura

$$vrp_1 = vp, \quad \text{d'où} \quad p_1 = \frac{p}{r}.$$

Pareillement désignons par p_2, p_3, ..., p_{m-1}, p_m les pressions de la vapeur, sous les volumes qu'elle occupe successivement jusqu'à la fin de la course du piston, il viendra, d'après la loi invoquée,

$$vr^2 p_2 = vp, \quad \text{d'où} \quad p_2 = \frac{p}{r^2},$$

et, par suite, les pressions de la vapeur, après les accroissements suivants, seront respectivement

$$p_3 = \frac{p}{r^3}, \quad p_4 = \frac{p}{r^4}, \quad \ldots, \quad p_{m-1} = \frac{p}{r^{m-1}}, \quad p_m = \frac{p}{r^m}.$$

Ainsi la force élastique de la vapeur décroît de plus en plus, depuis l'origine de la détente jusqu'à la fin de la course du piston, et l'on comprend dès lors que la question se réduit à trouver le travail développé par une force variable.

A cet effet, remarquons que, les accroissements de volume que subit successivement la vapeur étant excessivement petits, pendant chacun d'eux, la pression de la vapeur pourra être considérée comme constante. D'après cela :

Dans le premier accroissement elle sera. . . p

Dans le deuxième. . . . . $\dfrac{p}{r}$

Dans le troisième. . . . . $\dfrac{p}{r^2}$

Et dans le dernier. . . . . $\dfrac{p}{r^{m-1}}$

Le premier accroissement étant

$$vr - v = v(r - 1),$$

puisque la pression de la vapeur reste constante, le travail accompli aura pour valeur

$$vp(r - 1).$$

De même, le deuxième accroissement étant

$$vr^2 - vr = vr(r - 1),$$

et la pression correspondante ayant pour valeur $\dfrac{p}{r}$ le travail sera

$$\frac{vpr}{r}(r - 1) = vp(r - 1).$$

Enfin, le dernier accroissement étant représenté par

$$vr^m - vr^{m-1} = vr^{m-1}(r - 1),$$

et la pression par $\dfrac{p}{r^{m-1}}$, le travail élémentaire jusqu'à la fin de la course du piston aura pour valeur

$$\frac{vpr^{m-1}}{r^{m-1}}(r - 1) = vp(r - 1).$$

On voit donc que tous les travaux élémentaires de la vapeur

dans ses divers accroissements de volume ont pour valeur commune

$$vp(r-1).$$

Par conséquent, puisque nous avons considéré m accroissements, le travail effectué par la vapeur en vertu de sa force élastique pendant la détente aura pour valeur

$$mvp(r-1).$$

Si, à ce travail, nous ajoutons celui qui a été développé par la vapeur agissant en plein, on aura le travail total pour une pulsation du piston. Appelant T ce travail, l'équation se présentera sous la forme

$$T = vp + mvp(r-1).$$

De la relation

$$r = 1 + \frac{1}{k},$$

que nous avons posée en commençant, on déduit

$$r - 1 = \frac{1}{k},$$

et, en substituant dans l'équation du travail, nous aurons

$$T = vp + \frac{mvp}{k}.$$

Mettant vp en facteur commun, il viendra

$$T = vp\left(1 + \frac{m}{k}\right).$$

Présentement, désignons par n le dénominateur de la fraction qui indique à quel point de la course du piston commence la détente ou, en d'autres termes, le nombre de fois dont la vapeur se détend par rapport au volume primitif.

A la fin de la course du piston, le volume occupé par la vapeur sera représenté par nv, et l'on aura ainsi

$$nv = vr^m, \quad \text{ou} \quad n = r^m,$$

et, en prenant les logarithmes,

$$\log n = m \log r \quad \text{d'où} \quad m = \frac{\log n}{\log r},$$

et, en divisant les deux membres par k,

$$\frac{m}{k} = \frac{\log n}{k \log r}.$$

Remplaçant r par sa valeur $1 + \frac{1}{k}$, il viendra

$$\frac{m}{k} = \frac{\log n}{k \log \left(1 + \frac{1}{k}\right)} \quad \text{ou} \quad \frac{m}{k} = \frac{\log n}{\log \left(1 + \frac{1}{k}\right)^k}.$$

D'après ce qui a été dit plus haut, lorsque la quantité k tend vers l'infini, $\left(1 + \frac{1}{k}\right)^k = e = 2,7182818$, base des logarithmes hyperboliques ou népériens. Introduisant ce nombre dans la dernière équation, on aura

$$\frac{m}{k} = \frac{\log n}{\log 2,7182818} = \frac{1}{\log 2,7182818} \times \log n,$$

ou

$$\frac{m}{k} = \frac{1}{0,4341216} \log n = 2,3026 \log n.$$

Le nombre $2,3026$ se nomme le *module du logarithme hyperbolique*. Il représente la quantité par laquelle il faut multiplier le logarithme vulgaire ou décimal pour obtenir le logarithme népérien. Ainsi nous pourrons poser

$$\frac{m}{k} = \log \text{hyp.} \, n,$$

et, en remplaçant $\frac{m}{k}$ par l'expression équivalente dans l'équation du travail, nous aurons

$$T = vp(1 + \log \text{hyp.} \, n).$$

Dans les applications, il est beaucoup plus commode d'estimer le nombre n en fonction de la pression au commencement et à la fin de la détente. Désignant par p' la pression qui correspond au volume nv de la vapeur quand le piston est à fond de course, la loi de Mariotte conduit à la relation

$$vp = nvp', \quad \text{d'où} \quad n = \frac{p}{p'},$$

et, en substituant, la formule du travail devient

$$T = vp \left(1 + \log \text{hyp.} \frac{p}{p'} \right).$$

Cette relation s'applique exclusivement au cas où la force élastique de la vapeur n'aurait d'autre objet que de vaincre le frottement du piston contre les parois du cylindre. Mais, telles que les machines à vapeur sont construites, ainsi que nous l'avons déjà fait observer, tandis que la vapeur motrice agit sur l'une des faces du piston, la contre-pression développe un travail négatif par son action sur la face opposée, et ce travail est précisément égal à celui que développerait cette contre-pression si elle agissait en plein comme force motrice pendant toute la durée de la course du piston. En désignant par p'' la force élastique de la contre-pression correspondant à la température du condenseur, le travail négatif sera nvp'' ; par suite, nous aurons

$$T = vp \left(1 + \log \text{hyp.} \frac{p}{p'} \right) - nvp''.$$

Remplaçant n par sa valeur $\frac{p}{p'}$, l'équation deviendra

$$T = vp \left(1 + \log \text{hyp.} \frac{p}{p'} \right) - \frac{vpp''}{p'},$$

ou, en mettant vp en facteur commun,

$$T = vp \left(1 + \log \text{hyp.} \frac{p}{p} - \frac{p''}{p'} \right).$$

84. *Application de la formule aux différents systèmes de machines à vapeur.* — 1° La formule que nous venons d'éta-

blir convient sans modification aux machines à détente et à condensation.

2° La machine est sans détente et avec condensation. Dans ce cas, d'après l'hypothèse admise, $p = p'$ et $\log \frac{p}{p'} = 0$; d'où

$$T = vp \left(1 - \frac{p''}{p} \right) = v(p - p'').$$

3° La machine est à détente et sans condensation. Pour ce système, la contre-pression étant égale à la pression atmosphérique $p'' = 10334^{kg}$ par mètre carré,

$$T = vp \left(1 + \log \text{hyp.} \frac{p}{p'} - \frac{10334}{p'} \right).$$

4° La machine est sans détente et sans condensation $p = p'$ et $p'' = 10334^{kg}$; par suite, on a

$$T = vp \left(1 - \frac{10334}{p} \right) = v(p - 10334).$$

Pour éviter, dans le calcul des machines à vapeur, la multiplication du logarithme vulgaire par le module 2,3026, nous croyons devoir reproduire les logarithmes népériens les plus usuels, d'après la Table dressée par M. de Prony :

Table des logarithmes népériens de 0,25 en 0,25, depuis 1 jusqu'à 10.

NOMBRES.	LOGARITHMES.	NOMBRES.	LOGARITHMES.	NOMBRES.	LOGARITHMES.
1,00	0,0000000	4,00	1,3862943	7,00	1,9459101
1,25	0,2231435	4,25	1,4469189	7,25	1,9810014
1,50	0,4054631	4,50	1,5040764	7,50	2,0149030
1,75	0,5596157	4,75	1,5581446	7,75	2,0476928
2,00	0,6931472	5,00	1,6094379	8,00	2,0794415
2,25	0,8109302	5,25	1,6582280	8,25	2,1102128
2,50	0,9162907	5,50	1,7047481	8,50	2,1400661
2,75	1,0116008	5,75	1,7491998	8,75	2,1690536
3,00	1,0986123	6,00	1,7917594	9,00	2,1972245
3,25	1,1786549	6,25	1,8325814	9,25	2,2246235
3,50	1,2527629	6,50	1,8718021	9,50	2,2512917
3,75	1,3217558	6,75	1,9095495	9,75	2,2572673

85. *Observation sur l'usage de la Table.* — Ordinairement, dans les machines à vapeur, la détente la plus prolongée ne commence pas avant la dixième partie de la course du piston. Aussi avons-nous cru devoir nous arrêter au logarithme du nombre 9,75 fourni par la Table très-complète de M. de Prony. Si le calcul d'une machine à vapeur conduit à la recherche du logarithme hyperbolique d'un nombre qui, sans dépasser la limite 10, n'est pas cependant compris dans la Table ci-dessus, on procède par interpolation, ou bien, ce qui est préférable, il faut chercher le logarithme décimal de ce nombre et le multiplier par le module 2,3026 du logarithme hyperbolique.

86. *Travail produit par 1 kilogramme de combustible.* — Dans l'industrie, les machines sont livrées à la condition qu'elles ne consommeront qu'un nombre déterminé de kilogrammes de combustible par heure et par force de cheval-vapeur. Cette méthode, encore suivie par les constructeurs dans la comparaison entre elles des machines à vapeur de différents systèmes, est donc de la plus haute importance pour apprécier la valeur d'une machine à vapeur, au point de vue industriel et commercial.

La question se réduit évidemment à introduire, dans l'équation générale du travail, le volume de vapeur que peut produire la combustion de 1 kilogramme de charbon.

A cet effet, appelons

P le poids de l'eau que peut vaporiser 1 kilogramme de combustible;

t la température de la vapeur;

t' la température de l'eau injectée dans la chaudière.

En vertu de la formule de M. Regnault, la chaleur que possède la vapeur à la température t sera représentée par

$$P(606,5 + 0,305\,t).$$

Or, comme l'eau qui sert à l'alimentation se trouve au moment de l'injection à la température t' et contient par conséquent une quantité de chaleur $P\,t'$, il s'ensuit que la chaleur de vaporisation est représentée par

$$P(606,5 + 0,305\,t) - P\,t' = P(606,5 + 0,305\,t - t'),$$

dans l'hypothèse, bien entendu, où toute la chaleur que peut développer la combustion de 1 kilogramme de charbon est exclusivement affectée à la vaporisation de l'eau.

Le pouvoir calorifique varie suivant la nature des combustibles employés pour le chauffage des machines. Supposons que le combustible adopté soit de la houille de qualité moyenne, dont le pouvoir calorifique est égal à 7500 calories. On aura ainsi l'équation suivante :

$$P(606,5 + 0,305\,t - t') = 7500.$$

Nous ferons observer que, dans les applications, on calcule ordinairement le poids spécifique d de la vapeur au moyen de l'ancienne formule

$$d = \frac{0,81\,n}{1 + \alpha t},$$

n représentant la pression en atmosphères, t la température correspondant à cette pression, et $\alpha = 0,00367$ le coefficient de dilatation pour 1 degré C.; d'où

$$P = vd = v\,\frac{0,81\,n}{1 + \alpha t}$$

et

$$v\,\frac{0,81\,n}{1 + \alpha t}(606,5 + 0,305\,t - t') = 7500,$$

$$v = \frac{7500\,(1 + \alpha t)}{0,81\,n\,(606,5 + 0,305\,t - t')}.$$

Introduisant cette valeur de v dans l'équation générale du travail, on aura

$$T = \frac{7500\,(1 + \alpha t)\,p\left(1 + \log\,\text{hyp.}\,\dfrac{p}{p'} - \dfrac{p''}{p'}\right)}{0,81\,n\,(606,5 - 0,305\,t - t')}.$$

Puisque p représente la pression en kilogrammes, qui correspond à la pression n exprimée en atmosphères, on peut poser

$$p = 10334\,n,$$

et, en substituant dans l'équation, il viendra

$$T = \frac{7500\,(1 + \alpha t)\,10334\,n\left(1 + \log\,\text{hyp.}\,\dfrac{p}{p'} - \dfrac{p''}{p'}\right)}{0,81\,n\,(606,5 + 0,305\,t - t')}.$$

16.

Supprimant le facteur n commun au numérateur et au dénominateur,

$$T = \frac{7500 \times 10334 \left(1 + \alpha t\right) \left(1 + \log \text{hyp.} \dfrac{p}{p'} - \dfrac{p''}{p'}\right)}{0,81 \left(606,5 + 0,305 t - t'\right)}$$

et, en effectuant les calculs,

$$T = \frac{95685185 \left(1 + \alpha t\right) \left(1 + \log \text{hyp.} \dfrac{p}{p'} - \dfrac{p''}{p'}\right)}{606,5 + 0,305 t - t'}.$$

87. *Causes qui influent sur le rendement d'une machine à vapeur.* — Les meilleurs foyers n'utilisent approximativement que la moitié de la chaleur développée par le combustible. Cette perte de chaleur, à laquelle correspond une quantité notable de travail mécanique, provient de différentes causes qu'il importe de connaître pour en atténuer les effets autant que possible :

1° La chaleur dégagée par le combustible sert non-seulement à la vaporisation de l'eau, mais encore à chauffer les parois de la chaudière.

2° Les gaz qui s'échappent par la cheminée possèdent une température assez élevée, et par suite la quantité de chaleur correspondante reste sans emploi utile.

3° Les fuites de vapeur, ainsi que les résistances nuisibles inhérentes à la constitution organique de la machine absorbent en pure perte une partie de la chaleur produite par le combustible.

4° La vapeur introduite dans le cylindre est rarement sèche et contient toujours de l'eau, qui varie de 4 à 2 pour 100 du poids de la vapeur dans les meilleures machines.

5° Dans les tuyaux de conduite, la vapeur par le refroidissement éprouve une condensation partielle, de même que dans le cylindre.

On peut obvier à ces derniers inconvénients en disposant la chaudière le plus près possible du corps de la machine, et en ayant soin de recouvrir les tuyaux de prise de vapeur de substances imperméables à la chaleur, telles que de la lisière de drap, de la paille tressée ou du feutre en bandes. Souvent même, depuis la chaudière jusqu'à la machine, les tuyaux de conduite sont enterrés dans le sol de l'usine, mais il faut avoir soin de les entourer d'escarbilles ou de toute autre substance dont le pouvoir conducteur pour la chaleur est excessivement faible.

Pour éviter la condensation de la vapeur dans le cylindre, les parois externes sont recouvertes de douves ordinairement en bois d'acajou, réunies ensemble par des frettes en fer ou en cuivre, mais en prenant la précaution d'interposer entre ces douves et les parois du cylindre une substance, du coton par exemple, qui soit, comme celle qui recouvre le tuyau de vapeur, imperméable à la chaleur.

Il est encore préférable, ainsi que nous l'avons dit dans la recherche du travail, d'employer des cylindres à chemise de vapeur. Les parois du cylindre ne tardent pas à prendre la température de la vapeur, et, leur refroidissement étant ainsi évité, la condensation devient à peu près nulle. C'est par suite de cette disposition qu'il est permis d'appliquer sans erreur sensible la loi de Mariotte au travail effectué par la vapeur pendant la détente.

D'après ce qui a été dit plus haut, le nombre 7500 calories doit être réduit de moitié, et l'effet utile doit subir la même réduction, ce qui revient à diviser par 2 le coefficient 95685185 de la formule. On a ainsi

$$T = \frac{47842592 \left(1 + \alpha t \right) \left(1 + \log \text{hyp.} \ \frac{p}{p'} - \frac{p''}{p'} \right)}{606,5 + 0,305 t - t'}.$$

88. *Observation importante sur le mode de livraison des machines à vapeur.* — Dans son savant *Traité de Mécanique*, M. Resal, professeur à l'École Polytechnique, appelle l'attention du lecteur sur un mode de livraison des machines à vapeur, qu'il considère avec raison comme très-défectueux.

« Quelques constructeurs s'engagent à livrer à prix convenu une chaudière et une machine appartenant chacune à un système déterminé, à la condition que le frein dynamométrique placé sur l'arbre moteur accuse une force convenue, et que l'on ne consomme par cheval et par heure qu'un certain poids de houille d'une qualité spécifiée. Ce procédé est peu logique, car il conduit à rendre la chaudière et la machine solidaires l'une de l'autre, tandis que l'une d'elles peut fort bien se trouver dans de bonnes conditions.

» Il arrive que l'on impose au constructeur l'obligation de ne dépenser, par heure et par force de cheval, qu'un poids déterminé de vapeur, en fixant le chiffre de la détente. Ce procédé, qui revient à attribuer *a priori* une certaine valeur au coefficient pratique, permet d'estimer la valeur de la machine, indépendamment de celle de la chaudière. »

Ces judicieuses observations montrent qu'il est plus rationnel d'adopter ce dernier mode pour apprécier la valeur économique d'une machine à vapeur. Mais, puisque l'usage a consacré le premier, nous continuerons à l'employer dans les applications qui vont suivre.

89. *Chaleur dégagée par les principaux combustibles employés dans l'industrie.* — Pour estimer la quantité de chaleur développée par les différents combustibles, on a pris pour terme de comparaison l'unité de chaleur nommée *calorie*, qui correspond à la chaleur nécessaire pour élever de 1 degré C. la température de 1 kilogramme d'eau. Partant de cette base, on a établi le tableau suivant :

Nature des combustibles.	Pouvoir calorifique.
Houille de première qualité.........	8000^{cal}
Houille de qualité moyenne........	7500
Houille de qualité médiocre........	6500
Coke tenant 4 pour 100 de cendres..	7700
Coke tenant 15 pour 100 de cendres.	6800
Anthracite....................	8000
Bois sec....................	4000
Bois tenant 20 pour 100 d'eau......	3000

90. *Machines sans détente et à condensation.* — Ce type de machines, connu sous le nom de *machines de Watt*, est aujourd'hui à peu près abandonné dans l'industrie, à cause de la dépense relativement considérable de combustible. La pression dans la chaudière qui convient le mieux est 1^{atm},5. La température du condenseur est approximativement de 40 degrés, et par suite la force élastique de la contre-pression est égale

à la tension de la vapeur saturée à cette température. Toutefois, dans la pratique, on estime la contre-pression au double de la pression de la vapeur, à la température du condenseur, pour tenir compte des résistances éprouvées par la vapeur dans le tuyau d'échappement et de l'influence de l'air entraîné par la vapeur.

D'après cela, et en vertu de ce qui a été dit plus haut, on aura, pour une machine de ce système, le travail dû à 1 kilogramme de combustible par l'équation suivante :

$$T = \frac{4784259^2 (1 + \alpha t) \left(1 - \dfrac{p''}{p}\right)}{606,5 + 0,305 t - t'}.$$

Les expériences de M. Regnault et les derniers calculs de M. Zeuner, que nous avons consignés dans un tableau (*Thermodynamique*, p. 190), montrent que la tension de la vapeur saturée à la température de 40 degrés du condenseur a pour valeur 746^{kg},6 par mètre carré, et que la pression dans la chaudière qui correspond à 1^{atm},5 est égale à 15501 kilogrammes sur la même étendue ; par conséquent,

$$p' = 2 \times 746^{kg},6 = 1493^{kg},2.$$

Ordinairement on prend le nombre rond 1500 kilogrammes.

De plus nous ferons observer que, d'après le même tableau, la température t qui correspond à la pression de 1^{atm},5 est égale à 111°,74. Introduisant ces nombres dans l'équation ci-dessus, nous aurons

$$T = \frac{4784259^2 (1 + 0,00367 \times 111°,74) \left(1 - \dfrac{1500}{15501}\right)}{606,5 + 0,305 \times 15501 - 1500},$$

et, en effectuant les calculs, on obtient

$$T = 101458^{kgm}.$$

Ces machines sont généralement livrées à la condition qu'elles ne consommeront que 5 kilogrammes de combustible par heure et par force de cheval-vapeur ; par suite, le travail usuel dû à 1 kilogramme de combustible sera exprimé par

$$\frac{75 \times 3600''}{5} = 54000^{kgm}.$$

Si nous comparons ce résultat pratique à l'effet théorique obtenu par la formule, ce rapport

$$\frac{54000}{101458} = 0,50$$

représente le coefficient par lequel il faudra multiplier le travail de la machine obtenu théoriquement pour obtenir le travail effectif.

Les machines à basse pression n'existent dans l'industrie qu'à l'état de souvenir et ne sont plus guère employées que par la marine. A cause du recouvrement extérieur du tiroir la vapeur n'est admise dans le cylindre que pendant les 0,8 de la course du piston, de sorte qu'une détente assez faible se produit et qu'il faut en tenir compte pour avoir très-exactement la formule du travail.

Appelant v' le volume occupé par la vapeur à la fin de la détente et x la pression correspondante, en vertu de la loi de Mariotte, on aura

$$v'x = v \times 1,5 \quad \text{d'où} \quad x = \frac{1,5v}{v'} = 1,5 \times 0,80 = 1,20.$$

Ainsi, dans ce cas, le travail développé par 1 kilogramme de combustible sera donné par la formule

$$T = \frac{47842592(1+0,00367 \times 111°,74)\left(1+\log\text{hyp.}\frac{1,5}{1,2} - \frac{1500}{12400}\right)}{606,5 + 0,305 \times 111°,74 - 40°}.$$

D'après la Table, $\log\text{hyp.}\frac{1,5}{1,2} = \log\text{hyp.}1,25 = 0,2231435,$ et, en introduisant cette valeur dans la formule,

$$T = \frac{47842592(1+0,00367 \times 111°,74)\left(1,2231435 - \frac{1500}{12400}\right)}{606,5 + 0,305 \times 111°,74 - 40};$$

en effectuant les calculs, on a par approximation

$$T = 124017^{\text{kgm}}.$$

Le coefficient que l'on obtient en établissant le rapport du ravail théorique au travail effectif adopté par les constructeurs pour 1 kilogramme de charbon brûlé varie selon le degré de perfection et l'état d'entretien de la machine. Il dépend aussi de sa grandeur, attendu que les fuites, les pertes de vapeur et les résistances nuisibles ne croissent guère que proportionnellement au carré des dimensions, tandis que le volume de vapeur ou la puissance de la machine croît comme le cube de ces quantités. On comprend dès lors que l'emploi des grandes machines est beaucoup plus avantageux que celui des petites.

D'après cette observation, que les résultats pratiques ont d'ailleurs confirmée, M. Poncelet a dressé le tableau suivant :

Force des machines en chevaux-vapeur.	En très-bon état d'entretien.	En état ordinaire d'entretien.
4 à 8...............	0,50	0,42
10 à 20...............	0,56	0,47
30 à 50...............	0,60	0,60
50 à 100 et au-dessus..	0,65	0,60

Dans les formules générales relatives aux machines à vapeur, nous désignerons le coefficient de correction par la lettre K.

Pour les machines à basse pression, à condensation et à détente, M. Resal, dont le nom fait autorité en Mécanique, a proposé les nombres suivants :

Force de la machine en chevaux-vapeur N.	Coefficient K.
4 à 8	0,60
10 à 20	0,67
30 à 50	0,73
60 à 100	0,78

Pour obtenir les coefficients de ce tableau, on construit d'abord la courbe des pressions par la méthode indiquée (*Thermodynamique, Courbes adiabatiques*). Le travail trouvé par la surface que limite cette courbe constitue le *travail théorique*, de même que nous appellerons *diagramme théorique* la courbe des pressions sur une des faces du piston pendant une révolution entière de la manivelle. On cherche ensuite la surface limitée par le diagramme que fournit l'in-

dicateur de Watt, et les rapports des surfaces des deux diagrammes représentent les coefficients pratiques qui conviennent aux différentes machines expérimentées. Il importe de
faire observer que, dans le projet d'une machine à vapeur, si
l'on adopte les coefficients proposés par Poncelet, il faut
avoir soin d'introduire dans la formule le coefficient minimum pour éviter toute contestation au moment de la livraison. On obtient ainsi une force nominale supérieure à celle
qui est imposée par les conditions du traité.

Dans ces machines, la course du piston et le nombre de
tours du volant sont ainsi réglés :

Force de la machine en chevaux-vapeur.	Vitesse du piston en 1 seconde.	Nombre de tours du volant en 1 minute.
	m	
De 4 à 8.......	0,90	30
De 8 à 14.......	1,00	De 25 à 24
De 14 à 24.......	1,10	De 24 à 22
De 25 à 36.......	1,15	De 20 à 18
De 40 à 60.......	1,25	De 17,85 à 16,70
De 70 à 100.......	1,30	15,95

Quelquefois, pour les machines très-puissantes, la vitesse
du piston est portée jusqu'à $4^m,30$.

91. *Quantité de travail développée en une seconde.* — A
cet effet, désignons par n le nombre d'oscillations simples
du piston, et par K le coefficient de correction qui convient à
la force présumée de la machine. On aura, en introduisant
ces quantités dans l'équation générale du travail,

$$T_1 = \frac{K\,nv\,(p - p'')}{60}.$$

Si nous désignons par N la force nominale de la machine en
chevaux-vapeur, on pourra remplacer le travail T_1, exprimé
en kilogrammètres, par sa valeur $N \times 75$; par conséquent,

$$N \times 75 = \frac{K\,nv\,(p - p'')}{60},$$

d'où

$$N = \frac{K\,nv\,(p - p'')}{60 \times 75} = \frac{K\,nv\,(p - p'')}{4500}.$$

Pour les machines qui ont un peu de détente, l'équation prendra la forme

$$N = \frac{K\, nvp \left(1 + \log \mathrm{hyp}. \dfrac{p}{p'} - \dfrac{p''}{p'}\right)}{4500}.$$

92. *Formule employée dans la marine.* — Désignons par P l'effort moyen intégral exercé sur la surface du piston et par V_1 la vitesse moyenne de ce piston. Par suite, le travail développé dans le cylindre en 1 seconde sera exprimé par PV_1, et, en divisant ce produit par 75, on aura la force de la machine en chevaux-vapeur. Ainsi l'on aura

$$T_1 = PV_1, \quad \text{et} \quad N = \frac{PV_1}{75}.$$

Cette relation, très-remarquable par sa simplicité, est surtout applicable quand on peut obtenir la grandeur de l'effort moyen par l'emploi de l'indicateur de Watt. Comme, dans le projet d'une machine, l'ingénieur constructeur se donne toujours, *a priori*, la vitesse moyenne du piston, on comprend toute l'utilité de cette formule pour calculer le diamètre du cylindre.

Quand la machine est à deux cylindres, chacun d'eux fournit un travail indiqué par la formule et, par suite, il faut prendre le double du résultat obtenu pour avoir le travail total de la machine.

D'après les proportions qu'il avait adoptées pour ses machines, Watt estimait que la pression effective par mètre carré dans le cylindre n'était que de 1 atmosphère, tandis que, dans la chaudière, elle avait pour valeur $1^{\mathrm{atm}}, 25$. De là cette conséquence que les résistances passives et la contre-pression équivalaient à la différence des deux pressions, c'est-à-dire à $0^{\mathrm{atm}}, 25$.

Ainsi, D étant le diamètre, sa surface sera $\dfrac{D^2}{1,273}$, et la pression effective, en kilogrammes, aura pour valeur $10334\, p\, \dfrac{D^2}{1,273}$.

Multipliant par la vitesse moyenne V_1 du piston, et divisant par 75, on aura la force nominale de la machine en chevaux-vapeur

$$N = 10334\, p\, \frac{D^2}{1,273}\, \frac{V_1}{75}.$$

Ordinairement, dans les machines marines de ce système, la vitesse moyenne V, du piston est égale à 1 mètre, et, puisque la pression effective sur la face du piston est égale à 1 atmosphère, la formule devient

$$N = \frac{10334}{72 \times 1,273} D^2,$$

et, en effectuant les calculs,

$$N = 108 D^2.$$

Dans la pratique, on emploie la formule

$$N = 100 D^2.$$

93. *Diamètre du cylindre.* — Supposons d'abord que la machine soit à pleine pression, c'est-à-dire que la vapeur afflue dans le cylindre pendant toute la durée de la course du piston.

Considérons, à cet effet, la formule

$$N = \frac{K n v (p - p'')}{60 \times 75};$$

d'où l'on déduit

$$v = \frac{N \times 75 \times 60}{K n (p - p'')}.$$

Si nous désignons par D le diamètre du cylindre, et par h la course du piston, on aura

$$\frac{D^2}{1,273} \times h = v;$$

d'où

$$\frac{D^2}{1,273} \times h = \frac{N \times 75 \times 60}{K n (p - p'')},$$

et

$$D^2 = \frac{N \times 75 \times 60 \times 1,273}{K n h (p - p'')}.$$

Remarquons que, n représentant dans la formule le nombre de pulsations simples du piston en une minute, nh exprimera le chemin parcouru par le piston pendant le même temps. Or ce chemin, en fonction de la vitesse moyenne du piston, est égal à $60\,V_{1}$. En substituant, la formule devient

$$D^2 = \frac{N \times 75 \times 60 \times 1,273}{K \times 60\,V_{1}(p - p'')} \quad \text{ou} \quad D^2 = \frac{N \times 75 \times 1,273}{K V_{1}(p - p'')},$$

et

$$D = \sqrt{75 \times 1,273} \times \sqrt{\frac{N}{K V_{1}(p - p'')}},$$

$$D = 9,77 \sqrt{\frac{N}{K V_{1}(p - p'')}}.$$

Dans cette formule, on remplacera K et V_{1} par les valeurs numériques qui conviennent à la force nominale de la machine.

Par la formule pratique employée dans la marine, on aura

$$D^2 = \frac{N}{100}, \quad \text{d'où} \quad D = \frac{\sqrt{N}}{10} = 0,1 \sqrt{N}.$$

Quand la vapeur n'est introduite dans le cylindre que pendant les 0,8 de la course, bien que la détente soit assez faible, pour procéder rigoureusement on emploie l'équation

$$T = vp \left(1 + \log \text{hyp.} \frac{p}{p'} - \frac{p''}{p} \right);$$

d'où l'on déduit, pour la valeur de la force nominale de la machine, en chevaux-vapeur,

$$N = \frac{K\,nvp \left(1 + \log \text{hyp.} \frac{p}{p'} - \frac{p''}{p'} \right)}{60 \times 75},$$

et le volume de la vapeur saturée introduite dans le cylindre, c'est-à-dire le volume engendré par le piston pendant l'admission, sera exprimé par l'équation

$$v = \frac{N \times 60 \times 75}{K\,np \left(1 + \log \text{hyp.} \frac{p}{p'} - \frac{p''}{p'} \right)}.$$

Puisque la vapeur saturée n'est admise que pendant les 0,8

de la course du piston, on aura

$$v = \frac{D^2}{1,273} \times 0,8h \quad \text{et} \quad \frac{p}{p'} = \frac{1}{0,8} = 1,25,$$

et, en remplaçant,

$$\frac{D^2}{1,273} \times 0,8h = \frac{N \times 60 \times 75}{K\,np\left(1 + \log \text{hyp.}\,1,25 - \frac{p''}{p'}\right)};$$

d'où l'on déduit

$$D^2 = \frac{N \times 60 \times 75 \times 1,273}{0,8\,K\,nhp\left(1 + \log \text{hyp.}\,1,25 - \frac{p''}{p'}\right)}.$$

Remplaçant nh par sa valeur $60\,V_1$,

$$D^2 = \frac{N \times 60 \times 75 \times 1,273}{0,8\,K \times 60\,V_1\,p\left(1 + \log \text{hyp.}\,1,25 - \frac{p''}{p'}\right)},$$

ou

$$D^2 = \frac{N \times 75 \times 1,273}{0,8\,K\,V_1\,p\left(1 + \log \text{hyp.}\,1,25 - \frac{p''}{p'}\right)},$$

et

$$D^2 = \sqrt{\frac{75 \times 1,273}{0,8}} \times \sqrt{\frac{N}{K\,V_1\,p\left(1 + \log \text{hyp.}\,1,25 - \frac{p''}{p'}\right)}},$$

$$D = 10,80 \sqrt{\frac{N}{K\,V_1\,p\left(1 + \log \text{hyp.}\,1,25 - \frac{p''}{p'}\right)}},$$

94. *Diamètre du tuyau-vapeur.* — On peut facilement trouver ce diamètre quand on connaît la vitesse d'écoulement de la vapeur au point où le tuyau débouche dans la boîte à tiroir. Cette vitesse s'obtient par la formule de Bernoulli

$$V = \sqrt{2g\left(\frac{P - P'}{d}\right)},$$

dans laquelle $P - P'$ représente la différence des pressions intérieure et extérieure, d le poids de 1 mètre cube de vapeur que l'on calcule par la formule

$$d = \frac{0,81\,n}{1 + \alpha t}.$$

Dans le cas dont il s'agit, d'après M. Poncelet, la différence des pressions de la vapeur dans la chaudière et dans la boîte à tiroir est égale à $\frac{1}{20}$ P. La vitesse d'écoulement de la vapeur étant ainsi déterminée, appelons

O, l'aire de la section du tuyau à vapeur;
$m = 0,85$ le multiplicateur de dépense pour la vapeur;
d le diamètre du tuyau;
A l'aire de la section du cylindre de la machine;
V_1 la vitesse du piston;
D le diamètre du cylindre.

Il est évident que la quantité de vapeur amenée par le tuyau dans la boîte à tiroir en une seconde doit être égale à celle qui s'introduit dans le cylindre pendant le même temps. Par conséquent, nous aurons

$$m\,OV = AV_1,$$

ou

$$m\,\frac{d^2}{1,273}\,V = \frac{D^2}{1.273}\,V_1, \quad m\,d^2 V = D^2 V_1.$$

Comme la valve régulatrice ne démasque en moyenne que les $\frac{3}{4}$ de la section du tuyau, le premier membre de la dernière équation doit être affecté de ce coefficient numérique. On a ainsi

$$0,75 \times 0,85\,d^2 V = D^2 V_1;$$

d'où

$$d^2 = \frac{D^2 V_1}{0,75 \times 0,85\,V} = \frac{D^2 V_1}{0,64\,V} \quad \text{et} \quad d = \frac{D}{0,8}\sqrt{\frac{V_1}{V}}.$$

Ordinairement les constructeurs font la section du tuyau à vapeur égale à $\frac{1}{25}$ de celle du piston, ce qui signifie que son diamètre est égal à $\frac{1}{5}$ de celui du cylindre.

95. *Lumières d'admission.* — L'aire de la section des lumières d'admission est aussi égale à $\frac{1}{25}$ de la surface du piston et le rapport de la hauteur à la largeur est de 1 à 4 ou de 1 à 5.

Dans le premier cas, on aura

$$4\,\text{H}^2 = \frac{1}{25}\,\frac{\text{D}^2}{1,273}$$

ou

$$\text{H}^2 = \frac{\text{D}^2}{100 \times 1,273} = \frac{\text{D}^2}{127,3},$$

et

$$\text{H} = \text{D}\sqrt{\frac{1}{127,3}} = 0,09\,\text{D};$$

par conséquent,

$$\text{L} = 4 \times 0,09\,\text{D}, \quad \text{L} = 0,36\,\text{D}.$$

Dans le second cas, on aura

$$5\,\text{H}^2 = \frac{1}{25}\,\frac{\text{D}^2}{1,273},$$

$$\text{H}^2 = \frac{1}{125}\,\frac{\text{D}^2}{1,273} = \frac{\text{D}^2}{159,125},$$

$$\text{H} = \text{D}\sqrt{\frac{1}{159,125}} = 0,079\,\text{D}.$$

Par des considérations théoriques basées sur le mouvement du tiroir de distribution, on peut aussi trouver les dimensions des lumières d'admission.

Nous avons admis précédemment d'une manière absolue que l'aire de l'orifice d'introduction de la vapeur est égale à $\frac{1}{25}$ de la surface du piston ou à l'aire de la section du tuyau à vapeur. Cette relation n'est rigoureusement admissible qu'autant que la lumière restera complétement démasquée par la bande de recouvrement pendant toute la durée de la course du piston. Or, pendant le quart environ du mouvement de l'excentrique, l'orifice est ouvert successivement sur $\frac{1}{5}$, $\frac{1}{4}$, $\frac{1}{3}$, ... de sa hauteur, de sorte qu'il est plus rationnel de prendre la moyenne de toutes les surfaces découvertes et de la faire égale à l'aire de la section du tuyau à vapeur.

Soient L, H les dimensions de l'orifice (*fig.* 27) et OD le rayon d'excentricité, lequel est égal à la demi-course du tiroir. Supposons que le quart de la circonférence de rayon OD = H

Fig. 27.

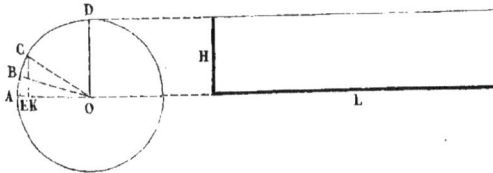

soit divisé en 18 parties égales. Les arcs tels que AB, AC, … vaudront successivement 5, 10, 15 degrés, etc. Des points B, C, … abaissons les perpendiculaires BE, CK, … et menons les rayons OB, OC, …. Si nous supposons l'arc AB égal à 5 degrés, on déduira du triangle rectangle BEO

$$BE = BO \sin BOE = H \sin 5°.$$

Il est évident que l'excentrique ayant tourné d'une quantité angulaire AB = 5°, la bande du tiroir a découvert la lumière sur une hauteur BE = H sin 5°; par conséquent, la partie découverte de cette lumière sera représentée par HL sin 5°.

De même, quand l'angle de rotation décrit successivement par l'excentrique sera de 10, 15, 20 degrés, etc., les surfaces découvertes seront exprimées par

$$HL \sin 10°, \quad HL \sin 15°, \quad HL \sin 20°, \; ....$$

Enfin quand l'angle de rotation sera de 90 degrés, la lumière sera complétement démasquée et sa surface sera représentée par HL.

Maintenant prenons la moyenne entre toutes les surfaces partielles considérées deux à deux. Et remarquons que, à l'origine du mouvement, l'orifice n'étant pas encore ouvert, la première moyenne sera

$$\frac{0 + HL \sin 5°}{2},$$

et les suivantes auront pour valeurs respectives :

$$\frac{HL \sin 5° + HL \sin 10°}{2} = HL \frac{\sin 5° + \sin 10°}{2},$$

$$\frac{HL \sin 10° + HL \sin 15°}{2} = HL \frac{\sin 10° + \sin 15°}{2},$$

$$\frac{HL \sin 15° + HL \sin 20°}{2} = HL \frac{\sin 15° + \sin 20°}{2},$$

$$\frac{HL \sin 85° + HL \sin 90°}{2} = HL \frac{\sin 85° + \sin 90°}{2}.$$

Donc, si S désigne la somme de toutes les moyennes partielles, on aura

$$S = HL \left(\frac{2 \sin 5°}{2} + \frac{2 \sin 10°}{2} + \frac{2 \sin 15°}{2} + \ldots + \frac{2 \sin 85°}{2} + \frac{\sin 90°}{2} \right),$$

ou

$$S = HL \left(\sin 5° + \sin 10° + \sin 15° + \ldots + \sin 85° + \frac{\sin 90°}{2} \right),$$

et, puisque le quart de la circonférence a été divisé en 18 parties égales, la moyenne sera

$$\frac{HL \left(\sin 5° + \sin 10° + \sin 15° + \ldots + \sin 85° + \frac{\sin 90°}{2} \right)}{18},$$

$$\sin 5° = 0,087155, \quad \sin 10° = 0,173648.$$

Introduisant dans l'expression de la moyenne générale les valeurs numériques de ces lignes naturelles ainsi que celles des lignes naturelles qui suivent, on aura, d'après ce qui a été dit sur la surface de la lumière d'admission,

$$\frac{HL(0,087155 + 0,173648 + \ldots)}{18} = \pi r^2,$$

en désignant par r le rayon du tuyau à vapeur; d'où l'on déduit

$$HL = \frac{18 \times 3.1416 r^2}{0,087155 + 0,173648 + \ldots} = 4,77 r^2,$$

par approximation.

En fonction du diamètre d du tuyau à vapeur,

$$HL = \frac{4,77\,d^2}{4}.$$

Nous avons établi précédemment que le diamètre d du tuyau de prise de vapeur est approximativement égal à $\frac{1}{5}$ du diamètre D du cylindre; par conséquent,

$$HL = \frac{4,77\,D^2}{4 \times 25} = \frac{4,77\,D^2}{100} = 0,0477\,D^2.$$

Lorsque $L = 4H^2$, on a

$$4H^2 = 0,0477\,D^2;$$

d'où

$$H^2 = \frac{0,0477\,D^2}{4} \quad \text{et} \quad H = \frac{D}{2}\sqrt{0,0477} = 0,10\,D.$$

Si l'on adopte dans le projet de la machine la relation $L = 5H$, il vient

$$5H^2 = \frac{4,77\,D^2}{100} = 0,0477\,D^2;$$

d'où

$$H^2 = \frac{4,77\,D^2}{5 \times 100} \quad \text{et} \quad H = \frac{D}{10}\sqrt{\frac{4,77}{5}} = 0,096\,D;$$

par suite,

$$L = 5 \times 0,096\,D = 0,48\,D.$$

96. *Orifices d'émission de la vapeur.* — La section de ces orifices doit être au moins égale à celle des lumières d'admission, si elle ne peut être supérieure. En désignant par H' la hauteur de ces orifices, quelques constructeurs adoptent les proportions suivantes :

$$H' = \tfrac{7}{5}H = 1,4H, \quad H' = \tfrac{8}{5}H = 1,6H,$$

H représentant la hauteur des lumières d'admission.

Si nous remplaçons H par sa valeur moyenne $0,09\,D$ exprimée en fonction du diamètre du cylindre, nous aurons

$$H' = 1,4 \times 0,09\,D = 0,126\,D,$$
$$H' = 1,6 \times 0,09\,D = 0,144\,D.$$

17.

Comme pour les orifices d'admission, la largeur L' est égale à 5 fois la hauteur,

$$L' = 5 \times 0,126 D = 0.630 D,$$
$$L' = 5 \times 0,144 D = 0,720 D.$$

Ainsi la surface de ces orifices sera exprimée par les deux formules

$$H'L' = 0,126 D \times 0,630 D = 0,0794 D^2,$$
$$H'L' = 0,144 D \times 0,720 D = 0,1036 D^2.$$

L'aire de la section du tuyau qui amène la vapeur au condenseur étant égale à celle des orifices d'émission, en désignant par d' le diamètre, nous aurons, dans le premier cas,

$$\frac{d'^2}{1,273} = 0,0794 D^2;$$

d'où

$$d'^2 = 1,273 \times 0,0794 D^2 = 0,101076 D^2$$

et

$$d' = D \sqrt{0,101076} = 0,317 D.$$

Dans le second cas, il viendra

$$d'^2 = 1,273 \times 0,1036 D^2 = 0,131882 D^2$$

et

$$d' = D \sqrt{0,131882} = 0,363 D.$$

97. Course du piston. — Ordinairement on se donne la vitesse moyenne du piston et le nombre de tours du volant en une minute. Le nombre n de pulsations simples du piston étant double du nombre de tours du volant, si nous appelons h la course, nous aurons la relation

$$nh = 60 V_1, \quad \text{d'où} \quad h = \frac{60 V_1}{n}.$$

98. Épaisseur du cylindre. — D'après ce qui a été dit (t. II), sur les pressions intérieures que peuvent supporter en toute sécurité les cylindres des machines à vapeur et les tuyaux de conduite, on calcule l'épaisseur par la formule

$$E = 0,025 D + 0,012,$$

D représentant le diamètre du cylindre.

99. *Épaisseur du piston.* — Dans les machines d'une faible puissance, l'épaisseur du piston varie de $\frac{1}{4}$ à $\frac{1}{5}$ du diamètre du cylindre. Pour les machines de grandes dimensions, l'épaisseur est égale à $\frac{1}{7}$ ou $\frac{1}{8}$ de diamètre du cylindre.

100. *Condenseur.* — Le condenseur doit avoir une capacité suffisante pour contenir les trois volumes suivants :

1° Volume de l'eau nécessaire pour condenser la vapeur provenant d'une pulsation double du piston ;

2° Volume de l'eau provenant de la vapeur condensée ;

3° Volume de l'air contenu dans les deux eaux après sa dilatation à la température du condenseur.

Cherchons d'abord le poids de l'eau nécessaire à la condensation de la vapeur. A cet effet, appelons

P le poids de cette eau ;

t_1 sa température que, dans les applications, on fait ordinairement égale à 15 degrés ;

q le poids de la vapeur qui doit être condensée ;

t la température de cette vapeur ;

$t' = 40°$ la température du condenseur.

En vertu de la formule de **M. Regnault**, la chaleur perdue par la vapeur en se condensant sera représentée par

$$q(606,5 + 0,305\,t) - qt' = q(606,5 + 0,305\,t - t') :$$

d'autre part, la chaleur gagnée par l'eau de la condensation étant

$$P t' - P t_1 = P(t' - t_1),$$

on aura l'équation

$$P(t' - t_1) = q(606,5 + 0,305\,t - t') ;$$

d'où l'on tire

$$P = \frac{q(606,5 + 0,305\,t - t')}{t' - t_1}.$$

Connaissant le poids de l'eau nécessaire à la condensation, on en déduira facilement le volume qu'elle occupe et l'on aura ainsi le premier élément de la capacité du condenseur.

Pour trouver le volume de l'eau provenant de la condensation de la vapeur, rappelons que le volume de vapeur dépensé pour une pulsation simple du piston en fonction de la force nominale de la machine est donné par la relation

$$v = \frac{N \times 4500}{K n (p - p'')},$$

et, pour une pulsation double, on aura

$$2v = \frac{N \times 4500 \times 2}{K n (p - p'')} = \frac{9000 N}{K n (p - p'')}.$$

Appelant q le poids de cette vapeur et d sa densité, nous aurons

$$q = 2vd = \frac{9000 N}{K n (p - p'')} d,$$

ou

$$q = \frac{9000 N \times 0,81 n_1}{K n (p - p'') (1 + \alpha t)} = \frac{7290 N \times n_1}{K n (p - p'') (1 + \alpha t)}.$$

Pour éviter toute confusion dans les applications, on ne doit pas perdre de vue que, dans cette formule, n_1 représente la pression de la vapeur en atmosphères, K le coefficient pratique qui convient à la force de la machine, et n le nombre de pulsations simples du piston en une minute.

On pourra encore déduire de là le volume de l'eau provenant de la condensation de la vapeur, et l'on aura ainsi la deuxième partie de la capacité du condenseur.

Il nous reste maintenant à chercher le volume occupé par l'air contenu dans les deux eaux quand il s'est dilaté à la température du condenseur.

Désignons par V le volume occupé par l'air à la pression normale 10 334 kilogrammes par mètre carré de surface et par V' le volume de la même quantité pondérable d'air à la température du condenseur. Rappelons que très-approximativement la pression de l'air dans le condenseur est égale à 750 kilogrammes par mètre carré et que la température correspondante est de 40 degrés. D'autre part, comme, dans le calcul des machines à vapeur, la température extérieure est supposée de 15 degrés, on aura la relation suivante, en vertu des lois de Mariotte et de Gay-Lussac combinées :

$$\frac{V}{V'} = \frac{750 (1 + 0,00367 \times 15)}{10334 (1 + 0,00367 \times 40)} = \frac{792,28}{10789,109};$$

d'où

$$V' = \frac{V \times 10789,109}{792,28} = 13,60 \, V.$$

Pour l'application de cette formule, il importe de faire observer que l'eau exposée à l'air libre contient toujours un volume d'air égal à $\frac{1}{20}$ de son volume propre. Ainsi, après avoir déterminé, par la méthode que nous avons indiquée, le volume de l'eau nécessaire à la condensation et celui qui provient de la vapeur condensée, la valeur de V dans la formule sera égale à $\frac{1}{20}$ de la somme de ces deux volumes. En ajoutant ce dernier élément du condenseur à la somme des deux premiers, on aura la capacité qu'il convient de donner théoriquement à ce récipient.

Ordinairement les constructeurs font la capacité du condenseur égale à $\frac{1}{3}$ du volume engendré par le piston à vapeur dans une course simple; mais il n'y a pas d'inconvénient à augmenter cette proportion, lorsque la construction de la machine le permet.

101. *Pompe à eau froide.* — La pompe à eau froide a pour objet d'alimenter d'eau froide la bâche qui doit fournir l'eau au condenseur; aussi sa capacité doit être suffisante pour contenir l'eau nécessaire à la condensation de la vapeur, provenant de deux pulsations du piston.

Nous avons indiqué plus haut que le poids de l'eau qu'il faut injecter pour la condensation de la vapeur se calcule par la formule

$$P = \frac{q(606,5 + 305t - t')}{t' - t_1},$$

q représentant le poids de la vapeur. La valeur de P fait connaître immédiatement le volume occupé par l'eau de condensation et, en cherchant le rapport de ce volume au volume engendré par le piston moteur, on trouve $\frac{1}{24}$ par approximation.

Dans la pratique, le volume engendré par le piston de cette pompe est égal à $\frac{1}{20}$ du volume engendré par le piston moteur, et, lorsque la machine est exposée à être surchargée, les constructeurs portent ce rapport à $\frac{1}{18}$.

Ordinairement les machines de ce système étant à balancier, si l'on se donne la position du point d'attache de la tige du piston de la pompe et la vitesse moyenne du piston moteur, on en déduira aisément le diamètre de la pompe à eau froide en fonction du diamètre du cylindre de la machine.

Soient d le diamètre de la pompe et n le rapport des distances des tiges des deux pistons à l'axe de rotation du balancier. Si h représente la course du piston moteur, celle du piston de la pompe sera $\dfrac{h}{n}$, et, d'après ce qui vient d'être dit, on aura

$$\frac{d^2}{1,273} \times \frac{h}{n} = \frac{1}{20} \frac{D^2}{1,273} \times h \quad \text{ou} \quad \frac{d^2}{n} = \frac{1}{20} D^2 ;$$

par suite,

$$d^2 = \frac{n D^2}{20} \quad \text{et} \quad d = D \sqrt{\frac{n}{20}}.$$

Si, par exemple, le point d'attache est à égale distance du centre de rotation et de l'une des extrémités du balancier, $n = 2$, et, dans ce cas,

$$d = D \sqrt{\frac{2}{20}} = D \sqrt{0,1}.$$

102. *Pompe à air.* — La pompe à air est destinée à extraire l'eau qui a servi à la condensation, l'eau provenant de la vapeur condensée, ainsi que l'air contenu dans ces deux eaux, qui s'est répandu dans la partie libre du condenseur. Comme cette pompe est aspirante élévatoire, elle ne fonctionne qu'une seule fois par oscillation du piston, et par conséquent sa capacité minima doit être égale à celle du condenseur.

Ordinairement le point d'attache de la tige du piston de cette pompe est placé au milieu de l'axe longitudinal du demi-balancier, de sorte que la course du piston est égale à la moitié de celle du piston moteur. D'après les proportions adoptées par Watt, le volume engendré par le piston dans une course simple est égal à $\dfrac{1}{4,5}$ du volume engendré par le piston à vapeur. Ainsi, si nous désignons par d le diamètre de la pompe, on aura

$$\frac{d^2}{1,273} \times \frac{h}{2} = \frac{1}{4,5} \frac{D^2}{1,273} \times h,$$

ou

$$d^2 \times \frac{h}{2} = \frac{1}{4,5} D^2 \times h, \quad d^2 = \frac{2}{4,5} D^2,$$

et

$$d = D \sqrt{\frac{20}{45}} = \frac{2}{3} D$$

par approximation.

Quand les machines emploient un peu de détente, comme cela a lieu si la vapeur n'afflue sur la surface du piston que pendant les 0,8 de sa course, cette proportion peut être abaissée à $\frac{1}{4,75}$.

103. *Pompe alimentaire.* — La pompe alimentaire a pour objet d'injecter dans la chaudière l'eau nécessaire à la marche de la machine.

Ordinairement le volume engendré par le piston de cette pompe dans une course simple est égal à $\frac{1}{230}$ de celui qu'engendre le piston moteur. Quelquefois, dans les machines de bateaux, cette proportion est portée à $\frac{1}{132}$, bien que l'alimentation, par de trop grandes quantités d'eau à la fois, présente de graves inconvénients.

Ainsi, pour trouver le diamètre d du piston de cette pompe, nous aurons, comme précédemment, en désignant par n le rapport des courses des deux pistons,

$$\frac{d^2}{1,273} \times \frac{h}{n} = \frac{1}{230} \frac{D^2}{1,273} \times h \quad \text{ou} \quad \frac{d^2}{n} = \frac{D^2}{230}$$

et

$$d^2 = \frac{n D^2}{230}, \quad d = D \sqrt{\frac{n}{230}}.$$

Pour les machines de bateaux, on aura

$$d = D \sqrt{\frac{n}{132}}.$$

104. *Machines à détente et à condensation.* — Ces machines sont ordinairement munies d'une enveloppe qui sert à éviter le refroidissement du cylindre pendant la détente. Comme la vapeur motrice doit toujours être capable de vaincre la résistance opposée par la contre-pression, il convient que la vapeur, à la fin de la course du piston, possède une force élastique égale à $0^{atm},5$.

Partant de cette donnée et sachant d'ailleurs que les machines de ce système marchent à 8, 7, 6, 5 et 4 atmosphères, il devient facile de calculer la limite de la détente.

1° La machine marchant à 8 atmosphères, appelons v le volume de la vapeur pendant la période d'admission, et v' le volume qu'elle occupe à la fin de la course du piston. On aura

$$8v = 0,5v', \quad \text{d'où} \quad v' = \frac{8}{0,5}v = 16v.$$

Ainsi, puisque la vapeur à la fin de la courbe du piston occupe un volume 16 fois plus grand qu'à la fin de l'admission, il s'ensuit que la détente la plus prolongée pourra commencer à $\frac{1}{16}$ de la course du piston.

2° La pression est égale à 7 atmosphères. Comme précédemment, il viendra, par l'application de la loi de Mariotte,

$$7v = 0,5v' \quad \text{et} \quad v' = \frac{7v}{0,5} = 14v.$$

Dans ce cas, la limite de la détente peut être fixée à $\frac{1}{14}$ de la course du piston.

3° La pression est de 6 atmosphères. On aura encore

$$6v = 0,5v' \quad \text{et} \quad v' = \frac{6v}{0,5} = 12v,$$

c'est-à-dire que la détente pourra commencer à $\frac{1}{12}$ de la course du piston.

4° La pression étant de 5 atmosphères, il vient

$$5v = 0,5v' \quad \text{et} \quad v' = \frac{5v}{0,5} = 10v.$$

Dans ce cas, la limite de la détente est fixée à $\frac{1}{10}$ de la course du piston.

5° Enfin, si la machine marche à une pression de 4 atmosphères, on a

$$4v = 0,5v', \quad \text{d'où} \quad v' = \frac{4v}{0,5} = 8v,$$

c'est-à-dire que la détente la plus prolongée peut commencer à $\frac{1}{8}$ de la course du piston.

Il est assez rare que dans ces machines on fasse commencer la détente au delà de $\frac{1}{8}$ de la course du piston.

105. *Travail produit par 1 kilogramme de combustible.* — Pour résoudre cette question, il suffit de faire l'application de la formule générale

$$T = \frac{47842592\,(1 + \alpha t)\left(1 + \log \text{hyp.}\, \dfrac{p}{p'} - \dfrac{p''}{p'}\right)}{606,5 + 0,305\,t - t'}.$$

Autrefois les machines de ce système dépensaient de 3 à 3^{kg},5 de houille de qualité moyenne par heure et par force de cheval. Les perfectionnements apportés à ces machines ont considérablement réduit la consommation de combustible. Elles sont aujourd'hui livrées par les constructeurs aux conditions suivantes :

Pression initiale.	Quantité de houille à brûler par heure et par force de cheval.
atm	kg
8	1,39
7	1,40
6	1,41
5	1,46
4	1,54

Dans quelques machines construites avec une grande précision, la consommation n'atteint même pas les chiffres consignés dans ce tableau.

On donne ordinairement au coefficient de correction K les valeurs suivantes :

Force de la machine en chevaux.	Valeurs de K.
4 à 8	0,41
10 à 20	0,52
30 à 50	0,63
60 à 100	0,74

106. *Vitesse du piston.* — La vitesse moyenne du piston est généralement comprise entre 1 mètre et $2^m,50$. M. Morin estime que la vitesse ne doit pas excéder 1 mètre pour les petites machines, et qu'elle peut varier de $1^m,30$ à $1^m,50$ pour les machines très-puissantes.

Le nombre de tours du volant en une minute varie de 38,5 à 24,5 depuis les plus faibles machines jusqu'aux plus grandes, quand elles sont à mouvement direct. Pour les machines à balancier, ce nombre est compris entre 30 et 15,9. D'après cela, la course du piston se déduira de la relation

$$nh = 60\,\mathrm{V}_1, \quad h = \frac{60\,\mathrm{V}_1}{n},$$

n représentant le nombre de coups de piston simples en une minute.

107. *Force nominale de la machine en chevaux-vapeur.* — Considérons à cet effet l'équation

$$\mathrm{T} = vp\left(1 + \log \mathrm{hyp.}\ \frac{p}{p'} - \frac{p''}{p'}\right).$$

Désignant, comme précédemment, par n le nombre de pulsations du piston en une minute, on aura

$$\mathrm{N} = \frac{\mathrm{K}\,nvp\left(1 + \log \mathrm{hyp.}\ \frac{p}{p'} - \frac{p''}{p'}\right)}{60 \times 75}.$$

108. *Diamètre du cylindre.* — Si de la dernière formule nous tirons la valeur de v, il viendra

$$v = \frac{\mathrm{N} \times 60 \times 75}{\mathrm{K}np\left(1 + \log \mathrm{hyp.}\ \frac{p}{p'} - \frac{p''}{p'}\right)}.$$

Si nous désignons par m le rapport de la course totale du piston à la partie de la course qui correspond à l'admission de la vapeur, on pourra poser

$$v = \frac{\mathrm{D}^2}{1,273} \times \frac{h}{m},$$

D représentant le diamètre du cylindre.

Par suite,

$$\frac{D^2}{1,273} \times \frac{h}{m} = \frac{N \times 60 \times 75}{K\,np\left(1 + \log \text{hyp.} \frac{p}{p'} - \frac{p''}{p'}\right)};$$

d'où l'on déduit

$$D^2 = \frac{Nm \times 60 \times 75 \times 1,273}{K\,nhp\left(1 + \log \text{hyp.} \frac{p}{p'} - \frac{p''}{p'}\right)}.$$

Remplaçant nh par sa valeur $60\,V_1$, on aura

$$D^2 = \frac{Nm \times 60 \times 75 \times 1,273}{60\,V_1 K p\left(1 + \log \text{hyp.} \frac{p}{p'} - \frac{p''}{p'}\right)},$$

ou

$$D^2 = \frac{Nm \times 75 \times 1,273}{K V_1 p\left(1 + \log \text{hyp.} \frac{p}{p'} - \frac{p''}{p'}\right)}$$

et

$$D = \sqrt{\frac{Nm \times 75 \times 1,273}{K V_1 p\left(1 + \log \text{hyp.} \frac{p}{p'} - \frac{p''}{p'}\right)}}.$$

109. *Diamètre du tuyau de prise de vapeur.* — Là surface de la section de ce tuyau est approximativement égale à $\frac{1}{20}$ de la surface du piston. Par conséquent, en désignant par d le diamètre de ce tuyau, on aura

$$\frac{d^2}{1,273} = \frac{1}{20} \frac{D^2}{1,273} \quad \text{ou} \quad d^2 = \frac{1}{20} D^2,$$

et

$$d = D \sqrt{\frac{1}{20}} = D \sqrt{0,05}.$$

110. *Lumières d'admission.* — La surface de chacun de ces orifices est encore égale à $\frac{1}{20}$ de la surface du piston et leur largeur est égale à 4 ou 5 fois leur hauteur. On aura donc, dans le premier cas,

$$4H^2 = \frac{1}{20}\frac{D^2}{1,273},$$

$$H^2 = \frac{1}{80}\frac{D^2}{1,273} = \frac{D^2}{101,84},$$

$$H = D\sqrt{\frac{1}{101,84}} = 0,09D,$$

$$L = 4 \times 0,9D = 0,36D,$$

et, dans le second cas,

$$5H^2 = \frac{1}{20}\frac{D^2}{1,273},$$

$$H^2 = \frac{1}{100}\frac{D^2}{1,273} = \frac{D^2}{127,3},$$

$$H = D\sqrt{\frac{1}{127,3}} = 0,088D.$$

111. *Poids de l'eau à injecter dans la chaudière pour la marche de la machine.* — De l'équation générale du travail on déduit

$$v = \frac{N \times 75 \times 60}{Knp\left(1 + \log \text{hyp.}\ \dfrac{p}{p'} - \dfrac{p''}{p}\right)},$$

en multipliant par la densité $d = \dfrac{0,81\,n_{\text{!}}}{1 + \alpha t}$ de la vapeur, on aura le poids q de la vapeur ou de l'eau qui l'a produite pour une course simple du piston

$$q = vd = \frac{N \times 75 \times 60 \times 0,81n_{\text{!}}}{Knp\left(1 + \log \text{hyp.}\ \dfrac{p}{p'} - \dfrac{p''}{p'}\right)(1 + \alpha t)}.$$

Dans cette formule, n représente le nombre de courses simples du piston en une minute, et $n_{\text{!}}$ la pression de la vapeur en atmosphères.

Le poids de l'eau étant le même que celui de la vapeur, on obtient aisément la quantité d'eau nécessaire à la marche de la machine en une heure, si l'on connaît le nombre de pulsations du piston pendant le même temps.

En tenant compte des espaces nuisibles pour les machines bien construites et bien réglées, la dépense d'eau ne dépasse pas sensiblement les quantités suivantes :

Pression dans la chaudière.	Eau à vaporiser par heure et par force de cheval-vapeur.
atm	kg
8	8,33
7	8,39
6	8,47
5	8,71
4	9,25

112. *Pompe alimentaire.* — Le volume engendré par le piston de la pompe alimentaire varie de $\frac{1}{60}$ à $\frac{1}{80}$ du volume engendré par le piston moteur pendant la plus longue admission de la vapeur, que l'on suppose égale au tiers de la course.

Ordinairement, quand le constructeur fait le projet de la machine, il se donne le rapport de la course du piston moteur à celle du piston de la pompe. Appelant m ce rapport et d le diamètre cherché, on aura

$$\frac{d^2}{1,273} \times \frac{h}{m} = \frac{1}{70} \frac{D^2}{1,273} \times h,$$

ou

$$\frac{d^2}{m} = \frac{D^2}{70}, \quad d^2 = \frac{m D^2}{70}, \quad d = D \sqrt{\frac{m}{70}}.$$

113. *Pompe à air.* — Le volume engendré par le piston de la pompe à air dans une course simple varie de $\frac{1}{3}$ à $\frac{2}{5}$ du volume engendré par le piston à vapeur pendant la plus longue admission, supposée égale au tiers de la course.

Par les mêmes considérations que pour la pompe alimentaire, on déterminerait le diamètre de la pompe à air en fonction du diamètre du cylindre.

114. *Pompe à eau froide.* — Le volume engendré par le piston de la pompe à eau froide dans une course simple est de $\frac{1}{6}$ à $\frac{1}{10}$ du volume engendré par le piston à vapeur pendant la plus longue admission, que l'on suppose encore limitée au $\frac{1}{3}$ de la course du piston. On peut aussi, comme dans les pompes dont il a été précédemment question, exprimer le diamètre en fonction de celui du cylindre.

115. *Machines de Woolf à deux cylindres avec détente et condensation.* — Dans les machines ordinaires à détente la vapeur se dilate dans le même cylindre. Depuis les perfectionnements introduits par Watt dans la construction de la machine à double effet, Woolf pensa à utiliser la détente dans une plus forte proportion, afin de tirer un meilleur parti de la chaleur, puisque le travail développé pendant la détente vient s'ajouter à celui produit directement par la chaleur pendant la période d'admission de la vapeur.

Les machines de Woolf diffèrent de celles de Watt, en ce qu'elles se composent de deux cylindres distincts ; dans

Fig. 28.

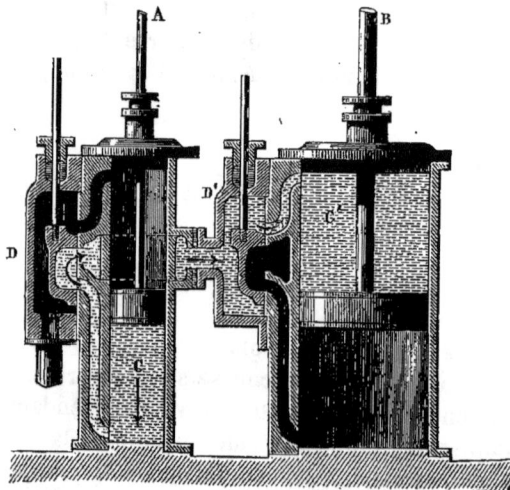

l'un d'eux la vapeur agit en plein, et dans l'autre elle produit son action par sa détente en sortant du premier cylindre. Pour bien comprendre le fonctionnement de la machine, appelons C (*fig.* 28) le premier cylindre qui seul reçoit l'action de la vapeur, venant du générateur, et C' le cylindre dans lequel la vapeur se détend. Il est évident que, la détente ayant lieu dans le cylindre C', son volume doit être plus grand que celui du cylindre C. Ces deux cylindres sont munis chacun d'un appareil de distribution représenté par D pour le premier, et par D' pour le second. On fait communiquer, au moyen d'un tuyau de conduite, la partie inférieure du petit cylindre avec la partie supérieure du grand. Ainsi que l'indique la figure, le grand cylindre seul communique avec le condenseur. Les tiges des deux pistons sont articulées à un même balancier, de sorte qu'ils se meuvent simultanément dans le même sens, le premier par l'action directe de la vapeur, qui vient de la chaudière ; le second par la détente de la vapeur, qui a servi à la pulsation précédente du petit piston. Woolf prescrit de renfermer les deux cylindres dans une enveloppe commune, où l'on fait circuler la vapeur pour mettre les cylindres moteurs à l'abri de tout refroidissement par le contact de l'air extérieur, disposition dont l'expérience a d'ailleurs démontré tous les avantages. Par la forme donnée aux machines de ce système, on comprend que la détente de la vapeur sur la surface du grand piston produit une quantité de travail supplémentaire sans qu'il soit nécessaire de recourir à une nouvelle dépense de vapeur. On obtient ainsi une grande régularité de marche qui résulte de ce que l'effort constant exercé dans le petit cylindre vient s'ajouter, pendant la même période de mouvement, à l'effort variable développé dans le grand cylindre par la détente de la vapeur.

Ces machines sont très-répandues dans les pays où la filature est l'industrie dominante. On les rencontre surtout dans les manufactures de Rouen et de Lille, où l'on se préoccupe bien plus d'avoir de bonnes machines que de réaliser, sur les frais d'achat et d'installation, une économie insignifiante à côté du capital à immobiliser dans l'établissement tout entier.

Dans la construction de ces machines, on adopte deux dispositions différentes : la première, d'après les principes établis par Woolf, consiste à relier les pistons à un balancier exactement comme dans la machine de Watt, d'où résulte l'inégalité des courses de ces pistons.

Il convient de placer les axes des deux cylindres dans le plan moyen du balancier, le petit étant le plus rapproché de l'axe de rotation et de fixer les points d'attache des tiges des pistons, de manière que la course du petit piston soit les $\frac{3}{4}$ de celle du grand.

Dans la seconde disposition, la machine est verticale ou horizontale, mais à mouvement direct, de sorte que les courses des deux pistons sont égales.

Quelle que soit la disposition employée, le tiroir de distribution du petit cylindre doit être réglé de manière que l'admission de la vapeur n'ait lieu que pendant les $\frac{2}{3}$ de la course du piston, et la limite de la détente dans le grand cylindre doit être telle que la pression finale soit égale à $0^{atm}, 50$. Ordinairement, la pression p dans la chaudière a l'une des valeurs suivantes :

$$p = 4^{atm}, 50, \quad p = 4^{atm}, 00, \quad p = 3^{atm}, 50.$$

La vitesse du grand piston varie entre les limites 1 mètre et $1^{m}, 30$, selon la force de la machine.

116. *Rapport des diamètres des deux cylindres.* — Premier cas : *La machine est à balancier.* — Appelons

V le volume du grand cylindre;
D le diamètre;
h la course du piston;
v le volume du petit cylindre;
d le diamètre.

Si la pression dans la chaudière est égale à $4^{atm}, 5$, en vertu de la loi de Mariotte et de l'hypothèse admise sur la limite de la détente, on aura

$$0,5 V = 4,5 v, \quad \text{d'où} \quad V = \frac{4,5}{0,5} v = 9 v,$$

et

$$\frac{D^2}{1,273} \times h = 9 \times \frac{2}{3} \frac{d^2}{1,273} \times \frac{3}{4} h,$$

$$D^2 = \frac{18}{4} d^2, \quad D = d \sqrt{\frac{18}{4}} = 2,12 d.$$

Pour une pression de 4 atmosphères,

$$0,5 V = 4 v, \quad V = \frac{4}{0,5} v = 8 v,$$

et, comme précédemment, il vient

$$\frac{D^2}{1,273} \times h = 8 \times \frac{2}{3} \frac{d^2}{1,273} \times \frac{3}{4} h,$$

$$D^2 = \frac{16}{4} d^2, \quad D = d \sqrt{\frac{16}{4}} = 2d.$$

Enfin, si la pression est de $3^{\text{atm}},5$, on a encore

$$0,5 V = 3,50, \quad V = 7v,$$

$$\frac{D^2}{1,273} \times h = 7 \times \frac{2}{3} \frac{d^2}{1,273} \times \frac{3}{4} h,$$

$$D^2 = \frac{14}{4} d^2, \quad D = d \sqrt{\frac{14}{4}} = 1,87 d.$$

SECOND CAS : *La machine est à mouvement direct.* — Les courses des pistons étant égales pour les mêmes pressions que précédemment, on aura successivement :

1° $\quad V = 9v, \quad \dfrac{D^2}{1,273} \times h = 9 \times \dfrac{2}{3} \dfrac{d^2}{1,273} \times h,$

$\quad D^2 = 6 d^2, \quad D = d \sqrt{6} = 2,45 d;$

2° $\quad V = 8v, \quad \dfrac{D^2}{1,273} \times h = 8 \times \dfrac{2}{3} \dfrac{d^2}{1,273} \times h,$

$\quad D^2 = \dfrac{16}{3} d^2, \quad D = d \sqrt{\dfrac{16}{3}} = 2,31 d;$

3° $\quad V = 7v, \quad \dfrac{D^2}{1,273} \times h = 7 \times \dfrac{2}{3} \dfrac{d^2}{1,273} \times h,$

$\quad D^2 = \dfrac{14}{3} d^2, \quad D = d \sqrt{\dfrac{14}{3}} = 2,16 d.$

117. *Travail développé par la vapeur.* — *Force nominale de la machine.* — Nous allons démontrer *a priori* que le travail développé par un volume de vapeur saturée est le même, que l'on fasse usage, pour obtenir le même degré de détente, d'une machine à un seul cylindre ou d'une machine à deux cylindres.

À cet effet, examinons comment la vapeur se comporte dans les deux cylindres C, C′ (*fig.* 28), et appelons

a l'aire du petit piston ;

h un déplacement élémentaire de ce piston ;

A l'aire du grand piston ;

h' le déplacement élémentaire du grand piston ;

p la pression agissant par action directe sur la surface du petit piston ;

p' la pression commune exercée sur les deux pistons pendant le chemin infiniment petit parcouru.

Le travail élémentaire développé sur la surface du petit piston aura pour valeur aph ; mais comme, sur la surface de ce piston, la pression p agit en sens inverse de la pression p', le travail utile relatif à ce piston aura pour valeur

$$aph - ap'h.$$

D'autre part, le travail positif produit sur la surface du grand piston étant exprimé par $Ap'h'$, il s'ensuit que le travail total développé sur les deux pistons, abstraction faite de la contre-pression qui provient du condenseur, sera

$$aph - ap'h + Ap'h' = Aph + p'(Ah' - ah).$$

Or le facteur $Ah' - ah$ exprime précisément l'accroissement élémentaire de volume, et par suite la quantité élémentaire de travail développé par la détente de la vapeur est proportionnelle, dans la machine à deux cylindres, à l'accroissement élémentaire de volume.

Donc, lorsqu'on fait usage de deux cylindres ou d'un seul, le travail développé par la vapeur sera le même pour un même accroissement de volume, en supposant que les pressions initiales aient des valeurs égales dans les deux cas.

Des considérations qui précèdent il résulte que, pour estimer le travail d'une machine à vapeur à deux cylindres, on pourra employer la formule générale des machines à vapeur à un cylindre avec détente et condensation

$$T = vp \left(1 + \log \text{hyp.} \, \frac{p}{p'} - \frac{p''}{p'} \right).$$

Dans une machine à deux cylindres, v représente le volume de vapeur saturée admise dans le petit cylindre , p la pression correspondante en kilogrammes, p' la pression de la vapeur à la fin de la course du grand piston et p'' la contre-pression provenant du condenseur.

Appelant **K** le coefficient pratique et n le nombre de pulsations du piston en une minute, on aura

$$N \times 75 = \frac{K\,nvp \left(1 + \log \text{hyp.} \frac{p}{p'} - \frac{p''}{p'} \right)}{60} \,;$$

d'où

$$N = \frac{K\,nvp \left(1 + \log \text{hyp.} \frac{p}{p'} - \frac{p''}{p'} \right)}{75 \times 60} \,.$$

Tableau des valeurs du coefficient K.

Force de la machine.	Valeurs de K.
De 4 à 8 chevaux...............	0,38
De 10 à 20 chevaux............	0,48
De 30 à 50 chevaux............	0,58
De 60 à 100 chevaux...........	0,70

118. *Diamètre du petit cylindre.* — De la formule qui précède on déduit

$$v = \frac{N \times 75 \times 60}{K\,np \left(1 + \log \text{hyp.} \frac{p}{p'} - \frac{p''}{p'} \right)} \,.$$

Désignant par d le diamètre du cylindre et se rappelant que la vapeur n'est admise que pendant les $\frac{2}{3}$ de la course du piston, on aura

$$\frac{d^2}{1,273} \times \frac{2}{3} h = \frac{N \times 75 \times 60}{K\,np \left(1 + \log \text{hyp.} \frac{p}{p'} - \frac{p''}{p'} \right)} \,;$$

d'où

$$d^2 = \frac{N \times 75 \times 60 \times 1,273 \times 3}{2\,K\,nhp \left(1 + \log \text{hyp.} \frac{p}{p'} - \frac{p''}{p'} \right)} \,.$$

Remplaçant nh par sa valeur $60 V_1$ en fonction de la course du piston, il viendra

$$d^2 = \frac{N \times 75 \times 60 \times 1,273 \times 3}{2K \times 60V_1 p \left(1 + \log \text{hyp.} \dfrac{p}{p'} - \dfrac{p''}{p'}\right)},$$

$$d^2 = \frac{N \times 75 \times 1,273 \times 3}{2KV_1 p \left(1 + \log \text{hyp.} \dfrac{p}{p'} - \dfrac{p''}{p'}\right)}$$

et

$$d = \sqrt{\frac{N \times 75 \times 1,273 \times 3}{2KV_1 p \left(1 + \log \text{hyp.} \dfrac{p}{p'} - \dfrac{p''}{p'}\right)}}.$$

1°. La machine marche à $4^{\text{atm}},5$.

$$p = 10334 \times 4^{\text{atm}},5 = 46503^{\text{kg}},$$
$$p' = 10334 \times 0^{\text{atm}},5 = 5167^{\text{kg}},$$

$$p'' = 1500^{\text{kg}}, \quad \frac{p}{p'} = \frac{4,5}{0,5} = 9,$$

et

$$\log \text{hyp. } 9 = 2,1972245.$$

Introduisant ces valeurs numériques dans la formule, on aura

$$d = \sqrt{\frac{N \times 75 \times 1,273 \times 3}{2KV_1 \times 46503 \left(1 + 2,1972245 - \dfrac{1500}{5167}\right)}}.$$

2° La pression est de 4 atmosphères.

$$p = 10334 \times 4 \quad = 41336^{\text{kg}},$$
$$p' = 10334 \times 0,5 = 5167^{\text{kg}},$$

$$p'' = 1500^{\text{kg}}, \quad \frac{p}{p'} = 8,$$

et

$$\log \text{hyp. } 8 = 2,0794415;$$

par conséquent

$$d = \sqrt{\frac{N \times 75 \times 1,273 \times 3}{2KV_1 \times 41336 \left(1 + 2,079415 - \dfrac{1500}{5167}\right)}}.$$

3° La pression est de $3^{atm},5$.

$$p = 10334 \times 3,5 = 36169^{kg},$$
$$p' = 10334 \times 0,5 = 5167^{kg},$$
$$p'' = 1500^{kg}, \quad \frac{p}{p'} = 7,$$

et

$$\log \text{hyp. } 7 = 1,9459101,$$

et, en introduisant ces valeurs dans la formule,

$$d = \sqrt{\frac{N \times 75 \times 1.273 \times 3}{2\,\mathrm{KV}_1 \times 36169 \left(1 + 1,9459101 - \dfrac{1500}{5167}\right)}}.$$

119. *Pompe à eau froide.* — D'après ce qui a été dit plus haut, cette pompe doit avoir une capacité suffisante pour contenir l'eau nécessaire à la condensation de la vapeur, provenant de deux pulsations du piston. Par la méthode indiquée, on trouve le poids de cette eau, d'où l'on déduit aisément le volume qu'elle occupe. Les ingénieurs qui s'occupent spécialement de la construction des machines de ce système, comptent sur une production de vapeur de 15 kilogrammes et sur une consommation de 2 à $2^{kg},5$ de charbon par heure et par force de cheval.

Ordinairement le volume engendré par le piston de la pompe à eau froide est égal à $\frac{1}{10}$ de celui qu'engendre le petit piston moteur. Souvent on est obligé de porter cette proportion à $\frac{1}{8}$ et même à $\frac{1}{6}$, pour que l'eau injectée puisse suffire, si la pression de la vapeur devenait supérieure à sa valeur normale. On peut aussi, de même que pour les machines précédemment étudiées, obtenir le diamètre du piston de la pompe à eau froide en fonction du diamètre du piston à vapeur.

120. *Pompe à air et pompe alimentaire.* — Le volume engendré par le piston de la pompe à air est approximativement égal à $\frac{1}{1,4}$ ou $\frac{5}{7}$ de celui engendré par le piston à vapeur dans une course simple, et même quelques constructeurs portent ce rapport à l'unité. Quant à la pompe alimentaire, pour se réserver la facilité d'alimenter rapidement, en cas de besoin, on estime qu'il convient de porter le volume engendré par le piston de cette pompe dans une course simple à $\frac{1}{40}$ ou $\frac{1}{30}$ de celui qu'engendre le piston du petit cylindre. Au moyen de ces données d'expérience et de la position des points d'attache des tiges de ces pistons sur le balancier, il est facile de trouver les diamètres des corps de pompe en fonction du diamètre du grand cylindre ou du petit.

121. *Lumières d'admission et tuyaux de communication entre les deux cylindres.* — Les constructeurs les plus habiles donnent aux lumières d'admission du petit cylindre une surface égale à $\frac{1}{20}$ de celle du petit piston à vapeur. La largeur des lumières est égale à 4 fois la hauteur. D'après cela, on pourra poser

$$LH = 4H^2 = \frac{1}{20}\frac{d^2}{1,273},$$

d'où

$$H^2 = \frac{d^2}{80 \times 1,273}, \quad H = d\sqrt{\frac{1}{101,84}} = 0,099d,$$

$$L = 4 \times 0,099d = 0,396d.$$

Le tuyau de prise de vapeur doit avoir aussi une section égale à $\frac{1}{20}$ de l'aire du petit piston, et, quand la machine marche à l'état normal, la valve régulatrice doit laisser libre un passage à peu près égal à $0,75$ de l'aire de cette section.

Quant au tuyau qui établit la communication entre les deux cylindres, la section est environ égale à $\frac{1}{36}$ de l'aire du grand piston.

Enfin l'aire des lumières d'émission et celle de la section du tuyau d'échappement doivent être égales à $\frac{1}{15}$ ou $\frac{1}{20}$ de l'aire du grand piston.

Pour ne pas gêner la circulation de la vapeur, il convient de restreindre la longueur des tuyaux de conduite, de diminuer, autant que possible, le nombre des coudes et de donner un très-grand rayon aux courbes de raccordement.

122. *Espace nuisible.* — *Théorie de M. Combes.* — Dans le passage du petit cylindre au grand, la pression de la vapeur éprouve un abaissement subit, occasionné par la grandeur des tuyaux qui établissent la communication entre les deux cylindres; il est vrai qu'il n'en résulte aucun travail résistant, mais la perte de pression contraint à limiter la détente plus qu'on ne le ferait sans cette circonstance.

D'autres causes contribuent encore à produire cet effet; il est indispensable de laisser entre les positions extrêmes du piston et les fonds du cylindre un intervalle que nous avons désigné plus haut sous le nom d'*espace nuisible*. La nécessité de cette disposition s'explique facilement par les difficultés inhérentes à la construction de la machine; le moindre défaut d'ajustement et le moindre desserrage des parties qui composent le piston peuvent en effet produire un choc contre les fonds du cylindre et en occasionner la rupture. Dans les machines les mieux établies, l'espace nuisible s'élève, malgré toutes les précautions prises, à $\frac{1}{16}$ ou $\frac{1}{20}$ du volume total engendré par le piston. La présence de l'espace nuisible, ce qui d'ailleurs justifie cette dénomination, fait perdre une partie du travail dû à la pression initiale, et celui qui serait engendré par le volume de vapeur qui le remplit. Ces circonstances ne permettent pas de laisser la vapeur se détendre au delà de dix à douze fois son volume. Il est d'ailleurs peu avantageux de rapprocher trop la détente de la limite possible, car on diminue ainsi le travail dû à la pression de la vapeur, qui alors vient se loger dans l'espace nuisible.

Dans les machines à vapeur à deux cylindres de Woolf, au moyen d'une ingénieuse disposition proposée par M. Combes, il est possible de supprimer l'influence de l'espace nuisible compris entre le piston parvenu à la limite de sa course et la soupape d'admission. Voici en quoi consiste la théorie établie par ce savant ingénieur.

Supposons que l'espace nuisible dans le petit cylindre soit $\frac{1}{m}$ du volume engendré par le petit piston, et que l'admission de la vapeur ait lieu pendant une fraction $\frac{1}{n}$ de la course. Si nous prenons pour unité le volume engendré par le petit piston, il est clair que le volume total occupé par la vapeur au moment où cesse l'admission sera représenté par $\frac{1}{m} + \frac{1}{n}$. Par suite, le rapport du volume de la vapeur dans l'espace nuisible au volume total sera représenté par

$$\frac{\text{I}}{m} : \left(\frac{\text{I}}{m} + \frac{\text{I}}{n} \right),$$

ou, en réduisant au même dénominateur,

$$\frac{n}{mn} : \left(\frac{n + m}{mn} \right),$$

et, si l'on multiplie par ce dénominateur, le rapport sera représenté par

$$n : (m + n) = \frac{n}{m + n}.$$

Cela posé, concevons que, pendant la course du piston en sens inverse, on intercepte la communication entre l'extrémité du petit cylindre et l'extrémité opposée du grand, au moment même où le volume compris entre le petit piston et la soupape placée dans le tuyau de communication soit au volume total occupé par la vapeur dans les deux cylindres et le tuyau de communication dans le rapport précité, $n : (m + n)$. Comme les deux pistons continuent à s'avancer, on comprend que la vapeur contenue dans le petit cylindre sera comprimée par le piston et confinée dans un espace de plus en plus petit, jusqu'à ce que, le piston ayant accompli sa course rétrograde, elle n'occupe plus que le volume $\frac{\text{I}}{m}$. Pendant cette compression, la tension de la vapeur croîtra, et, quand elle n'occupera plus que l'espace nuisible, elle deviendra égale à la pression initiale, puisque, d'après l'hypothèse admise, sous le même volume, il existera la même quantité pondérable de vapeur.

Les choses se passant ainsi, l'espace nuisible se trouve en fait annulé et la vapeur affluente occupera simplement le volume $\frac{\text{I}}{n}$, absolument comme si l'espace nuisible n'existait pas. Enfin nous ferons observer que le travail nécessaire à la compression de la vapeur est restitué par la détente et que, pendant l'accomplissement de ce phénomène, cette vapeur se

comporte absolument comme le ferait un ressort d'acier successivement bandé et détendu.

123. *Machines à vapeur surchauffée.* — Depuis plusieurs
années, de nombreuses tentatives ont été faites pour imprimer le mouvement au piston avec de la vapeur surchauffée,
c'est-à-dire que, au lieu d'introduire directement la vapeur dans
le cylindre, on la chauffe préalablement hors du contact de
l'eau jusqu'à 200 ou 240 degrés C. La vapeur surchauffée se
comporte alors comme un gaz dans le voisinage du point de
liquéfaction. La surchauffe, dans les conditions où elle est
opérée par M. Hirn, donne des résultats avantageux et pro-
cure une notable économie de combustible. Toutefois, les
expériences entreprises par ce savant et habile physicien ne
suffisent pas pour établir la loi, extrêmement compliquée
sans doute, qui lie le volume, la pression et la température
de la vapeur dans le voisinage du point de saturation.

Les premières expériences sur l'alimentation des cylindres
par de la vapeur surchauffée ont porté sur une machine de
Woolf. L'économie de chaleur s'élevait à 12 ou 15 pour 100.
On s'aperçut toutefois, dans le cours des expériences, que,
par suite de l'évaporation des graisses servant à lubrifier les
surfaces frottantes, les pistons souffraient de la chaleur considérable cédée par la vapeur contenue dans l'enveloppe.
Pour obvier à cet inconvénient, M. Hirn, dans une nouvelle
série d'expériences, a fait arriver directement la vapeur au
tiroir de distribution sans passer préalablement par l'enveloppe. Les résultats ont été aussi satisfaisants que possible et,
bien que le rendement n'ait pas atteint la valeur obtenue dans
les expériences précédentes, la machine a cependant réalisé
une économie permanente de 10 pour 100, comparativement
à ce qu'elle rendait par l'emploi de la vapeur saturée avec
enveloppe du cylindre. Si donc le surchauffage de la vapeur a
pour objet de la prémunir contre une condensation trop rapide et d'assurer la complète vaporisation de l'eau entraînée
par la vapeur saturée, les inconvénients que nous avons signalés font ressortir la nécessité de ne pas porter la température à la limite qui correspond à la décomposition des
graisses et des huiles employées pour les machines. Dans la

pratique, il convient d'adopter une légère surchauffe de 3o ou 4o degrés au-dessus du point de vaporisation, suivant son élévation.

Par cette précaution, on parvient à transformer en vapeur sèche celle qui existe à l'état vésiculaire et à réchauffer le cylindre dans lequel s'accomplit le travail moteur. Telle est, du moins, la conséquence qui nous semble résulter des belles expériences entreprises par M. Hirn. Pratiqué dans les limites que nous avons indiquées, le surchauffage donne lieu à une grande économie, sans qu'il soit possible néanmoins de lui assigner une valeur générale. Ordinairement on surchauffe la vapeur, soit par la chaleur perdue des gaz brûlés, soit par l'emploi d'un foyer particulier. Le premier procédé, appliqué aux machines munies d'une chaudière à vaporisation rapide, fait disparaître le grave inconvénient que présenterait pour le piston et pour la conservation du cylindre en bon état une vapeur trop sèche portée à une haute température, attendu que la chaleur totale possédée par les gaz brûlés est insuffisante pour vaporiser l'eau en globules contenue dans la vapeur saturée.

Enfin les expériences de M. Hirn ont encore montré que le surchauffage de la vapeur ne produit en quelque sorte aucune économie dans les machines à enveloppe et à détente très-prolongée; au contraire, dans les machines sans enveloppe et à faible détente, elle peut s'élever en moyenne à 25 pour 100, comparativement au rendement obtenu par l'emploi de vapeur humide.

124. *Machines à détente sans condensation avec enveloppe.* — Ces machines sont toujours à haute pression et ne peuvent fonctionner dans de bonnes conditions qu'à des pressions de 6, 7 et 8 atmosphères. Pour éviter la condensation de la vapeur, quand elle agit sur la surface du piston, il convient de renfermer le cylindre dans une enveloppe, et même les deux fonds, si la constitution organique de la machine le permet. Comme, pendant la détente, la force élastique de la vapeur doit posséder une valeur suffisante pour faire mouvoir le piston, les constructeurs estiment qu'elle doit être égale à $1^{atm},5$ quand le piston est à fond de course.

Avec ces données d'expérience, il est facile de trouver la détente moyenne.

À cet effet, appelons

p la pression dans la chaudière;

p' la pression à la fin de la détente;

v le volume engendré par le piston pendant l'admission;

v' le volume occupé par la vapeur à la fin de la détente.

1° La machine marche à 6 atmosphères.

En vertu de la loi de Mariotte, nous aurons

$$vp = v'p', \quad 6v = 1,5v';$$

d'où

$$v' = \frac{6}{1,5} v = 4v \quad \text{et} \quad v = \frac{1}{4} v'.$$

Ainsi la plus longue détente pourra commencer au quart de la course du piston.

2° La pression dans la chaudière est égale à 7 atmosphères.

$$7v = 1,5v', \quad v' = \frac{7}{1,5} v,$$

$$v' = 4,66v, \quad v = \frac{1}{4,66} v'.$$

La détente la plus prolongée doit donc commencer à $\frac{1}{4,66}$ de la course du piston.

3° La pression initiale est égale à 8 atmosphères.

$$8v = 1,5v', \quad v' = \frac{8}{1,5} v,$$

$$v' = 5,33v, \quad v = \frac{1}{5,33} v'.$$

Dans ce dernier cas, l'admission de la vapeur n'aura lieu que pendant la fraction $\frac{1}{5,33}$ de la course du piston.

125. *Force de la machine en chevaux-vapeur.* — Considérons à cet effet la formule générale

$$T = vp \left(1 + \log \text{hyp.} \frac{p}{p'} - \frac{p''}{p'} \right).$$

La machine étant sans condensation, la contre-pression

$$p'' = 1^{\text{atm}} = 10334.$$

Introduisant cette valeur dans la formule, on aura

$$T = vp \left(1 + \log \text{hyp.} \frac{p}{p'} - \frac{10334}{p'} \right).$$

Désignant par **K** le coefficient pratique qui doit affecter la formule théorique, et par n le nombre de pulsations du piston en une minute, nous aurons

$$N \times 75 = \frac{K\, nvp \left(1 + \log \text{hyp.} \frac{p}{p'} - \frac{10334}{p'} \right)}{60};$$

d'où

$$N = \frac{K\, nvp \left(1 + \log \text{hyp.} \frac{p}{p'} - \frac{10334}{p'} \right)}{60 \times 75}.$$

Tableau des valeurs du coefficient **K.**

Force de la machine.	Valeurs de K.
De 4 à 8 chevaux..............	0,45
De 10 à 20 chevaux............	0,58
De 30 à 50 chevaux............	0,70
De 60 à 100 chevaux...........	0,81

126. *Vitesse du piston.* — La vitesse du piston est généralement de 1 mètre par seconde. Pour les machines très-puissantes, elle varie entre $1^m,20$ et $1^m,30$. Quelques constructeurs l'ont élevée à 2 mètres et même à $2^m,50$; mais l'expérience a montré que ces deux vitesses limites ne convenaient pas à une marche régulière, et aujourd'hui, dans les machines fixes, on a adopté $1^m,50$ pour valeur de la vitesse maxima du piston.

127. *Diamètre du cylindre.* — Prenons la formule qui donne la force nominale de la machine,

$$N = \frac{K\, npv \left(1 + \log \text{hyp.} \frac{p}{p'} - \frac{10334}{p'} \right)}{60 \times 75};$$

d'où l'on déduit

$$v = \frac{N \times 60 \times 75}{K\,np\left(1 + \log \text{hyp.}\ \frac{p}{p'} - \frac{10334}{p'}\right)}.$$

Appelons D le diamètre du cylindre et m le dénominateur de la fraction qui indique à quel point de la course du piston commence la détente. Alors le volume v pourra être remplacé par $\frac{D^2}{1,273} \times \frac{h}{m}$, et l'on aura

$$\frac{D^2}{1,273} \times \frac{h}{m} = \frac{N \times 60 \times 75}{K\,np\left(1 + \log \text{hyp.}\ \frac{p}{p'} - \frac{10334}{p'}\right)};$$

d'où

$$D^2 = \frac{N \times m \times 60 \times 75 \times 1,273}{K\,nhp\left(1 + \log \text{hyp.}\ \frac{p}{p'} - \frac{10334}{p'}\right)}.$$

V_1 étant la vitesse du piston en une seconde, on pourra substituer à nh, chemin parcouru par ce piston en une minute, sa valeur $60V_1$, exprimée en fonction de la vitesse moyenne,

$$D^2 = \frac{N\,m \times 60 \times 75 \times 1,273}{60\,V_1\,K\,p\left(1 + \log \text{hyp.}\ \frac{p}{p'} - \frac{10334}{p'}\right)},$$

ou

$$D^2 = \frac{N\,m \times 75 \times 1,273}{V_1\,K\,p\left(1 + \log \text{hyp.}\ \frac{p}{p'} - \frac{10334}{p'}\right)},$$

et

$$D^2 = \sqrt{\frac{N\,m \times 75 \times 1,273}{V_1\,K\,p\left(1 + \log \text{hyp.}\ \frac{p}{p'} - \frac{10334}{p'}\right)}}.$$

Si, par exemple, la pression dans la chaudière est égale à 6 atmosphères, d'après ce qui a été dit plus haut, la détente la plus prolongée doit commencer au quart de la course du piston, et par suite on a

$$m = 4, \quad \frac{p}{p'} = 4, \quad p = 10334^{kg} \times 6 = 62004^{kg};$$
$$p' = 1,5 \times 10334 = 15501^{kg};$$

par conséquent

$$D = \sqrt{\frac{N \times 4 \times 75 \times 1,273}{V_1 K \times 62004 \left(1 + \log \text{hyp.} \, 4 - \frac{10334}{15501}\right)}}.$$

Les machines de ce système, bien construites et parfaitement réglées, dépensent en moyenne, selon la pression dans la chaudière, les quantités suivantes de combustible et d'eau :

Consommation de combustible et dépense d'eau par heure et par force de cheval-vapeur.

Pression dans la chaudière.	Houille de qualité moyenne à brûler par heure.	Eau à vaporiser par heure.
atm	kg	kg
6	2,36	14,18
7	2,15	12,92
8	1,99	11,94

128. *Lumières d'admission et d'émission.* — L'aire de ces orifices et celle de la section des tuyaux de conduite sont approximativement égales à $\frac{1}{20}$ de la surface du piston moteur; comme dans les cas précédents, la largeur des orifices d'admission est égale à quatre ou cinq fois leur hauteur.

129. *Observation.* — Dans les machines sans condensation, la vapeur, après avoir produit son action sur la surface du piston s'échappant librement dans l'atmosphère, il en résulte naturellement la suppression de la pompe à air et de la pompe à eau froide. La pompe alimentaire est donc la seule pompe indispensable à la marche de la machine, et l'on calcule ses dimensions d'après la quantité d'eau qu'il faut injecter dans la chaudière pour remplacer celle qui s'est vaporisée.

130. *Machines à détente sans condensation et sans enveloppe.* — Dans les machines de ce système, la détente ne commence jamais avant le milieu de la course du piston et souvent même elles fonctionnent à pleine pression. Comme les machines précédentes, elles marchent à des pressions de 6, 7 et 8 atmosphères. Quand le piston est à l'une des extrémités de sa course, en vertu de la loi de Mariotte, la pression est égale à la moitié de sa valeur normale pendant l'admission. Souvent l'usage auquel ces machines sont affectées oblige à faire agir la vapeur sans détente. Enfin le coefficient pratique qui doit affecter la formule théorique ne saurait, en aucun cas, être supérieur à 0,50.

131. *Force de la machine en chevaux-vapeur.* — En conservant les notations précédemment adoptées, on aura

$$N = \frac{0,50\, n v p \left(1 + \log \text{hyp.} \dfrac{p}{p'} - \dfrac{10334}{p'} \right)}{60 \times 75},$$

et, puisque le rapport $\dfrac{p}{p'} = 2$, la formule deviendra

$$N = \frac{0,50\, n v p \left(1 + \log \text{hyp.} 2 - \dfrac{10334}{p'} \right)}{60 \times 75}.$$

1° La pression initiale est égale à 6 atmosphères. Dans ce cas,

$$p' = 3^{\text{atm}} = 10334^{\text{kg}} \times 3 = 31002^{\text{kg}},$$

$$N = \frac{0,50\, n v p \left(1 + \log \text{hyp.} 2 - \dfrac{10334}{31002} \right)}{4500}.$$

2° La pression est égale à 7 atmosphères.

$$p' = 3^{\text{atm}},5 = 10334 \times 3,5 = 36169^{\text{kg}},$$

$$N = \frac{0,50\, n v p \left(1 + \log \text{hyp.} 2 - \dfrac{10334}{36169} \right)}{4500}.$$

3° La pression est égale à 8 atmosphères.

$$p' = 4^{\text{atm}} = 10334 \times 4 = 41336^{\text{kg}},$$

$$N = \frac{0,50\, n v p \left(1 + \log \text{hyp.} 2 - \dfrac{10334}{41336} \right)}{4500}.$$

132. *Remarque importante sur la valeur de la contre-pression.* — Lorsque l'une des parties du cylindre, séparées par le piston, est mise en communication avec le tuyau d'échappement, la vapeur, en s'écoulant dans l'atmosphère, exerce une pression décroissante sur la face correspondante du piston. Les diagrammes relevés au moyen de l'indicateur de Watt sur les machines dont le tuyau d'échappement a une grande section et ne présente pas d'étranglements font connaître que la pression ne tarde pas à acquérir une valeur constante. Pour les machines à échappement libre, dans l'atmosphère, cette valeur paraît différer fort peu de la pression atmosphérique; mais elle devient sensiblement supérieure à cette pression dans les machines à échappement forcé, comme celles dont il est question, de même que dans les locomotives. Aussi M. Morin, par mesure de prudence et pour éviter tout mécompte dans le calcul de l'effet utile, conseille de faire la contre-pression égale à $1^{atm},2$ au lieu de 1 atmosphère, bien qu'elle puisse devenir moindre avec des orifices d'échappement convenablement proportionnés.

133. *Diamètre du cylindre.* — De la formule qui donne la force nominale de la machine, on déduit

$$v = \frac{N \times 60 \times 75}{0,50 np \left(1 + \log \text{ hyp. } 2 - \dfrac{10334}{p'} \right)},$$

et, puisque la détente commence au milieu de la course du piston,

$$v = \frac{D^2}{1,273} \times 0,50;$$

d'où

$$\frac{D^2}{1,273} \times 0,50 h = \frac{N \times 60 \times 75}{0,50 np \left(1 + \log \text{ hyp. } 2 - \dfrac{10334}{p'} \right)},$$

et

$$D^2 = \frac{N \times 60 \times 75 \times 1,273}{0,50 \times 0,50 \, nhp \left(1 + \log \text{ hyp. } 2 - \dfrac{10334}{p'} \right)}.$$

Remplaçant nh par sa valeur $60 V_1$ en fonction de la vitesse moyenne du piston, on aura

$$D^2 = \frac{N \times 60 \times 75 \times 1,273}{0,25 \times 60 V_1 p \left(1 + \log \text{ hyp. } 2 - \dfrac{10334}{p'} \right)},$$

ou

$$D' = \frac{N \times 75 \times 1,273}{0,25\,V_1 p \left(1 + \log \text{hyp. } 2 - \dfrac{10334}{p'}\right)},$$

et

$$D = \sqrt{\frac{N \times 75 \times 1,273}{0,25\,V_1 p \left(1 + \log \text{hyp. } 2 - \dfrac{10334}{p'}\right)}}.$$

134. *Vitesse du piston.* — Ordinairement cette vitesse est comprise entre 1 mètre et $1^m,30$ en une seconde. — Si le service de la machine exige que le volant fasse un grand nombre de tours en une seconde, il convient de diminuer la course du piston plutôt que d'augmenter sa vitesse. On déduira d'ailleurs cette course de la relation

$$nh = 60\,V_1, \quad \text{d'où} \quad h = \frac{60\,V_1}{n}.$$

Consommation de combustible et poids d'eau à vaporiser par heure et par force de cheval.

Pression dans la chaudière.	Houille de qualité moyenne à brûler par heure.	Eau à vaporiser par heure.
atm	kg	kg
6	3,53	21,17
7	3,38	20,26
8	3,20	19,22

135. *Machines sans condensation ni détente.* — Ordinairement ces machines marchent à des pressions de 5, 6, 7 et 8 atmosphères. Les machines de cette catégorie ne sont guère employées que dans les localités très-riches en combustible. Généralement la vitesse du piston est comprise entre $0^m,80$ et $1^m,10$. Le diamètre du tuyau de prise de vapeur est de $\frac{1}{7}$ ou $\frac{1}{8}$ de celui du cylindre.

136. *Force de la machine en chevaux-vapeur.* — Si dans la formule générale on supprime le terme relatif à la détente, on aura la formule qui convient aux machines de ce système

$$T = vp \left(1 - \frac{p''}{p}\right),$$

et, comme la vapeur s'échappe librement dans l'atmosphère, $p'' = 1^{\text{atm}}$; d'où

$$T = vp \left(1 - \frac{10334}{p}\right) \quad \text{ou} \quad T = v(p - 10334).$$

Appelant K le coefficient pratique et n le nombre de courses simples du piston en une minute, on aura

$$N = \frac{K nv (p - 10334)}{60 \times 75}.$$

Tableau des valeurs du coefficient K.

Force de la machine.	Valeurs de K.
De 4 à 8 chevaux.............	0,61
De 10 à 20 chevaux............	0,70
De 20 à 50 chevaux............	0,79
De 50 à 100 chevaux...........	0,85

137. *Diamètre du cylindre.* — De la formule précédente on déduit

$$v = \frac{N \times 75 \times 60}{K n (p - 10334)}.$$

A cause du recouvrement extérieur du tiroir de distribution, l'admission de la vapeur n'a lieu que pendant les 0,8 de la course du piston. On aura donc

$$\frac{0,8 D^2}{1,273} \times h = \frac{N \times 75 \times 60}{K n (p - 10334)},$$

d'où

$$D^2 = \frac{N \times 75 \times 60 \times 1,273}{0,8 K n h (p - 10334)}.$$

Remplaçant nh par sa valeur $60 V_t$ en fonction de la vitesse moyenne du piston, il viendra

$$D^2 = \frac{N \times 75 \times 1,273}{0,8 K V_t (p - 10334)},$$

$$D = \sqrt{\frac{N \times 75 \times 1,273}{0,8 K V_t (p - 10334)}}.$$

Consommation de combustible et poids d'eau à vaporiser par heure et par force de cheval.

Pression dans la chaudière.	Houille de qualité moyenne à brûler par heure.	Eau à vaporiser par heure.
atm	kg	kg
5	5,95	35,69
6	5,62	33,70
7	5,39	32,33
8	5,22	31,30

Ces dépenses d'eau et de combustible ne sont pas toujours atteintes, quand les machines sont construites dans de bonnes conditions, et surtout quand les chaudières et les fourneaux sont établis de manière que par kilogramme de charbon brûlé il y ait au moins une production de 6 kilogrammes de vapeur.

CHAPITRE VIII.

138. *Principaux organes des machines à vapeur.* — Une machine à vapeur considérée dans son ensemble comprend les organes suivants :

1° Un cylindre en fonte moulée dans lequel se meut d'un mouvement alternatif rectiligne le piston qui reçoit directement l'action de la vapeur pour la transmettre à l'opérateur, ou machine-outil au moyen de communicateurs ;

2° Un appareil que nous avons appelé *pompe alimentaire,* servant à injecter dans la chaudière l'eau qui doit être vaporisée pour la marche de la machine ;

3° Si la machine est à condensation, une capacité nommée *condenseur,* où l'on introduit la quantité d'eau froide nécessaire à la condensation de la vapeur, provenant de deux pulsations du piston ;

4° Pour les machines de ce dernier système, une *pompe à air* et une *pompe à eau froide,* dont nous avons déjà fait connaître l'objet ;

5° Une masse de forme circulaire nommée *volant,* qui sert à renfermer entre des limites convenables les écarts périodiques de la vitesse ;

6° Un *appareil de distribution,* destiné à réglementer l'admission et l'émission de la vapeur.

Dans les machines à vapeur ces appareils ont une influence considérable sur le rendement et sur la régularité de la marche. Aussi croyons-nous utile de nous étendre sur l'étude des systèmes aujourd'hui employés pour assurer ces avantages.

139. *Cylindre.* — Cet organe est toujours en fonte et parfaitement alésé ; exceptionnellement il est en bronze ou en

laiton pour les machines d'une très-faible puissance. Quelquefois extérieurement le corps cylindrique et le fond sont
renforcés par des nervures circulaires. On calcule l'épaisseur
au moyen de la formule du n° 118 (t. II). Généralement, à
cause de la difficulté que présente le travail de la fonderie,
on donne au cylindre une épaisseur plus grande que celle qui
résulte de l'application de la formule. Les extrémités sont
terminées par des brides sur lesquelles sont boulonnées deux
plaques circulaires P, P′ (*fig.* 29), qui servent à fermer le

Fig. 29.

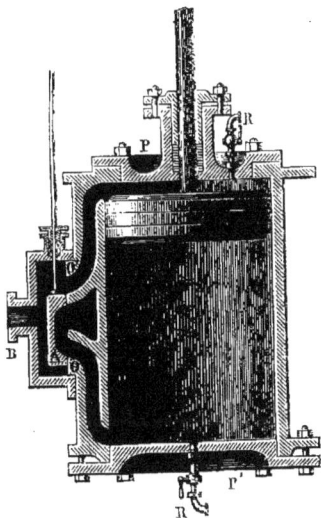

cylindre. La plaque P, traversée par la tige du piston, a reçu
le nom de *couvercle* ou *chapeau*, et l'autre P′ celui de *fond*. Pour
éviter les fuites de vapeur, les joints doivent être soigneusement faits avec du mastic de minium. Les deux lumières d'admission O, O′ et celle d'émission *e*, de forme rectangulaire,
débouchent sur une surface plane très-bien polie que l'on
appelle *glace* du cylindre et sur laquelle, en vertu du mouvement communiqué par un excentrique, glisse une plaque A
creusée en coquille, désignée sous le nom de *tiroir de distribution*. Cette plaque enfin est renfermée dans une capacité
rectangulaire B, nommée *botte à vapeur*, où la vapeur est

préalablement amenée avant son introduction dans le cylindre.

140. *Piston*. — Autrefois dans les machines à vapeur on se servait de pistons à garniture, analogues à ceux des pompes; mais l'usure des tresses de chanvre employées à cet usage obligeait à visiter très-fréquemment le piston, ce qui occasionnait la suspension du travail. Aujourd'hui que l'on peut aléser les cylindres avec une grande perfection, on emploie des garnitures métalliques, en ayant soin toutefois, pour éviter le grippement qui résulterait d'un contact trop intime entre le cylindre et le piston, de laisser une certaine élasticité à la surface latérale du piston.

Voici quels sont les deux types généralement employés par les constructeurs :

Un piston du premier type est formé d'un disque circulaire en fonte AB (*fig.* 3o) d'un diamètre un peu moindre que celui du cylindre. La tige C du piston, terminée par une partie conique ou filetée, est solidement adaptée à ce disque au moyen d'une clavette D. Un second disque MN, de même diamètre que le premier, est superposé et fixé à celui-ci par quatre vis E. Ces deux plateaux, ainsi disposés, laissent entre eux un espace vide qui sert à loger la garniture métallique du piston. Elle se compose de deux pièces en fonte ou en acier F, F', nommées *segments*, que l'on intercale l'une au-dessus de l'autre dans l'espace que comprennent les deux disques formant les couvercles du piston. L'épaisseur d'une moitié de chaque segment est moindre que l'autre, et dans la partie la moins épaisse on a pratiqué, dans le sens de la hauteur, une rainure à section triangulaire destinée à recevoir un coin G de même forme, qui sert à faire adhérer exactement les deux parties du segment contre la paroi intérieure du cylindre. Pour que l'action du coin soit permanente, on place dans l'intérieur de chaque segment un ressort en acier H qui, par sa tension, presse le coin au moyen d'un boulon V. Chaque ressort est fixé par une vis *v*, au segment sur lequel il agit, et dans l'assemblage des différentes parties du piston il faut avoir soin de disposer les deux segments de manière que les deux rainures à section triangulaire soient diamétralement opposées. Un piston ainsi construit ne donne jamais lieu à des fuites de vapeur et se conserve longtemps sans usure sensible.

Fig. 3o.

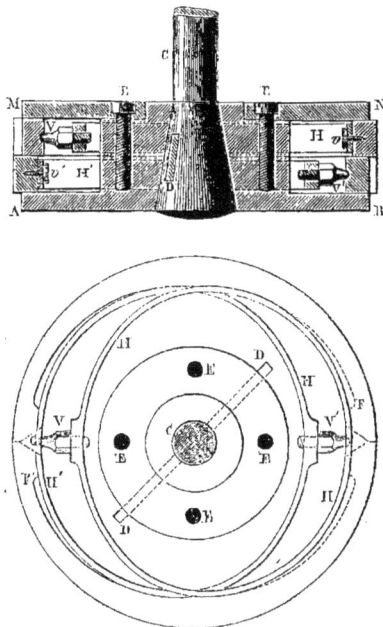

On emploie dans les locomotives et dans beaucoup de machines fixes le piston dit *suédois*, qui présente sur les autres de notables avantages, sous le rapport de la simplicité, de la solidité et de l'obturation.

On donne au corps du piston un diamètre qui diffère très-peu du diamètre intérieur du cylindre, et sur la surface latérale on pratique des cannelures circulaires, équidistantes, à sections rectangulaires, dans lesquelles on introduit des segments nommés *bagues*, en acier ou en fonte, coupées transversalement suivant deux sections très-voisines et dont l'épaisseur est uniforme sur toute la hauteur, ou bien est plus grande au milieu qu'aux extrémités.

Les bagues sont en saillie de la surface latérale du piston pour que, après la mise en place, l'adhérence qui résulte de la pression qu'elles exercent sur la paroi intérieure du cylindre empêche toute communication entre les faces opposées du piston.

Les segments doivent toujours être disposés de manière que les fentes ne se trouvent pas sur une même génératrice.

Fig. 31.

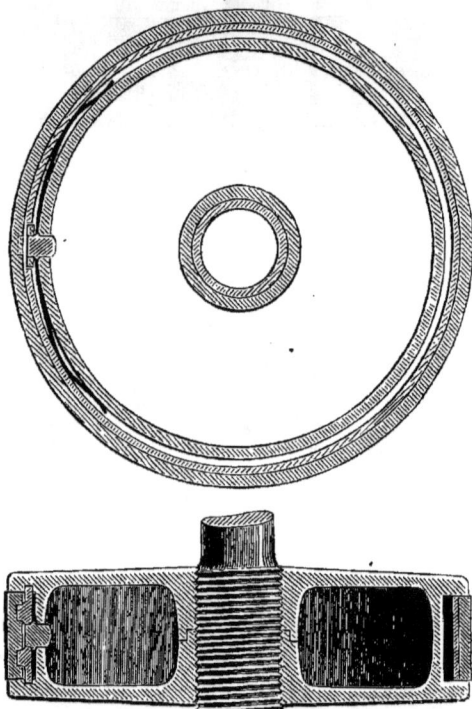

On opère l'assemblage en ouvrant suffisamment les deux branches de chaque segment pour leur faire embrasser la surface du corps de piston et on les pousse ensuite jusqu'à ce qu'elles se soient introduites dans la cannelure. La Compagnie Paris-Lyon-Méditerranée a adopté, pour les locomotives construites dans ses ateliers, le type de piston représenté par la *fig.* 31.

Lorsque dans les locomotives on emploie des segments en fonte, il faut avoir soin de les doubler intérieurement d'un *faux segment* en acier, dont l'ouverture est diamétralement opposée à celle du segment proprement dit. Le faux segment a son point d'appui sur la cannelure par l'intermédiaire de deux ressorts.

Par son action sur le segment, il contribue à lui faire exercer, sur la paroi intérieure du cylindre, une pression suffisante pour obtenir une fermeture aussi parfaite que possible. En traitant cette question par le calcul, M. Resal a reconnu que, pour qu'un piston, à un seul segment, ferme bien, il doit exercer, par unité de surface, une pression approximativement égale à 1 atmosphère, ce qui rend facile, dans le calcul d'une machine à vapeur, l'évaluation du travail consommé par le frottement du piston.

141. *Purgeurs.* — Quand la vapeur passe de la chaudière dans le cylindre, elle entraîne toujours avec elle une certaine quantité d'eau qui s'élève souvent à 18 ou 20 pour 100. Par suite de la détente, du rayonnement des parois et du refroidissement occasionné par la communication du cylindre avec le condenseur, toujours une certaine quantité de vapeur se condense, et l'eau qui résulte de cette condensation s'ajoute à celle qui existait déjà. Généralement la vapeur qui s'échappe n'amène au dehors qu'une partie de l'eau de condensation; de sorte que, si on laissait l'autre partie s'accumuler dans l'intérieur du cylindre, à un moment donné, elle s'opposerait à la marche du piston. On comprend donc que cet état de choses ne tarderait pas à provoquer la rupture des fonds du cylindre et de quelques organes de transmission, tels que les bielles, les balanciers, les tiges de piston.

Pour prévenir ces accidents, on adapte à chacune des extrémités du cylindre un robinet R (*fig.* 29), que le conducteur de la machine ne doit pas négliger d'ouvrir en temps opportun pendant quelques instants, pour permettre à l'eau de s'écouler.

142. *Condenseur.* — Dans les machines à condensation, ainsi que nous l'avons déjà dit, la vapeur, après avoir agi sur la surface du piston et s'être condensée partiellement, au lieu de s'échapper à l'air libre, se rend dans un récipient particulier nommé *condenseur*, où elle se condense de nouveau en presque totalité. Celle qui reste prend une tension d'autant plus faible que l'eau qui a servi à la condensation est plus froide, et que sa masse, qui se renouvelle par course double du piston, est plus considérable.

On distingue deux sortes de condenseurs : 1° les condenseurs *à injection*, ainsi nommés parce que de l'eau froide est injectée à l'intérieur du condenseur; 2° les condenseurs *à surface*, où la condensation a lieu par le contact de la vapeur avec des surfaces réfrigérantes.

Fig. 32.

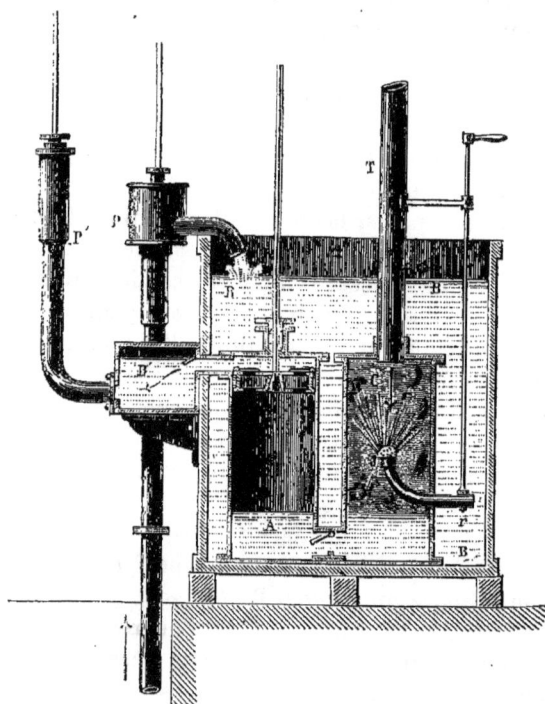

Dans les machines à balancier, on emploie le condenseur à injection, représenté par la *fig.* 32.

Au moyen de la pompe P, nommée *pompe à eau froide* ou *pompe de puits*, on amène l'eau d'un cours d'eau ou du fond d'un puits dans une bâche B. Le tuyau T sert à conduire la vapeur du cylindre dans la capacité C, qui constitue le condenseur proprement dit. L'injection est produite sous forme de pluie fine par l'intermédiaire d'un autre tuyau J qui, partant de la bâche d'alimentation B, débouche dans la capacité C et se termine par une pomme d'arrosoir; un robinet r permet de régler le volume d'eau nécessaire à la condensation. Enfin, après chaque double coup de piston, une pompe A enlève l'eau de condensation et la transporte dans la bâche à eau chaude B'; de là elle est en très-grande partie amenée dans la chaudière par la pompe alimentaire P'.

La pompe A, inhérente au condenseur, a reçu le nom de pompe à air, parce que non-seulement elle extrait l'eau chaude du condenseur, mais encore l'air contenu dans l'eau d'alimentation et celui qui s'est dégagé de la chaudière, par suite de l'élévation de température et de la vaporisation. Il est évident que, si l'on n'avait pas recours périodiquement à cette opération, l'air accumulé dans le condenseur pourrait créer une contre-pression capable d'arrêter la marche du piston.

La fig. 33 représente un autre type de condenseur à injection, dont le fonctionnement est tout aussi facile à expliquer que le précédent.

Les condenseurs à surface se composent d'un faisceau de tubes ouverts par les deux bouts, traversant les parois opposées d'une capacité cylindrique où se rend la vapeur après avoir travaillé sur la surface du piston. Au moyen d'une pompe dite de circulation, on fait écouler dans les tubes de l'eau froide qui produit la condensation de la vapeur. Les appareils de ce système condensent la vapeur moins rapidement que les condenseurs à injection; mais leur emploi devient indispensable quand l'eau froide contient des matières étrangères qui la rendent impropre à l'alimentation.

Les fig. 34, 35, 36 se rapportent à un condenseur à surface, si l'on néglige les parties U et A, dont il sera question plus loin; les deux premières figures représentent respectivement les sections verticales suivant le grand axe horizontal et le petit axe de l'appareil, la troisième est la projection horizontale de la section horizontale de la section faite par le plan XY.

T est le tuyau d'échappement qui conduit la vapeur dans le condenseur;

t celui de l'eau qui doit servir à condenser la vapeur;

t' le tuyau qui sert à expulser cette eau quand elle a produit la condensation;

P la pompe à air qui est à double effet;

Fig. 33.

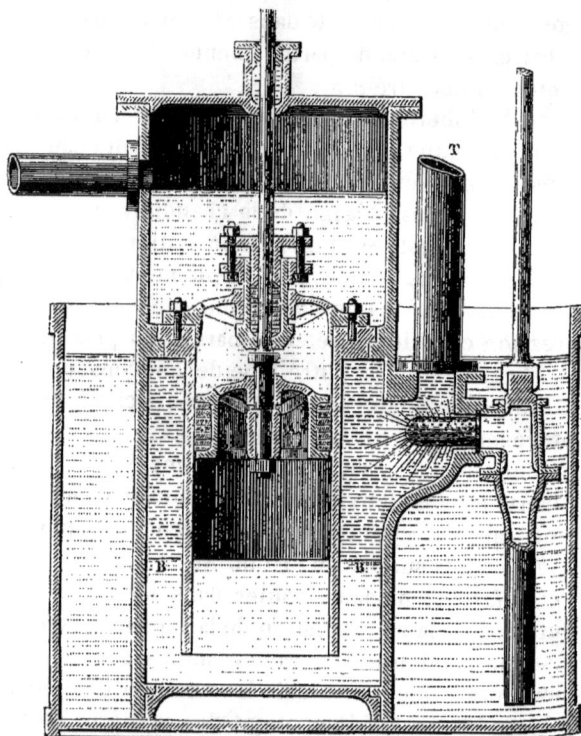

s, s sont les clapets d'aspiration, et s', s' les clapets de refoulement de condensation qui s'échappe par les orifices O, O et que l'on peut recueillir pour l'alimentation;

V le tuyau qui amène au dehors l'eau de condensation.

D'après cette description sommaire et à l'inspection des figures, on voit que l'évacuation de l'eau contenue dans le condenseur a lieu par course simple du piston, ce qui présente un incontestable avantage sur le condenseur à injection que nous avons décrit précédemment.

Si nous rétablissons maintenant les pièces U et A, dont nous avons fait abstraction, le condenseur sera en même temps à surface et à injection.

Fig. 34.

Fig. 35.

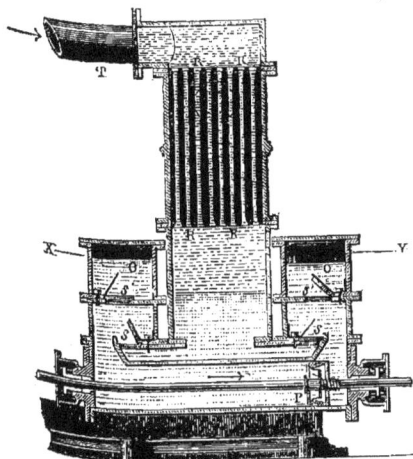
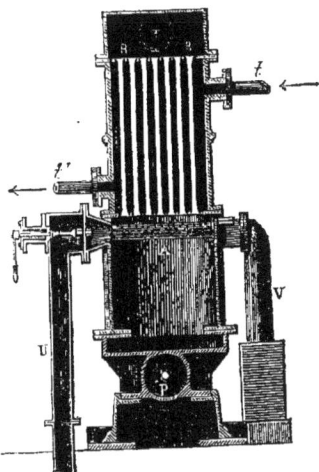

Fig. 36.

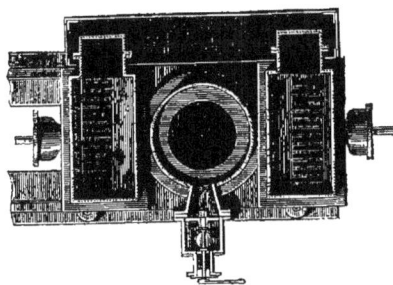

Le tuyau U sert à conduire l'eau d'injection qui s'élève par aspiration d'un réservoir inférieur et dont la dépense est réglée au moyen d'une valve nommée *papillon*; A représente un cylindre creux horizontal percé de trous, qui se raccorde avec ce tuyau, placé dans le condenseur au-dessous des tubes; l'eau s'écoule par ces trous sous forme de pluie fine.

L'eau qui a déterminé la condensation partielle de la vapeur est refoulée par la pompe alimentaire et se rend dans la chaudière après s'être échauffée. Cette disposition a pour objet d'éviter l'agglomération des matières organiques provenant du graissage des robinets. Comme elles sont entraînées par la vaporisation et refoulées en partie dans la chaudière quand on alimente avec l'eau de condensation, leur présence, en rendant l'eau visqueuse, aurait pour effet d'accroître la proportion de liquide dans le cylindre. Aussi l'eau provenant de la vapeur condensée est simplement rejetée au dehors sans être utilisée pour l'alimentation de la chaudière.

Ordinairement, quel que soit d'ailleurs le système de condenseur employé, on fait communiquer cet appareil avec l'extrémité supérieure d'un tube vertical plongeant par la partie inférieure dans une cuvette contenant du mercure. La hauteur de la colonne de mercure dans le tube fait connaître l'excès de la pression atmosphérique sur la pression dans le condenseur, ce qui permet d'en déduire cette dernière pression. Ce tube, ainsi disposé, a reçu le nom d'*indicateur de vide.*

Fort souvent on emploie des indicateurs de vides métalliques, dont le principe est absolument le même que celui des manomètres métalliques adaptés aux chaudières des machines à vapeur.

143. *Observation importante.* — Pour apprécier le bon fonctionnement d'un condenseur, il est inutile, dans les applications, de tenir compte des variations périodiques ou accidentelles que subit la pression atmosphérique; mais la considération de l'altitude ne doit pas être négligée. On sait, en effet, que, entre les limites zéro et 900 mètres d'altitude, le baromètre baisse de 1 centimètre par 120 mètres d'élévation. Si donc deux machines sont établies à deux altitudes notablement différentes et que la hauteur de la colonne de mercure soit la même dans les deux indicateurs de vide, il serait inexact de conclure que la pression est la même dans les deux condenseurs.

Supposons, par exemple, que $0^m,65$ soit la hauteur de la colonne de mercure aux altitudes zéro et 800 mètres.

À l'altitude zéro, la pression dans le condenseur sera mesurée par une colonne de mercure égale à $0^m,76 — 0^m,65$ ou $0^m,11$. Pour trouver la pression atmosphérique en colonne de mercure à l'altitude 800 mètres, il suffit de chercher l'abaissement subi par le niveau du mercure quand le baromètre est transporté à cette hauteur. On l'obtiendra par la relation

$$\frac{120}{800} = \frac{0,01}{x}, \quad x = \frac{8}{120} = 0^m,0666.$$

Par conséquent, à l'altitude de 800 mètres, la hauteur barométrique sera

$$0,76 — 0^m,0666 = 0^m,6934,$$

et la pression dans le condenseur sera mesurée par une colonne de mercure égale à $0^m,693 — 0^m,65$ ou $0^m,043$, ce qui montre que le premier condenseur se trouve dans des conditions moins avantageuses que le second.

Nous avons déjà dit que la contre-pression est généralement supérieure à la pression dans le condenseur. On peut rendre la différence très-faible en évitant les étranglements dus à la présence de robinets et surtout en donnant au tuyau d'échappement un diamètre suffisant pour que l'écoulement de la vapeur ne soit pas gêné.

144. *Pompe alimentaire.* — Dans les machines à vapeur la pompe alimentaire sert à fournir au générateur l'eau qui lui est nécessaire. Cette pompe est toujours aspirante et foulante; le plus souvent elle est à piston plongeur. Dans les machines à condensation, c'est ordinairement l'eau extraite du condenseur que l'on utilise pour l'alimentation de la chaudière. Cet appareil peut affecter des formes diverses, mais le principe qui sert de base à sa construction est toujours le même. Nous nous bornerons à donner la description de la pompe alimentaire d'une machine horizontale construite, il y a quelques années, dans les ateliers de l'École d'Angers.

Elle se compose d'un corps de pompe A (*fig.* 37), dont l'axe est situé dans un plan vertical parallèle au plan vertical qui passe par l'axe du cylindre à vapeur. Par les supports S, S', il est solidement fixé au moyen de boulons sur le bâti de la machine. Dans le corps de pompe se meut un piston plongeur dont la tige est rendue solidaire de celle du piston à vapeur, ce qui fait que ces deux organes sont animés d'un mouvement commun rectiligne alternatif. L'une des extrémités du cylindre formant le corps de pompe débouche dans un tuyau à axe vertical B, muni de deux tubulures C, D, dont les axes sont horizontaux. Deux clapets c, c', disposés dans le tuyau B sur un siége conique, servent l'un à opérer l'aspiration de l'eau et l'autre à la refouler dans la chaudière. Enfin la tubulure C porte un robinet R qui, à volonté, établit ou

Fig. 37.

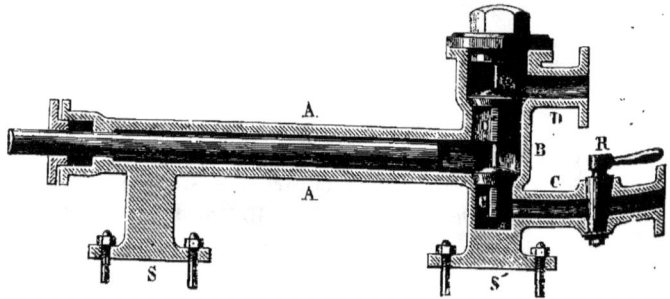

intercepte la communication entre la pompe alimentaire et la source d'alimentation.

Il est très-facile de comprendre comment fonctionne cet appareil. Quand le robinet R est fermé, la pompe ne fonctionne pas; mais, dès qu'il est ouvert, le vide tend à se faire derrière le piston et la pression atmosphérique, qui agit à l'extérieur sur la surface de l'eau, force le liquide à s'introduire dans le corps de pompe en traversant l'ouverture de la soupape d'aspiration. Dans le mouvement du piston en sens inverse, l'eau ferme la soupape c et ouvre la soupape de refoulement c' pour se rendre dans la chaudière par la tubulure. Comme cette pompe ne doit produire que par intermittence, le mécanicien a soin de fermer le robinet R quand il n'est pas nécessaire d'alimenter.

145. *Injecteur Giffard.* — On désigne sous le nom d'*injecteur* un appareil automoteur employé à l'alimentation des

chaudières à vapeur. La construction et le jeu de cet appareil sont basés sur la propriété dont jouit un jet de vapeur, en

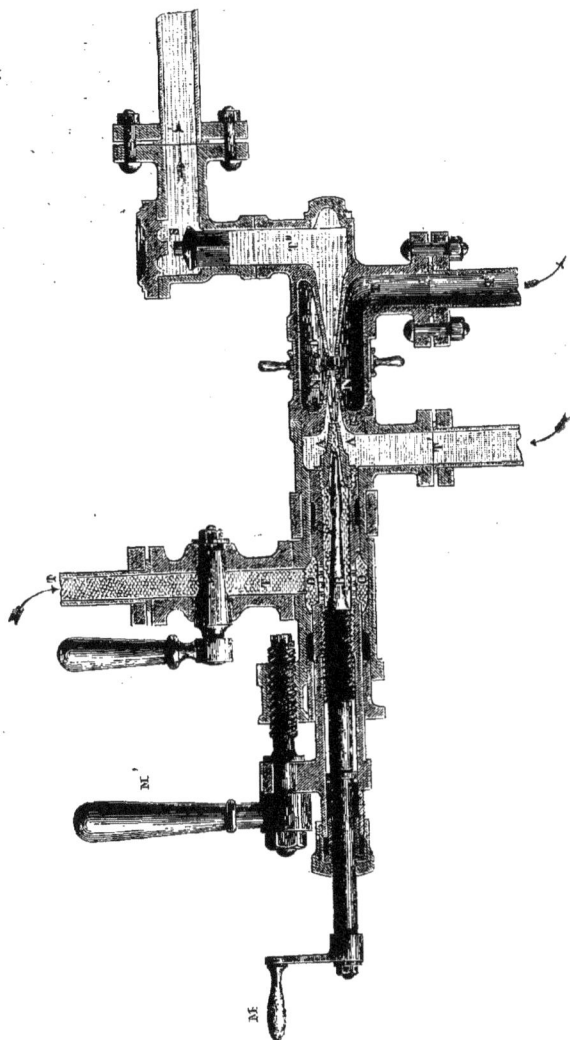

Fig. 38.

agissant à l'intérieur d'un tuyau par un orifice conique, de produire en amont une aspiration due au refoulement des

20.

masses gazeuses placées en aval. Il résulte de cette propriété
que, si le tuyau dans lequel a lieu cette aspiration communique
avec un réservoir d'eau et que la hauteur ne soit pas très-
grande, le liquide aspiré montera de plus en plus jusqu'à
l'extrémité du tube. Or, comme l'action du jet de vapeur est
permanente, quand l'appareil fonctionne, on comprend que
le mouvement de l'eau deviendra continu et que ce liquide
ainsi refoulé, malgré la résistance opposée par la pression
intérieure, parviendra à s'introduire dans le corps de la chaudière. Aujourd'hui les injecteurs sont d'un emploi général
sur les locomotives. Ces appareils peuvent, dans de certaines
limites, affecter des formes diverses ou différer entre eux
par des détails de construction; mais leur fonctionnement a
toujours lieu en vertu du principe que nous avons énoncé.
Aussi il nous suffira de décrire l'injecteur inventé en 1859
par M. Giffard, puis construit et perfectionné par M. Flaud.

Cet appareil se compose d'un ajutage conique ou tuyère A
(*fig.* 38), communiquant par des orifices latéraux avec un
tuyau T qui amène la vapeur de la chaudière. Dans l'intérieur
de cette tuyère peut se mouvoir, au moyen d'une vis commandée extérieurement par une manivelle M, une pièce B
terminée en pointe que, pour cette raison, on appelle l'*aiguille* ou la *tige de mise en train*, et dont la fonction est de
rétrécir plus ou moins le passage livré à la vapeur sortant de
la chaudière. On fait aussi, en agissant sur une autre manivelle M', avancer ou reculer la tuyère, dans le sens de son
axe, de manière que l'extrémité s'engage dans une cheminée C
qui, par l'intermédiaire d'un tuyau T', communique avec une
bâche d'eau placée en contre-bas.

En regard de la cheminée, à quelques millimètres de distance et suivant le même axe, est disposé un autre ajutage
conique D évasé à son extrémité, mais dont la section va
en augmentant, à partir d'une section minima. Ce tuyau,
nommé le *tube divergent*, débouche dans le tuyau T'', qui sert
à conduire dans la chaudière l'eau nécessaire à l'alimentation.
On a soin de placer dans ce tuyau de raccordement une soupape S *dite de refoulement*, qui s'ouvre pour livrer passage à
l'eau d'alimentation et se ferme pour en empêcher le retour
vers l'injecteur, dès que l'appareil cesse de fonctionner. Les

orifices de la cheminée et du tube divergent sont entourés d'un espace annulaire N, communiquant avec un tuyau de dégagement T''', qui sert à faire écouler le liquide en excès au moment de la mise en marche de l'injecteur. Enfin l'enveloppe de la cheminée est percée de trous que l'on peut, à volonté, faire correspondre avec d'autres trous de même diamètre, pratiqués à une bague en cuivre, en agissant sur les poignées L, dont elle est munie. Cette disposition permet d'observer le phénomène qui s'accomplit entre l'extrémité de la cheminée et l'origine du tube divergent.

Pour faire fonctionner l'injecteur, on réduit à peu de chose la section de la cheminée, puis l'on ouvre le robinet du tuyau T. Alors la vapeur, après avoir traversé les orifices latéraux, pénètre dans la tuyère d'où elle s'échappe par un très-petit orifice et par suite acquiert une très-grande vitesse. L'aspiration de l'eau se produit dans la bâche, un jet globulaire est lancé dans le tube divergent et, pendant cette période très-courte, on éloigne l'aiguille de l'orifice de la cheminée, de manière à la démasquer complétement. Le débit de l'eau est réglé par la position relative de la tuyère et de la cheminée. La marche de cet appareil est d'autant plus régulière que la température de l'eau est plus basse, et il est même à remarquer que l'alimentation avec de l'eau chaude devient impossible, ce qui résulte évidemment de ce que, dans ce cas, la condensation de la vapeur ne peut avoir lieu au contact de l'eau à une température élevée.

La Compagnie des chemins de fer de Paris à Marseille a adopté le type de la *fig*. 39 pour les locomotives construites dans ses ateliers.

Dans ce système, la tuyère est immobile, mais la cheminée et le tube divergent peuvent être déplacés. On gradue l'appareil de manière à fournir à la chaudière un volume d'eau déterminé, dans chaque unité de temps. La marche de l'injecteur dont il est question, comme celle du précédent, est d'autant plus stable que la pression dans la chaudière est plus élevée et que l'eau d'alimentation est plus froide; la hauteur maxima à laquelle l'eau peut être aspirée dépend surtout du degré de stabilité dans le jeu de l'appareil. Il fonctionne d'une manière très-irrégulière lorsque la pression de la vapeur

s'éloigne peu de ı atmosphère ou que l'eau d'alimentation a
une température de 6o degrés; il faut alors peu de chose pour
arrêter l'aspiration, et l'on est obligé de le remettre en
marche.

Fig. 39.

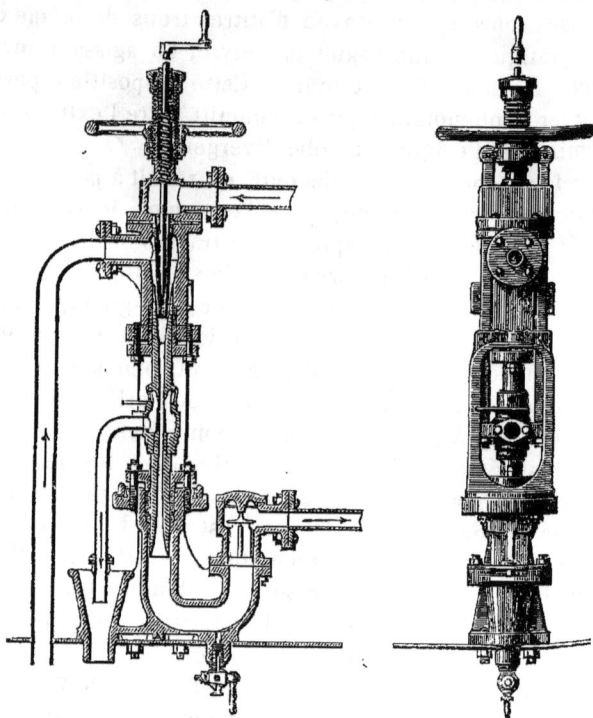

L'observation a fait reconnaître que le jet lancé par l'injecteur, après la condensation de la vapeur, n'est pas de l'eau, à
proprement parler; il affecte une forme globulaire, d'une nature particulière, et son poids spécifique doit être, par conséquent, inférieur à celui de l'eau à l'état ordinaire. Des expériences très-intéressantes faites par M. Resal, en collaboration
avec M. Minary, ont mis en évidence que, à la sortie de l'orifice,
la gerbe est plutôt dilatée que contractée, surtout quand le
poids relatif de l'eau aspirée est assez considérable. De plus,
ces savants ingénieurs ont constaté que la gerbe entraîne une
quantité d'air très-considérable et que, par litre d'eau débitée,

la proportion est approximativement égale à 1 litre, sous la pression atmosphérique, l'air étant saturé de vapeur à la température de l'eau employée à la condensation. De tout ce qui vient d'être dit sur les injecteurs, il résulte que le fonctionnement de ces appareils est dû à la force vive possédée par la gerbe et qu'elle différera d'autant plus de la force vive capable d'opérer le refoulement que la pression dans la chaudière sera plus considérable.

Quand cette pression est $1\frac{1}{2}$ atmosphère et qu'on alimente avec de l'eau à la température de 15 degrés environ, la gerbe n'acquiert que la force vive strictement nécessaire pour refouler l'eau dans la chaudière, tandis que, à la pression de 5 atmosphères, la force vive devenant très-considérable, la gerbe peut même pénétrer dans un récipient où la pression est de 7 atmosphères.

Ainsi s'explique le peu de stabilité des injecteurs adaptés aux machines à basse pression et pourquoi, malgré les mouvements désordonnés qui se produisent quelquefois, le fonctionnement de ces appareils est très-régulier dans les locomotives, où la pression peut atteindre 8 et 9 atmosphères.

146. *Théorie élémentaire de l'injecteur Giffard.* — La théorie rigoureuse de cet appareil présente de grandes difficultés, qui ne peuvent guère être surmontées que par le calcul transcendant. Elle a été complétement établie par les remarquables travaux de MM. Combes et Resal, que les lecteurs initiés aux méthodes du Calcul infinitésimal pourront utilement consulter. Nous nous bornerons à donner une théorie approximative basée sur la considération de la quantité de mouvement. D'ailleurs elle diffère peu de celle qui a été donnée par l'inventeur, M. Giffard, dans une Notice adressée, en 1861, à l'Académie des Sciences.

A cet effet, appelons

p le poids de vapeur qui s'écoule dans l'unité de temps par l'orifice de la tuyère;

m la masse qui correspond à ce poids;

P le poids de l'eau aspirée dans le même temps;

M la masse correspondante;

a la section de l'orifice de la tuyère;

V la vitesse d'écoulement de la vapeur en ce point;

a' la section minima du tuyau divergent;

v la vitesse d'écoulement de l'eau à cette section;

D la densité de l'eau;

d la densité de la vapeur.

Le liquide qui, par le tuyau d'aspiration, s'est introduit dans la cheminée étant supposé à l'état de repos, la quantité de mouvement qu'il possède est nulle, tandis que celle de la vapeur est égale au produit mV de la masse par la vitesse.

Après la rencontre de la vapeur avec l'eau, les deux liquides marchant animés de la vitesse commune v, en vertu du principe de la conservation de la quantité de mouvement du centre de gravité, on aura

$$(M + m)\,v = m\,V \quad \text{ou} \quad (M + m)\,v - m\,V = 0,$$

que l'on peut encore mettre sous la forme

$$\left(\frac{P + p}{g}\right) v - \frac{p}{g}\,V = 0,$$

et, en multipliant par g les deux membres, on a

$$(P + p)\,v - p\,V = 0,$$

d'où l'on déduit

$$p = \frac{v}{V}\,(P + p).$$

La quantité $P + p$ représente le poids de l'eau qu'il est nécessaire d'injecter dans la chaudière par chaque seconde. Il est visible qu'elle représente le poids de l'eau aspirée, augmenté du poids de la vapeur qui produit l'aspiration. Ordinairement $P + p$ est une des données de la question que l'on s'impose d'après la surface de chauffe de la chaudière, et qu'il faut toujours augmenter de 40 pour 100, en prévision de l'eau mécaniquement entraînée par la vaporisation.

On obtient la vitesse d'écoulement de la vapeur à l'orifice de la tuyère par l'application de la formule de Daniel Bernoulli

$$V = \sqrt{\,2\,g\,\frac{(P - P')}{d}}\,,$$

P représentant la pression intérieure, P' la pression extérieure et d le poids de 1 mètre cube de vapeur.

La pression extérieure P' étant sensiblement égale à 1 atmosphère, si nous désignons par n la pression dans la chaudière en atmosphères, diminuée d'une unité, nous pourrons
poser

$$P - P' = 10334\,n,$$

d'où

$$V = \sqrt{2g\,\frac{10334\,n}{d}}.$$

Pour que le liquide puisse pénétrer dans la chaudière, il
faut que la moitié de la force vive qu'il possède soit égale au
travail négatif de la pression qui tend à s'opposer à l'introduction. Si nous appelons H la hauteur de la colonne d'eau qui,
sur l'unité de surface, peut remplacer la pression de la vapeur, on aura, par l'application du théorème des forces vives,

$$\tfrac{1}{2}\,M\,v^2 = M\,g\,H,$$

d'où

$$v^2 = 2\,g\,H, \quad v = \sqrt{2\,g\,H}.$$

D'autre part, en désignant par P_1 la pression de la vapeur
en kilogrammes, on pourra encore poser

$$1000 \times H = P_1,$$

par suite

$$H = \frac{P_1}{1000}.$$

Introduisant cette valeur sous le radical, il viendra

$$v = \sqrt{2g\,\frac{P_1}{1000}}.$$

Or

$$P_1 = 10334 \times n;$$

donc on aura, en substituant,

$$v = \sqrt{2g\,\frac{10334\,n}{1000}}.$$

Dans la Notice qu'il a publiée, M. Giffard estime que, pour

tenir compte du frottement de l'eau dans le tuyau de raccordement T''', il convient de donner à la vitesse v une valeur plus grande que celle obtenue par la formule. On a ainsi

$$v = \sqrt{2g\mathrm{K}\,\frac{10334\,n}{1000}},$$

K représentant un coefficient compris entre 2 et 2,25.

D'après cela, il sera facile d'exprimer les valeurs respectives de p et de $\mathrm{P}+p$. En appliquant une formule bien connue, on pourra poser

$$p = a\mathrm{V}d, \quad \mathrm{P} = a'v\mathrm{D}$$

et

$$\mathrm{P}+p = a\mathrm{V}d + a'v\mathrm{D}.$$

La densité de la vapeur s'obtient par la formule connue

$$d = \frac{0,81\,n}{1+\alpha t}.$$

Les expériences de MM. Resal et Minary, que nous avons rapportées plus haut, ayant mis en évidence que la gerbe entraîne une très-grande quantité d'air, la densité D de l'eau à la section minima du tube divergent, c'est-à-dire le poids de 1 mètre cube de ce liquide, diffère fort peu de 500 kilogrammes.

Les formules que nous venons d'établir renferment la solution des différentes questions que l'on peut se proposer sur la construction de l'injecteur Giffard.

S'il s'agit, par exemple, de trouver le diamètre de l'orifice de la tuyère, de la formule

$$p = a\mathrm{V}d$$

on déduit

$$a = \frac{p}{\mathrm{V}d} = \frac{p}{\mathrm{V}\,\dfrac{0,81\,n}{1+\alpha t}} = \frac{p\,(1+\alpha t)}{0,81\,\mathrm{V}n}.$$

Appelant d_1 le diamètre, on aura

$$\frac{d_1^2}{1,273} = \frac{p\,(1+\alpha t)}{0,81\,\mathrm{V}n}, \quad d_1^2 = \frac{1.273\,p\,(1+\alpha t)}{0,81\,\mathrm{V}n},$$

d'où

$$d_1 = \sqrt{\frac{1,273\,p\,(1 + \alpha t)}{0,81\,V\,n}}.$$

De même, pour avoir la section minima du tube divergent, nous prendrons la formule

$$P = a'\,v\,D,$$

d'où l'on tire

$$a' = \frac{P}{v\,D},$$

et, en appelant d'_1 le diamètre de cette section,

$$\frac{d_1'^2}{1,273} = \frac{P}{v\,D}, \quad d_1'^2 = \frac{1,273\,P}{v\,D},$$

d'où

$$d'_1 = \sqrt{\frac{1,273\,P}{v\,D}}.$$

Les poids P et p étant connus, on peut aisément trouver la température de l'eau d'alimentation.

Appelons, à cet effet,

t la température de la vapeur à l'orifice de la tuyère;

t' celle de l'eau dans le tuyau d'aspiration;

t'' celle du mélange qui coule dans le tube divergent.

D'après la formule de M. Regnault, la quantité de chaleur perdue par le poids p de vapeur, en passant de la température t à la température inférieure t', sera représentée par

$$p\,(606,5 + 0,305\,t - t''),$$

et celle gagnée par l'eau sera

$$P\,(t'' - t').$$

En vertu du principe de l'équilibre de température, on aura

$$P\,(t'' - t') = p\,(606,5 + 0,305\,t - t''),$$

ou

$$P\,t'' - P\,t' = p\,(606,5 + 0,305\,t) - p\,t'',$$
$$P\,t'' + p\,t'' = p\,(606,5 + 0,305\,t) + P\,t',$$
$$t''\,(P + p) = p\,(606,5 + 0,305\,t) + P\,t'$$

et

$$t'' = \frac{p(606,5 + 0,305\,t) + P\,t'}{P + p}.$$

La valeur de t'' peut encore être représentée sous une forme plus simple. A cet effet, ajoutons et retranchons à la fois pt' au numérateur, il viendra

$$t'' = \frac{p(606,5 + 0,305\,t) + P\,t' + pt' - pt'}{P + p},$$

ou

$$t'' = \frac{p(606,5 + 0,305\,t - t')}{P + p} + \frac{t'(P + p)}{P + p},$$

$$t'' = t' + \frac{p(606,5 + 0,305\,t - t')}{P + p}.$$

La température t à l'orifice de la tuyère n'est pas exactement connue; mais, comme on l'admet généralement, la vapeur étant saturée, sans qu'il y ait de condensation partielle, il s'ensuit qu'on peut la supposer à la température au moins de 100 degrés, ce qui permet, au moyen de cette donnée, de trouver la température minima du mélange.

147. APPLICATION. — *Trouver les diamètres des orifices d'un injecteur servant à l'alimentation d'une chaudière où la vapeur se forme à la pression de 6 atmosphères, sachant que la surface de chauffe est égale à 20 mètres carrés et que la production de vapeur est de 20 kilogrammes par mètre carré dans une heure.*

Le poids total de la vapeur par heure sera

$$20 \times 20 = 400^{kg},$$

et, comme elle entraîne approximativement 40 pour 100 d'eau, il s'ensuit que la quantité d'eau nécessaire à l'alimentation, pendant le même temps, sera égale à $400^{kg} + 160^{kg}$ ou 560 kilogrammes qui correspondent à 1 volume de $0^{mc},560$. Ainsi, par seconde, le volume d'eau débité aura pour valeur

$$\frac{0^{mc},560}{3600} = 0^{mc},00015555\ldots,$$

et en poids $0^{kg},156$ environ. On aura donc

$$P + p = 0^{kg},156.$$

De plus, l'excès de la pression dans la chaudière sur la pression atmosphérique est égal à 5, et, d'après les Tables de Zeuner, la densité de la vapeur ou le poids de 1 mètre cube, à la pression de 6 atmosphères, a pour valeur $3^{kg},26$. On aura donc, par la formule qui représente la vitesse de la vapeur à l'orifice de la tuyère,

$$V = \sqrt{2g\,\frac{10334 \times 5}{3,26}} = \sqrt{\frac{19,62 \times 10334 \times 5}{3,26}},$$
$$V = 556^{m},36.$$

Pour trouver la vitesse de l'eau, nous emploierons la formule

$$v = \sqrt{2g\mathrm{K}\,\frac{10334}{1000}}.$$

Le coefficient K étant égal à 2, nous aurons

$$v = \sqrt{19,62 \times 2\,\frac{10334 \times 5}{1000}} = 45^{m},03.$$

On obtiendra le poids p de la vapeur qui s'écoule en une seconde, par l'orifice de la tuyère, au moyen de la formule

$$p = \frac{v}{V}(P + p).$$

Remplaçant v, V et $P + p$ par leurs valeurs numériques, on aura

$$p = \frac{45,03}{556,36} \times 0,156 = 0^{kg},0126.$$

Le diamètre de l'orifice de la tuyère se déduit de la formule

$$a = \frac{p}{V\,d}$$

ou

$$\frac{d_1^2}{1,273} = \frac{p}{V\,d}, \quad d_1^2 = \frac{1,273\,p}{V\,d}, \quad d = \sqrt{\frac{1,273\,p}{V\,d}}.$$

Introduisant dans la dernière relation les valeurs numériques que nous avons trouvées, il viendra

$$d = \sqrt{\frac{1,273 \times 0,0126}{556,36 \times 3,26}} = 0^m,00298.$$

Par l'application de la formule

$$a' = \frac{P}{v\,D},$$

on obtiendra le diamètre de la section minima du tube divergent, si l'on remplace a' par sa valeur $\dfrac{d''^2_1}{1,273}$,

$$d''^2_1 = \sqrt{\frac{1,273 \times 0^{kg},156}{45,03 \times 500}},$$

$$d''_1 = \sqrt{\frac{1,273 \times 0,156}{45,03 \times 500}} = 0^m,00296.$$

Enfin la température minima de l'eau injectée dans la chaudière peut être calculée par la formule

$$t'' = t' + \frac{p\,(606,5 + 0,305\,t - t')}{P + p}.$$

La température t' de l'eau renfermée dans la bâche d'alimentation étant ordinairement égale à 12 degrés, et celle de la vapeur, à l'extrémité de la tuyère, étant de 100 degrés environ, en introduisant ces valeurs dans la formule, de même que les autres obtenues par l'application des formules précédentes, la température minima de l'eau, au moment de son introduction dans la chaudière, sera exprimée par

$$t'' = 12^0 + \frac{0,0126}{0,156}\,(606,5 + 0,305 \times 100 - 12) = 62^0,62.$$

148. *Théorie de l'injecteur Giffard d'après les principes de la Thermodynamique.* — A l'époque où M. Giffard soumit au contrôle de la Science l'ingénieux appareil qui, aujourd'hui, porte son nom, il parut différentes théories basées sur les doctrines de l'ancienne Physique, lesquelles, en partie, élucidèrent la question. Si les propriétés mécaniques de la cha-

leur eussent été alors parfaitement connues, on aurait pu facilement donner une explication rigoureuse de cet appareil, dont le jeu, de prime-abord, semblait procéder d'une loi en contradiction avec les lois ordinaires de la Physique.

La nouvelle théorie est exclusivement basée sur les principes de la Thermodynamique. Comme la description de l'appareil a été précédemment donnée en même temps que nous en avons indiqué le fonctionnement, nous nous abstiendrons d'y revenir. Appelons

a la section du tube divergent à l'origine;

a' la section de ce tube mesurée à sa jonction avec le tuyau de refoulement;

H la hauteur de la colonne d'eau qui mesure la pression effective à ce débouché, c'est-à-dire la pression absolue diminuée de la pression atmosphérique;

P et t la pression et la température dans la chaudière;

V le volume de 1 kilogramme de vapeur à la même pression;

q le poids de vapeur sèche renfermée dans 1 kilogramme de vapeur humide;

l la chaleur latente de vaporisation de 1 kilogramme de vapeur sèche à la pression p;

υ le volume en fonction du mètre cube de 1 kilogramme d'eau;

h la hauteur de la colonne d'eau comprise entre la bâche d'alimentation et le corps de l'injecteur;

p la pression atmosphérique exprimée en kilogrammes par mètre carré;

$\left(p - \dfrac{h}{\upsilon}\right)$ la pression au débouché du tuyau d'aspiration dans l'injecteur;

t' la température de l'eau dans la bâche;

h' la hauteur de la colonne d'eau comprise entre le tube divergent et la chaudière;

x le poids de l'eau refoulée par 1 kilogramme de vapeur en s'échappant par la tuyère;

t'' la température du jet liquide au moment de l'introduction dans le tube divergent;

V_{ι} la vitesse de ce jet à l'ouverture du même tube;

t''' la température de l'eau quand elle arrive dans la chaudière;
V'_i la vitesse de l'eau au même instant;

Des expériences de Venturi il résulte que, dans un tube
divergent tel que celui des injecteurs, l'eau introduite avec
une vitesse V''_i est capable d'équilibrer la pression qui correspond à une colonne d'eau de hauteur $\dfrac{V_i^2}{2g}$; par conséquent,
on aura

$$\frac{V_i''^2}{2g}\left(1 - \frac{a^2}{a'^2}\right) = H.$$

Ordinairement, M. Giffard adopte le rapport

$$\frac{a}{a'} = 0,16,$$

d'où

$$\frac{a^2}{a'^2} = 0,0256 \quad \text{et} \quad 1 - \frac{a^2}{a'^2} = 0,9744.$$

Ce dernier nombre obtenu différant peu de l'unité, on
pourra poser

$$\frac{V_i''^2}{2g} = H, \quad V''^2 = 2gH.$$

Cette relation comporte implicitement la constance de la
température pendant le mouvement du liquide. Mais, si la
température varie notablement dans l'intérieur du tube conique, et si de plus, à la sortie, l'eau possède une autre vitesse qu'à l'introduction, l'équation de condition que nous
avons posée ne suffit plus et doit être remplacée par une relation plus générale, exprimant les phénomènes thermiques
qui se sont accomplis pendant le jeu de l'appareil.

Entre les quantités désignées par les notations qui précèdent, il est possible d'établir trois relations. Les sections a,
a' et la hauteur H sont ordinairement connues, sans être
toutefois absolument arbitraires, et l'on peut se donner aussi la
température t''' et la vitesse V'_i de l'eau au moment de son
introduction dans la chaudière. La question est donc ramenée
à chercher le poids x de l'eau entraînée, sa température t'' et
la vitesse V_i à l'ouverture du tube divergent.

Pour obtenir les deux premières relations, il suffira d'appliquer la formule générale (p. 5o)

$$T_e + T_v + T_m = \tfrac{1}{2}\, m\,(V'^2 - V^2),$$

d'abord au mouvement de l'eau et de la vapeur, depuis leur point de départ jusqu'à l'origine du tube divergent; ensuite au mouvement, depuis ce tube jusqu'à l'introduction dans la chaudière qu'il faut alimenter.

Puisque 1 kilogramme de vapeur correspond au volume v, et que cette vapeur entraîne un poids d'eau représenté par x, après la condensation, le poids total du liquide qui passera par le tube divergent sera $(1 + x)$; la vitesse étant d'ailleurs V_1, la force vive acquise sera

$$\frac{1 + x}{g}\, V_1^2,$$

en négligeant la force vive possédée par l'eau, quand elle s'introduit dans l'appareil, ce qui est permis, attendu que la vitesse à l'introduction est très-petite par rapport à celle de la vapeur sortant par l'orifice de la tuyère.

D'autre part, si nous désignons par $U - U'$ la différence des énergies totales intérieures, au-dessus du point zéro des températures absolues, pendant les deux périodes du mouvement, on comprend qu'elle doit être égale à la différence des énergies intérieures au-dessus du point zéro de la glace fondante. On aura donc, en vertu des lois de l'écoulement des gaz et des vapeurs, déduites des principes de la Thermodynamique :

1° Énergie intérieure de 1 kilogramme de vapeur, depuis la chaudière jusqu'à l'introduction dans l'appareil,

$$EC_1 t + E\,lq - P\,(V - v);$$

2° Énergie intérieure de l'eau amenée de la bâche d'alimentation à l'injecteur

$$EC_1 t'x, \quad \text{d'où} \quad U = EC_1 t + E\,lq - P\,(V - v) + EC_1 t'x;$$

3° Énergie intérieure de l'eau provenant de 1 kilogramme de vapeur condensée, depuis le tube divergent jusqu'à la chaudière

$$EC_1 t'';$$

4° Énergie intérieure de x kilogrammes d'eau, dans le même trajet,

$$EC_1 t'' x, \quad \text{d'où} \quad U^l = EC_1 t'' + EC_1 t'' x;$$

par suite, on a

$$U - U' = EC_1 t + E lq - P(V - v) + EC_1 t' x - EC_1 t'' - EC_1 t'' x.$$

Dans cette relation, C_1 représente la chaleur spécifique de 1 kilogramme d'eau, sous pression constante.

Remarquons présentement que le travail extérieur désigné par T_e dans l'équation générale comprend trois parties distinctes :

1° Le travail positif développé hors de la chaudière par 1 kilogramme de vapeur, à la pression P et sous le volume V, lequel a pour valeur PV, d'après ce qui a été vu plus haut;

2° Le travail positif dû au refoulement de x kilogrammes d'eau, lequel sera exprimé par

$$\left(p - \frac{h}{v} \right) v x = pv x - h x.$$

Le travail dû à la contre-pression qui se produit au débouché de la cheminée vers le tube divergent et qui s'oppose au mouvement de l'eau. Dans les injecteurs du système Giffard, cette contre-pression est sensiblement égale à la pression atmosphérique. Ce travail négatif, correspondant à $(x + 1)$ kilogrammes d'eau, a pour valeur

$$- pv (1 + x).$$

Si nous admettons que la présence de systèmes extérieurs ne modifie, en aucune façon, l'état calorifique de la masse liquide, c'est-à-dire que la chaleur gagnée ou perdue soit nulle, le travail vibratoire sera également nul, et le terme T_e devra, par conséquent, être négligé dans la formule que nous avons reproduite en commençant. Par l'application du théorème des forces vives, on aura

$$\frac{1 + x}{2g} V_1^2 = EC_1 t + E lq - PV + Pv + EC_1 t' x - EC_1 t''$$
$$- EC_1 t'' x + PV + pv x - h x - pv - pv x,$$

ou, en opérant la réduction des termes semblables,

$$(a) \quad \frac{1+x}{2g} V_1^2 = EC_1 t + E lq + P v + EC_1 t' x - EC_1 t'' - EC_1 t'' x - hx - pv.$$

On voit que, dans cette première équation, se trouvent les deux inconnues x et t'' qu'il s'agit de déterminer. En se rappelant ce qui a été dit sur le fonctionnement de l'appareil, on comprendra aisément l'importance du terme $E lq$ qui représente l'énergie intérieure de la vapeur condensée, puisque cette énergie, par le changement d'état de la vapeur, engendre la force vive sensible capable de produire le mouvement du liquide.

Il reste encore à établir l'équation relative au mouvement du fluide mélangé depuis le tube divergent jusqu'à son introduction dans la chaudière.

Puisque, à l'ouverture du tube divergent, la vitesse du jet est V_1 et qu'au moment de sa pénétration dans la chaudière elle est égale à V'_1, la variation de la force vive, dans l'intervalle en question, sera représentée par

$$\frac{1+x}{g} \left(V_1'^2 - V_1^2 \right).$$

D'autre part, l'énergie intérieure du fluide, au-dessus de zéro de la glace fondante, vaudra, dans l'espace compris entre la cheminée et le tube divergent,

$$EC_1 t'' (1 + x),$$

et dans la chaudière où ce fluide est introduit,

$$EC_1 t''' (1 + x).$$

Ainsi, la différence des énergies intérieures, pendant la seconde période, sera représentée par

$$U - U' = EC_1 t'' (1 + x) - EC_1 t''' (1 + x) = EC_1 (1 + x) (t'' - t''').$$

Nous ferons observer que le travail externe T_e comprend deux parties :

1° Le travail positif dû à la pression atmosphérique dans la partie comprise entre la cheminée et le tube conique, lequel a pour valeur

$$pv (1 + x);$$

21.

2° Le travail résistant ou négatif qui résulte à la fois de la pression P dans la chaudière et du poids par mètre carré de la colonne d'eau de hauteur h' comprise entre le tube divergent et la cheminée, lequel peut être représenté par $\dfrac{h'}{v}$. Ainsi, en valeur absolue, la somme des travaux partiels exprimant le travail résistant sera

$$P v (1 + x) + \frac{h'}{v} (1 + x) v = v (1 + x) \left(P + \frac{h'}{v} \right)$$

ou

$$P v + P v x + h' + h' x,$$

qu'il faudra affecter du signe — dans l'équation générale.

On aura encore, en vertu du principe des forces vives,

$$(b) \begin{cases} \dfrac{1 + x}{2 g} (V'^2_1 - V^2_1) = EC_1 t'' + EC_1 t'' x - EC_1 t''' - EC_1 t''' x \\ \qquad\qquad + p v + p v x - P v - P v x - h' - h' x. \end{cases}$$

Cette équation peut encore être mise sous la forme

$$\frac{1 + x}{2 g} (V'^2_1 - V^2_1) = EC_1 (1 + x) (t'' - t''')$$
$$+ p v (1 + x) - v \left(P + \frac{h'}{v} \right) (1 + x),$$

et, en divisant les deux membres par $(1 + x)$,

$$\frac{V'^2_1 - V^2_1}{2 g} = EC_1 (t'' - t''') + p v - P v - h',$$

ou

$$\frac{V'^2_1 - V^2_1}{2 g} = EC_1 (t'' - t''') - (P - p) v - h'.$$

En ajoutant membre à membre les deux équations (a) et (b), on fera disparaître les deux inconnues t'' et V_1. Toutes réductions faites, on obtient

$$\frac{1 + x}{2 g} V'^2_1 = EC_1 t + E l q + EC_1 t' x - h x - EC_1 t''' - EC_1 t''' x$$
$$+ p v x - P v x - h' - h' x,$$

ou

$$\frac{V_1'^2}{2g} + \frac{V_1'^2 x}{2g} - EC_1\, t'\, x + h\, x + EC_1\, t'''\, x + P\, v\, x - p\, v\, x + h'\, x$$
$$= EC_1\, t + E\, lq - EC_1\, t''' - h',$$

$$x\left[\frac{V_1'^2}{2g} + EC_1\, (t''' - t') + v\, (P - p) + h + h'\right]$$
$$= E[lq + C_1\, (t - t''')] - h' - \frac{V_1'^2}{2g};$$

d'où l'on déduit

$$x = \frac{E[lq + C_1\, (t - t''')] - h' - \dfrac{V_1'^2}{2g}}{EC_1\, (t''' - t') + v\, (P - p) + h + h' + \dfrac{V_1'^2}{2g}}.$$

Au moyen de cette équation, il sera facile de trouver la principale des inconnues x, c'est-à-dire le poids de l'eau qui peut être entraînée par 1 kilogramme de vapeur. Il y a lieu de faire observer que le dénominateur de l'expression qui précède peut devenir négatif, notamment si la hauteur h est elle-même négative et suffisamment grande en valeur absolue. Ce cas se présente lorsque la bâche d'alimentation est placée au-dessus de l'injecteur et que la pression due à la colonne liquide est trop considérable pour empêcher le jet de vapeur de sortir par l'orifice de la tuyère. Établi dans de telles conditions, l'appareil est incapable de fonctionner.

Ordinairement, dans les injecteurs du système Giffard, la hauteur de la colonne d'eau h', comprise entre le tube divergent et la chaudière, est assez petite pour qu'on puisse en faire abstraction. Alors la formule devient

$$x = \frac{E[lq + C_1\, (t - t''')] - \dfrac{V_1'^2}{2g}}{EC_1\, (t''' - t') + v\, (P - p) + h + \dfrac{V_1'^2}{2g}}.$$

D'autre part, si la vapeur introduite dans l'appareil est parfaitement sèche, et si l'eau est amenée dans la chaudière avec une vitesse très-faible et à une température qui diffère peu de la température t, dans ces circonstances, $q = 1^{kg}\,(t - t''') = 0$, et le terme $\dfrac{V_1'^2}{2g}$ devient négligeable. L'équation se modifie et prend la forme

$$x = \frac{E l}{E C_1 (t - t') + (P - p) v + h}.$$

149. APPLICATION NUMÉRIQUE. — *Trouver la quantité d'eau entraînée dans la chaudière par kilogramme de vapeur, sachant que l'injecteur Giffard fonctionne dans les conditions suivantes :*

Pression absolue dans la chaudière, $P = 5^{atm}$;
Température correspondante $t = 152^o, 22$;
Degré d'humidité de la vapeur 3,5 pour 100 ;
Température de l'eau dans la bâche, $t' = 24^o$;
Température de l'eau en entrant dans la chaudière, $t'' = 63^o$;
Hauteur de la colonne d'eau entre la bâche et l'injecteur, $t''' = 4^m$.

Puisque 100 kilogrammes de vapeur contiennent $3^{kg}, 5$ d'eau, 1 kilogramme en contiendra $\dfrac{3^{kg}, 5}{100} = 0^{kg}, 035$.

Par suite, le poids de vapeur sèche q, qui se trouve dans 1 kilogramme de vapeur humide, sera

$$q = 1^{kg} - 0^{kg}, 035 = 0^{kg}, 965.$$

D'après les Tables de M. Zeuner, la chaleur latente de vaporisation, qui correspond à une pression de 5 atmosphères, a pour valeur

$$l = 499, 19.$$

On aura, avec les données de la question,

$$t - t''' = 152, 22 - 63 = 89^o, 22, \quad t''' - t' = 63^o - 24 = 39^o,$$
$$C_1 = 1, \quad P - p = 5 - 1 = 4,$$

et en kilogrammes

$$P - p = 4 \times 10334 = 41336^{kg}, \quad v = 0^{mc}, 001, \quad h = 4^m ;$$

h' est négligeable et $V_1' = 0$.

Introduisant ces valeurs numériques dans la formule générale, il viendra

$$x = \frac{425 (499, 19 \times 0, 965 + 89, 22)}{425 \times 39 + 0, 001 \times 41336 + 4}.$$

En effectuant les calculs on trouve

$$x = 14^{kg},599,$$

dont le volume est $0^{mc},14599$ ou $14^{lit},599$.

150. *Poids du volant d'une machine à simple effet.* — Pour résoudre cette question, nous admettrons, comme nous l'avons déjà fait, que l'effort transmis sur le bouton est constant et que la bielle, dans ses différentes positions, conserve le parallélisme. Supposons, en outre, que la puissance F ait pour objet d'élever un poids Q au moyen d'une roue de rayon $OM = R$ montée sur l'arbre de la manivelle (*fig.* 40). Si nous

Fig. 40.

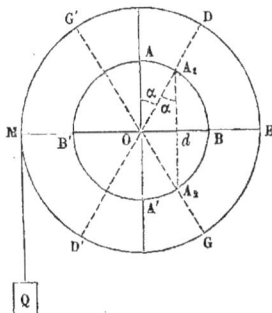

considérons la manivelle de longueur $OA = r$, lorsqu'elle est au point mort supérieur, d'après ce que nous avons vu, le travail instantané de la puissance croîtra dans le passage de A en B, où il sera maximum, pour décroître ensuite, quand le bouton passera de B en A', où il deviendra égal à zéro. Comme l'intensité de la résistance est constante et qu'elle agit dans la direction du chemin parcouru, puisque, pendant toute la durée du mouvement, la direction de cette force ne cesse pas d'être tangente à la roue fictive montée sur l'arbre de la manivelle, le travail développé sera aussi constant. Lorsque le travail de la puissance est supérieur à celui de la résistance, le mouvement devient accéléré; mais, comme la vitesse ne saurait croître indéfiniment, le travail de la puissance finit par diminuer, et il arrive un moment où il devient égal à celui de la résistance. Alors la vitesse aura acquis sa plus grande valeur. A partir de cette limite, le travail de la puissance, décroissant de plus en plus, deviendra moindre que celui de la résistance et le mouvement se ralentira. Le travail de la puissance ne pouvant décroître indéfiniment, il y aura encore un instant où l'égalité des deux travaux existera, et la vitesse sera minima. La condition qui doit être satisfaite pour assurer la permanence du mouvement consiste évidemment dans l'égalité des quantités de travail développées par la puissance F et par la résistance Q pour chaque révolution; car, s'il en était autrement, la machine serait mal réglée. On aura donc, puisque la manivelle est à simple effet,

$$2Fr = 2\pi RQ, \quad \text{d'où} \quad Q = \frac{Fr}{\pi R}.$$

Nous avons vu que, pour une position quelconque du bouton de la manivelle, le travail élémentaire a pour valeur

$$t = F\frac{a}{r}Od = Fa\sin\alpha,$$

en désignant par α l'angle variable que forme la manivelle avec la verticale. Représentant par b l'arc élémentaire que décrit le point d'application de la résistance, comme son travail instantané est constant, sa valeur sera Qb. Par conséquent, lorsque la manivelle sera parvenue dans une position telle que les forces P et Q se feront mutuellement équilibre, on aura

$$Fa\sin\alpha = Qb.$$

Remplaçant Q par sa valeur en fonction de F, il viendra

$$Fa\sin\alpha = \frac{Fr}{\pi R}b.$$

Les deux arcs semblables a et b fournissent la relation

$$\frac{a}{b} = \frac{r}{R}, \quad \text{d'où} \quad b = \frac{aR}{r},$$

et, en substituant,

$$Fa\sin\alpha = \frac{Fr}{\pi R}\frac{aR}{r} \quad \text{ou bien} \quad \sin\alpha = \frac{1}{\pi} = 0,318.$$

Le sinus d'un angle étant égal au sinus de son supplément affecté du même signe, il est évident que cette valeur répondra à deux angles supplémentaires AOA_1, AOA_2, et à deux positions symétriques de la manivelle OA_1, OA_2 par rapport au diamètre horizontal OB. On voit aisément que la vitesse minima correspond à la position A_1 du bouton de la manivelle et la vitesse maxima au point A_2. En effet, lorsque la manivelle a accompli un quart de révolution, le travail développé étant Fr pour un déplacement angulaire quelconque, le travail aura pour valeur

$$Fr - Fr\cos\alpha = F(r - r\cos\alpha).$$

De plus, le travail de la résistance correspondant au même déplacement est $QR\alpha$; donc la quantité de travail transmise au système a pour expression

$$F(r - r\cos\alpha) = QR\alpha.$$

Il résulte de cette valeur que la quantité de travail communiquée, à partir du point mort pour lequel $\alpha = 0$, atteindra la limite minima, ainsi que la vitesse, pour le plus petit des angles supplémentaires, où l'égalité existe entre le travail instantané de la puissance et celui de la résistance. De même, la valeur maxima correspondra au plus grand des angles, c'est-à-dire quand la manivelle occupera la position OA_2; car l'angle AOA_2 étant le supplément de l'angle AOA_1, on a

$$\cos AOA_2 = -\cos AOA_1 = -\cos\alpha,$$

et par suite le premier terme de l'expression devient

$$F(r + r\cos\alpha),$$

ce qui signifie que le travail de la puissance pour le déplacement angulaire AOA_2 est égal au travail accompli pendant un quart de révolution, augmenté du travail relatif au déplacement BA_1. A partir du point A_2, le travail décroîtra tant que la manivelle décrira l'arc $A_2A'B'A$ jusqu'au point mort supérieur, pour reprendre les mêmes valeurs que précédemment, puisque, à la fin de chaque révolution, le travail de la puissance $2Fr$ doit être égal à celui de la résistance $2\pi QR$, sans quoi, comme nous l'avons dit, la permanence du mouvement serait altérée. La représentation graphique du travail variable de la manivelle et du travail constant met parfaitement en lumière toutes les circonstances que présentent les effets produits par les forces qui agissent sur le système général.

Cherchons séparément le travail développé par la puissance et par la résistance dans l'intervalle A_1BA_2. Le premier t a pour valeur

$$t = F \times A_1A_2 = F \times 2A_1d = 2Fr\cos\alpha;$$

or

$$\cos^2\alpha = 1 - \sin^2\alpha \quad \text{et} \quad \cos\alpha = \sqrt{1 - \sin^2\alpha}.$$

Remplaçant $\sin\alpha$ par sa valeur $0,318$, il vient

$$\cos\alpha = \sqrt{1 - (0,318)^2}, \quad \cos\alpha = 0,948,$$

d'où

$$t = 2Fr \times 0,948 = 1,896 Fr.$$

Comme la résistance Q agit constamment dans la direction du chemin parcouru, le travail t' qu'elle développe sera représenté par

$$t' = Q \times DEG = Q \times 2DE.$$

Remplaçant Q par sa valeur $\dfrac{Fr}{\pi R}$, on aura

$$t' = \frac{2Fr}{\pi R} DE.$$

Les arcs semblables DE et A_1B fournissent la relation

$$\frac{DE}{A_1B} = \frac{R}{r}, \quad \text{d'où} \quad \frac{A_1B \times R}{r} = DE,$$

et, en remplaçant dans l'expression du travail t',

$$t' = \frac{2Fr}{\pi R} \frac{A_1B \times R}{r} = \frac{2F}{\pi} A_1B.$$

Or

$$\cos\alpha = \sin A_1OB = \sin \text{arc} A_1B = 0,948,$$

d'où

$$\log\sin\text{arc} A_1B = \log 0,948 = \overline{1},97681$$

et

$$\text{arc} A_1B = 71° 26' 30''.$$

Nous obtiendrons la valeur métrique de l'arc A_1B au moyen de la relation

$$\frac{360°}{71°26'30''} = \frac{2\pi r}{A_1B}$$

ou, en réduisant en secondes,

$$\frac{1296000}{257190} = \frac{2\pi r}{A_1B};$$

d'où l'on déduit

$$A_1B = \frac{2\pi r \times 257190}{1296000}.$$

Substituant cette valeur à A_1B dans l'expression du travail de la résistance t',

$$t' = \frac{2F}{\pi} \frac{2\pi r \times 257190}{1296000} \quad \text{ou} \quad t' = \frac{4Fr \times 257190}{1296000} = 0,793\,Fr.$$

Par conséquent l'excès du travail des puissances sur celui des résistances sera

$$t - t' = 1,896\,Fr - 0,793\,Fr = 1,103\,Fr.$$

Considérons l'équation générale qui sert à trouver le poids d'un volant

$$P = \frac{Tgn}{V^2},$$

dans laquelle T exprime l'excès du travail des puissances sur celui des résistances, g l'accélération due à la pesanteur, n le coefficient de régularité qui dans les cas ordinaires est égal à 32, et V la vitesse à la circonférence moyenne de l'anneau.

Remplaçant, dans cette équation, T par $1,103\,Fr$, on aura

$$P = \frac{9,81 \times 1,103\,Fr \times n}{V^2}.$$

Ordinairement la puissance des machines est estimée par le nombre de chevaux-vapeur que développe le moteur, et la vitesse est exprimée par le nombre de révolutions en une minute. Appelons N le nombre de chevaux dynamiques et m le nombre de tours du volant en une minute. D'après ce qui a été dit plus haut sur le travail des manivelles à simple effet, pour un tour ce travail étant $2Fr$, pour m tours il sera exprimé par $2Frm$, et, en une seconde, par $\dfrac{2Frm}{60} = \dfrac{Frm}{30}$. Or le travail d'un cheval-vapeur correspond à 75 kilogrammètres en une seconde; donc on aura

$$\frac{Frm}{30} = N \times 75, \quad \text{d'où} \quad Fr = \frac{N \times 75 \times 30}{m},$$

et, en remplaçant Fr par cette valeur dans l'expression du poids P du volant,

$$P = 1,103 \times 75 \times 30 \times 9,81\, \frac{Nn}{mV^2}.$$

Effectuant les calculs, on obtient par approximation

$$P = 24324\, \frac{n}{mV^2}\, N.$$

151. *Poids du volant d'une machine à double effet.* — Conservons les mêmes notations que dans le cas précédent, et remarquons que, l'effort F transmis sur le bouton agissant pendant une révolution entière, on aura

$$4Fr = 2\pi RQ, \quad \text{d'où} \quad Q = \frac{2Fr}{\pi R}.$$

Comme les circonstances du mouvement, pendant la seconde demi-révolution, sont absolument les mêmes, il est évident qu'il existera aussi deux points D', G' diamétralement opposés aux points D, G, où il y aura égalité entre le travail instantané de la puissance et celui de la résistance. Il n'y a donc lieu à s'occuper que de ce qui se passe pendant la première demi-révolution, en ayant soin toutefois d'introduire dans les relations la nouvelle valeur de la résistance Q en fonction de la puissance F. Par conséquent, on aura

$$Qb = Fa\sin\alpha \quad \text{ou} \quad \frac{2Fr}{\pi R}b = Fa\sin\alpha;$$

à cause de la similitude des arcs a et b, on a

$$\frac{a}{b} = \frac{r}{R}, \quad \text{d'où} \quad b = \frac{aR}{r},$$

et, en substituant,

$$\frac{2\,F\,r}{\pi\,R}\,\frac{a\,R}{r} = F\,a\sin\alpha, \quad \sin\alpha = \frac{2}{\pi} = 0,637.$$

Le travail t de la puissance a pour valeur

$$t = F \times A_1 A_2 = F \times 2\,A_1\,d = 2\,F\,r\cos\alpha\,;$$

or

$$\cos\alpha = \sqrt{1 - (0,637)^2} = 0,77.$$

Par suite

$$t = 2\,F\,r \times 0,77 = 1,54\,F\,r.$$

Pour le travail de la résistance, on aura

$$t' = Q \times \frac{2\,A_1 B \times R}{r},$$

et, en remplaçant Q par sa valeur en fonction de F,

$$t' = \frac{2\,F\,r}{\pi\,R} \times \frac{2\,A_1\,B \times R}{r} = \frac{4\,F}{\pi}\,A_1\,B.$$

Dans ce cas,

$$\cos\alpha = \sin \operatorname{arc} A_1\,B = 0,77,$$

d'où

$$\log \sin \operatorname{arc} A_1\,B = \log 0,77 = \overline{1},88649$$

et

$$\operatorname{arc} A_1\,B = 50° 21' 12''.$$

Nous obtiendrons le développement de l'arc $A_1 B$ au moyen de la relation

$$\frac{360}{50° 21' 12''} = \frac{2\,\pi\,r}{A_1\,B},$$

et, en convertissant en secondes,

$$\frac{1296000}{181272} = \frac{2\,\pi\,r}{A_1\,B}, \quad A_1\,B = \frac{181272 \times 2\,\pi\,r}{1296000}.$$

Introduisant cette valeur de $A_1 B$ dans celle du travail t', il viendra

$$t' = \frac{4\,F \times 181272 \times 2\,\pi\,r}{\pi \times 1296000} = \frac{8\,F\,r \times 181272}{1296000} = 1,119\,F\,r.$$

L'excès du travail des puissances sur celui des résistances sera

$$t - t' \quad \text{ou} \quad T = 1,54\,Fr - 1,119\,Fr = 0,421\,Fr.$$

Introduisant cette valeur dans l'expression générale du poids du volant,

$$P = \frac{0,421\,Fr \times gn}{V^2}.$$

Désignant, comme précédemment, par N la force nominale de la machine et par m le nombre de tours en une minute, on aura

$$\frac{4\,Frm}{60} = N \times 75 \quad \text{ou} \quad \frac{Frm}{15} = N \times 75$$

et

$$Fr = \frac{N \times 75 \times 15}{m}.$$

Remplaçant Fr par cette valeur,

$$\dot{P} = \frac{Nn}{mV^2} \times 0,421 \times 9,81 \times 75 \times 15,$$

et, en effectuant les calculs, on trouve

$$P = 4645\,\frac{n}{mV^2}\,N.$$

Les formules que nous venons d'obtenir confirment pleinement les avantages déjà indiqués des manivelles à double effet pour la transmission du mouvement. Le volant ayant pour rôle de renfermer les écarts de la vitesse entre des limites convenables, la comparaison des deux formules montre que, pour des machines de même force et marchant à la même vitesse, le poids du volant sera bien moindre dans le cas d'une manivelle à double effet.

152. *Poids du volant d'une machine à pleine pression et sans détente en tenant compte des obliquités de la bielle.* — Nous avons dit précédemment que les géomètres, pour éviter les difficultés de calcul que présente la considération de l'obliquité de la bielle, ont été conduits à supposer la bielle infinie, c'est-à-dire toujours parallèle à elle-même. Par un tracé géo-

métrique, on peut obtenir une solution de la question, suffisamment approximative pour les besoins de la pratique.

Considérons, à cet effet, l'équation générale qui exprime le poids du volant d'une machine quelconque (t. II, p. 247),

$$P = \frac{T\,gn}{V^2},$$

dans laquelle T exprime l'excès du travail des puissances sur celui des résistances, $g = 9^m,81$ l'accélération due à la pesanteur ; V la vitesse du volant estimée à la circonférence moyenne de l'anneau et n le *coefficient de régularité*, qui, d'après Watt, est égal à 32, dans les cas les plus usuels.

Appelons

P_1 la pression exercée sur la surface du piston, déduction faite de la contre-pression provenant du condenseur ou de l'atmosphère, selon le système de la machine ; .

Q la résistance constante agissant à la circonférence du volant ;

r le rayon de la manivelle ;

R le rayon du volant.

Ces quantités peuvent toujours être exprimées en unités linéaires à une échelle adoptée.

Par la méthode que nous avons exposée (t. II, p. 268 et 270), il sera facile de représenter graphiquement le travail des puissances, en négligeant le travail des frottements, provenant des divers organes de la machine.

Fig. 41.

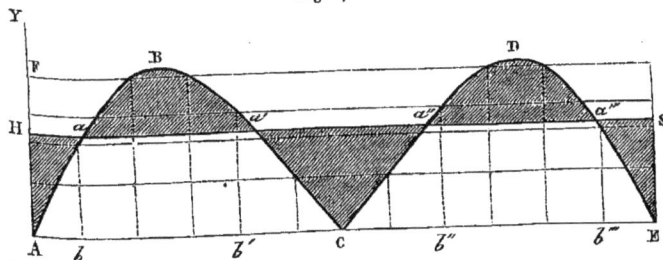

Soient ABC, CDE (*fig.* 41) deux courbes représentatives de la loi du travail pour une révolution complète du volant. Divisant par AE $= 2\pi r$ la surface A que circonscrivent les deux courbes, on aura l'effort constant qui produit la même quantité de travail que l'effort variable transmis sur le bouton de la manivelle pendant une révolution complète. Sur l'axe des ordonnées prenons une longueur AH égale à $\dfrac{A}{2\pi r}$ et construisons le rectangle AHSE. L'aire de ce rectangle sera l'expression géométrique du travail développé par l'effort constant, lequel sera évidemment égal au travail de l'effort variable représenté par la surface A que limitent les deux courbes ABC, CDE et l'abscisse AE. Pour éviter toute fausse interprétation, nous ferons observer que AH représente bien l'effort tangentiel capable de produire le même travail que l'effort Q qui agit à la distance R de l'axe de rotation; car, dans les deux cas, on a

$$2\pi R \times Q = A, \quad 2\pi r \times AH = A;$$

d'où

$$2\pi R \times Q = 2\pi r \times AH, \quad R \times Q = r \times AH.$$

Ainsi les moments des efforts Q et AH étant égaux, il s'ensuit que l'effort représenté par AH, agissant avec un bras de levier r, peut être substitué à l'effort Q agissant à la circonférence du volant. Le côté supérieur HS du rectangle coupe les deux branches de la courbe aux points a, a', a'', a''' et pour chacun de ces points on a $Q \times R = AH \times r$. En d'autres termes, pour les positions correspondant à ces points, le travail élémentaire de la puissance est égal au travail élémentaire de la résistance, et ces positions sont précisément celles qui correspondent aux vitesses maxima et minima du volant.

En effet, de A en b, le travail de la résistance l'emporte sur celui de la puissance; et, par suite, la vitesse va en diminuant, ce qui fait que le point a de la courbe répond à un minimum de vitesse. Dans le passage de b en b', l'inverse a lieu; le travail moteur l'emporte sur le travail résistant et la vitesse croît pour parvenir à un maximum qui répond au point a' de la courbe.

On voit de même, sur l'épure, que de b' en b'' le travail résistant est supérieur au travail de la puissance et que le point a'' se rapporte à un minimum de vitesse.

L'aire aBa' représente l'excès du travail moteur sur le travail résistant, depuis le premier minimum jusqu'au premier maximum, et la partie $a'Ca''$ représente l'excès du travail résistant sur le travail moteur, en allant du premier maximum au second minimum. L'aire $a''Da'''$ est l'excès du travail de la puissance sur celui de la résistance, depuis le second minimum jusqu'au second maximum. Enfin la somme des aires $SEa''' + AHa$ représente l'excès du travail résistant sur le travail moteur, à partir du second maximum jusqu'au premier minimum. Dans le cas où la bielle serait infinie, ces quatre excès seraient égaux, mais cette égalité ne pouvant avoir lieu, si l'on tient compte des obliquités et surtout pour les machines à balancier, on mesurera ces aires, d'après l'épure, et la plus grande sera l'excès maximum auquel est due la plus grande irrégularité, dans les écarts périodiques de la vitesse. On prendra cette valeur pour celle de T et, en l'introduisant dans la formule générale, on aura le poids qu'il convient de donner au volant de la machine en projet.

Il importe maintenant de faire observer que le tracé a été opéré au moyen de la valeur théorique de l'effort transmis sur le bouton de la manivelle, abstraction faite des frottements. L'excès T de travail qui occasionne l'irrégularité étant déduit de l'épure, on trouve, selon le système de la machine, que cet excès est une fraction plus ou moins grande du travail total théorique A obtenu par la quadrature des surfaces que limitent les deux branches de la courbe. Appelant B cette fraction, on aura

$$T = AB = 2\pi RQ.B, \quad \frac{T}{A} = B,$$

le rapport numérique $\dfrac{T}{A}$ étant déduit de la construction graphique.

Mais en réalité l'effet utile, c'est-à-dire le travail effectif transmis à l'arbre de rotation, n'est qu'une fraction du travail théorique. Pareillement l'excès réel du travail moteur sur le travail résistant moyen, ou réciproquement l'excès du travail résistant sur le travail moteur, sera représenté par la même fraction de l'excès théorique fourni par l'épure. Si nous désignons par K le rapport du travail effectif au travail théorique,

par T' l'excès pratique et par Q' l'effort réellement transmis
à la circonférence de rayon R, on pourra poser

$$2\pi Q'R = KA \quad \text{et} \quad T' = KT;$$

d'où

$$T' = K.AB = B2\pi Q'R.$$

On peut conclure de là que, si l'on connaît la quantité de
travail à transmettre à l'arbre de couche par révolution ou la
force nominale de la machine, et que, par le procédé graphique indiqué, on ait préalablement calculé l'excès théorique T qui produit l'irrégularité du travail total, il sera facile
d'en déduire la valeur réelle de T', qui doit être introduite
dans la formule générale.

Appelons

N la force de la machine en chevaux-vapeur;
m le nombre de révolutions du volant en une minute.

Puisque, par révolution, le travail effectif transmis à l'arbre
du volant est $2\pi Q'R$, on aura

$$N = \frac{2\pi Q'R\,m}{60\times 75};$$

d'où

$$2\pi Q'R = \frac{N\times 60\times 75}{m},$$

par suite

$$T' = \frac{N\times 60\times 75}{m}\,B.$$

Mettant cette valeur de T' dans la formule du poids du volant, il viendra

$$P = \frac{N\times g\times n\times 60\times 75}{m\,V^2}\,B,$$

et, en effectuant les calculs,

$$P = 44145\,B\,\frac{nN}{m\,V^2},$$

formule dans laquelle, étant donnés le coefficient de régularité n et le nombre de tours m du volant, en une minute, il
ne s'agira plus que d'introduire la valeur numérique du facteur B qui convient à la machine.

Remarquons, à cet effet, que, dans les applications, cette quantité B exprimant le rapport de l'une des surfaces désignées par T à la surface totale A, s'il arrive que, par le tracé, la recherche des moments des forces conduise à quelque erreur légère, elle affectera aussi très-approximativement, dans la même proportion, les surfaces partielles et la surface totale; de sorte que le rapport $\dfrac{T}{A}$ ne sera pas sensiblement modifié et qu'on pourra se dispenser de toute correction. Il suffira donc, dans tous les cas, pour avoir la hauteur du rectangle qui représente le travail de l'effort constant, de diviser la surface totale A par le développement $2\pi r$ de la circonférence que décrit le bouton de la manivelle. Ce rectangle étant construit, on aura facilement par quadrature l'excès T du travail moteur sur le travail résistant, ou *vice versa*.

153. *Poids du volant d'une machine à mouvement direct, à détente et à condensation.* — Les constructions du cas précédent peuvent être facilement appliquées aux machines à détente et à. condensation. La seule différence consiste à tenir compte des variations de la pression qui se produisent dans le cylindre pendant la période de détente. C'est ce qu'il est possible de faire, en admettant que la vapeur subisse la loi de Mariotte.

Prenons pour exemple le calcul du poids du volant d'une machine à vapeur à détente variable et à condensation, construite à l'École d'Angers, dans les conditions suivantes :

Force de la machine en chevaux-vapeur.............. $N = 20$
Diamètre du cylindre......................... $D = 0^{m},435$
Longueur de la bielle........................ $L = 2^{m},00$
Longueur de la manivelle..................... $l = 0^{m},412$
Rayon de la circonférence moyenne de l'anneau du volant. $R = 2^{m},15$
Tension de la vapeur dans la chaudière.............. $p = 5^{atm}$
Contre-pression........................... $\frac{1}{5}$ d'atm.
Coefficient de régularité..................... $n = 40$
Nombre de tours du volant en une minute........... $m = 40$
Détente maxima à $\frac{1}{10}$ de la course du piston............

Supposons le bouton de la manivelle au point mort supérieur et soient OA, AB les longueurs respectives de la mani-

velle et de la bielle, représentées à une certaine échelle (*fig.* 42).
La circonférence décrite par le bouton de la manivelle étant

Fig. 42.

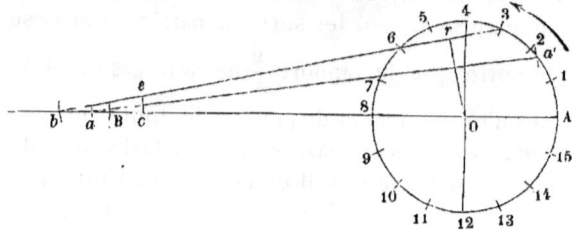

divisée en 16 parties égales, si des points de division nous
décrivons des arcs de cercle de rayon AB, les points d'intersection de ces arcs et de AB feront connaître les différentes
positions occupées par la bielle et les déplacements partiels
du piston qui correspondent aux positions successives de la
manivelle. A partir du point B, prenons une longueur B*a*

Fig. 43.

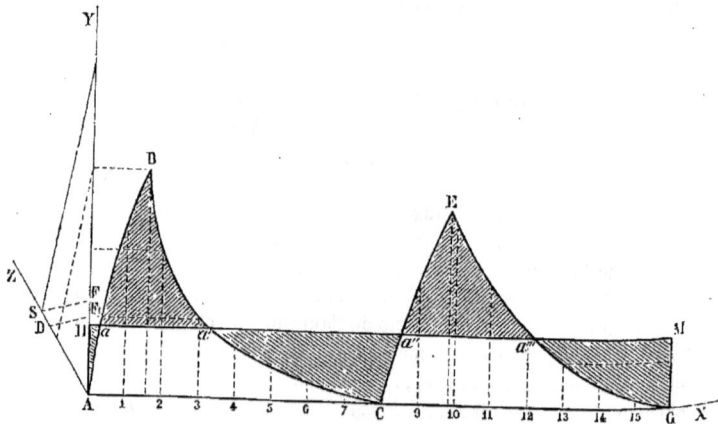

égale à $\frac{1}{16}$ de la course du piston et, du point *a*, avec un rayon
égal à la longueur de la bielle, décrivons un arc de cercle qui
coupe la circonférence de la manivelle. Le point de rencontre
a' est la position du bouton au moment où la détente de la

'vapeur va commencer. Maintenant, développons sur une ligne d'abscisses AX (*fig.* 43) la circonférence décrite par le centre du bouton, et construisons, par la méthode indiquée (t. II, p. 270, n° 109), la courbe AB qui représente la loi du travail pour un déplacement du piston égal à $\frac{1}{10}$ de sa course. Il ne reste donc plus qu'à construire la branche de la courbe correspondant à la période de détente. Cherchons, par le tracé, le chemin parcouru par le piston, lorsque le bouton de la manivelle occupe la position 3 sur la circonférence. Soit Bb ce déplacement du piston, que nous appellerons h_1 (*fig.* 42), de même que nous désignerons par h le dixième de la course totale. D'autre part, si nous appelons p la pression dans la chaudière et p_1 la pression quand la vapeur occupe la partie du cylindre qui correspond au déplacement h_1, on aura, en vertu de la loi de Mariotte,

$$ph = p_1 h_1, \quad \text{d'où} \quad p_1 = \frac{ph}{h_1}.$$

Pour trouver graphiquement la valeur de p_1, prenons une droite de longueur pn (*fig.* 44), représentant à une cer-

Fig. 44.

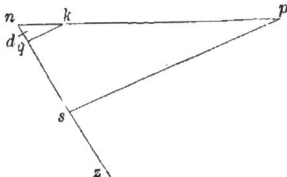

laine échelle la pression $p = 5^{\text{atm}}$ et, à partir du point n, une longueur $nk = Bb = h_1$. Menons une autre droite nz formant avec la première un angle quelconque, et sur laquelle nous prendrons $nq = Ba = h$. Joignant le point k au point q et menant par le point p une parallèle ps à qk, la partie interceptée ns sur nz représentera, à l'échelle adoptée, la pression exercée sur le piston, quand le bouton de la manivelle vient occuper la position 3. D'après ce qui a été dit plus haut, la contre-pression dans le condenseur étant égale à $\frac{1}{5}$ d'atmosphère, pour avoir la pression qui agit utilement, il faudra retrancher de la pression intégrale la droite nd représentant $\frac{1}{5}$ d'atmosphère. Présentement, portons, à partir du point b (*fig.* 42), une longueur bc exprimant la pression p_1, que nous venons de trouver, déduction faite de la contrepression $nd = \frac{1}{5}$ d'atmosphère. Cherchant par le procédé connu la grandeur be de l'effort transmis sur le bouton au moyen de la bielle motrice, et abaissant du centre de rotation O la perpendiculaire rO, qui représente le bras de levier de cet effort, on aura tous les éléments nécessaires à la détermination du point de la courbe du travail qui répond à la position considérée de la manivelle, pendant la période de détente.

A cet effet, sur l'axe AY (*fig.* 43) des ordonnées, portons une longueur AF représentant l'effort be dirigé suivant la bielle, et menons une droite AZ formant avec AY un angle quelconque; ensuite, prenons sur AZ une longueur AS égale à la longueur l de la manivelle, et joignons le point S au point F. Si, à partir du point A, on porte une longueur AD égale au bras de levier rO de l'effort $AF = be$, la parallèle menée à SF rencontrera l'axe AY des ordonnées en un point F_1 tel que, d'après ce qui a été vu (t. II, p. 270), la droite AF_1 sera à l'échelle adoptée, la longueur de l'ordonnée du point cherché de la courbe représentant la loi du travail, pendant la course descendante du piston. En appliquant la méthode graphique que nous venons de rappeler à d'autres positions de la manivelle, BC sera la courbe de la loi du travail pendant la période de détente et, par suite, la surface circonscrite par la courbe ABC concurremment avec le développement AC représentera le travail total développé, en tenant compte de la contre-pression, pendant la première demi-révolution de la manivelle. En opérant au point G les mêmes constructions qu'au point A, après avoir déterminé préalablement par un tracé identique au précédent les moments des efforts variables transmis sur le bouton de la manivelle, on obtient la courbe CEG correspondant au travail produit par la vapeur pendant la course ascendante du piston.

Si nous divisons la somme des aires que limitent les deux courbes ABC, CEF par le développement $AG = 2\pi l$ de la circonférence que décrit le centre du bouton de la manivelle, on obtiendra la hauteur AH du rectangle AHMG qui représente le travail développé par l'effort constant pendant une révolution complète de la manivelle. Comme dans le cas précédent, nous ferons observer que les points a, a', a'', a''', où le côté supérieur du rectangle rencontre les deux courbes, répondent à des positions du bouton de la manivelle telles, que le travail de la puissance devient égal à celui de la résistance. Désignant par T le plus grand excès et par A l'aire totale comprise entre les deux courbes, nous aurons

$$\frac{T}{A} = B, \quad T = AB.$$

Introduisant cette valeur de T dans la formule générale

$$P = \frac{T\,gn}{V^2},$$

il viendra

$$P = \frac{A\,gn}{V^2}\,B.$$

Or

$$N \times 75 = \frac{A\,m}{60}, \quad \text{d'où} \quad A = \frac{N \times 75 \times 60}{m},$$

et, en remplaçant A par cette valeur dans la formule,

$$P = \frac{N \times 75 \times 60 \times 9,81 \times 40}{m\,V^2}\,B.$$

En calculant la valeur de B au moyen de l'épure, on trouve approximativement

$$B \ \text{ou} \ \frac{T}{A} = 0,18.$$

Ainsi, pour la machine dont il est question, on aura

$$P = \frac{20 \times 75 \times 60 \times 9,81 \times 40 \times 0,18}{40 \times V^2},$$

ou

$$P = \frac{1200 \times 75 \times 9,81 \times 0,18}{V^2}.$$

Puisque V représente la vitesse à la circonférence moyenne de la jante, dans le cas actuel,

$$V = \frac{2\pi R m}{60} = \frac{\pi R m}{30} = \frac{3,14 \times 2,15 \times 40}{30} = \frac{6,751 \times 4}{3},$$

et

$$V^2 = \frac{45,576 \times 16}{9} = \frac{729,216}{9}.$$

Par suite, on aura

$$P = \frac{1200 \times 75 \times 9,81 \times 9 \times 0,18}{729,216},$$

et, en effectuant les calculs,

$$P = 1960^{kg}.$$

154. *Diamètre des volants.* — Le moment d'inertie d'un volant étant représenté par l'expression MR^2, ce serait une erreur de croire qu'il est possible, pour conserver la même valeur à ce moment d'inertie, d'augmenter le rayon moyen R et de diminuer la masse M en faisant varier la section de la jante. Indépendamment des circonstances locales qui peuvent limiter le rayon moyen, il existe une autre raison pour renfermer ce rayon entre des limites convenables. Il importe, en effet, que la jante ait des dimensions suffisantes pour que sa masse soit capable de résister à l'action de la force centrifuge.

Les constructeurs ont adopté les proportions suivantes :

1° *Machines à basse pression à balancier :* Le diamètre moyen est égal à 3 ou 3,5 fois la course du piston.

2° *Machines à deux cylindres :* Le diamètre moyen est égal à 3,5 ou 4 fois la course du grand piston.

3° *Machines à un seul cylindre, avec ou sans détente :* Le diamètre moyen est égal à 4 ou 4,5 fois la longueur de la course du piston.

CHAPITRE IX.

155. *Chaudières à vapeur.* —Dans les arts industriels, on désigne sous le nom de *générateur* ou de *chaudière à vapeur* tout appareil servant à produire de la vapeur à une température plus ou moins élevée, pour utiliser cette vapeur, soit au développement d'un travail mécanique, soit à différents chauffages.

Un générateur quelconque comprend une chaudière proprement dite, dans laquelle sont contenues l'eau et la vapeur engendrée, un fourneau avec le foyer et la grille, et enfin une cheminée que l'on remplace quelquefois par tout autre procédé artificiel capable de produire la circulation de l'air et de la fumée. Le corps de la chaudière doit toujours être muni d'appareils accessoires destinés à observer les phénomènes divers qui accompagnent la vaporisation et à prévenir les explosions que pourraient occasionner des pressions trop considérables.

Les générateurs peuvent affecter des formes très-diverses, et les modifications introduites dans ces appareils, par les constructeurs les plus habiles, ont pour objet, selon les circonstances locales, tantôt de réaliser une notable économie de combustible, tantôt de diminuer le prix de revient ou de restreindre l'emplacement, tantôt d'obtenir une vaporisation plus rapide, et généralement d'assurer le meilleur emploi possible de la chaleur dégagée par la combustion des substances affectées au chauffage.

Tous ces avantages peuvent être obtenus par des dispositions qui peuvent varier à l'infini; mais il existe cependant des principes fondamentaux, fournis par l'expérience, dont il ne faut jamais s'écarter, quelle que soit la forme donnée au générateur.

Ces principes peuvent être ainsi résumés :

1° La surface de la chaudière, qui reçoit directement l'action de la chaleur et que l'on nomme *surface de chauffe*, doit être proportionnelle au poids de l'eau à vaporiser dans l'unité de temps pour la marche régulière de la machine;

2° Les passages traversés par la flamme et les gaz qui résultent de la combustion doivent être en rapport avec leur volume, et le parcours doit présenter un développement suffisant pour assurer le refroidissement de ces gaz chauds à une température qui varie de 3oo à 4oo degrés C;

3° Le corps de la chaudière doit être enveloppé de toutes parts et mis à l'abri des refroidissements extérieurs;

4° La capacité de la chaudière doit être en rapport avec le volume de vapeur nécessaire à la marche de la machine;

5° Il faut donner aux fourneaux et à la grille des dimensions telles que l'on puisse y brûler une quantité de combustible proportionnelle à la chaleur de vaporisation;

6° On doit toujours établir la cheminée de manière à alimenter le foyer d'un volume d'air suffisant pour activer la combustion.

156. *Chaudières de Watt.* — Les plus anciennes chaudières adaptées aux machines à vapeur sont celles de Watt, qu'on

Fig. 45.

nomme *chaudières en tombeau* ou *chaudières en chariot*, à cause de leur forme cylindrique, concave au fond et sur les côtés. Dans les générateurs de ce système, la pression ne dépasse jamais $1\frac{1}{2}$ atmosphère environ. La *fig.* 45 représente la section transversale d'une chaudière de Watt. La flamme, produite par le combustible que l'on place sur la grille AB, chauffe d'abord le dessous de la chaudière en circulant dans un conduit horizontal nommé *carneau ;* à l'extrémité de la chaudière, elle est déviée par une petite cloison en briques, dirigée dans un autre carneau latéral D ; alors elle passe en avant de la chaudière, chauffe l'autre côté en parcourant un troisième carneau D', qui débouche dans la cheminée.

Généralement la capacité totale de la chaudière est de 660 litres ou $0^{mc},660$ environ par force de cheval-vapeur. On réserve $0^{mc},400$ pour l'eau et $0^{mc},260$ pour la vapeur. Appelant V le volume de la chaudière et N la force nominale de la machine, on aura

$$V = 0^{mc},660\,N.$$

Dans les machines marines, où les conditions d'établissement contraignent à restreindre considérablement l'emplacement occupé par les chaudières, la partie du volume total réservée à l'eau est de $0^{mc},200$ à $0^{mc},220$ par force de cheval. Celle qui est occupée par la vapeur ne saurait être inférieure à $0^{mc},140$. Dans ce cas, on a

$$V = 0^{mc},340\,N \quad \text{ou} \quad V = 0^{mc},360\,N.$$

La surface totale de chauffe est ordinairement de $1^{mc},32$ par force de cheval-vapeur et de $1^{mc},50$ pour les machines exposées à être surchargées. Appelant A cette surface, on aura

$$A = 1^{mc},32\,N, \quad A = 1^{mc},50\,N.$$

La surface qui reçoit directement l'action de la chaleur rayonnante est ordinairement de $\frac{1}{12}$ à $\frac{1}{14}$ de la surface totale de chauffe, et l'expérience a montré qu'il convient d'augmenter cette proportion autant que le permettent à la fois la facilité du service et les dispositions locales.

Dans les machines marines, la surface totale de chauffe est réduite à 1 mètre carré par force de cheval-vapeur, et la partie soumise directement à l'action de la chaleur dégagée par le foyer est de $\frac{1}{5}$ à $\frac{1}{6}$ de la surface totale de chauffe

On fait ordinairement la surface de la grille égale à $\frac{1}{12}$ ou $\frac{1}{15}$ de la surface totale de chauffe. On peut aussi la calculer en prenant $0^{mc},09$ par force de cheval-vapeur. Dans les machines marines de grandes dimensions, l'exiguïté de l'espace dont on peut disposer oblige à réduire cette proportion à $0^{mc},05$ ou $0^{mc},06$; mais, dans ce cas, il faut prendre toutes les dispositions nécessaires pour obtenir un tirage énergique.

157. *Chaudières cylindriques.* — Les chaudières cylindriques, qui remplacent aujourd'hui les chaudières de Watt, peuvent être ramenées à trois catégories principales : 1° les chaudières sans bouilleurs; 2° les chaudières à un seul bouilleur; 3° les chaudières à deux bouilleurs.

Pour les machines fixes, les générateurs les plus simples que l'on puisse employer sont les chaudières sans bouilleurs.

Elles se composent d'un cylindre en tôle, à axe horizontal terminé par deux calottes sphériques (*fig.* 46).

Fig. 46.

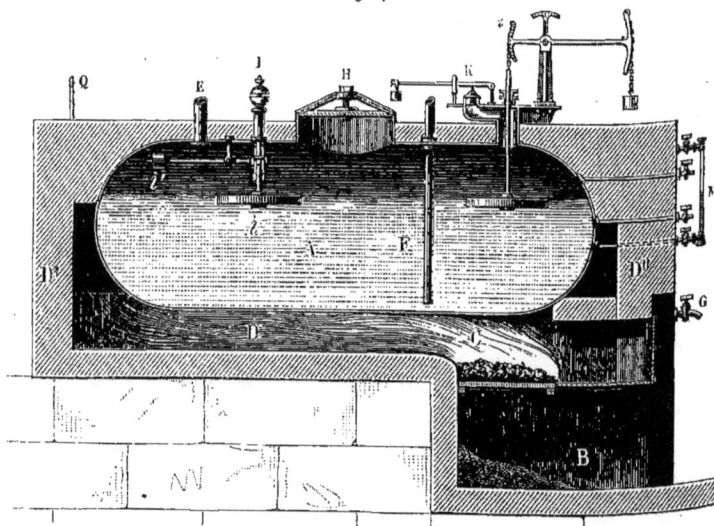

Le corps de la chaudière A, placé dans un massif en maçonnerie, est soutenu par des supports en fonte ou en briques, qui s'appuient sur la partie inférieure du massif. Ces supports sont reliés entre eux par une cloison en maçonnerie. A la partie supérieure de la chaudière se trouve une ouverture H, nommée *trou d'homme*, à fermeture autoclave formée par une plaque de fonte; elle permet d'entrer dans la chaudière pour la nettoyer. On évite que la vapeur, qui se rend dans le cylindre de la machine, n'entraîne une trop grande proportion d'eau en faisant déboucher le tuyau de prise de vapeur E dans une capacité cylindrique à axe vertical, nommée *dôme*, surmontant le sommet de la chaudière. Fort souvent, le dôme porte le trou d'homme. On a soin d'y adapter un tuyau d'échappement, muni d'un robinet que l'on ouvre pour diminuer la pression dans la chaudière, quand on veut la vider. La vidange, d'ailleurs, s'opère au moyen d'un robinet G placé à la partie inférieure de la chaudière. L'alimentation a lieu par un tuyau F, qui plonge jusque vers le bas de la chaudière. On dispose le combustible sur une grille C, symétrique par rapport au plan méridien de la chaudière. Les gaz provenant de la combustion, en quittant la grille, suivent le fond de la chaudière, dans le carneau D, de l'avant à l'arrière; ils s'élèvent dans le carneau D', reviennent sur la partie antérieure du fourneau par un côté de la chaudière; puis ils tournent dans le carneau D'' pour regagner la partie postérieure du fourneau en suivant l'autre côté de la chaudière; ils sont enfin amenés dans la cheminée par l'intermédiaire d'un tuyau de conduite. Au-dessous de la grille, on a ménagé une cavité B, nommée *cendrier*, où tombent les cendres et les autres résidus du combustible. La chaudière est encore pourvue d'appareils accessoires dont il sera question plus loin :

1° Le sifflet d'alarme ou d'avertissement l;

2° Le flotteur du sifflet d'alarme *i*;

3° Le contre-poids de ce flotteur *i'*;

4° La soupape de sûreté K;

5° L'indicateur à flotteur et à contre-poids *t* du niveau de l'eau dans la chaudière;

6° Le tube indicateur du niveau de l'eau M.

La quantité de combustible dépensé pour la vaporisation étant d'autant moindre que la température de l'eau d'alimentation est plus élevée, pour réaliser cet avantage, on dispose souvent, dans le trajet des gaz du foyer à la cheminée, un, deux ou trois *réchauffeurs*, en désignant sous ce nom des tubes chauffés par la fumée, et dans lesquels circule l'eau d'alimentation pour prendre une température plus élevée avant d'être introduite dans le générateur.

158. *Détails pratiques.* — La construction des chaudières à vapeur a reçu, de nos jours, une si grande extension, qu'il nous semble utile de faire connaître sommairement les procédés de fabrication adoptés dans l'industrie mécanique.

La partie cylindrique que nous avons déjà appelée *corps de la chaudière* est composée de tronçons ou viroles, selon le diamètre qu'il convient de donner à la chaudière; une virole est formée d'une ou de deux feuilles de tôle auxquelles on fait prendre à chaud la forme cylindrique, de manière que les génératrices soient perpendiculaires au sens du laminage de la tôle.

Vers les bords, qui doivent être appliqués l'un sur l'autre, on perce deux lignes longitudinales de trous ayant le même diamètre. Ces trous, qui sur les bords se correspondent, servent à recevoir des clous nommés *rivets*, dont la tête affecte la forme d'une calotte sphérique ou d'un cône dont l'angle de la section méridienne est obtus.

Pour opérer l'assemblage des bords, on chauffe le rivet au rouge blanc et on l'introduit dans le double trou qu'il doit occuper sur les deux bords, de telle sorte que la tête soit placée dans l'intérieur; au moyen d'un appareil nommé *vérin*, qui sert à cette opération, la tête du rivet est retenue contre la tôle, pendant que la tige est refoulée au marteau de manière qu'elle exerce une pression sur la paroi des trous. On forme ainsi l'ébauche de la tête extérieure du rivet, que l'on termine en y appliquant un outil appelé *bouterolle* sur lequel on frappe vivement. Cet outil, qui sert de matrice, présente un creux absolument de même forme que la tête intérieure du rivet. Ordinairement, le rebord de la tête qui s'appuie contre la tôle est égal au diamètre de la tige.

Pour cintrer la tôle, on la porte d'abord à la température rouge, puis on l'interpose entre trois cylindres dont les axes sont parallèles. Les deux premiers, dont les axes sont placés dans un même plan horizontal, servent à soutenir la feuille de tôle et reçoivent du moteur le même mouvement de rotation. Le troisième, disposé symétriquement par rapport aux deux premiers, peut en être plus ou moins éloigné, selon la courbure qu'il convient de donner à la tôle d'après le diamètre de la chaudière.

On rend l'adhérence des bords l'un sur l'autre aussi parfaite que possible en plaçant les rivets consécutifs très-près l'un de l'autre. D'après ce qui a été dit sur la largeur donnée au rebord de la tête, on comprend que la limite extrême serait atteinte si les têtes se touchaient d'un rivet au suivant, et, en adoptant cette disposition, la distance des centres des trous pratiqués dans la tôle serait précisément égale au double de leur diamètre. Pour satisfaire à toutes les exigences du travail et éviter les difficultés que présenterait un assemblage fait dans de telles conditions, les constructeurs augmentent cette distance et la portent au moins à deux fois et demie le diamètre des trous.

Dans la construction des chaudières à vapeur, il arrive quelquefois qu'après le cintrage de la tôle deux trous correspondants sur les deux bords ne coïncident pas parfaitement. Pour obvier à cet inconvénient et obtenir la coïncidence, on doit se garder, ainsi que l'ont fait quelques constructeurs peu prévoyants, d'introduire une broche en acier dans les trous à coups de marteau; car, si la tôle provenait de fers aigres, en désagrégeant la matière entre deux trous consécutifs, on créerait une ligne de rupture capable de compromettre sérieusement la solidité de la chaudière. Dans ce cas, pour introduire le rivet dans les deux trous correspondants, on donne un coup de burin du côté où doit se trouver la rivure et l'on emploie alors un rivet plus long que les autres, afin que le vide ainsi produit soit parfaitement rempli dès que la tige a subi l'action du marteau et de la bouterolle.

Comme deux viroles de la chaudière doivent être emmanchées l'une dans l'autre, il s'ensuit qu'à leur jonction elles ne peuvent avoir le même diamètre; la première a un diamètre inférieur à celui de l'autre du double de l'épaisseur de la tôle. On opère leur assemblage par une ligne circulaire de rivets disposés exactement de la même manière que pour la réunion longitudinale des bords. Quelques constructeurs jugent convenable d'employer des viroles légèrement coniques, de manière que chaque virole puisse emboîter celle qui précède immédiatement. Ce mode d'assemblage ne présente ni avantages ni inconvénients au point de vue mécanique, et ne peut être considéré que comme une pure convenance de fabrication.

Les fonds de la chaudière peuvent être hémisphériques ou méplats. Dans le premier cas (*fig.* 47), chaque fond est formé

Fig. 47.

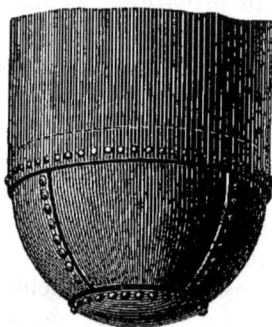

d'une calotte sphérique emboutie, dont le sommet à l'extérieur comprend une ouverture de 60 degrés. Comme les fonds ainsi construits présentent de grandes difficultés d'exécution, cette forme est aujourd'hui à peu près abandonnée.

Les fonds méplats, fort en vogue à cause de la simplicité

Fig. 48.

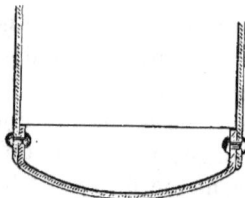

de leur construction, résultent de l'emboutissage d'une seule pièce. Le rapport de la flèche au diamètre varie généralement entre les limites de $\frac{1}{6}$ et $\frac{1}{7}$ (*fig.* 48).

Le trou d'homme est surmonté d'un cylindre en tôle solidement adapté à la chaudière, et de très-courte longueur lorsqu'il n'est pas destiné à servir de dôme de vapeur (*fig.* 49

Fig. 49.

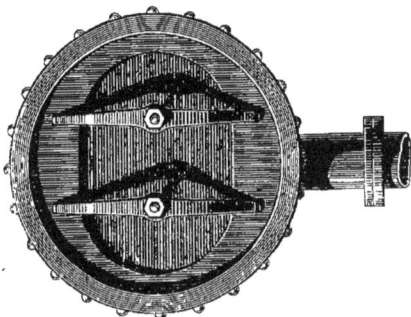

et 5o). Une pièce de fonte pénètre, par la partie supérieure
de ce cylindre, dans son intérieur et sur une certaine longueur, de manière à pouvoir y être solidement fixée par

Fig. 5o.

des rivets disposés sur une même ligne circulaire. Au sommet
de cette pièce est pratiquée une ouverture ovale assez grande
pour livrer passage à un homme de corpulence ordinaire,

chargé de nettoyer la chaudière. Cette ouverture est fermée par une plaque en fonte de même forme, mais de dimensions un peu plus grandes, de manière qu'en l'inclinant convenablement elle puisse être introduite dans l'orifice et en opérer la fermeture de l'intérieur à l'extérieur. Pour que l'obturation soit parfaite, on emploie une garniture en caoutchouc. Deux tiges de fer sont fixées normalement à cette plaque, suivant le grand axe et à égale distance du centre; les extrémités supérieures des tiges, traversant deux chevalets en fer appuyés sur les bords de l'ouverture, sont filetées pour recevoir des écrous dont le serrage contre les chevalets produit la fermeture, laquelle est d'ailleurs rendue plus complète par la pression de la vapeur. Ce mode d'obturation porte le nom de fermeture *autoclave*. Quand le dôme de vapeur ne fait pas office de trou d'homme, il est terminé par une partie sphérique ou par un siège en fonte auquel sont adaptées les soupapes de sûreté.

159. *Chaudières à bouilleurs.* — De toutes les dispositions adoptées pour les générateurs des machines fixes, la plus généralement employée est celle des chaudières à bouilleurs. Ces chaudières, qui sont, comme les précédentes, renfer-

Fig. 51.   Fig. 52.

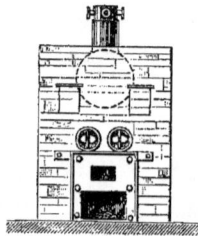
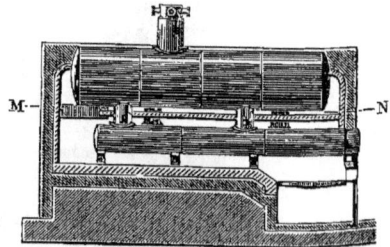

mées dans un massif en maçonnerie, se composent d'un cylindre semblable à celui que nous avons décrit, relié inférieurement à un ou deux cylindres *bouilleurs*, par des tuyaux que dans la construction on désigne sous le nom de *cuissards* (*fig.* 51, 52 et 53).

Dans le cas d'un seul bouilleur, on fait son diamètre égal à celui du corps de la chaudière. Si la chaudière est à deux bouilleurs, leur diamètre est bien plus petit, et le plus souvent on le fait égal à la moitié de celui de la chaudière. La longueur des bouilleurs est toujours un peu plus grande que celle de la chaudière; ordinairement la différence est de 0^m,40 environ.

Le corps de la chaudière est séparé des bouilleurs par une voûte en maçonnerie que traversent les bouilleurs. Il résulte de cette disposition que, les bouilleurs recevant l'action des gaz les plus chauds, le générateur proprement dit est à l'abri des coups de feu, et par suite peut durer plus longtemps sans détérioration sensible; mais aussi les bouilleurs exigent des réparations plus fréquentes. Il doit toujours

Fig. 53.

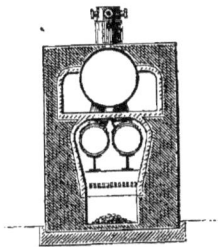

y avoir autant de robinets de vidange qu'il y a de bouilleurs, et chacun de ces robinets est adapté à l'extrémité antérieure du bouilleur par rapport au foyer, extrémité qui traverse le massif du fourneau et qui est munie d'une fermeture autoclave pour opérer le nettoyage. Les extrémités postérieures sont fermées par des fonds hémisphériques ou méplats semblables à ceux de la chaudière.

La partie cylindrique est chauffée par l'intermédiaire de carneaux en retour de flamme, identiques à ceux de la chaudière précédemment décrite, et dont le sol est formé par l'extrados de la voûte placée au-dessus des bouilleurs.

Pour faciliter l'écoulement dans la chaudière de la vapeur qui s'est formée dans les bouilleurs, il convient d'augmenter autant que possible la section des cuissards. Les sections trop faibles présentent de graves inconvénients qu'il est utile de faire connaître. Dans ce cas, l'eau passe difficilement de

23.

la chaudière dans les bouilleurs, la vapeur s'y accumule, de sorte que, l'eau ne les remplissant qu'incomplétement, certaines parties de la paroi peuvent atteindre la température rouge et devenir une cause d'explosion. Si cet accident n'a pas lieu, la tôle est exposée à une oxydation énergique qui la rend de plus en plus mince, au point que la réparation des bouilleurs devient urgente en peu de temps. Chaque bouilleur ne doit être muni que de deux cuissards, disposés l'un en avant et l'autre en arrière. L'emploi d'un plus grand nombre de cuissards, par les inégalités de dilatation dues au décroissement de température sur la longueur du bouilleur, occasionnerait des fuites dans les régions où les cuissards sont réunis au bouilleur et au corps principal de la chaudière. Ainsi, d'après les considérations que nous venons d'exposer, il faut que la section des cuissards affecte la forme circulaire et que le diamètre soit aussi grand que peut le permettre le mode d'assemblage du cuissard au bouilleur. M. Guillemin (de Casamène), à qui l'on doit d'importants travaux sur les générateurs, donne $0^m,40$ de diamètre aux cuissards adaptés à des bouilleurs de $0^m,50$.

Dans l'industrie, on emploie un grand nombre de chaudières à bouilleurs dont les cuissards en fonte affectent la forme elliptique. Ce système est doublement défectueux : d'abord la section est trop faible pour un même périmètre, puisque l'aire de l'ellipse est un minimum; d'autre part, les différences de température de la tôle et de la fonte nuisent essentiellement à la conservation des joints. Il est encore à remarquer que la moindre réparation des bouilleurs exige que l'on fasse sortir du massif en maçonnerie toutes les parties du générateur. Ces détails techniques font comprendre la nécessité d'adopter exclusivement les sections circulaires, de supprimer les cuissards en fonte et de les former de deux parties respectivement reliées à la chaudière et au bouilleur, que l'on puisse facilement séparer chaque fois que des réparations sont indispensables.

160. *Perfectionnement de M. Guillemin (de Casamène).* — Pour faire disparaître les inconvénients que nous avons signalés, cet habile ingénieur a adopté une disposition qui, au fond, est beaucoup plus simple qu'elle ne paraît de prime abord.

Soit (*fig.* 54) une coupe faite suivant un plan passant par les axes du bouilleur et de la chaudière :

Fig. 54.

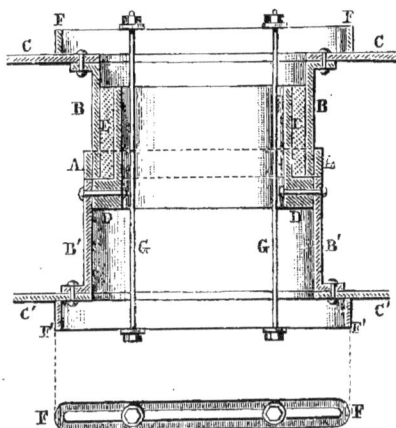

BB, B'B' représentent les bouts de cuissard de même longueur respectivement rivés à la chaudière CC et au bouilleur C'C', le diamètre du premier étant moindre que celui du second d'une double épaisseur de tôle, afin que l'emboîtement puisse avoir lieu ;

AA est un cercle de fer de même épaisseur que la tôle. Il est placé à chaud sur le premier bout, à sa jonction avec l'autre ;

DD représente un collier en fonte rivé au bout du cuissard B'B' ; il forme concurremment avec le bout du cuissard BB un espace annulaire EE dans lequel on introduit, pour faire le joint, le mastic de fonte ordinairement employé dans les ateliers de construction ;

FF, F'F' sont des étriers de fer en forme de coulisse que l'on dispose le long de la chaudière CC et du bouilleur C'C', au-dessus et au-dessous de la communication ;

G, G représentent des boulons placés le plus près possible du collier DD, lesquels traversent les rainures des étriers

FF, F'F' et sont serrés par des écrous qui s'appuient sur le premier étrier.

Par cette description, il est aisé de comprendre comment le cuissard relie la chaudière au bouilleur et comment on peut aussi opérer la séparation de ces deux organes en desserrant les écrous placés dans l'intérieur du corps principal de la chaudière.

A l'état d'activité, il faut toujours que le niveau de l'eau dans le corps principal de la chaudière soit un peu au-dessus de l'axe. Il est de la plus haute importance, en effet, d'éviter dans tous les cas que la flamme ou les gaz de la combustion n'agissent pas sur la partie de la paroi qui intérieurement n'est pas en contact avec l'eau. Il résulterait de cette particularité une élévation de température qui pourrait amener l'explosion de la chaudière.

Nous avons déjà dit que la surface de chauffe est la partie de la chaudière soumise à l'action de la chaleur. Quelques ingénieurs ont l'habitude de la distinguer en *surface de chauffe directe* et en *surface de chauffe indirecte*. La première comprend la portion de la paroi immédiatement exposée à la radiation du foyer, et la seconde est formée de la partie qui, ne recevant pas la chaleur rayonnante, ne s'échauffe que par le contact des gaz chauds provenant de la combustion; l'ensemble de ces deux surfaces constitue la *surface totale de chauffe*. On calcule alors la surface totale, en ajoutant à la surface directe la moitié de la surface du corps de la chaudière.

Cette distinction et le mode de calcul qui en résulte laissent de grandes incertitudes sur l'état de la question, et certainement il est préférable, ainsi que le conseillent des auteurs dont le nom fait autorité dans la Science, de prendre pour base la surface de chauffe tout entière. En donnant à cette surface une étendue suffisante, il est certain que la plus grande partie de la chaleur dégagée par le combustible sera utilisée, et qu'il importe fort peu que cette chaleur soit fournie par rayonnement ou par le contact des gaz chauds, à la condition toutefois qu'elle suffise à la transformation en vapeur de l'eau nécessaire à la marche de la machine.

D'après cela, appelons :

A la surface totale de chauffe ;
D le diamètre de la chaudière proprement dite ;
L sa longueur totale ;
D' le diamètre des bouilleurs ;
L' leur longueur.

Si l'on admet que l'eau ne s'élève que jusqu'à l'axe de la chaudière, la valeur théorique de la surface de chauffe sera représentée par la formule

$$A = \tfrac{1}{2}\,\pi DL + 2\pi D' L.$$

Dans la pratique, on évalue la surface totale de chauffe à la moitié de la surface du corps cylindrique augmentée des $\tfrac{3}{4}$ ou des $\tfrac{2}{3}$ de la surface des bouilleurs.

Cette correction de la formule théorique provient de ce que la maçonnerie des carneaux est disposée de manière que les produits de la combustion n'enveloppent les bouilleurs que sur les trois quarts environ du périmètre de la section droite de chacun d'eux. D'autre part, nous ferons observer que, dans le calcul des chaudières, on fait le plus souvent $L = L'$; de plus encore, on admet que le diamètre des bouilleurs est la moitié du diamètre de la chaudière, ce qui s'accorde assez exactement avec les conditions ordinaires de la pratique. Dès lors, la formule deviendra

$$A = \tfrac{1}{2}\pi DL + \tfrac{3}{4}\pi DL = \tfrac{5}{4}\pi DL = 1,25\,\pi DL.$$

Désignant par V la somme des volumes de la chaudière et des bouilleurs, on aura

$$V = \frac{\pi D^2 L}{4} + \frac{2\pi D'^2 L}{4},$$

et, en remplaçant D' par $\dfrac{D}{2}$,

$$V = \frac{\pi D^2 L}{4} + \frac{2\pi D^2 L}{16} = \tfrac{3}{8}\pi D^2 L = 0,375\,\pi D^2 L.$$

Établissant le rapport du volume à la surface totale de chauffe, on obtiendra

$$\frac{V}{A} = \frac{0,375\,\pi D^2 L}{1,25\,\pi DL} = 0,3\,D.$$

Remarquons présentement que le volume de la chaudière, y compris celui des bouilleurs, étant $\frac{3}{8}\pi D^2 L$, et celui occupé par l'eau $\dfrac{\pi D^2 L}{8} + \dfrac{2\pi D^2 L}{16} = \frac{2}{8}\pi D^2 L$, ce volume en fonction du volume total V sera exprimé par le rapport

$$\tfrac{2}{8}\pi D^2 L : \tfrac{3}{8}\pi D^2 L = \tfrac{2}{3},$$

c'est-à-dire que le tiers du volume total est occupé par la vapeur et les deux autres tiers par l'eau qui se trouve dans le corps cylindrique de la chaudière et dans les bouilleurs.

161. *Chaudière de M. Farcot à bouilleurs latéraux.* — On doit à cet ingénieur distingué une excellente disposition des

Fig. 55.

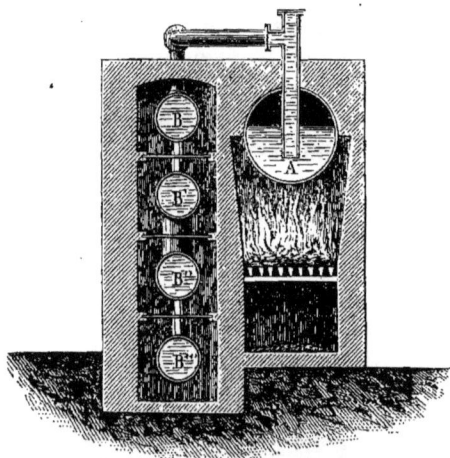

bouilleurs qui permet d'augmenter considérablement la surface de chauffe, èt, par suite, d'utiliser une plus grande partie de la chaleur dégagée par le combustible. Au lieu de placer, comme dans la chaudière précédemment étudiée, les bouilleurs au-dessous du corps principal de la chaudière, de manière qu'ils soient directement soumis à l'action de la chaleur, M. Farcot les a disposés à côté même de la chaudière A (*fig.* 55). Contrairement à ce qui a lieu dans la chaudière à bouilleurs ordinaire, c'est le corps cylindrique qui reçoit directement l'action de la chaleur.

Ainsi la chaudière du système Farcot se compose d'un corps cylindrique A et de trois ou quatre bouilleurs B, B′, B″, B‴, communiquant entre eux au moyen de cuissards et placés les uns au-dessus des autres dans des carneaux particuliers ménagés à côté de la chaudière.

L'alimentation se fait par le bouilleur inférieur B″, et, de là, l'eau passe de l'un des bouilleurs à l'autre, pour être ensuite introduite dans le cylindre principal au moyen d'une tubulure T, recourbée en forme de siphon, après s'être préalablement chauffée dans les bouilleurs. Pour rendre l'élévation relativement considérable, l'eau est obligée de circuler sur toute la longueur des bouilleurs, d'une extrémité à l'autre, tandis que les gaz de la combustion, après avoir chauffé directement la chaudière proprement dite, circulent en sens contraire dans les carneaux qui entourent les bouilleurs et s'échappent dans la cheminée par le carneau qui correspond au bouilleur le plus bas. En vertu de cette disposition, les gaz dont la température est la plus élevée sont en contact avec les parties du générateur contenant l'eau la plus chaude, mais aussi, l'eau la plus froide étant contenue dans le bouilleur inférieur, ces gaz sont considérablement refroidis au moment de leur passage dans la cheminée.

Si nous conservons les mêmes notations que précédemment, dans l'hypothèse où la chaudière est munie de quatre bouilleurs, la surface de chauffe sera représentée par la formule suivante :

$$A = \frac{\pi DL}{2} + 4\pi D'L,$$

et, dans le cas de $D' = \frac{1}{4}D$, on aura

$$A = \tfrac{1}{2}\pi DL + \tfrac{4}{2}\pi DL = \tfrac{5}{2}\pi DL.$$

Pareillement, pour le volume total du générateur, on obtiendra la formule

$$V = \tfrac{1}{4}\pi D^2 L + \tfrac{1}{4}\pi D^2 L = \tfrac{1}{2}\pi D^2 L,$$

et le rapport du volume total V à la surface de chauffe A sera exprimé par

$$\frac{V}{A} = \frac{\frac{1}{2}\pi D^2 L}{\frac{5}{2}\pi DL} = \frac{1}{5}D.$$

En admettant encore que le niveau de l'eau se trouve à la hauteur de l'axe du corps cylindrique, le volume qu'elle occupe se compose de la somme des volumes des quatre bouilleurs, augmentée de la moitié du volume du corps principal de la chaudière. Par suite, le volume de l'eau sera représenté par

$$\frac{1}{8}\pi D^2 L + \frac{1}{4}\pi D^2 L = \frac{3}{8}\pi D^2 L,$$

et le volume occupé par la vapeur sera

$$\frac{1}{2}\pi D^2 L - \frac{3}{8}\pi D^2 L = \frac{1}{8}\pi D^2 L.$$

Prenant pour unité le volume total du générateur, y compris celui des quatre bouilleurs, on aura

$$\frac{3}{3}\pi D^2 L : \frac{1}{2}\pi D^2 L = \frac{3}{4},$$

relation qui indique que l'eau occupe les trois quarts du volume total et la vapeur le quart seulement du même volume.

Éclairé par l'expérience, M. Farcot a reconnu qu'il convient de réduire à deux le nombre des bouilleurs, auquel cas la surface de chauffe est approximativement la même que celle des chaudières à bouilleurs inférieurs.

Il importe de remarquer que si, par cette nouvelle disposition, la surface de chauffe n'est pas supérieure à celle des chaudières ordinaires, le système Farcot présente néanmoins d'incontestables avantages. D'abord presque tous les dépôts se font dans les bouilleurs, sous des états divers, avec une composition particulière pour chacun d'eux, et la chaudière, ne recevant pas ces substances étrangères contenues dans l'eau, est bien moins exposée aux coups de feu; ensuite l'eau d'alimentation, au lieu d'être injectée dans la chaudière où elle refroidit l'eau préexistante, est directement amenée dans les bouilleurs, et conserve dans les parties de son parcours une température qui lui est, pour ainsi dire, propre et tout à fait indépendante du corps cylindrique de la chaudière. Ainsi, dans les générateurs dont il est question, les bouilleurs

font office de ces appareils accessoires, ordinairement désignés sous le nom de *réchauffeurs*, et qui servent à élever la
température de l'eau, avant son introduction dans la chaudière, en utilisant la chaleur perdue des gaz brûlés ou de la
vapeur qui s'échappe dans l'atmosphère.

Les générateurs dont nous venons de donner la description
s'appellent *chaudières à foyer extérieur*, parce que la source
de chaleur est placée au dehors et immédiatement au-dessous
du récipient contenant l'eau à vaporiser.

Dans la recherche des moyens les plus efficaces pour utiliser le combustible, les constructeurs, notamment les ingénieurs anglais, ont reconnu que, sous ce rapport, il convenait
de placer le foyer dans l'intérieur même du générateur. Les
chaudières de ce système, pour les distinguer des premières,
sont nommées *chaudières à foyer intérieur*. Il est certain
que, par cette disposition du foyer, la surface de chauffe tout
entière étant en contact avec l'eau de la chaudière, la chaleur
rayonnante trouve un meilleur emploi.

162. *Chaudières à foyer intérieur*. — A l'origine, les chaudières de ce système se composaient d'un corps cylindrique,
enveloppant un tube intérieur qui formait la surface de
chauffe; mais, à cause du faible diamètre qu'on était obligé
de donner à ce tube, cette surface devenait insuffisante, et,
par suite, les constructeurs ont dû en modifier la disposition.
Aujourd'hui elles sont formées de deux cylindres à axes parallèles, excentriques, l'un renfermé dans l'autre. Le cylindre
intérieur, ouvert aux deux extrémités, est fixé à l'enveloppe
extérieure par une cornière et des rivets, et l'intervalle compris entre les deux cylindres, où se trouvent l'eau et la vapeur, est hermétiquement fermé par des plaques. La grille
étant placée dans le cylindre intérieur, les gaz de la combustion, après avoir parcouru toute la longueur de ce cylindre,
viennent ensuite chauffer l'enveloppe extérieure que l'on a
eu soin, précisément pour augmenter la surface de chauffe,
d'établir dans un fourneau en maçonnerie, muni de carneaux
exactement semblables à ceux des chaudières précédemment
étudiées. Les chaudières les plus employées en Angleterre
sont celles dites *de Cornwall* (*fig.* 56).

Le cylindre intérieur est pourvu d'un bouilleur commençant en arrière de la grille et se terminant de l'autre côté, au delà du massif en maçonnerie. Les extrémités du bouilleur communiquent respectivement, au moyen de cuissards, avec la partie inférieure et la partie supérieure du corps principal de la chaudière. On construit aussi des chaudières à foyer intérieur, formées de deux corps cylindriques, disposés l'un au-dessus de l'autre; le foyer se trouve compris dans le cylindre inférieur, faisant office de bouilleur.

Fig. 56.

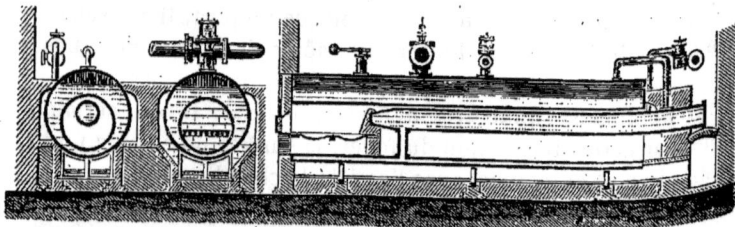

Ce système de générateurs, fort préconisé en Angleterre, ne jouit pas de la même faveur en France. Ils ont l'inconvénient de ne pas présenter au siége de la combustion des sections suffisantes pour le passage de l'air et des gaz. De plus, si les cendres viennent à s'accumuler à l'extérieur et si des incrustations se forment intérieurement, la propagation de la chaleur à travers les dépôts étrangers devenant très-difficile, les chances d'explosion sont plus fréquentes que dans les chaudières à bouilleurs. Aussi, malgré l'incontestable autorité des ingénieurs anglais dans la construction des machines, on ne saurait comparer les avantages des chaudières à foyer intérieur à ceux bien plus réels des chaudières adoptées en France.

M. Adamson, de Manchester, construit ces générateurs en tôle d'acier. Le diamètre du cylindre intérieur est au plus égal à 0,7 du diamètre du cylindre-enveloppe. Par conséquent, en appelant d, D les diamètres respectifs, la surface de chauffe sera représentée par

$$A = \pi d L = 0,7 \pi D L.$$

Pour le volume total, on aura

$$V = \frac{\pi D^2 L}{4} - \frac{\pi d^2 L}{4} = \frac{\pi L}{4}(D^2 - d^2)$$

ou

$$V = \frac{\pi L}{4}(D^2 - 0,49 D^2) = \frac{0,51 \pi D^2 L}{4}, \quad V = 0,400 D^2 L.$$

M. Fairbairn a adopté une disposition qu'il nous semble utile de faire connaître. La chaudière construite par ce célèbre ingénieur se compose d'un corps cylindrique dans lequel on a placé deux tubes symétriques par rapport à l'axe du générateur, et chacun d'eux est le siége d'un foyer particulier, de sorte que l'on a ainsi une chaudière à double foyer intérieur. La surface de chauffe est alors considérablement augmentée, et sa valeur sera représentée par la formule

$$A = 2\pi d L.$$

Ordinairement le diamètre D du corps principal est de $1^m,50$ à 2 mètres, et, pour que le volume occupé par l'eau soit suffisant, il ne paraît guère possible de faire d supérieur à $\frac{D}{4}$. Dans ces conditions, on aura

$$A = \frac{2\pi DL}{4} = \tfrac{1}{2}\pi DL.$$

Quand la chaudière est renfermée dans un massif en maçonnerie, il existe alors des carneaux extérieurs dans lesquels les gaz de la combustion viennent chauffer le corps principal de la chaudière, avant de s'échapper dans la cheminée, ce qui a pour objet d'accroître encore l'étendue de la surface de chauffe. Dans ce cas, on aura la formule

$$A = 2\pi d L + \frac{\pi DL}{2},$$

en admettant que le niveau de l'eau ne dépasse pas l'axe. Remplaçant d par sa valeur $\frac{D}{4}$,

$$A = \frac{2\pi DL}{4} + \frac{\pi DL}{2} = \pi DL.$$

Ce résultat montre que la surface de chauffe est moindre que dans les chaudières à deux bouilleurs, bien que les gaz brûlés passent sous la chaudière et que les gaz les plus chauds, tendant à s'élever, se mettent en contact avec la surface extérieure, qui contribue ainsi à mieux utiliser la chaleur dégagée par le combustible. Les chaudières à foyer intérieur occupent un volume relativement faible et peuvent, par conséquent, être commodément installées dans des lieux où il serait difficile de trouver un emplacement suffisant pour la machine à vapeur et pour le fourneau d'une chaudière à bouilleurs.

Cependant tous ces avantages n'ont pas prévalu, et l'on préfère, en France, les chaudières ordinaires, parce qu'elles se détériorent moins rapidement et qu'elles exigent des réparations moins dispendieuses, se réduisant presque toujours au remplacement des bouilleurs, sans qu'il soit nécessaire de déplacer le corps principal cylindrique.

163. *Chaudières tubulaires.* — On désigne sous ce nom les chaudières dans lesquelles les gaz de la combustion circulent dans des tubes de petit diamètre qui traversent la masse

Fig. 57.

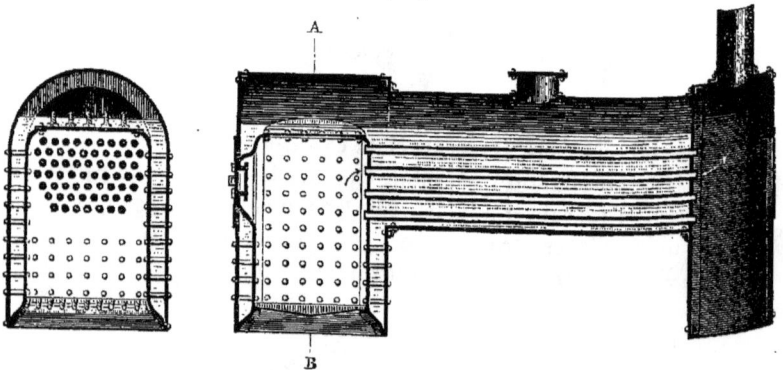

d'eau. Cette disposition a pour objet d'obtenir une grande surface de chauffe, tout en réduisant considérablement le volume des appareils de vaporisation. La partie du générateur qui renferme les tubes est terminée par des fonds plats, reliés l'un à l'autre, où l'on a percé des trous qui servent à ajuster les extrémités des tubes. Les fonds, pliés extérieurement en forme de cornière, sont fixés par des rivets au corps cylindrique (*fig.* 57).

Autrefois on employait exclusivement le cuivre rouge et le laiton pour la construction des tubes, mais aujourd'hui on préfère le fer étiré à ces métaux.

Seguin en France, Stephenson en Angleterre sont considérés comme les inventeurs des chaudières tubulaires, bien que la priorité appartienne incontestablement à Joël Barlow, qui prit un brevet pour une chaudière de ce système, le 24 août 1793.

Les chaudières tubulaires sont surtout appliquées aux locomotives et aux locomobiles où se fait sentir la nécessité d'une grande surface de chauffe sous un petit volume.

Elles se composent d'un foyer intérieur, fermé inférieurement par la grille et enveloppé d'eau sur toutes les parois; on le fait communiquer avec une série de tubes plongés dans la masse liquide et que traversent les gaz de la combustion pour se rendre dans la cheminée; tout le système est renfermé dans une enveloppe extérieure.

La *boîte à feu,* c'est-à-dire la partie du foyer qui reçoit le combustible, affecte la forme d'un parallélépipède rectangle. Généralement elle est en cuivre rouge, quelquefois en fer; mais ce dernier métal s'altère rapidement, sous la double action du combustible incandescent et de l'eau de la chaudière qui suinte par les joints. Certainement, dans cette circonstance, le cuivre rouge convient d'autant mieux que les accidents auxquels il peut être soumis n'altèrent pas sa constitution physique et que les réparations nécessitées sont toujours plus faciles et moins coûteuses.

Au moyen d'une seule feuille de cuivre rouge on forme les parois latérales et le ciel ou *plafond* de la boîte à feu; la *paroi postérieure* ou *plaque tubulaire,* qui reçoit les tubes, et la *paroi antérieure,* dans laquelle est pratiquée l'ouverture du foyer, sont également formées de deux autres feuilles de même épaisseur, dont les bords sont pliés en cornière. Ces trois plaques sont réunies par des rivets en cuivre ou en fer, et, en construisant la chaudière, il ne faut pas négliger de donner un surcroît d'épaisseur à la plaque tubulaire vers la partie où aboutissent les tubes, afin que l'assemblage puisse être fait sur une étendue suffisante.

Les parois verticales qui ne reçoivent pas les tubes sont percées de trous taraudés, symétriquement disposés sur toute la surface, et qui correspondent à d'autres trous de même diamètre percés dans l'enveloppe extérieure, nommée *botte à feu extérieure;* dans ces trous viennent s'engager les extrémités d'entretoises filetées, en cuivre rouge, servant à relier les deux parties de la boîte à feu, et qui sont retenues à l'intérieur et à l'extérieur par des rivets. Pour soutenir le plafond, on emploie de fortes armatures en fer, ayant la forme d'un solide d'égale résistance, que l'on dispose parallèlement à la longueur de la machine et qu'on appuie sur les parois verticales; elles sont solidement fixées au ciel par de gros boulons en cuivre filetés.

Les deux boîtes à feu sont réunies l'une à l'autre par une virole en fer, fixée par entretoises du même métal rivées aux deux bouts. On opère la fermeture de l'espace réservé à l'eau et à la vapeur au moyen d'un cadre en fer placé à la partie inférieure. La porte du foyer, également en fer, est de forme ovale et peut tourner sur deux gonds fixés au corps de la chaudière. Intérieurement, elle est doublée d'une autre plaque en fer que des tiges en même métal maintiennent à une distance de $0^m,06$ à $0^m,07$ environ de la première. Cette disposition a pour objet de préserver la porte et d'empêcher le refroidissement.

La *botte à fumée,* qui comprend toute la partie postérieure de la chaudière, a la même forme que l'enveloppe extérieure de la boîte à feu, mais elle ne descend pas aussi bas et forme un cylindre complet qui débouche dans la cheminée.

Les tubes sont fixés, d'un côté dans la boîte à feu, de l'autre dans la boîte à fumée, au moyen de bagues ou viroles en acier, cylindriques à l'intérieur, légèrement coniques à l'extérieur, mais un peu plus minces à l'extrémité qui s'engage dans le tube.

L'enveloppe du foyer affecte généralement, à la partie supérieure, la forme d'un demi-cylindre.

L'assemblage des plaques tubulaires et du corps cylindrique de la chaudière se fait au moyen de cornières en fer affiné au bois. Enfin, pour que la chaudière puisse, en toute sécurité, résister aux efforts considérables qu'elle doit supporter, sous l'action de la chaleur, les plaques tubulaires sont toujours reliées l'une à l'autre par de forts tirants en fer.

Ces chaudières, appliquées aux locomotives, présentent, au point de vue de la surface de chauffe, de plus grands avantages que les autres dispositions. Bien que le parcours des gaz de la combustion sur toute la longueur des tubes mette suffisamment ce fait en lumière, on peut aussi s'en rendre compte par le calcul.

Proposons-nous donc d'évaluer la surface de chauffe, abstraction faite de la boîte à feu et, en conservant les notations précédemment adoptées, désignons par n le nombre des tubes. On aura

$$A = \pi\, d n\, L.$$

Ces tubes ne sont placés que sur la moitié de la section du cylindre que forme l'enveloppe extérieure, c'est-à-dire sur une surface représentée par $\dfrac{\pi D^2}{8}$; de plus, la distance des axes de deux tubes étant égale à trois fois leur rayon ou $3r$, chaque carré ayant $3r$ pour côté et $9r^2$ pour surface peut être considéré comme contenant un seul tube, et l'on aura, par approximation,

$$9\, r^2 n = \frac{\pi D^2}{8},$$

ou, en remplaçant r^2 par sa valeur $\dfrac{d^2}{4}$ en fonction du diamètre,

$$\frac{9 d^2 n}{4} = \frac{\pi D^2}{8};$$

d'où l'on déduit

$$n = \frac{4 \pi D^2}{9 \times 8 d^2} = \frac{\pi D^2}{18 d^2}.$$

Remplaçant n par cette valeur dans l'expression générale de la surface de chauffe, on aura

$$A = \pi d\, \frac{\pi D^2}{18 d^2}\, L, \quad A = \frac{\pi^2 D^2 L}{18 d}.$$

Comparons successivement ce résultat avec ceux obtenus

pour des chaudières à trois et à quatre bouilleurs latéraux du système Farcot.

Quand la chaudière est à trois bouilleurs, en appelant A' la surface de chauffe, on a

$$A' = 2\pi DL,$$

d'où

$$\frac{A}{A'} = \frac{\pi^2 D^2 L}{18 d \times 2\pi DL} = \frac{\pi D}{36 d} = \frac{\pi R}{36 r},$$

ce qui montre que le rapport des deux surfaces de chauffe est d'autant plus grand que le rayon des tubes est plus petit. Le plus souvent, $R = 0^m,50$ et $r = 0^m,02$; de sorte qu'avec ces données numériques il viendra

$$\frac{A}{A'} = \frac{3,14 \times 0,50}{36 \times 0,02} = 2,18.$$

Dans le cas d'une chaudière à quatre bouilleurs latéraux,

$$A' = \tfrac{5}{2}\pi DL,$$

d'où

$$\frac{A}{A'} = \frac{\pi^2 D^2 L}{18 d} : \tfrac{5}{2}\pi DL = \frac{\pi D}{45 d} = \frac{\pi R}{45 r}$$

et

$$\frac{A}{A'} = \frac{3,14 \times 0,50}{45 \times 0,02} = 1,75.$$

Enfin, si nous considérons une chaudière ordinaire à deux bouilleurs inférieurs,

$$A' = \pi DL + \frac{\pi DL}{2} = \tfrac{3}{2}\pi DL;$$

par conséquent,

$$\frac{A}{A'} = \frac{\pi^2 D^2 L}{18 d} : \tfrac{3}{2}\pi DL = \frac{\pi D}{27 d},$$

$$\frac{A}{A'} = \frac{3,14 \times 0,50}{27 \times 0,02} = 2,90.$$

Ainsi, de ces calculs, d'ailleurs fort simples, on peut conclure que l'emploi des tubes permet de trouver dans une chaudière cylindrique une surface de chauffe très-considérable, et que notamment elle est environ le triple de celle qu'on obtient avec une chaudière à deux bouilleurs inférieurs.

Puisque, ainsi qu'on l'a observé dans la plupart des chaudières de locomotives,

$$R = 0,50 \quad \text{et} \quad r = 0,02 \quad \text{ou} \quad D = 1 \quad \text{et} \quad d = 0,04,$$

on aura

$$\frac{D^2}{d} = \frac{1}{0,04} = 25.$$

Introduisant ce nombre dans l'expression de la surface de chauffe, la formule deviendra

$$\frac{\pi^2 D^2 L}{18 d} = \frac{(3.14)^2 \times 1 \times L}{18 \times 0,04} = 13,69 L,$$

résultat qui indique que la surface de chauffe est de $13^{mq},69$ par mètre courant de tube. On pourrait même dépasser cette limite en augmentant le diamètre de l'enveloppe extérieure. L'emploi de tubes d'un plus grand diamètre conduirait à une surface de chauffe bien moindre, et, comme ces chaudières exigent un tirage très-énergique, il a paru nécessaire, pour l'activer, de faire échapper la vapeur par la cheminée.

Les dispositions adoptées pour les chaudières des locomobiles sont analogues à celles qui précèdent. Seulement l'enveloppe extérieure est formée de deux cylindres, l'un horizontal contenant les tubes, l'autre vertical renfermant le foyer et la boîte à feu; ce dernier cylindre est fermé à la partie supérieure par une calotte sphérique faisant office de dôme de vapeur. Le diamètre des tubes est un peu plus grand que celui des tubes de locomotives. Ordinairement on fait

$$r = 0^m,03 \quad \text{ou} \quad d = 0^m,06,$$

en conservant la valeur de 1 mètre au diamètre de l'enveloppe extérieure. En introduisant ces valeurs dans l'expression de la surface de chauffe, nous aurons

$$\frac{\pi^2 D^2 L}{18 d} = \frac{(3,14)^2 \times 1 \times L}{18 \times 0,06} = 9,12 L,$$

24.

c'est-à-dire que, dans ces conditions, il existe $9^{mq},12$ de surface de chauffe par mètre de longueur, en négligeant, ainsi que nous l'avons dit, la surface de la boîte à feu et celle de la boîte à fumée dont la somme a toujours une valeur notable.

164. *Chaudières verticales.* — Dans certaines industries, où l'emplacement dont on peut disposer est de faible étendue, on est obligé souvent de recourir à l'emploi de chaudières à axe vertical.

La plus simple des chaudières de ce système (*fig.* 58) se compose d'un cylindre fermé par deux fonds méplats ou hémisphériques. La figure montre que le foyer est à la base et hors du générateur. Le parcours des gaz provenant de la combustion s'opère soit dans l'espace limité par la maçonnerie dans laquelle la chaudière est établie, soit dans un carneau de forme hélicoïdale qui enveloppe complétement le générateur.

La disposition est différente si la chaudière est à foyer intérieur. Elle est ordinairement munie de trois bouilleurs horizontaux qui se croisent, et toujours l'eau doit recouvrir le fond supérieur du foyer.

Les chaudières verticales peuvent recevoir facilement l'application du système tubulaire. La *fig.* 59 met suffisamment en évidence tous les détails de la disposition adoptée, sans qu'il soit nécessaire d'entrer dans de nouvelles considérations sur le mode de chauffage de ce générateur. Il importe cependant de faire connaître les nombreux inconvénients qu'il présente.

L'alimentation réclame l'attention la plus soutenue de la part du chauffeur; car le niveau de l'eau présentant une surface de faible étendue, s'il arrive que la dépense de vapeur devienne un peu plus grande qu'à l'état normal, faute de surveillance, le niveau de l'eau peut descendre au-dessous de la limite supérieure de la surface de chauffe, ce qui crée un danger d'explosion, d'après ce qui a été précédemment dit. D'autre part, les lois physiques suivant lesquelles se forme la vapeur révèlent ce fait, que la tension des bulles de vapeur qui prennent naissance à la partie inférieure du vase est plus grande que celle des bulles formées au sommet. Il suit de là

Fig. 58.

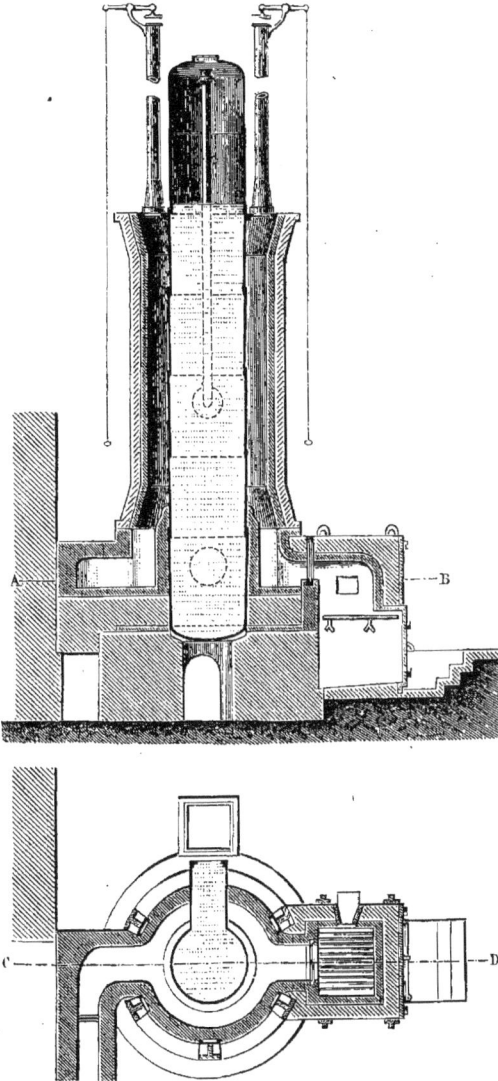

que les premières, en se dégageant, produisent dans toute la masse liquide un mouvement désordonné capable d'opérer la disjonction des différentes parties de la chaudière. De plus encore, en cas d'explosion, les fragments du métal et l'eau dont la température est très-élevée seraient projetés dans toutes les directions, sur une étendue très-considérable, et

Fig. 59.

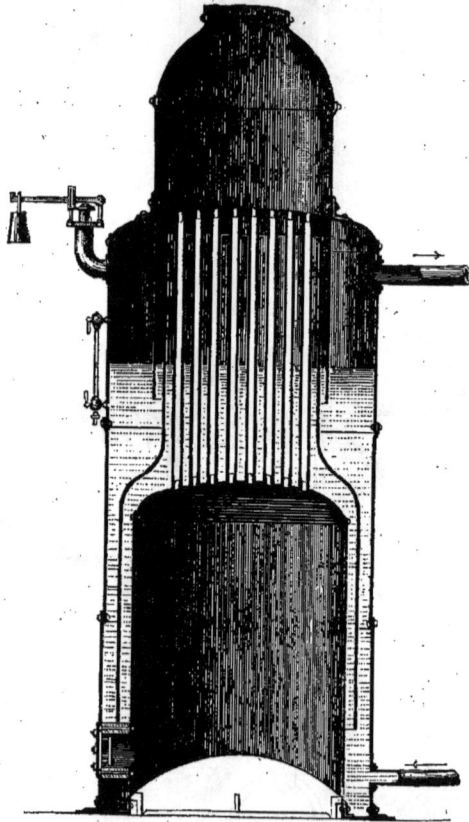

occasionneraient certainement des accidents beaucoup plus graves que ceux qui pourraient résulter de l'explosion d'une chaudière horizontale.

Enfin les chaudières verticales présentent encore d'autres inconvénients signalés par M. Resal et que nous empruntons textuellement au savant *Traité de Mécanique générale* publié par cet académicien :

« 1° La production de vapeur par mètre carré de surface de chauffe est plus faible que dans les chaudières horizontales.

» 2° Le refroidissement extérieur est beaucoup plus considérable.

» 3° Les dépôts dans le fond de la chaudière atteignent rapidement de grandes épaisseurs et obligent à des nettoyages très-fréquents.

» 4° La surface liquide étant beaucoup plus restreinte que dans les autres, les variations de niveau sont bien plus grandes; l'ébullition, plus tumultueuse, projette de grandes quantités de poussière d'eau dans la vapeur, en sorte que celle-ci est très-humide et donne des eaux de condensation très-abondantes dans les conduites et dans les machines.

» 5° La surveillance et le service sont moins faciles, à cause des grandes hauteurs de ces appareils. »

De ces considérations pratiques, nous pouvons conclure que les chaudières verticales doivent seulement être employées dans le cas où des circonstances locales rendent l'application du système horizontal absolument impossible.

165. *Dépôts et incrustations.* — Les eaux employées à l'alimentation des chaudières sont toutes chargées, en proportion plus ou moins grande, de sels en dissolution dont la composition varie suivant les couches géologiques qu'elles ont traversées. Ainsi les eaux des terrains calcaires contiennent en dissolution et souvent en suspension du carbonate de chaux auquel quelquefois vient se joindre du carbonate de magnésie; celles qui traversent des terrains gypseux tiennent en dissolution environ $\frac{1}{500}$ de sulfate de chaux, et, pour cette raison, ont reçu le nom d'*eaux séléniteuses*.

Lorsque l'eau qui sert à l'alimentation contient seulement un sel calcaire, l'excès d'acide carbonique se dégage dès l'introduction dans la chaudière. Ce gaz et les bulles de vapeur qui ont pris naissance dans l'intérieur de la masse liquide entraînent aussitôt à la surface le carbonate de chaux retenu à l'état de dissolution. Alors, par l'action des forces moléculaires, les particules calcaires se réunissent sous forme spongieuse, et, après s'être graduellement contractées, ne tardent pas à descendre au fond de la chaudière.

Le même phénomène se manifeste pour les eaux séléniteuses, mais le dépôt se forme uniquement sous l'influence de la vaporisation. Ces eaux donnent toujours lieu à des incrustations.

Quant aux eaux qui retiennent un double carbonate de chaux et de magnésie, elles ne produisent généralement que des boues qui se déposent lentement.

Les inconvénients qui résultent du dépôt de ces boues se réduisent à la nécessité de nettoyer fréquemment la chaudière, et, sous un autre point de vue, à diminuer la transmission de la chaleur du foyer à l'eau, à mesure que l'épaisseur du dépôt augmente, ce qui rend bien moindre la production de vapeur par chaque kilogramme de combustible.

On ne saurait, sans s'exposer à de graves dangers, méconnaître les effets destructeurs des incrustations formées par les eaux séléniteuses sous l'influence de la vaporisation.

Le plus souvent, les incrustations sont très-adhérentes à la paroi et ne peuvent être enlevées qu'au burin et au marteau, en s'exposant à endommager la chaudière; d'autre part, la paroi, n'étant pas en contact immédiat avec l'eau, est exposée à des coups de feu ou du moins à des surchauffes qui, en favorisant l'oxydation, la détruisent d'autant plus rapidement que l'épaisseur de la croûte est plus grande et la paroi plus fortement chauffée. Nous ajouterons encore que, si ces incrustations viennent à se détacher sur une assez grande étendue, une partie rouge de la paroi se trouvant alors en contact avec l'eau, il peut en résulter une production spontanée de vapeur à une pression capable de déterminer l'explosion de la chaudière.

On peut empêcher les incrustations de se produire en introduisant dans la chaudière des pommes de terre et de la glycérine. La fécule de pomme de terre, en se mélangeant aux sels calcaires, s'oppose à la formation de la croûte solide. Le bois de campêche et d'autres matières tinctoriales peuvent être employés contre les incrustations de carbonate de chaux. Certaines substances, très-riches en tannin, en se fixant sur les éléments solides retenus dans l'eau, les empêchent de s'agglutiner.

Un des moyens les plus efficaces de prévenir l'agrégation des parties solides consiste à introduire dans la chaudière de l'argile et des matières amylacées, mais ces substances offrent l'inconvénient de faire mousser les eaux et de favoriser leur entraînement sous l'influence de la vapeur.

L'adhérence des matières terreuses avec la paroi peut aussi être évitée, en enduisant de plombagine la surface intérieure de la chaudière chaque fois qu'on la vide.

Enfin on peut atténuer les effets nuisibles des incrustations par l'emploi de certaines substances qui, par leur combinaison avec les sels calcaires retenus dans les eaux, en modifient profondément les propriétés. Ainsi les carbonates de soude et de potasse peuvent servir contre les incrustations de carbonate de chaux; pour les eaux chargées de sulfate de chaux, on peut employer avec succès le chlorure de baryum, mais, dans le commerce, il est livré à un prix trop élevé.

Les matières terreuses qui se produisent peuvent facilement être rejetées au dehors, au moyen d'appareils nommés *déjecteurs, décanteurs* ou *débourbeurs*. Les dispositions qu'ils reçoivent dépendent du mode de formation des dépôts et sont basées sur ce que, dans un liquide en mouvement, les remous qui se forment jouissent de la propriété de provoquer le dépôt des matières solides qu'il contient. D'après cela, on comprend aisément que l'eau pourra être purgée de ces matières étrangères, en communiquant à sa masse des mouvements qui les entraîneront dans des récipients convenablement disposés et d'où l'on pourra les extraire sans difficulté. C'est à M. Dumery, ingénieur-constructeur à Paris, que revient le mérite d'avoir appliqué le premier ces principes généraux.

166. *Déjecteur Dumery. Considérations théoriques.* — Prenons à cet effet (*fig.* 60) un réservoir A contenant de l'eau à *t* degrés, d'où partent deux tuyaux C, C' de même diamètre, venant déboucher dans un réservoir inférieur B.

Supposons que la section des deux tuyaux soit très-petite par rapport à celle des réservoirs et que, par un procédé quelconque, on soit parvenu à conserver la température t à l'eau contenue dans les deux tuyaux C, C', jusqu'aux deux sections ab, $a'b'$, le niveau de la première étant plus élevé que celui de la seconde; de plus, que le reste de l'appareil se

Fig. 60.

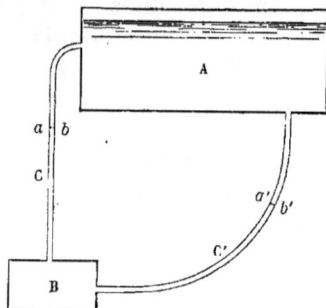

maintienne à une température t' moindre que la température t. L'eau descendra du réservoir A dans le réservoir B par le tuyau C et y remontera par le tuyau C'; c'est ce qu'il s'agit de vérifier par le calcul, en admettant qu'il en soit ainsi.

Appelons

h la distance verticale comprise entre les sections ab, $a'b'$;

V, v les vitesses de l'eau dans les parties du tuyau aux températures t, t';

α le coefficient moyen de dilatation de l'eau;

p son poids spécifique à zéro;

P, P' les pressions respectives aux sections ab, $a'b'$;

K, k deux coefficients représentant les proportions de la charge perdue aux élargissements brusques compris entre les sections ab, $a'b'$ et au frottement de l'eau, quand elle descend du bassin A dans le bassin B.

En vertu des lois de la dilatation, l'eau sous l'unité de volume à la température zéro, étant portée aux températures t et t', occupera des volumes respectivement représentés par

$$1 + \alpha t \quad \text{et} \quad 1 + \alpha t';$$

par suite, aux mêmes températures, les poids spécifiques seront

$$\frac{p}{1 + \alpha t} \quad \text{et} \quad \frac{p}{1 + \alpha t'}.$$

On pourra trouver successivement les vitesses V, v par l'application de la formule (p. 6, t. III)

$$V = \sqrt{2g\left(h + \frac{P - P'}{d}\right)} \quad \text{ou} \quad V^2 = 2g\left(h + \frac{P - P'}{d}\right).$$

Remarquons d'abord que la section ab supporte de bas en haut une pression p diminuée de la pression P et de la charge h, laquelle tend à refouler le liquide dans le réservoir A; d'autre part, à la température t, la densité du liquide ayant pour valeur

$$d = \frac{p}{1 + \alpha t},$$

on aura, dans le cas dont il s'agit,

$$\frac{P' - P}{d} = (P' - P) : \frac{p}{1 + \alpha t} \quad \text{ou} \quad \frac{P' - P}{d} = \frac{P' - P}{p}(1 + \alpha t).$$

Introduisant cette valeur dans la formule précitée et ne perdant pas de vue que la quantité h est négative, nous aurons

$$V^2 = 2g\left[\frac{P' - P}{p}(1 + \alpha t) - h\right],$$

ou bien, en tenant compte de la perte de charge,

$$(a) \qquad \frac{KV^2}{2g} = \frac{P' - P}{p}(1 + \alpha t) - h.$$

De même, si l'on considère le mouvement de l'eau à la température t', on voit aisément que les quantités P, h sont positives et la quantité P' négative. Dans ce cas, on a la relation

$$(b) \qquad \frac{kv^2}{2g} = \frac{P' - P}{p}(1 + \alpha t') + h.$$

Maintenant éliminons les pressions P, P' que contiennent les deux équations (a) et (b). On déduit de la première

$$\frac{P'-P}{p} = \frac{\dfrac{KV^2}{2g}+h}{1+\alpha t} \quad \text{ou} \quad \frac{P'-P}{p} = \frac{KV^2+2gh}{2g(1+\alpha t)},$$

et de l'autre

$$\frac{P-P'}{p} = \frac{kv^2-2gh}{2g(1+\alpha t')}.$$

Changeant les signes dans les deux membres de cette dernière, on aura

$$\frac{P'-P}{p} = \frac{2gh-kv^2}{2g(1+\alpha t')},$$

d'où

$$\frac{KV^2+2gh}{2g(1+\alpha t)} = \frac{2gh-kv^2}{2g(1+\alpha t')}.$$

Faisant disparaître les dénominateurs, l'équation deviendra

$$KV^2(1+\alpha t')+2gh(1+\alpha t') = 2gh(1+\alpha t)-kv^2(1+\alpha t),$$

ou bien encore

$$K(1+\alpha t')V^2+k(1+\alpha t)v^2 = 2gh(t-t')\alpha,$$

$(c) \qquad \dfrac{K(1+\alpha t')V^2+k(1+\alpha t)v^2}{2g} = h\alpha(t-t').$$

Le mouvement du liquide étant permanent, nous pourrons poser

$$\frac{V}{1+\alpha t} = \frac{v}{1+\alpha t'},$$

d'où

$$v = \frac{V(1+\alpha t')}{1+\alpha t} \quad \text{et} \quad v^2 = \frac{V^2(1+\alpha t')^2}{(1+\alpha t)^2}.$$

Remplaçant v^2 par cette valeur dans l'équation (c), nous aurons

$$\frac{K(1+\alpha t')V^2}{2g} + \frac{k(1+\alpha t)(1+\alpha t')^2 V^2}{2g(1+\alpha t)^2} = h\alpha(t-t')$$

ou

$$\frac{K(1+\alpha t')V^2}{2g} + \frac{k(1+\alpha t')^2 V^2}{2g(1+\alpha t)} = h\alpha(t-t').$$

Mettant en évidence le facteur commun $\dfrac{V^2}{2g}$, il viendra

$$\frac{V^2}{2g}\left[K(1+\alpha t') + \frac{k(1+\alpha t')(1+\alpha t')}{1+\alpha t}\right] = h\alpha(t-t')$$

ou bien

$$(d) \qquad \frac{V^2}{2g}\left[\frac{k(1+\alpha t')}{1+\alpha t} + K\right](1+\alpha t') = h\alpha(t-t').$$

Or, d'après les règles que fournit l'Algèbre,

$$\frac{1+\alpha t'}{1+\alpha t} = 1 + \frac{\alpha t' - \alpha t}{1+\alpha t} = 1 - \frac{\alpha(t-t')}{1+\alpha t}.$$

Introduisant cette valeur dans l'équation (d), on aura

$$\frac{V^2}{2g}\left\{k\left[1 - \frac{\alpha(t-t')}{1+\alpha t}\right] + K\right\}(1+\alpha t') = h\alpha(t-t').$$

Le rapport $\dfrac{\alpha(t-t')}{1+\alpha t}$ étant toujours une fraction très-petite que l'on peut négliger devant l'unité, l'équation prendra la forme

$$\frac{V^2}{2g}(K+k)(1+\alpha t') = h\alpha(t-t');$$

d'où

$$V^2 = 2gh\frac{\alpha(t-t')}{(K+k)(1+\alpha t')}$$

et

$$V = \sqrt{2gh\frac{\alpha(t-t')}{(K+k)(1+\alpha t')}}.$$

Par l'élimination de V, en suivant la même marche, on trouvera

$$v = \sqrt{2gh\frac{\alpha(t-t')}{(K+k)(1+\alpha t)}}.$$

En se reportant à l'équation (a), on voit que la vitesse V sera nulle à la condition que la dénivellation de l'eau dans les deux tuyaux existera réellement, c'est-à-dire que h aura toujours une valeur finie. D'autre part, il faudra aussi que la température t soit supérieure à la température t', ce que d'ailleurs nous avons explicitement admis en commençant.

Dans le voisinage du bassin inférieur B, les deux tuyaux C,

C' étant disposés, le premier verticalement et le second horizontalement, si l'on néglige la contraction et le frottement,
on peut faire $k = 2$, et, comme la force vive de l'eau est à
peu près nulle à son retour dans le bassin supérieur A, la
valeur de K sera très-approximativement égale à 1.

Telles sont les considérations théoriques qui ont guidé
M. Dumery dans la construction de l'appareil dont il est question. Voici en quoi consiste la disposition généralement adoptée (*fig.* 61).

Fig. 61.

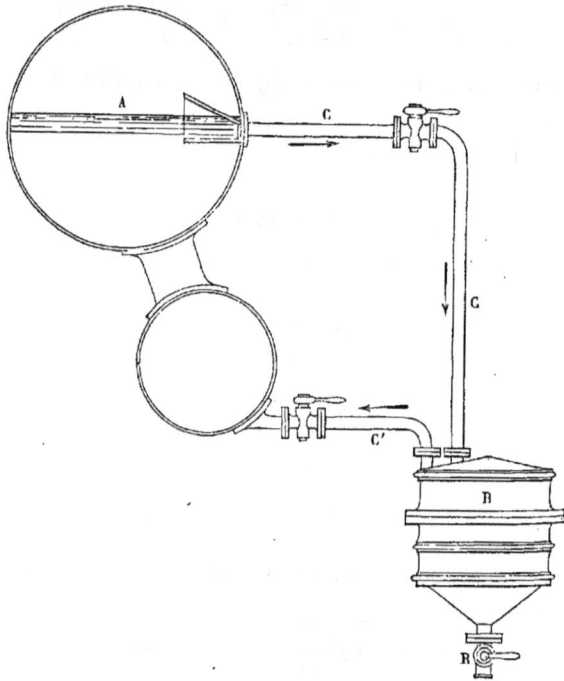

Un tuyau C placé en dehors du massif en maçonnerie et
adapté à la chaudière A, un peu au-dessous du niveau de l'eau,
débouche dans un récipient en fonte B de forme cylindrique,
terminé inférieurement par un cône muni d'un robinet R.
Un second tuyau C' établit la communication entre le récipient et le fond de la chaudière. L'écoulement de l'eau dans
le récipient B a lieu par filets horizontaux au moyen d'un

ménisque maintenu à une petite distance du débouché du tuyau C dans cette capacité. Enfin ce tuyau aboutit au centre d'une cloison verticale en tôle de forme spiraloïde, qui se termine à la partie supérieure du récipient, vers l'embouchure du tuyau C′.

Par cette description, on comprend que, le tuyau C étant refroidi par l'air extérieur, l'eau injectée à la partie supérieure de la chaudière descendra dans le récipient B en formant des remous régularisés par la cloison verticale, de telle sorte qu'elle se dépouillera des matières étrangères tenues en suspension et reviendra à la partie inférieure de la chaudière en circulant dans le tuyau C′.

De temps en temps, le chauffeur ne doit pas négliger, en ouvrant le robinet R, de purger le récipient B des matières solides entraînées par l'eau qui descend de la chaudière.

Il y a quelques années, M. Resal a constaté que, dans le département du Doubs, où l'alimentation se fait avec des eaux contenant des sels calcaires en très-grande abondance, les chaudières pourvues du déjecteur Dumery sont, au bout de six mois de marche, dans un état de propreté aussi parfait qu'au moment de la mise en feu, tandis que, avant de faire usage de cet appareil, il était indispensable de les nettoyer au moins tous les mois.

167. *Chaudières à circulation d'eau.* — Ces chaudières servent aussi à débarrasser l'eau des matières étrangères qu'elle tient en suspension, en même temps qu'elles ont pour objet de régulariser autant que possible la température dans les différentes parties que doit occuper le liquide.

Supposons la température t moindre que la température t' et la hauteur h négative, c'est-à-dire que, à l'inverse de la *fig.* 60, la section $a'b'$ du tube C′ soit au-dessus de la section ab du tube C (*fig.* 62). En faisant le même raisonnement que dans le cas précédent, on obtient les deux relations

$$V = \sqrt{2gh\,\frac{\alpha(t'-t)}{(K+h)(1+\alpha t')}},$$

$$v = \sqrt{2gh\,\frac{\alpha(t'-t)}{(K+h)(1+\alpha t)}}.$$

Ainsi l'écoulement de l'eau aura encore lieu du tuyau C au tuyau C', et les matières solides se déposeront au fond du récipient B.

Fig. 62.

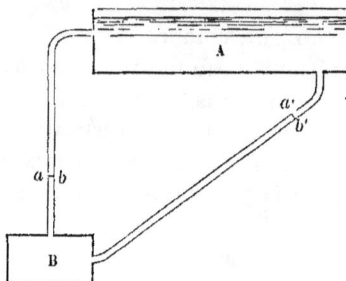

De tous les récepteurs de ce système, sans contredit, celui de M. Guillemin (de Casamène) remplit les meilleures conditions de durée et d'entretien. Cette chaudière est représentée par les *fig.* 63, 64 et 65). Elle se compose d'un corps cylin-

Fig. 63.

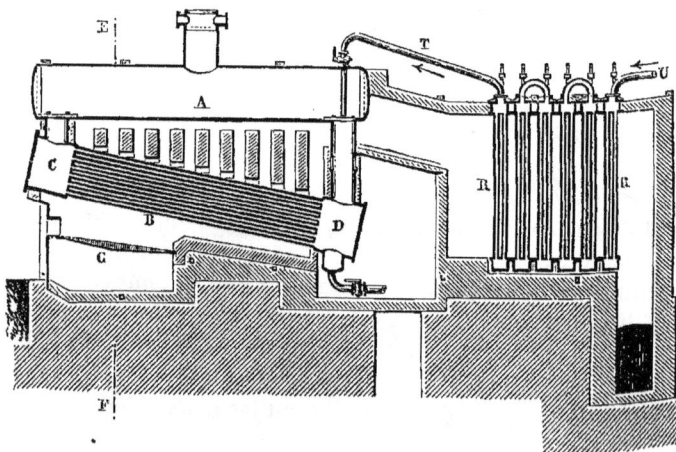

drique A, dont les extrémités communiquent, par des cuissards, avec un faisceau de tubes placés dans le foyer même et formant de l'avant à l'arrière un certain angle avec l'horizon.

L'extrémité inférieure des tuyaux étant la partie de la chaudière la plus échauffée, il se manifeste un mouvement de circulation, et les matières boueuses viennent se déposer dans la capacité D. Ainsi que dans le déjecteur de M. Dumery, il faut avoir soin de temps en temps d'extraire ces matières en ouvrant un robinet adapté, à cet effet, au fond du récipient collecteur.

L'eau d'alimentation est introduite par un tuyau U dans un réchauffeur RR, composé d'un système de tubes placés sur le parcours des gàz de la combustion, et de là elle se rend à la chaudière au moyen d'un tuyau T, qui vient aboutir dans le voisinage de l'embouchure du cuissard inférieur.

La *fig.* 64 représente une coupe verticale suivant le plan E, et la *fig.* 65 le massif vu de face.

Fig. 64.   Fig. 65.

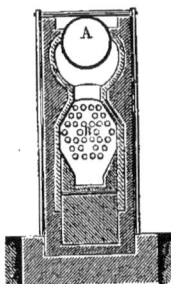
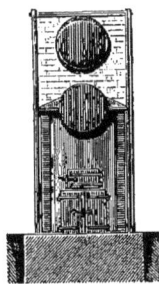

Les chaudières de ce système ont pris une grande extension en Angleterre; mais les dispositions adoptées ne permettent pas, comme dans le système de M. Guillemin (de Casamène), de purger l'eau des matières solides tenues en suspension. Les ingénieurs anglais n'attachent aux chaudières à circulation d'autre importance que l'uniformité de la température dans les différentes parties soumises à l'action du foyer; aussi nous abstiendrons-nous de parler des générateurs qu'ils ont imaginés uniquement pour réaliser cette condition de bonne marche, et que d'ailleurs des ingénieurs français, dont le nom fait autorité, considèrent comme défectueux sous certains rapports.

168. *Détails de construction du foyer.* — On désigne généralement sous le nom de *foyer* l'ensemble de l'espace réservé en avant du massif en maçonnerie qui renferme la chaudière.

Cet espace est appelé *autel* par les constructeurs mécaniciens.
C'est dans le foyer que se produit la chaleur nécessaire à la
vaporisation de l'eau, et la grille sur laquelle on place le combustible se divise en deux compartiments : 1º à la partie supérieure, la chambre de combustion; 2º le cendrier, au-dessous. Il est de la plus haute importance, pour la conservation
du foyer, de construire en briques réfractaires toutes les parties qui sont exposées directement à l'action de la flamme; il
doit en être de même des carneaux et de la cheminée, si la
flamme s'étend jusque-là. Enfin le fourneau doit être construit de manière que la suie et les cendres entraînées par le
courant ne forment pas des dépôts capables de gêner la circulation des gaz. Dans tous les cas, il convient d'établir des
portes dites *de nettoyage* qui permettent de retirer ces résidus de la combustion.

169. Grilles. — Les grilles sont généralement formées de barreaux en fonte dure, dont le profil longitudinal affecte la forme
parabolique des solides d'égale résistance (*fig.* 66).

Fig. 66.

Pour faciliter la chute des cendres et des schistes que contiennent les houilles, la section transversale des barreaux est
un trapèze dont la petite base est en bas, et, pour conserver
entre eux le même écartement, on les termine ordinairement
par des saillies latérales ayant environ $\frac{1}{6}$ de leur épaisseur, ce
qui fait un vide égal à $\frac{1}{3}$ de l'épaisseur. Dans le sens de la longueur, on laisse $\frac{1}{20}$ de jeu pour tenir compte des effets de la
dilatation. Le plus souvent, la largeur des barreaux est de 24
à 30 millimètres, quelquefois même elle est réduite à 15 millimètres; mais toujours l'écartement entre deux barreaux consécutifs varie entre $\frac{1}{3}$ et $\frac{1}{4}$ de la largeur.

A de hautes températures, les barreaux en fonte présentent
l'inconvénient d'être promptement brûlés ou déformés. On
leur substitue, dans ce cas, des barreaux en fer auxquels on

donne une hauteur de $0^m,03$. En adoptant cette dimension, l'expérience a montré que le refroidissement des barreaux a lieu dans des conditions convenables, en même temps que s'échauffe le courant d'air servant à l'alimentation.

La porte du foyer doit hermétiquement fermer, et, quand on l'ouvre pour introduire du combustible frais, il importe que cette opération soit exécutée le plus vivement possible.

Ordinairement elle est en fer ; on lui donne $0^m,25$ à $0^m,30$ de hauteur, et une largeur suffisante pour que le chargement et le nettoyage puissent être facilement opérés. C'est dans le même but que le seuil doit être élevé à $0^m,80$ environ au-dessus du sol.

L'ouverture du cendrier doit être assez grande pour laisser passer le volume d'air nécessaire à la combustion ; en la faisant égale à la section de la cheminée ou des carneaux, on obtient un tirage plus que suffisant.

Il convient de garnir le cendrier d'une porte, que l'on ferme pendant les interruptions du travail. De cette manière, on est sûr de retrouver, après quelques heures d'arrêt, le feu à peu près dans l'état où on l'a laissé, et l'on évite de dépenser inutilement du combustible pour maintenir la pression.

170. *Dimensions des grilles.* — Ces dimensions dépendent essentiellement de la nature du combustible, de la quantité d'air à introduire dans sa masse, et de l'épaisseur de la couche. Il est d'ailleurs évident que cette épaisseur doit être d'autant moindre que les fragments du combustible sont plus petits ou que les espaces vides laissés entre eux sont plus faibles, afin que, avec le même tirage, on appelle la même quantité d'air.

Les données numériques consignées dans le tableau ci-après peuvent servir de base au calcul de la surface de la grille :

Nature du combustible.	Consommation par heure et par mètre carré.	Épaisseur du combustible sur la grille.	Distance entre la grille et le point le plus bas de la chaudière.
Houille ordinaire........	100 à 200^{kg}	$0^m,05$ à $0^m,08$	$0^m,60$ à $1^m,00$
»	50 à 100^{kg}	»	»
Houille sèche............	40^{kg}	$0^m,20$	$0^m,50$
Coke.................	300 à 400^{kg}	$0^m,20$ à $0^m,30$	$0^m,60$
Bois.................	333^{kg}	»	$0^m,60$ à $0^m,75$
Tourbe, tannée en miettes.	333^{kg}	»	$0^m,50$ à $0^m,55$

25.

Les constructeurs estiment que, dans les machines fixes, dans les locomobiles et dans les machines marines, on brûle de 70 à 80 kilogrammes de houille par mètre carré de surface de grille.

Pour le chauffage des chaudières de locomotives, la quantité de combustible à brûler par mètre carré de surface de grille est beaucoup plus considérable, à cause du tirage énergique produit dans la cheminée par l'échappement de la vapeur. On l'évalue approximativement à 250 kilogrammes. Dans certaines chaudières de locomobiles, la dépense de combustible s'élève souvent jusqu'à 100 kilogrammes.

Au moyen de ces chiffres, on pourra, dans chaque cas, calculer par approximation la quantité de combustible à brûler sur une grille de surface donnée.

Réciproquement, connaissant la quantité de combustible nécessaire à la marche de la machine en une heure, on déterminera facilement la surface de la grille.

Appelant Q le poids de ce combustible et A la surface de la grille, on aura :

1° Pour les machines fixes et les machines marines,

$$A = \frac{Q}{70},$$

2° Pour les locomobiles,

$$A = \frac{Q}{90};$$

3° Pour les locomotives,

$$A = \frac{Q}{250}.$$

Généralement il vaut mieux augmenter que diminuer les surfaces obtenues par l'application de ces formules.

La surface de la grille ayant été ainsi déterminée, si l'on se donne l'une des dimensions, il sera facile de trouver l'autre.

Les expériences de MM. Scheurer et Meunier ont appris qu'il convient de donner à la grille une largeur égale à la distance comprise entre les projections horizontales des points extrêmes des bouilleurs.

Quand les grilles ont une grande étendue, on considère $1^m,20$ comme la limite maxima de la longueur.

171. *Relation entre la surface de la grille, la section des carneaux et de la cheminée.* — On fait la section de la cheminée égale à la section totale des carneaux, et jamais elle ne doit être inférieure au quart de la surface de la grille. La surface de la grille étant calculée d'après le poids de combustible à brûler en une heure, comme ce poids dépend de la quantité d'eau à vaporiser dans le même temps, il serait également facile de trouver le rapport entre la surface de la grille et la surface totale de chauffe, puisque cette dernière surface est proportionnelle au poids de l'eau nécessaire à la marche normale de la machine. Ordinairement, avec les chaudières à bouilleurs, les praticiens portent ce rapport à 0,04, qui correspond à un tirage relativement faible et à une combustion peu rapide.

172. *Volume d'air nécessaire à la combustion.* — Comme, dans les applications, il est nécessaire de connaître la quantité d'air qu'il faut introduire dans le fourneau pour brûler le combustible, nous allons indiquer la marche à suivre, en prenant pour exemple la houille, qui est le combustible le plus usuel.

Cherchons d'abord la quantité d'air nécessaire pour brûler 1 kilogramme de carbone. Le résultat de la combustion est de l'acide carbonique dont le symbole CO_2 indique qu'il se compose de 2 équivalents d'oxygène et de 1 équivalent de carbone. D'après la Table des équivalents, en prenant l'équivalent de l'hydrogène pour unité, on aura

$$C = 6$$
$$2O = 16$$
$$\overline{CO_2 = 22}$$

Par conséquent, la quantité pondérable d'oxygène nécessaire pour former de l'acide carbonique avec 1 kilogramme de carbone sera

$$\frac{16}{6} = 2^{kg},66.$$

Puisque la densité de l'oxygène par rapport à l'air est égale à 1,1026 et que 1 mètre cube d'air pèse $1^{kg},293$, il s'ensuit que le poids de 1 mètre cube d'oxygène sera

$$1^{kg},293 \times 1,1026 = 1^{kg},43,$$

et, par suite, le volume d'oxygène qui correspond à ce poids à zéro et sous la pression 76 centimètres aura pour valeur

$$\frac{2,66}{1,43} = 1^{mc},86.$$

On sait que l'air est un mélange intime, en volume, de 21 parties d'oxygène et de 79 parties d'azote; on aura donc, par la relation qui suit le volume de l'air qui contient $1^{mc},86$ d'oxygène,

$$\frac{21}{1,86} = \frac{100}{x}, \quad \text{d'où} \quad x = \frac{1.86 \times 100}{21} = 8^{mc},85.$$

La houille étant un carbure d'hydrogène, il reste à chercher la quantité d'oxygène nécessaire pour en opérer la combustion. L'eau a pour symbole HO, c'est-à-dire qu'elle résulte de la combinaison de 1 équivalent d'hydrogène avec 1 équivalent d'oxygène. Or $H = 1$ et $O = 8$; donc, pour brûler 1 kilogramme d'hydrogène, il faudra 8 kilogrammes d'oxygène, dont le volume sera

$$\frac{8}{1,43} = 5^{mc},59.$$

Comme plus haut, on obtiendra le volume d'air qui contient ce volume d'oxygène par la relation

$$x = \frac{5,59 \times 100}{21} = 26^{mc},62.$$

Ainsi, quand on connaît la composition chimique d'un combustible ou bien les proportions d'éléments combustibles qu'il contient, il sera très-facile, en suivant la méthode que nous avons indiquée, de déterminer théoriquement la quantité d'air nécessaire à la combustion. Dans la pratique, une quantité considérable d'air échappe à la combustion. Il faut donc compter sur un volume d'air beaucoup plus grand que celui obtenu directement par le calcul. On estime que, pour la plupart des combustibles employés dans le chauffage des machines à vapeur, la moitié environ de l'air qui passe dans le foyer ne sert pas à la combustion.

C'est d'après ces considérations que Péclet a formé le tableau suivant, où sont consignés les chiffres qui représentent les volumes d'air nécessaire à la combustion complète des substances adoptées pour le chauffage des générateurs de l'industrie :

NATURE DES COMBUSTIBLES.	COMPOSITION.		VOLUME D'AIR	
	Carbone	Hydrogène en excès.	théorique.	pratique.
			mc	mc
Bois parfaitement sec..............	0,51	//	4,50	6,75
Bois ordinaire, contenant 0,2 d'eau.	0,416	//	3,60	5,40
Charbon de bois....	0,93	//	8,20	16,40
Tannée	//	//	3,50	7,00
Tourbe parfaitement sèche...... ..	0,58	0,02	5,64	11,28
Tourbe à 0,20 d'eau	0,464	0,016	4,51	9,02
Charbon de tourbe (0,25 de cendres).	0,75	//	6,60	13,20
Houille moyenne................ .	0,88	0,05	9,05	18,10
Coke à 0,15 de cendres...........	0,85	//	7,50	15,00

M. Morin estime que, en moyenne, il faut compter sur une consommation de 12 à 13 mètres cubes d'air pour brûler 1 kilogramme de combustible ordinairement employé dans le chauffage des machines. D'autre part, il fait observer qu'en diminuant la quantité d'air on favorise la production de la fumée, et qu'en l'augmentant on diminue l'utilisation du combustible, par suite de la grande quantité de chaleur absorbée par les gaz brûlés; c'est sans doute pour éviter ce double inconvénient que ce savant adopte le nombre 12, qui représente la moyenne arithmétique des nombres consignés dans le tableau de Péclet, en ce qui concerne la houille de qualité moyenne.

173. *Température maxima du gaz obtenu en brûlant un combustible donné.* — Nous prendrons pour type de combus-

tible la houille que l'on emploie généralement pour le chauffage des chaudières. La méthode à suivre est la même, quelle
que soit la nature du combustible, mais il importe que sa
composition chimique ait été préalablement déterminée:

$$
\text{Composition de la houille} \left\{
\begin{array}{ll}
\text{Carbone.} \dots \dots \dots & 82,04 \text{ pour } 100 \\
\text{Hydrogène.} \dots \dots \dots & 5,27 \quad » \\
\text{Hydrozène et azote.} \dots & 9,12 \quad » \\
\text{Cendres.} \dots \dots \dots & 3,57 \quad »
\end{array}
\right.
$$

Pouvoir calorifique. . . . . 8000^{cal} par kilogr.
Chaleur spécifique de l'azote. . . . . $0,2438$
  »   de l'acide carbonique. . . $0,2163$
  »   de l'air. . . . . $0,2377$
Température de l'air au moment de l'intro-
duction. . . . . $t = 15$

Nous avons trouvé que la quantité d'oxygène nécessaire
pour brûler 1 kilogramme de carbone est égale à $2^{\text{kg}},66$; or,
d'après la composition chimique de la houille, 1 kilogramme
de ce combustible contenant $0,8204$ de carbone, il s'ensuit
que le poids de l'oxygène qui doit servir à la formation de
l'acide carbonique sera

$$2^{\text{kg}},66 \times 0,8204 = 2^{\text{kg}},182,$$

par approximation.

De même, puisque 8 kilogrammes d'oxygène se combinent
avec 1 kilogramme d'hydrogène, le poids de l'oxygène nécessaire à la combustion de l'hydrogène à l'état libre contenu
dans un kilogramme de houille aura pour valeur

$$0,0527 \times 8 = 0^{\text{kg}},422.$$

Ainsi le poids total de l'oxygène nécessaire à ces deux com-
bustions partielles sera

$$2^{\text{kg}},182 + 0^{\text{kg}},422 = 2^{\text{kg}},604.$$

L'air étant composé de $76,87$ d'azote et de $23,13$ d'oxygène,
la quantité d'azote qui correspond à $2^{\text{kg}},604$ d'oxygène aura
pour valeur

$$\frac{76,87}{23,13} 2,604 = 8^{\text{kg}},654.$$

Par suite, le poids de l'air utilisé sera égal au poids total de l'oxygène augmenté du poids de l'azote

$$2^{kg},604 + 8^{kg},654 = 11^{kg},258.$$

De même on obtiendra le poids de l'acide carbonique produit par la combustion, en ajoutant au poids du carbone contenu dans 1 kilogramme de houille le poids de l'oxygène absorbé

$$2^{kg},182 + 0^{kg},8204 = 3^{kg},0024.$$

Le poids de la vapeur d'eau qui s'est formée pendant la combustion sera

$$0^{kg},422 + 0^{kg},0527 = 0^{kg},4747.$$

Enfin il reste à considérer le poids d'oxygène et d'azote à l'état de mélange, qui entre dans la proportion de 9,12 pour 100 ou de 0,0912 pour 1 kilogramme. L'analyse chimique n'ayant pas fait connaître la composition quantitative de ce mélange, il devient impossible de fixer exactement la valeur de sa chaleur spécifique, mais on peut estimer qu'elle est approximativement égale à la moyenne arithmétique de celles des gaz mélangés, ce qui donne le nombre 0,2310 à faire intervenir dans l'équation d'équilibre de température.

Supposons maintenant que l'on introduise dans le foyer $(n+1)$ fois le poids d'air strictement nécessaire à la combustion. La quantité d'air en excès représentée par n prendra la température des gaz de la combustion et, par suite, sera un des éléments du calcul dans l'évaluation de la quantité de chaleur abandonnée à ces gaz par le combustible brûlé. Ainsi le pouvoir calorifique de la houille dont nous avons indiqué la composition étant égal à 8000 calories, pour tenir compte des échanges de chaleur, il faudra retrancher de la chaleur totale transmise aux gaz la chaleur possédée par l'air au moment de l'introduction dans le foyer. Appelant X la température des gaz, nous aurons l'équation

$$X\,(3,0024 \times 0,2163 + 8,654 \times 0,2438 + 0,475 \times 0,475$$
$$+ 0,912 \times 0,2310 + 11,258 \times 0,2377\,n)$$
$$- (n+1)\,0,2377 \times 15° \times 11,258 = 8000.$$

Effectuant les calculs, on aura successivement

$$X(3,006 + 2,676n) - 40,14n - 40,14 = 8000;$$
$$X(3,006 + 2,676n) = 8040,14 + 40,14n,$$

d'où

$$X = \frac{8040,14 + 40,14n}{3,006 + 2,676n}.$$

Si nous faisons $n = 0$, auquel cas le poids de l'air introduit dans le foyer est strictement nécessaire pour la combustion, s'il est complétement utilisé, l'équation devient

$$X = \frac{8040,14}{3,006} = 2674°.$$

On prend ordinairement en chiffres ronds 2700°.

Pour $n = 1$, ce qui, d'après la notation adoptée, indique que le poids de l'air est double de celui qui est nécessaire, on aura

$$X = \frac{8040,14 + 40,14}{3,006 + 2,676} = 1422°.$$

C'est en opérant ainsi que Péclet a trouvé pour les températures maxima des gaz de la combustion des corps suivants :

Bois chauffé à 140 degrés....................	2436°
Bois renfermant 25 pour 100 d'eau............	2237
Charbon de bois avec 7 pour 100 de cendres et 7 pour 100 d'eau.........................	2774
Tourbe sèche à 5 pour 100 de cendres.........	2755
Tourbe à 20 pour 100 d'eau..................	2350

174. *Chaleur des gaz de la combustion non utilisée.* — Dans la pratique, il ne faut pas chercher à obtenir la température maxima des produits de la combustion, car il serait bien difficile, sinon impossible, de trouver des matériaux assez réfractaires pour la construction du fourneau. Aussi, comme nous l'avons déjà dit, d'après les observations de Péclet, il convient, pour que le foyer marche dans de bonnes conditions, d'introduire le double du poids d'air qui serait strictement nécessaire à la combustion, ce qui réduit à 1400 degrés environ la température des gaz. Il importe en-

core, pour produire le tirage dans la cheminée, que les gaz à la sortie des carneaux aient environ une température de 300 degrés. On parvient à réaliser cette condition, en réduisant de $\frac{1}{7}$ environ les nombres représentant les pouvoirs calorifiques des combustibles employés au chauffage des générateurs. Pour la houille de moyenne qualité, nous adopterons 7000 calories.

Prenant pour base les calculs du paragraphe précédent, on obtiendra la chaleur emportée au dehors par les gaz de la combustion en faisant $X = 300°$. Si nous désignons par Q cette quantité de chaleur, on aura

$$Q = 300\,(3,006 + 2,676\,n).$$

Pour $n = 0$, c'est-à-dire s'il ne passe dans le foyer que la quantité d'air absolument indispensable,

$$Q = 300 \times 3,006 = 301^{cal} \text{ environ.}$$

La chaleur totale dépensée étant de 7000 calories, le rapport

$$\frac{301}{7000} = 0,128$$

indique que les produits de la combustion emportent approximativement $\frac{1}{8}$ de la chaleur totale produite.

Si l'on introduit une quantité d'air double $n = 1$, on a

$$Q = 300\,(3,006 + 2,676) = 1704^{cal},$$

d'où

$$\frac{1704}{7000} = 0,243,$$

ce qui veut dire que la chaleur perdue est à peu près égale à $\frac{1}{4}$ de la chaleur totale.

En cherchant la densité des gaz de la combustion, on trouve qu'elle diffère peu de celle de l'air à la même température et sous la même pression.

175. *Mouvement des gaz dans les cheminées.* — Si nous considérons la masse gazeuse qui s'écoule en une seconde, nous voyons que le mouvement est produit par la pression des gaz du foyer diminuée de la pression au sommet et du

poids de la masse gazeuse contenue dans la cheminée. D'autre part, comme les gaz se comportent comme les liquides, quand le mouvement a lieu dans des tuyaux d'une certaine longueur, il faudra tenir compte du frottement contre les parois de la cheminée. Ainsi tous les principes que nous avons établis (n° 46, t. III) pour le mouvement de l'eau s'appliquent également au mouvement des gaz. Toutefois, MM. Girard et d'Aubuisson ont été conduits, par les résultats de leurs belles expériences sur l'écoulement des fluides élastiques, à considérer la résistance des parois comme simplement proportionnelle au carré de la vitesse, ce qui suppose nul le premier terme a de la fonction qui entre dans la formule générale.

Soient

M la masse gazeuse en mouvement;

H la hauteur de la cheminée, qui peut être sinueuse ou oblique à sa naissance;

L le développement de son axe;

A l'aire de la section moyenne;

S le périmètre de cette section;

D son diamètre intérieur;

P la pression des gaz du foyer, qui est à peu près égale à celle de l'air extérieur;

P' la pression au sommet de la cheminée;

q le poids spécifique de l'air extérieur;

q' le poids spécifique des gaz au débouché de la cheminée;

t la température de l'air extérieur;

t' la température des gaz à leur sortie;

V la vitesse avec laquelle ils s'échappent;

K la perte de charge due aux changements brusques de vitesse;

b le coefficient du frottement.

En vertu des règles établies par M. de Prony et en appliquant le théorème des forces vives, on a

$$\tfrac{1}{2}MV^2 + \tfrac{1}{2}MKV^2 = Mg\frac{P-P'}{q'} - MgH - \frac{q'}{g}bSLV^2 \times V.$$

Remarquons que

$$q' \times AV = Mg, \quad \text{d'où} \quad \frac{q'V}{g} = \frac{M}{A}$$

Introduisant cette dernière valeur dans l'équation en remplacement de son équivalente, il viendra

$$\tfrac{1}{2} MV^2 + \tfrac{1}{2} MKV^2 = M g \frac{P - P'}{q'} - MgH - \frac{M}{A} bSLV^2.$$

Or

$$S = \pi D \quad \text{et} \quad A = \frac{\pi D^2}{4}.$$

On aura donc, en substituant et en divisant les deux membres par M,

$$\frac{V^2}{2} + \frac{KV^2}{2} = g \frac{P - P'}{q'} - gH - \frac{b \pi DLV^2}{\pi \dfrac{D^2}{4}}$$

ou

$$\frac{V^2}{2} + \frac{KV^2}{2} = g \frac{P - P'}{q'} - gH - \frac{4 b L}{D} V^2.$$

Multipliant par 2 les deux membres de l'équation et faisant passer le terme $\dfrac{4 b L}{D} V^2$ dans le premier terme, on aura

$$V^2 + KV^2 + \frac{8 b L}{D} V^2 = 2 g \frac{P - P'}{q'} - 2gH,$$

d'où

$$V^2 \left(1 + K + \frac{8 b L}{D} \right) = 2 g \frac{P - P'}{q'} - 2gH,$$

$$V^2 = \frac{2 g \dfrac{P - P'}{q'} - 2 gH}{1 + K + \dfrac{8 b L}{D}},$$

$$V = \sqrt{\frac{2 g \dfrac{P - P'}{q'} - 2 gH}{1 + K + \dfrac{8 b L}{D}}}.$$

Remarquons maintenant que la pression P' au sommet étant égale à la pression des gaz dans le foyer, diminuée du poids de la colonne gazeuse contenue dans la cheminée, on pourra poser

$$P' = P - q H.$$

Remplaçant, sous le radical, P' par cette valeur et mettant le facteur $2g$ en évidence, l'équation deviendra

$$V = \sqrt{\dfrac{2g\left(\dfrac{P - P + qH}{q'} - H\right)}{1 + K + \dfrac{8bL}{D}}}$$

ou

$$V = \sqrt{\dfrac{2gH(q - q')}{q'\left(1 + K + \dfrac{8bL}{D}\right)}}.$$

Les volumes étant en raison inverse des poids spécifiques, on aura très-approximativement

$$\frac{q'}{q} = \frac{1 + \alpha t}{1 + \alpha t'}, \quad \text{d'où} \quad q' = q\,\frac{1 + \alpha t}{1 + \alpha t'},$$

et, en remplaçant q' par cette valeur dans l'équation,

$$V = \sqrt{\dfrac{2gH\left(q - q\,\dfrac{1 + \alpha t}{1 + \alpha t'}\right)}{q\,\dfrac{1 + \alpha t}{1 + \alpha t'}\left(1 + K + \dfrac{8bL}{D}\right)}},$$

$$V = \sqrt{\dfrac{2gH\left(q\,\dfrac{1 + \alpha t'}{1 + \alpha t'} - q\,\dfrac{1 + \alpha t}{1 + \alpha t'}\right)}{q\,\dfrac{1 + \alpha t}{1 + \alpha t'}\left(1 + K + \dfrac{8bL}{D}\right)}},$$

et, en effectuant les calculs,

$$V = \sqrt{\dfrac{2gH\alpha(t' - t)}{(1 + \alpha t)\left(1 + K + \dfrac{8bL}{D}\right)}}.$$

Si nous représentons par Q le poids de gaz débité par seconde, nous aurons

$$Q = q'\,\frac{\pi D^2}{4}\sqrt{\dfrac{2gH\alpha(t' - t)}{(1 + \alpha t)\left(1 + K + \dfrac{8bL}{D}\right)}},$$

et, en remplaçant q' par sa valeur en fonction de q,

$$Q = q \frac{1 + \alpha t}{1 + \alpha t'} \frac{\pi D^2}{4} \sqrt{\frac{2 g H \alpha (t' - t)}{(1 + \alpha t) \left(1 + K + \frac{8 b L}{D}\right)}}.$$

Faisant passer sous le radical le facteur $\frac{1 + \alpha t}{1 + \alpha t'}$, nous aurons

$$Q = q \frac{\pi D^2}{4} \sqrt{\frac{2 g H \alpha (t' - t)(1 + \alpha t)}{(1 + \alpha t) \left(1 + K + \frac{8 b L}{D}\right)(1 + \alpha t')^2}},$$

et, en simplifiant,

$$Q = q \frac{\pi D^2}{4} \sqrt{\frac{2 g H \alpha (t' - t)(1 + \alpha t)^2}{\left(1 + K + \frac{8 b L}{D}\right)(1 + \alpha t')^2}}.$$

La quantité maxima de gaz débitée répond à la relation

$$\alpha (t' - t) = (1 + \alpha t) \quad \text{ou} \quad \alpha t' - \alpha t = 1 + \alpha t,$$

$$\alpha t' = 1 + 2 \alpha t \quad \text{et} \quad t' = \frac{1 + 2 \alpha t}{\alpha}.$$

Comme $\alpha = 0,00367 = \frac{1}{273}$, en remplaçant, il viendra

$$t' = \frac{1}{0,00367} + 2 t = 273 + 2 t.$$

Si la température de l'air extérieur est $t = 0$, on a, pour la température des gaz qui s'échappent par la cheminée,

$$t' = 273°.$$

A 15 degrés, et c'est avec cette valeur que l'on fait tous les calculs relatifs au tirage des cheminées, on a

$$t' = 273 + 30 = 303°.$$

Péclet, dans son *Traité de la théorie de la chaleur*, a adopté les valeurs suivantes du coefficient du frottement b des gaz provenant de la combustion :

Cheminées en poterie..........	$b = 0,0127$
Cheminées en tôle............	$b = 0,005$
Cheminées en fonte...........	$b = 0,0025$
Cheminées tapissées de suie....	$b = 0,00025$

176. *Construction des cheminées.* — Les cheminées affectées au service des usines à vapeur sont en tôle ou en maçonnerie. Pour prémunir les premières contre les coups de vent et assurer leur stabilité, il faut toujours avoir soin de les retenir au sol ou aux murs voisins par des haubans en fil de fer. Au bout d'un temps plus ou moins long, elles sont rongées par les gaz de la combustion, ce qui justifie la préférence donnée aux cheminées en briques, bien que les frais de construction soient beaucoup plus élevés. Quand les cheminées en briques sont basses, on peut les faire prismatiques à l'intérieur, en ne donnant un fruit qu'à leurs parements extérieurs; quand elles ont une grande hauteur, on leur donne extérieurement et intérieurement la forme d'un tronc pyramidal. Généralement on préfère les cheminées à section circulaire comme offrant moins de prise à l'action du vent, et cela s'explique, puisque, à section égale, le périmètre du cercle est un minimum. Cette forme présente encore l'avantage de réduire notablement la dépense de maçonnerie et d'utiliser la section totale au point de vue du tirage, tandis que, dans les cheminées à section carrée, les parties anguleuses absorbent en pure perte une fraction de l'effet utile, lequel, dans ce cas, ne se produit que suivant le cercle inscrit au carré.

Une cheminée doit toujours être construite en briques entières de première qualité, et, au-dessous du socle, il faut donner à la base une grande surface, de manière que le poids total soit supporté par une étendue capable d'empêcher les tassements. Ordinairement l'épaisseur des cheminées, à la partie supérieure, est de $0^m,11$, qui représente la largeur d'une brique. Comme intérieurement la cheminée est cylindrique et que, dans l'hypothèse où la section utile est constante, à l'extérieur elle affecte la forme d'un tronc de cône, l'épaisseur va en croissant du sommet à la base carrée qui sert de piédestal. L'inclinaison de la génératrice extérieure sur l'axe est approximativement de $0^m,024$ à $0^m,030$ par mètre courant.

D'après cela, si nous appelons

D le diamètre extérieur à la base;

D' le diamètre intérieur au sommet;

H la hauteur totale de la cheminée ;

e l'épaisseur de la maçonnerie au sommet ;

I la pente ou déclivité de la génératrice sur l'axe,

on aura la relation

$$D = D' + 2e + 2 III.$$

La hauteur réglementaire H étant donnée, on déduira la valeur de D′ de la formule établie dans le paragraphe précédent.

La *fig.* 67 représente une coupe longitudinale suivant l'axe.

Fig. 67.

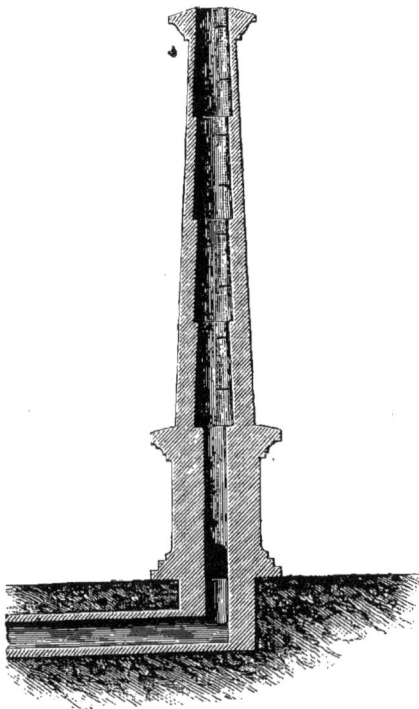

D'après la description qui vient d'être donnée, et à l'inspection de la figure, on voit que, le profil extérieur étant continu, exempt de redans, le retrait des briques doit être opéré à

l'intérieur, de sorte que, par suite des augmentations successives d'épaisseur, la cheminée est intérieurement constituée
par une suite de troncs de cône égaux, dont le grand diamètre
est toujours égal au petit augmenté de 0^m,22, c'est-à-dire de
deux fois la largeur d'une brique.

Le revêtement intérieur de la cheminée doit être fait en
briques réfractaires sur une hauteur de 3 mètres environ, à
partir du bas, et l'on a soin de ménager une porte murée
facile à démolir pour le nettoyage. Pour faciliter cette opération, on scelle dans la paroi intérieure, de 0^m,5o en 0^m,5o,
des crampons en fer faisant office d'échelle. Les cheminées
sont ordinairement surmontées d'un chapiteau, que l'on garnit
d'un chapeau en fonte ou en tôle, pour éviter les dégrada-
tions que pourraient occasionner les pluies.

Lorsque la température des gaz qui circulent dans la cheminée ne dépasse pas la valeur normale 3oo degrés, le fût
conique est construit en briques ordinaires, reliées par un
mortier de chaux et de sable fin; pour des températures inférieures à 100 degrés, on peut employer le plâtre. Nous ter-
minerons ces renseignements techniques en ajoutant qu'il
est formellement interdit par les règlements d'établir une
cheminée dans l'axe même de la chaudière, pour éviter, en
cas d'explosion, l'écroulement de la maçonnerie.

177. *Appareils fumivores.* — En vertu d'une ordonnance
du 11 novembre 1854, rendue sur l'avis du Conseil d'hygiène
et de salubrité, les propriétaires d'usines qui emploient des
machines à vapeur sont tenus de brûler les fumées ou, du
moins, de ne pas produire de fumées visibles, sinon de charger
la grille de combustibles qui ne donnent pas plus de fumée
que le coke ou le bois. Différents procédés plus ou moins
ingénieux ont été proposés par des constructeurs d'appareils
de chauffage; mais, comme les fumivores ne jouent qu'un
rôle très-secondaire dans l'établissement des chaudières à vapeur, nous nous bornerons à indiquer l'origine de la question
et à décrire sommairement le système qui semble le mieux
répondre aux prescriptions de la loi.

Les combustibles employés dans le chauffage des chaudières, tels que la houille et la tourbe, contiennent des

hydrocarbures d'hydrogène. Ces gaz se dégagent sans être brûlés, à cause du refroidissement qui se produit au contact de corps froids avec des matières incandescentes, et de l'obstruction momentanée des espaces par où l'air s'introduit dans le foyer : telle est la cause de la fumée noire ou visible.

Il est certain que cet inconvénient pourrait être évité en chargeant la grille avec précaution et en laissant la porte du foyer entr'ouverte pendant quelques instants, car les hydrocarbures d'hydrogène, subissant une distillation lente, se mélangeraient à une quantité d'air suffisante pour être complétement brûlés, et par suite les inconvénients de la fumée disparaîtraient ou, du moins, seraient considérablement atténués. Cette précaution aurait d'ailleurs pour effet de rendre utile la chaleur produite par la combustion du carbone qu'entraîne le courant. Ainsi la règle la plus simple et la plus générale pour obtenir la fumivorité consiste à prendre toutes les dispositions possibles pour assurer le mélange intime des gaz de la combustion avec un excès d'air introduit dans le foyer. Mais, comme le travail du chauffeur est déjà très-pénible et que ses soins doivent surtout s'appliquer à prévenir les dangers d'explosion, on comprend que l'on ait cherché à établir des foyers tels, que les carbures d'hydrogène soient brûlés dès qu'ils se dégagent.

D'après ce qui vient d'être dit, la question consiste à obtenir, sans l'intervention du mécanicien, une aspiration d'air en excès, ce qui constitue un *tirage forcé,* suivant l'expression admise.

M. Thierry a adopté la disposition qui se trouve représentée sur la *fig.* 68.

Ce fumivore se compose d'un tuyau de prise de vapeur qui, partant du dôme de la chaudière et se bifurquant, vient déboucher à la partie supérieure du foyer, au-dessus de la porte. En perçant de trous la partie horizontale qui se trouve dans le foyer, on détermine une gerbe de vapeur qui embrasse à peu près la partie postérieure de la grille. En perdant sa force vive, ce jet de vapeur donne lieu à une diminution de pression, ce qui favorise l'introduction de l'air avec une grande vitesse.

26.

Cet appareil peut être appliqué non-seulement aux chaudières ordinaires à bouilleurs, mais encore aux locomotives.

Fig. 68.

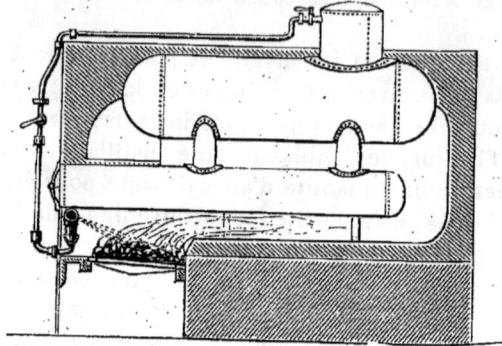

Il existe encore un autre appareil connu sous le nom de
gazogène de Siemens, dont le but est de transformer en gaz
les combustibles solides avant de les brûler. Employé d'a-
bord dans les fours à puddler et à réchauffer pour produire
des températures très-élevées, cet appareil peut recevoir une
application utile pour les températures moyennes, et notamment pour le chauffage des chaudières à vapeur.

178. *Quantité de vapeur produite par mètre carré de surface de chauffe.* — On estime généralement la puissance
d'une chaudière par la quantité d'eau qu'elle peut vaporiser
dans une heure, en tenant compte, bien entendu, de la pression à laquelle se produit la vapeur. D'après cela, le poids de
l'eau nécessaire à la marche de la machine dépend de l'étendue des surfaces soumises à l'action du foyer. Les expériences
de Péclet montrent qu'une chaudière étant construite avec
un métal de l'épaisseur ordinairement adoptée, si le rayonnement est direct, comme dans les foyers de locomotives, on
peut compter sur une production de 100 à 120 kilogrammes
de vapeur par mètre carré de surface de chauffe.

Dans la pratique, pour les chaudières ordinaires, la production moyenne de vapeur est approximativement égale à
20 ou 25 kilogrammes de vapeur par mètre carré.

Désignant par A là surface de chauffe et par Q le poids d'eau à vaporiser par heure et par mètre carré, on aura

$$A = \frac{Q}{2o} \quad ou \quad A = \frac{Q}{25}.$$

Nous avons vu (p. 359) que, dans une chaudière à deux bouilleurs, la surface de chauffe se compose de la moitié de la surface du corps cylindrique augmentée des $\frac{2}{3}$ ou des $\frac{3}{4}$ de la surface des bouilleurs. Prenant pour base ces données, nous aurons les deux relations

$$\tfrac{1}{2}\pi DL + \tfrac{2}{3} 2\pi dL = A,$$
$$\tfrac{1}{2}\pi DL + \tfrac{3}{4} 2\pi dL = A.$$

Le diamètre des bouilleurs étant égal à la moitié du diamètre du générateur proprement dit, nous aurons

ou
$$\tfrac{1}{2}\pi DL + \tfrac{2}{3}\pi DL = A, \quad \tfrac{1}{2}\pi DL + \tfrac{3}{4}\pi DL = A$$

$$1,17\pi DL = A, \quad 1,25\pi DL = A.$$

Au moyen de ces relations et après avoir préalablement calculé la surface de chauffe par la méthode indiquée, il sera facile de déterminer L ou D, si l'une ou l'autre de ces quantités est donnée, suivant les circonstances locales. Ainsi, la longueur de la chaudière étant l'une des conditions du problème à résoudre, on obtiendra le diamètre du corps cylindrique par les formules

$$D = \frac{A}{1,17\pi L} = \frac{A}{3,67 L}, \quad D = \frac{A}{1,25\pi L} = \frac{A}{3,92 L}.$$

Réciproquement, si le diamètre est donné, on calculera la longueur de la chaudière par les formules

$$L = \frac{A}{3,67 D}, \quad L = \frac{A}{3,92 D}.$$

L'expérience a démontré que, dans la pratique, on est souvent obligé de restreindre les limites entre lesquelles on peut théoriquement faire varier la longueur et le diamètre. Ainsi, pour les chaudières sans bouilleurs, le diamètre ne saurait jamais descendre au-dessous de $0^m,8o$, tandis que, pour les chaudières à bouilleurs, la limite inférieure est fixée à 1 mètre et la limite supérieure à 1m,30.

Quant à la longueur, on estime qu'elle ne doit jamais dépasser 6 mètres pour les chaudières sans bouilleurs, 7 mètres pour les chaudières à un seul bouilleur et 10 à 12 mètres pour les chaudières à deux bouilleurs.

179. *Relation entre la surface de la grille et la surface de chauffe.* — La surface d'une grille doit être calculée d'après le poids de combustible qui doit être brûlé dans une heure, et ce poids lui-même dépend de la quantité d'eau à vaporiser. Or, puisque la surface de chauffe est aussi proportionnelle au poids de cette eau, on comprend que la surface de la grille puisse être exprimée en fonction de la surface de chauffe.

A cet effet, appelons

Q le poids de vapeur à la température t que l'on doit produire par heure;

A la surface totale de chauffe;

A' la surface de la grille;

q le poids de vapeur produit par heure et par mètre carré de surface de chauffe;

q' le poids du combustible brûlé par heure et par mètre carré de surface de grille;

p le poids de vapeur produit par 1 kilogramme de combustible.

Il est évident que nous aurons

$$Q = A q, \quad Q = A' q' p,$$

d'où

$$A q = A' q' p \quad \text{et} \quad A' = A \frac{q}{q' p};$$

de sorte que, la surface totale de chauffe étant donnée ainsi que les quantités q, q' et p, on déterminera aisément la surface de la grille en fonction de la surface totale de chauffe.

Ordinairement les chaudières à bouilleurs en service continu ne donnent que 5 kilogrammes de vapeur par heure et par mètre carré de surface de grille; dans les chaudières tubulaires, on arrive à obtenir 8 kilogrammes quand elles sont convenablement établies.

Prenant pour base ces données d'expérience et sachant d'ailleurs que, en brûlant de la houille ordinaire, les limites de q sont

$$20^{kg}, \quad 25^{kg},$$

les limites de q'

$$100^{kg}, \quad 120^{kg},$$

si nous faisons dans la formule $q = 20$, $q' = 100$ et $p = 5$, on aura

$$* \quad A' = A\, \frac{20}{5 \times 100} = 0,04 A,$$

c'est-à-dire que la surface de la grille doit être les 0,04 de la surface totale de chauffe.

Prenant $q = 20$, $q' = 120$ et $p = 8$, la valeur de A' sera

$$A' = \frac{20}{960}\, A = 0,02\, A.$$

La première de ces formules s'applique aux chaudières à bouilleurs et la seconde aux chaudières tubulaires.

180. *Épaisseur des chaudières en tôle de fer.* — On obtiendra l'épaisseur de la tôle en appliquant la formule du n° 118 (t. II, p. 288).

À cet effet, désignons par n le nombre d'atmosphères représentant la pression intérieure et par D le diamètre du corps cylindrique de la chaudière. Puisque extérieurement la pression atmosphérique agit en sens contraire de la pression qui tend à opérer la rupture, dans la formule

$$e = \frac{P\, d'}{2\, T_r}$$

il faudra remplacer P par $10334\,(n-1)$ et d' par D; d'où

$$e = \frac{10334\,(n-1)\,D}{2\, T_r}.$$

Pour plus de sécurité, on prend la moitié du coefficient $T_r = 6000000^{kg}$ par mètre carré consigné dans le tableau (t. II, p. 284). On obtient ainsi, en forçant le chiffre des dix-millièmes,

$$e = \frac{10334\,(n-1)\,D}{6000000} = 0,0018\,(n-1)\,D,$$

et, en millimètres,

$$e = 1,8(n - 1) D.$$

En vertu d'une ordonnance du 22 mai 1843, on ajoute 3 milli-mètres, et la formule devient

$$e = 0^m,0018(n - 1) D + 0^m,003 \quad \text{ou} \quad e = 1,8(n - 1) D + 3.$$

D'après la même ordonnance, l'épaisseur de la tôle ne doit pas dépasser 15 millimètres, attendu qu'au delà d'une certaine épaisseur la soudure des éléments du milieu ne peut pas être convenablement faite, ce qui rend la tôle défectueuse.

L'introduction, dans la formule, de la constante 3 a pour objet d'éviter une usure trop rapide et de reculer l'époque d'une réparation importante fort souvent nécessitée par des fuites de vapeur qui corrodent promptement la tôle.

L'ordonnance de 1843 a été abrogée par le décret du 25 janvier 1865, de sorte que l'on peut négliger la surépaisseur indiquée. Cependant les constructeurs ne doivent pas perdre de vue que, si la législation actuelle leur laisse plus de latitude pour la détermination de l'épaisseur des tôles, une bien plus grande responsabilité leur incombe, et qu'à la condition seulement d'employer des matériaux de première qualité ils pourront se dispenser de se conformer aux sages prescriptions des anciens règlements.

181. *Épaisseur des chaudières en cuivre rouge.* — Ces générateurs sont aujourd'hui rarement employés et ne se rencontrent que dans les industries de médiocre importance, n'exigeant qu'un faible débit de vapeur.

Ordinairement on ne fait travailler la matière qu'à raison de 2000000 de kilogrammes par mètre carré. Introduisant ce nombre dans la formule générale, on aura

$$e = \frac{10334(n - 1) D}{4000000} = 0,0026(n - 1) D,$$

et, en millimètres,

$$e = 2,6(n - 1) D.$$

182. *Chaudières en tôle d'acier.* — Depuis quelques années, des constructeurs ont substitué la tôle d'acier à la tôle de fer. Cette innovation, qui a été surtout appliquée aux locomotives, n'a pas encore reçu d'explication satisfaisante au point de vue pratique.

Il est hors de doute que, la résistance à la rupture de l'acier étant à peu près le double de celle du fer puddlé, la substitution de l'acier au fer peut conduire à une réduction de 50 pour 100 sur le poids total de la chaudière; mais, au point de vue de la dépense première, cet avantage est illusoire, puisque la tôle d'acier coûte au moins le double de la tôle de fer.

D'autre part, la différence de poids n'a aucune raison d'être pour les machines fixes, ni, à plus forte raison, pour les locomotives, qui doivent toujours avoir un poids déterminé. Dans ce dernier cas, la répartition du poids sur la chaudière ne saurait donc avoir de l'importance.

Les procédés de fabrication employés jusqu'à ce jour n'ont pas permis d'obtenir de la tôle en acier d'une parfaite homogénéité, ce qui d'ailleurs est confirmé par les accidents dont ont été victimes quelques machinistes des compagnies de chemins de fer. Aussi les chaudières en tôle d'acier sont-elles qualifiées d'explosibles. Dans cet état de choses, il convient donc de s'en tenir au système des chaudières en tôle de fer.

183. *Épaisseur des cuissards et diamètre des rivets.* — On donne toujours aux cuissards une épaisseur égale à celle d'un corps cylindrique de même diamètre qui serait soumis à la même pression intérieure.

Quant au diamètre des rivets, on le calcule par la formule

$$d = 1,3\,e,$$

si la chaudière est construite en tôle de fer, et par la formule

$$d = 1,8\,e,$$

pour les chaudières en tôle d'acier.

184. *Épreuve des chaudières.* — L'emploi des chaudières à vapeur exige certaines précautions que les règlements ont rendues obligatoires. On doit d'abord s'assurer de leur bonne construction et de la qualité des matériaux qui ont été employés. A cet effet, par les soins de l'Administration des Mines, les chaudières sont préalablement soumises à une pression intérieure plus grande que la presssion maxima qu'elles doivent supporter. Cette opération est de la plus haute importance, non-seulement pour le propriétaire, mais encore pour les voisins et pour les ouvriers des ateliers que la machine à vapeur doit desservir.

Le chiffre de la pression maxima autorisée est indiqué sur une rondelle en cuivre, fixée à une partie apparente de la chaudière par trois clous qui reçoivent l'empreinte d'un poinçon administratif : c'est ce qu'on appelle le *timbre*.

Lorsque la pression maxima autorisée est comprise entre $\frac{1}{2}$ et 6 kilogrammes par centimètre carré, la pression d'épreuve doit être le double de la pression effective, laquelle est égale à la différence entre la pression intérieure maxima et la pression atmosphérique (décret du 25 janvier 1865).

Si la pression effective est inférieure à $\frac{1}{2}$ kilogramme ou supérieure à 6 kilogrammes, la charge d'épreuve est de $\frac{1}{2}$ kilogramme ou de 6 kilogrammes. Les causes de ces deux restrictions apportées au décret précité sont inconnues.

Aujourd'hui le numéro du timbre indique la pression intérieure maxima en kilogrammes par centimètre carré, tandis qu'autrefois, dans les chaudières timbrées en vertu de l'ordonnance de 1843, le chiffre exprimait la pression en atmosphères.

L'épreuve consiste à refouler de l'eau dans la chaudière au moyen d'une pompe analogue à celle d'une presse hydraulique; on arrête la manœuvre quand la pression d'épreuve est atteinte, laquelle est indiquée soit par un manomètre, soit par une soupape convenablement chargée.

Cette opération sert à faire apparaître les imperfections dans l'assemblage des feuilles de tôle, que l'on rectifie en les mattant, et à donner leur forme définitive aux parties voisines du clouage.

L'emploi de l'eau, au point de vue de la sécurité, pour obtenir la pression d'épreuve, s'explique par l'incompressibilité de ce liquide; à la moindre fissure, en effet, la pression baisse, et, en cas de rupture, on n'a pas à craindre les effets de détente ou de production de vapeur qui se produiraient inévitablement en employant un gaz fortement comprimé ou en faisant vaporiser un liquide quelconque dans le corps de la chaudière.

On éprouve de la même manière les cylindres des machines à vapeur; cette épreuve est d'ailleurs la seule précaution prise pour le moteur proprement dit.

185. *Classification des chaudières.* — D'après ce qui vient d'être dit, il est manifeste que les conséquences d'une explosion doivent être d'autant plus graves que la capacité de la chaudière et la pression intérieure sont plus considérables. Aussi, pour restreindre autant que possible les désastres que peut occasionner une explosion, a-t-on cru devoir classer les chaudières en trois catégories soumises à des conditions spéciales d'établissement.

Appelons V la capacité d'une chaudière et n le numéro du timbre, c'est-à-dire la pression en kilogrammes par centimètre carré de surface.

D'après le décret du 25 janvier 1865, les chaudières de la première catégorie sont définies par l'une des conditions

$$V(n+1) > 15, \quad V(n+1) = 15;$$

elles doivent être placées en dehors de toute maison habitée et de tout atelier surmonté d'étages, à une distance minima de 3 mètres des maisons d'habitation. Lorsque cette distance est comprise entre 3 mètres et 10 mètres, le prolongement de l'axe de la chaudière ne doit pas rencontrer la maison ou ne peut rencontrer un mur de la maison que sous un angle inférieur à 15 degrés. Si ces conditions ne sont pas remplies, on est tenu d'établir, en bonne et solide maçonnerie, un mur de défense de 1 mètre d'épaisseur au moins, distant de $0^m,30$ à $0^m,50$ du fourneau et du mur mitoyen de la maison voisine. Les limites 3 mètres et 10 mètres indiquées peuvent être réduites de moitié, lorsque la partie supérieure de la chaudière est à 1 mètre en contre-bas du sol du côté de la maison voisine.

Si la chaudière est établie dans un emplacement fermé, le local ne doit pas être voûté, mais simplement recouvert d'une toiture légère n'ayant aucune liaison avec les toits des ateliers ou autres bâtiments contigus, et reposant sur une charpente particulière.

Une chaudière appartient à la deuxième catégorie lorsque

$$V(n+1) \begin{cases} > 5, \\ < 15. \end{cases}$$

Elle peut être établie dans l'intérieur d'un atelier, si toutefois cet atelier ne fait pas partie d'une maison habitée ou d'une manufacture à plusieurs étages. Le fourneau doit être établi à une distance minima de 1 mètre des maisons voisines.

Enfin une chaudière est dite de la troisième catégorie si l'on a

$$V(n+1) < 5.$$

Elle n'est assujettie qu'à la condition d'avoir son fourneau distant de $0^m,50$ des maisons voisines.

M. Resal, dans son *Traité de Mécanique générale*, fait très-judicieusement remarquer que cette classification n'est pas logique.

En effet, la question étant envisagée au point de vue de la Thermodynamique, on reconnaît que la chaudière est un réservoir de chaleur ou d'énergie potentielle qui peut se transformer plus ou moins rapidement en travail externe ou en force vive. Le danger d'explosion dépend donc de ce travail, qui n'est pas représenté par $V(n+1)$, cette expression étant seulement proportionnelle au travail que développerait un volume de vapeur V à la pression $(n+1)$ agissant en plein sur la surface du piston.

Par des considérations bien simples, le savant professeur de l'École Polytechnique a établi une classification plus rationnelle et plus conforme aux principes généraux de la Théorie mécanique de la chaleur.

A cet effet, appelons

V le volume de la chaudière;
V_1 le volume occupé par l'eau;
V_2 le volume occupé par la vapeur;
T la température dans la chaudière;

p le poids spécifique de la vapeur saturée à cette température;
p_1 le poids spécifique de la vapeur à la température de 100 degrés.

La quantité de chaleur renfermée dans la chaudière se composant de la chaleur possédée par l'eau augmentée de celle que possède la vapeur sera représentée par l'expression

$$1000\,V_1 T + V_2 p\,(606,5 + 0,305\,T).$$

Or, comme la vapeur aqueuse à la température de 100 degrés est égale à 1 atmosphère, il est évident que, si $T = 100°$, la chaudière ne présentera aucun danger, puisque la pression intérieure qui tend à la faire éclater est équilibrée par la pression extérieure agissant en sens contraire. Ainsi l'explosion ne pourra avoir lieu que si l'on a $T > 100°$, et, dans ce cas, la chaleur disponible capable de la produire correspondra à la différence $T - 100$ des températures; elle aura donc pour valeur

$$1000 V_1 (T - 100) + V_2 p\,(606,5 + 0,305\,T) - V_2 p_1\,(606,5 + 0,305 \times 100)$$

ou bien

$$1000 V_1 (T - 100) + V_2 p \times 606,5 + V_2 p \times 0,305\,T - V_2 p_1 \times 606,5 - V_2 p_1 \times 0,305 \times 100,$$

$$1000 V_1 (T - 100) + V_2 \times 606,5\,(p - p_1) + V_2 \times 0,305\,(pT - 100 p_1).$$

Les deux derniers termes étant très-petits par rapport au premier peuvent être négligés, et l'expression se réduit au terme principal

$$1000\,V_1 (T - 100).$$

Multipliant par l'équivalent mécanique de la chaleur

$$E = 425^{\text{kgm}},$$

on aura le travail correspondant à la chaleur disponible pour opérer la rupture, et, en divisant par 75, il sera exprimé en chevaux-vapeur, ce qui donne

$$1000\,V_1 (T - 100)\,\frac{425}{75} = 5667\,V_1 (T - 100).$$

Si nous faisons abstraction de la constante 5667, bien que généralement une faible partie de ce travail serve à détruire, on voit que la catégorie d'une chaudière pourra être définie par la valeur $V_1(T-100)$. Le volume occupé par l'eau étant la différence du volume total de la chaudière et du volume occupé par la vapeur, on pourra remplacer V_1 par $V-V_2$; alors on aura

$$(V-V_2)(T-100) = V(T-100) - V_2(T-100)$$

ou simplement

$$V(T-100),$$

en négligeant devant V la quantité V_2. En suivant cette marche, M. Resal a proposé une classification bien plus rationnelle que celle prescrite par les règlements administratifs. Voici en quoi elle consiste :

$$\text{Première catégorie.} \dots \begin{cases} V(T-100) > 650, \\ V(T-100) = 650; \end{cases}$$

$$\text{Deuxième catégorie.} \dots V(T-100) \begin{cases} < 650, \\ > 220; \end{cases}$$

$$\text{Troisième catégorie.} \dots V(T-100) < 220.$$

La législation prescrit de ne faire fonctionner les locomobiles qu'à une distance minima de 5 mètres des maisons d'habitation. Quant aux locomotives, elles doivent toujours être munies d'un permis de circulation délivré par les préfets des départements.

186. *Causes d'explosion des chaudières.* — Lorsqu'une chaudière fait explosion, c'est parce que la pression intérieure est supérieure à la résistance de ses parois. Un surcroît de pression, de quelque manière qu'il se produise, est toujours une cause imminente de danger. Des ingénieurs distingués ont souvent cherché à établir que les effets désastreux produits par l'explosion d'une chaudière n'étaient pas suffisamment expliqués par une surélévation de pression.

Mais il faut remarquer que, si la quantité de vapeur renfermée dans la chaudière est relativement peu considérable, dès que l'explosion a produit la rupture, il se développe une quantité considérable de vapeur produite par l'eau surchauffée, puisque le liquide ne subit plus la compression de la vapeur préexistante qui s'opposait à la formation d'une nouvelle quantité de vapeur.

Il est vrai que la vapeur, après l'explosion, a une tension moindre que celle qui a produit l'accident; néanmoins, les impulsions décroissantes que cette vapeur de plus en plus dilatée communique aux fragments de la chaudière rompue viennent s'ajouter à l'impulsion première et développent alors un effort de projection dont les conséquences graves échappent aux prévisions de la Science.

Ainsi, dans l'emploi des générateurs à vapeur, il importe d'éviter avant tout que la tension s'élève au-dessus du degré prescrit par les règlements.

Généralement les explosions sont dues à ce que certaines parties des parois de la chaudière sont accidentellement portées à une très-haute température et puis sont subitement mises en contact avec l'eau d'alimentation. Ces circonstances peuvent donner lieu à une explosion par deux causes différentes. En premier lieu, l'eau qui vient se mettre en contact avec la tôle rougie par l'action du feu se vaporise rapidement, ce qui détermine une augmentation brusque de la pression intérieure; en second lieu, le refroidissement presque subit qu'éprouvent les parois rougies de la chaudière amène une profonde modification dans la constitution moléculaire de la tôle et en favorise ainsi la déchirure sous l'action de la chaleur.

La formation de dépôts terreux adhérents aux chaudières est aussi une cause d'explosion; on conçoit, en effet, que, lorsque ces dépôts ont acquis une certaine épaisseur, la tôle qu'ils recouvrent peut rougir et, par suite, faire fendiller ces dépôts de manière que l'eau se trouve en contact avec le métal porté à la température rouge.

187. *Considérations générales sur la conduite des chaudières à vapeur.* — La mise en feu est la première opération à laquelle se livre le chauffeur. Quand le fourneau vient d'être construit, pour le sécher, il ne faut pas que la combustion soit trop active, car on déterminerait des crevasses dans la maçonnerie.

Quand le fourneau et la chaudière ont déjà fonctionné

d'une manière continue, il faut, au moment d'allumer les feux, ouvrir le registre de la cheminée qui sert à faire varier le tirage; ensuite le chauffeur a soin d'ouvrir la porte du foyer, de remuer avec un ringard le feu déjà existant et de charger la grille de combustible frais. Le chauffage doit être conduit d'une manière égale, afin d'éviter une augmentation de chaleur trop brusque ou un refroidissement trop rapide. Dans les deux cas, les parties de la tôle soumises à l'action directe de la chaleur éprouveraient des dilatations inégales capables d'occasionner des déchirures ou des fuites d'eau entre les feuilles de tôle assemblées par les rivets. Dès que le feu est parvenu au degré d'activité convenable, on doit disposer le combustible sur la grille à des intervalles réguliers et par quantités à peu près égales.

Quand le travail doit être momentanément suspendu, le chauffeur fermera d'abord la cheminée et ouvrira immédiatement après les portes du foyer. Si la suspension se prolonge, il devra retirer le combustible. Néanmoins il peut arriver que la pression monte au point de soulever les soupapes de sûreté; alors il ouvrira un peu l'une d'elles et la maintiendra dans cette position pour laisser librement échapper la vapeur jusqu'à ce que le mercure du manomètre soit descendu au-dessous du niveau qui correspond à la marche normale de la machine. Dans ces circonstances, le chauffeur doit bien se garder de caler ou de surcharger les soupapes, car il exposerait la chaudière à une explosion dont il serait inévitablement la première victime.

Vers la fin de la journée, quand la marche de la machine doit être arrêtée, le chauffeur diminuera la charge de combustible, de manière que la vapeur ait seulement la tension strictement nécessaire. Au moment même de l'interruption, il aura soin de couvrir avec des cendres les derniers restes du combustible, de fermer ensuite le registre de la cheminée et de fermer les portes du foyer. En aucun cas, il ne devra quitter la chaudière qu'après s'être assuré, par l'observation du manomètre, que la pression continue à baisser.

Comme il est fort important, pour prévenir tout danger d'explosion, de maintenir le niveau de l'eau un peu au-dessus des carneaux, les tubes niveleurs seront fréquemment examinés, et toujours le jeu de la pompe alimentaire sera réglé d'après les indications notées. Au moindre dérangement constaté dans ce dernier appareil, il faudra le remettre en ordre, bien avant qu'il ait pu donner lieu à un accident. Un chauffeur attentif ne doit jamais négliger ces précautions; mais, si d'abord, trompé par les indications d'instruments défectueux, il vient à reconnaître que l'eau est accidentellement descendue au-dessous de la partie supérieure des carneaux, aussitôt il fermera le registre et ouvrira les portes du foyer, afin de rendre la combustion moins active et de faire tomber la flamme. Il serait imprudent de soulever les soupapes de sûreté et de fermer les portes du foyer avant que la pompe alimentaire eût fait monter l'eau dans la chaudière au niveau où elle est maintenue habituellement; ce niveau est tracé sur le parement extérieur du fourneau et dépasse de 1 décimètre environ le sommet des carneaux.

188. *Appareils de sûreté exigés pour les chaudières à vapeur.* — En vertu de l'ordonnance du 22 mai 1843 et du décret du 25 janvier 1865, les chaudières des machines à vapeur doivent être pourvues des appareils suivants :

1° Un manomètre en bon état, placé en vue du chauffeur, disposé et gradué de manière à indiquer la pression effective de la vapeur dans la chaudière;

2° Deux soupapes de sûreté suffisamment chargées pour ne laisser échapper la vapeur qu'au moment où la pression effective va atteindre la limite maxima indiquée par le timbre;

3° Deux indicateurs du niveau de l'eau indépendants l'un de l'autre;

4° Un flotteur d'alarme;

5° Un appareil d'alimentation d'une puissance suffisante et d'un effet certain.

189. *Manomètres.* — On donne généralement le nom de *manomètres* à des instruments destinés à mesurer la tension d'un gaz ou d'une vapeur contenus dans un récipient. On en distingue de trois sortes : 1° manomètres à air libre; 2° manomètres à air comprimé; 3° manomètres métalliques. Aujourd'hui on n'emploie guère que les manomètres métalliques; nous donnerons cependant la description de ceux qui les ont précédés.

Le manomètre à air libre se compose d'un tube en cristal (*fig.* 69 et 70) ouvert aux deux bouts et plongeant par sa

Fig. 69.   Fig. 70.

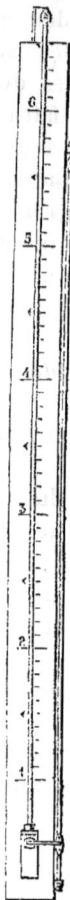
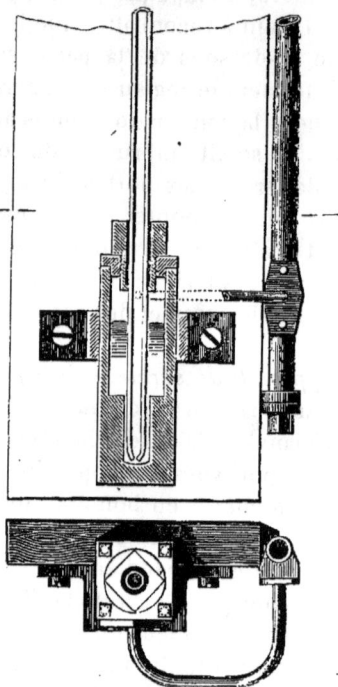

partie inférieure dans une cuvette contenant du mercure. La cuvette est enveloppée d'une monture métallique munie d'une douille que traverse le tube et auquel elle est solidement reliée par un enduit de cire d'Espagne posé à chaud;

au moyen d'un tube, on fait communiquer la chaudière avec la cuvette, et, dès que la tension de la vapeur devient supérieure à 1 atmosphère, le mercure s'élève dans le tube au-dessus du niveau dans la cuvette. Le tube manométrique est enchâssé dans une planchette le long de laquelle, à partir de la cuvette, on a tracé les numéros 1, 2, 3, .. , de l'échelle, indiquant la pression en atmosphères. Ces chiffres correspondent respectivement au niveau naturel du mercure dans la cuvette, à 76 centimètres au-dessus de ce niveau, à 2×76^c, ..., c'est-à-dire que, pour une pression de 1 atmosphère dans la chaudière, le niveau du mercure sera le même dans la cuvette et dans le tube; pour une pression de 2 atmosphères, le mercure s'élèvera à 76 centimètres dans le tube; pour une pression de 3 atmosphères, la dénivellation sera égale à deux fois 76 centimètres, et ainsi de suite. Pour les hautes pressions, le manomètre à air libre est d'un usage peu commode et souvent même impossible, en raison de la longueur qu'il faudrait donner au tube. Dans quelques usines de l'Alsace, on évite cet inconvénient en remplaçant le tube en cristal par un tube en fer ou en fonte. Pour que le chauffeur puisse bien apprécier les indications, on dispose à la surface du mercure, dans le tube, un petit flotteur en fer fixé à l'extrémité d'un fil s'enroulant sur une poulie et terminé d'autre part par un contre-poids faisant office d'index.

Quand le flotteur se déplace avec le niveau du mercure, il entraîne le contre-poids dans son mouvement et lui fait ainsi parcourir la graduation de l'échelle indicatrice de la pression.

M. Richard, de Lyon, pour réduire la hauteur du mano-mètre à air libre, a proposé une disposition qui n'a pas été longtemps employée (*fig.* 71). Cette disposition consiste à replier le tube plusieurs fois sur lui-même, comme l'indique la figure. On forme ainsi une série de tubes en U renfermant partiellement du mercure et dont la première branche communique avec la chaudière, tandis que la dernière, qui est verticale et ascendante, porte une graduation indiquant la pression de la vapeur. Dans l'état naturel, c'est-à-dire quand la pression dans la chaudière est égale à la pression atmosphérique, le niveau du mercure est le même dans tous les tubes, mais, si elle devient supérieure, le niveau du mercure s'abaisse

27.

d'une certaine quantité dans la branche adjacente à la chaudière, s'élève de la même quantité dans la branche suivante, et ainsi de suite jusqu'à la dernière branche verticale ascendante. Il serait facile d'établir qu'au moyen de ce tube la pression dans la chaudière, estimée en colonne de mercure, est égale à la somme des dénivellations dans les branches du tube, augmentée de 76 centimètres.

Fig. 71.

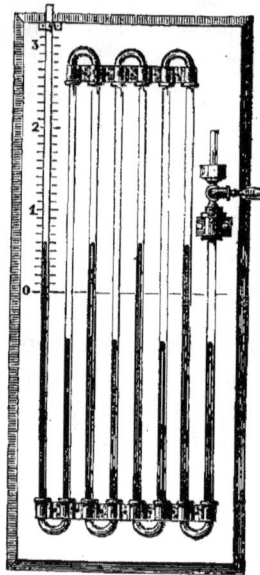

Le manomètre à air comprimé, fondé sur la loi de Mariotte, sert à mesurer les hautes pressions au moyen d'un tube dont la longueur n'est pas très-grande. L'une des dispositions les plus ordinaires de cet appareil est représentée par la *fig.* 72. Il se compose d'un tube en cristal parfaitement calibré, fermé à la partie supérieure et contenant de l'air sec. Par la partie inférieure, il plonge dans une cuvette pleine de mercure que renferme une boîte en bronze ou en fonte. La cuvette est mise en communication avec la vapeur dont on veut connaître la pression par l'intermédiaire d'un robinet adapté à une tubulure qui sert à amener la vapeur. Dans ces conditions, on

comprend que, la pression dans la chaudière étant égale à
1 atmosphère, le niveau du mercure sera à la même hauteur
dans la cuvette et dans le tube; quand elle croîtra, le mercure
montera dans le tube en comprimant l'air, tandis que le niveau s'abaissera dans la cuvette, et la pression dans la chaudière sera représentée par la colonne de mercure contenue

Fig. 72.

dans le tube, augmentée de la colonne de mercure qui correspond à la force élastique de l'air comprimé.

C'est par le calcul que l'on peut déterminer les hauteurs
auxquelles s'élève successivement le mercure dans le tube
pour des pressions de 2, 3, 4, … atmosphères.

A cet effet, appelons

$H = 0^m,76$ la hauteur de la colonne de mercure qui mesure
une atmosphère;

X la pression dans la chaudière en colonne de mercure;
l la longueur du tube comptée à partir du niveau du mercure
    dans la cuvette;
h la hauteur à laquelle s'est élevé le mercure;
x la force élastique de l'air comprimé;
h' l'abaissement du mercure dans la cuvette;
r le rayon intérieur du tube;
R le rayon de la cuvette.

A la pression H, l'air occupe un volume égal à $\pi r^2 l$; mais, quand la pression dans la chaudière devient X, l'air étant comprimé, son volume est égal au volume initial diminué du volume occupé par le mercure qui s'est introduit dans le tube

$$\pi r^2 l - \pi r^2 h = \pi r^2 (l - h).$$

Puisque la pression extérieure X fait équilibre à la force élastique de l'air comprimé augmentée de la colonne de mercure qui correspond à la dénivellation, réciproquement la force élastique de l'air sera mesurée par la pression X diminuée de la différence de niveau. Or, tandis que le mercure s'élève à la hauteur h dans le tube, il s'abaisse d'une quantité h' dans la cuvette; donc la dénivellation sera $h + h'$, et, par suite, on aura

$$X = h + h' + x \quad \text{et} \quad x = X - h - h'.$$

La quantité de mercure qui s'introduit dans le tube étant égale à celle qui occupait d'abord la hauteur h' dans la cuvette, nous pourrons écrire

$$\pi r^2 h = \pi R^2 h', \quad r^2 h = R^2 h';$$

d'où l'on déduit

$$h' = \frac{r^2}{R^2} h;$$

ce qui signifie que l'élévation et l'abaissement du mercure sont en raison inverse des sections du tube et de la cuvette.

Remplaçant h' par cette valeur dans l'équation qui exprime celle de x, il viendra

$$x = X - h - \frac{r^2}{R^2} h \quad \text{ou} \quad x = X - \frac{R^2 + r^2}{R^2} h.$$

La pression éprouvée par l'air contenu dans le tube étant successivement H et X, en vertu de la loi de Mariotte, nous aurons

$$\frac{\pi r^2 l}{\pi r^2 (l - h)} = \frac{X - \frac{R^2 + r^2}{R^2} h}{H}$$

ou

$$\frac{l}{l - h} = \frac{X}{H} - \frac{R^2 + r^2}{HR^2} h.$$

Si nous posons $\frac{R^2 + r^2}{HR^2} = k$, l'équation prendra la forme

$$\frac{l}{l - h} = \frac{X}{H} - kh.$$

Désignant par n la pression en atmosphères, nous pourrons remplacer X par sa valeur nH, de sorte que l'équation deviendra

$$\frac{l}{l - h} = \frac{n H}{H} - kh \quad \text{ou} \quad \frac{l}{l - h} = n - kh.$$

Faisant disparaître le dénominateur $l - h$, on aura

$$l = nl - nh - khl + kh^2,$$

d'où l'on déduit successivement

$$kh^2 - nh - khl = l - nl,$$

$$h^2 - h \frac{n + kl}{k} = \frac{l - nl}{k}.$$

En résolvant cette équation du second degré, nous obtiendrons la hauteur h à laquelle doit s'élever le mercure dans le tube pour une pression quelconque exprimée en atmosphères.

Nous aurons ainsi

$$h = \frac{n + kl}{2k} \pm \sqrt{\frac{(n + kl)^2}{4k^2} + \frac{l}{k} - \frac{nl}{k}}.$$

Réduisant au même dénominateur sous le radical, il viendra

$$h = \frac{n + kl}{2k} \pm \sqrt{\frac{(n + kl)^2 + 4kl - 4nkl}{4k^2}},$$

$$h = \frac{n + kl \pm \sqrt{(n + kl)^2 - 4kl(n - 1)}}{2k},$$

$$h = \frac{1}{2k}\left[n + kl \pm \sqrt{(n + kl)^2 - 4kl(n - 1)}\right].$$

La valeur générale de h peut encore être présentée sous une forme plus simple. Développons, à cet effet, le carré indiqué sous le radical

$$h = \frac{n + kl \pm \sqrt{n^2 + k^2l^2 + 2nkl + 4kl - 4nkl}}{2k}.$$

Faisant la réduction des termes semblables, il viendra

$$h = \frac{n + kl \pm \sqrt{n^2 + k^2l^2 - 2nkl + 4kl}}{2k},$$

$$h = \frac{n + kl \pm \sqrt{(n - kl)^2 + 4kl}}{2k},$$

ou

$$h = \frac{1}{2k}\left[n + kl \pm \sqrt{(n - kl)^2 + 4kl}\right].$$

La quantité sous le radical étant essentiellement positive, les deux racines sont réelles, mais celle qui correspond au signe — du radical est seule admissible; car la graduation, en aucun cas, ne saurait dépasser la longueur du tube, et, quand la pression est égale à 1 atmosphère, on doit trouver $h = 0$, ce qui ne pourrait avoir lieu en adoptant la racine qui correspond au signe + du radical.

D'après cela, pour graduer un manomètre à air comprimé, il faudra d'abord mesurer les rayons r, R et calculer la valeur de la constante $k = \dfrac{R^2 + r^2}{HR^2}$; puis, dans l'équation générale, on fera successivement n égal à 2, 3, 4, 5, …, et les valeurs correspondantes de h seront les hauteurs des niveaux du mercure pour des pressions de 1, 2, 3, … atmosphères.

La question se simplifie quand la grandeur de la section de la cuvette est telle, que les variations du niveau sont insensibles.

Conservant les notations adoptées et appliquant la loi de Mariotte,

$$\frac{\pi r^2 l}{\pi r^2 (l - h)} = \frac{x}{H}.$$

Or $x = X - h$; en remplaçant, on aura

$$\frac{l}{l - h} = \frac{X - h}{H}.$$

Faisant disparaître les dénominateurs, il viendra

$$lH = Xl - Xh - hl + h^2,$$
$$h^2 - Xh - hl = lH - Xl,$$
$$h^2 - h(X + l) = lH - Xl,$$

et, en résolvant l'équation,

$$h = \frac{X + l}{2} - \sqrt{\frac{(X + l)^2}{4} + lH - Xl},$$
$$h = \frac{X + l}{2} - \sqrt{\frac{(X^2 + l^2 + 2Xl + 4lH - 4Xl)}{4}},$$
$$h = \tfrac{1}{2}(X + l - \sqrt{X^2 + l^2 - 2Xl + 4lH}),$$
$$h = \tfrac{1}{2}[X + l - \sqrt{(X - l)^2 + 4lH}].$$

Comme, dans cette formule, X exprime la pression en colonne de mercure, pour obtenir les différentes valeurs de h, on fera successivement

$$X = 2H = 2 \times 0^m,76,$$
$$X = 3H = 3 \times 0^m,76,$$
$$X = 4H = 4 \times 0^m,76.$$

Les valeurs correspondantes de h représenteront les hauteurs auxquelles s'élèvera le mercure lorsque la pression dans la chaudière sera égale à 2, 3, 4, ... atmosphères. Ordinairement, la longueur l du tube est égale à H ou 76 centimètres.

Alors la formule peut s'écrire ainsi :

$$h = \tfrac{1}{2}\left[X + H - \sqrt{(X - H)^2 + 4H^2}\right].$$

Si, par exemple, la pression dans la chaudière est égale à 1 atmosphère, $X = H = 0,76$, et l'on a

$$h = \frac{2H}{2} - \tfrac{1}{2}\sqrt{(H - H)^2 + 4H^2} = 0;$$

ce qui signifie que, pour une pression de 1 atmosphère, le mercure doit être de niveau dans le tube et dans la cuvette.

Pour obtenir la valeur de h, qui correspond à une pression de 2 atmosphères, nous remplacerons X par 2 H :

$$h = \tfrac{3}{2}H - \tfrac{1}{2}\sqrt{(2H - H)^2 + 4H^2},$$

$$h = \tfrac{3}{2}H - \tfrac{1}{2}\sqrt{5H^2} = \tfrac{3}{2}H - \tfrac{1}{2}H\sqrt{5},$$

$$h = \tfrac{1}{2}H\left(3 - \sqrt{5}\right) = \frac{0,76}{2}\left(3 - \sqrt{5}\right),$$

$$h = 0,38 \times 0,764 = 0^{m},29032.$$

La formule que nous avons directement trouvée, en négligeant l'abaissement du mercure dans la cuvette, peut facilement être déduite de la première

$$h = \frac{1}{2k}\left[n + kl - \sqrt{(n - kl)^2 + 4kl}\right].$$

Il suffit de faire $R = \infty$ ou, ce qui est la même chose, de prendre $k = \dfrac{1}{H} = \dfrac{1}{0,76}$. On aura ainsi

$$h = \frac{H}{2}\left[n + \frac{l}{H} - \sqrt{\left(n - \frac{l}{H}\right)^2 + \frac{4l}{H}}\right],$$

$$h = \frac{nH}{2} + \frac{Hl}{2H} - \frac{H}{2}\sqrt{\frac{(nH - l)^2}{H^2} + \frac{4l}{H}}.$$

Remplaçant nH par sa valeur X, l'équation deviendra

$$h = \frac{X + l}{2} - \frac{H}{2}\sqrt{\frac{(X - l)^2}{H^2} + \frac{4l}{H}},$$

et, en faisant passer H sous le radical,

$$h = \frac{X + l}{2} - \frac{1}{2} \sqrt{\frac{H^2(X - l)^2}{H^2} + \frac{4lH^2}{H}},$$

$$h = \frac{X + l}{2} - \frac{1}{2}\sqrt{(X - l)^2 + 4lH},$$

$$h = \frac{1}{2}\left[X + l - \sqrt{(X - l)^2 + 4lH}\right],$$

résultat identique à celui que nous avons obtenu par l'application directe de la loi de Mariotte.

Le manomètre à air comprimé offre peu de précision pour la mesure des hautes pressions; car, l'air contenu dans le tube occupant un volume de plus en plus petit, il en résulte que les divisions supérieures sont très-rapprochées et finissent même par se confondre. D'autre part, les conditions théoriques sur lesquelles est basée la graduation de l'appareil ne sont jamais exactement réalisées; il est donc préférable de le graduer par une méthode expérimentale. A cet effet, on le visse à un récipient muni d'un manomètre à air libre, et dans lequel on fait varier la pression au moyen d'une pompe foulante. Les indications du manomètre à air libre font alors connaître les numéros des divisions qu'il faut inscrire sur le tube du manomètre à air comprimé. Cet instrument présente un inconvénient très-grave : sous l'influence de fortes pressions, l'oxygène de l'air contenu dans le tube est peu à peu absorbé par le mercure, qui s'oxyde; le volume d'air comprimé diminue, et par suite la graduation indique des pressions supérieures à celles qui existent réellement dans la chaudière. On pourrait, à la vérité, remplacer l'air par un gaz sans action sur le mercure; mais, comme d'ailleurs ce manomètre est d'un prix très-élevé et d'un usage peu commode, on lui a substitué dans l'industrie le manomètre métallique, dont les indications sont suffisamment exactes pour les besoins de la pratique.

Le manomètre métallique le plus généralement employé est celui de Bourdon, fondé sur la déformation qu'éprouve un corps élastique sous l'influence d'une pression et sur la transmission de cette déformation à une aiguille indicatrice. Ainsi, lorsqu'un tube à parois flexibles est contourné, toute pression intérieure tend à le développer, et toute pression extérieure tend à l'enrouler davantage.

Cet appareil se compose d'un tube courbe en laiton, fermé a une extrémité et mis en communication par l'autre avec le générateur, au moyen d'une tubulure à robinet (*fig.* 73). La section du tube est une ellipse très-aplatie, et l'extrémité fer-

Fig. 73.

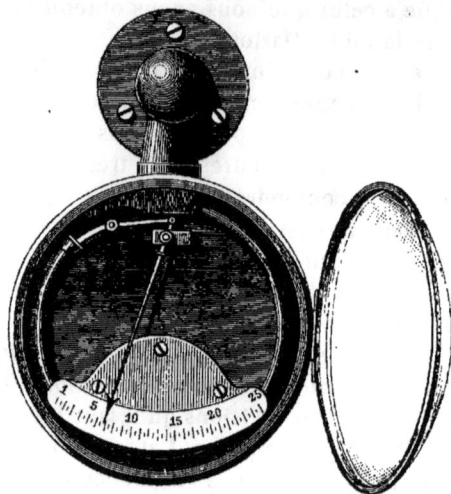

mée porte une tige solidaire d'une aiguille assujettie à tourner autour d'un point fixe, dans un sens ou en sens contraire, selon que la pression intérieure croît ou décroît. Dans ce mouvement de rotation, la pointe de l'aiguille parcourt les divisions d'un cadran qui indiquent la pression en atmosphères. Tout l'appareil est renfermé dans une boîte recouverte d'une glace qui permet au chauffeur d'observer le mouvement de l'aiguille et de lire les numéros indiquant la pression de la vapeur dans la chaudière. On gradue le manomètre métallique par comparaison avec un manomètre étalon à air libre, en faisant marcher les deux appareils avec de l'air comprimé.

190. *Soupapes de sûreté.* — Les règlements administratifs prescrivent l'emploi de deux soupapes de sûreté, placées l'une

à l'avant, l'autre à l'arrière de la chaudière à vapeur. Elles ont pour objet de faire évacuer la vapeur dans l'atmosphère lorsque, par une cause quelconque, la quantité de vapeur produite devient supérieure à celle qui est nécessaire pour la marche normale de la machine; elles permettent aussi de ne pas dépasser la pression maxima déterminée par l'épreuve et marquée sur le timbre de la chaudière.

La *fig.* 74 représente la coupe verticale d'une soupape de

Fig. 74.

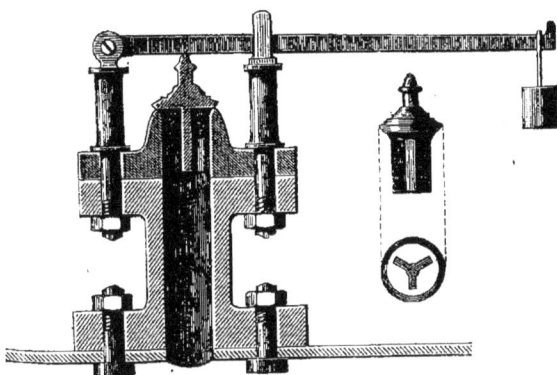

sûreté. Elle est en bronze et repose, par une partie plane, sur un siége de 2 millimètres au plus. A la partie inférieure, elle est formée de trois ou quatre ailettes servant à guider le mouvement quand elle est soulevée. Elle se place à l'extrémité supérieure d'une tubulure qui part de la chaudière et dans laquelle les ailettes peuvent glisser à frottement doux. Le chapeau de la soupape est surmonté d'une pointe centrale supportant un levier du troisième genre, dont l'extrémité terminée en équerre reçoit un contre-poids qui maintient la soupape sur son siége tant que la pression limite n'a pas été dépassée. Par un rodage qu'on a soin de renouveler de temps en temps, on obtient un contact parfait entre les deux zones annulaires respectivement formées par la partie plane de la soupape et le siége de même largeur au sommet de la tubulure.

En vertu de l'ordonnance de 1843, on calcule le diamètre

de la soupape de sûreté au moyen de la formule empirique

$$D = 2,6 \sqrt{\frac{S}{n - 0,412}},$$

dans laquelle S exprime la surface de chauffe en mètres carrés, n la pression maxima dans la chaudière en atmosphères, et D le diamètre intérieur exprimé en centimètres.

Il reste maintenant à calculer le poids qui doit être placé à l'extrémité du levier pour maintenir la soupape sur son siége. Appelons

P la pression intérieure exercée sur la soupape;

Q le poids placé à l'extrémité du levier;

L la distance horizontale comprise entre le centre de rotation du levier et du poids Q;

l la distance du même centre à la pointe centrale du chapeau de la soupape;

D′ le diamètre de la soupape en dehors de la tubulure, lequel a pour valeur D + 0,4, puisque la largeur du siége est égale à 2 millimètres;

r le rayon de l'axe autour duquel tend à s'opérer le mouvement de rotation du levier;

f le coefficient du frottement.

Les deux forces P et Q étant de sens contraires, la pression normale exercée sur l'axe sera P — Q; par suite, le frottement aura pour valeur $(P - Q)f$. En vertu du théorème général des moments, nous aurons

$$Pl = QL + (P - Q)fr,$$

d'où

$$Pl = QL + Pfr - Qfr,$$

$$P(l - fr) = Q(L - fr),$$

et

$$Q = \frac{P(l - fr)}{L - fr}.$$

Remarquons que la soupape est pressée de bas en haut par la pression intérieure exercée dans la chaudière, et de haut en bas par la pression atmosphérique; par conséquent, la valeur de P sera égale à la différence des deux pressions, et nous pourrons poser

$$P = \frac{D^2}{1,273} \times 1^{kg},0334\,n - \frac{D'^2}{1,273} \times 1^{kg},0334,$$

$$P = \frac{1^{kg},0334}{1,273} (n\,D^2 - D'^2),$$

$$P = 0,812\,(n\,D^2 - D'^2),$$

attendu que la surface de la soupape est exprimée en centimètres carrés.

Remplaçant P par cette valeur dans l'équation qui donne la valeur Q, nous aurons

$$Q = \frac{0,812\,(n\,D^2 - D'^2)\,(l - fr)}{L - fr}.$$

Si l'on fait abstraction du frottement, la formule devient

$$Q = 0,812\,(n\,D^2 - D'^2)\,\frac{l}{L}.$$

Pour procéder d'une manière entièrement rigoureuse, il faudrait introduire dans l'équation d'équilibre le poids de la soupape et le poids du levier.

Dans les locomotives, cette disposition des soupapes de sûreté est inapplicable, à cause des trépidations qui se produisent pendant la marche. L'extrémité du levier, au lieu d'être chargée d'un poids, est maintenue, par un ressort à boudin articulé, au fond d'un cylindre fixé sur la partie antérieure de la boîte à feu (fig. 75). L'extrémité supérieure du ressort est attachée à une tige taraudée traversant un œil qui termine le levier de la soupape.

Selon le sens du mouvement imprimé à l'écrou, on tend ou l'on détend le ressort, ce qui permet de régler l'intensité de l'effort qui doit agir sur le levier. La tige est munie d'un index qui glisse dans une rainure pratiquée suivant une génératrice du cylindre qui renferme le ressort, et parcourt ainsi les divisions de l'échelle des pressions que l'on a tracées

extérieurement sur la surface de ce cylindre. Cette disposition a reçu des mécaniciens le nom de *balance*.

Fig. 75.

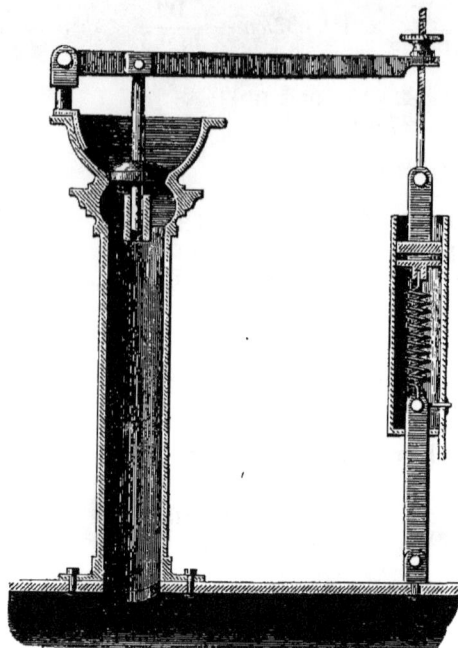

191. *Indicateurs de niveau.* — Ces appareils ont pour objet
de faire connaître le niveau de l'eau dans la chaudière. En
vertu des règlements administratifs, tout générateur doit être
pourvu de deux indicateurs; le premier, qui est le plus simple, se compose d'un tube en cristal maintenu dans deux
montures en cuivre faisant office de tuyaux. Ces montures,
munies de robinets, sont adaptées à la chaudière, l'une au-
dessous et l'autre au-dessus du niveau normal de l'eau (*fig.* 76).

L'appareil doit être disposé sur la partie antérieure du fourneau, de manière que le milieu de sa hauteur coïncide à peu
près avec le niveau de l'eau. Quand les deux robinets sont
ouverts, l'intérieur du tube est mis en communication, par
ses extrémités, avec les parties supérieure et inférieure du
générateur, de sorte que, d'après le principe des vases com-

muniquants, le niveau s'y établit absolument comme dans la chaudière. Il peut arriver que des dépôts calcaires viennent obstruer l'intérieur du tube ; dans ce cas, on ferme le robinet inférieur qui sert à l'introduction de l'eau et l'on ouvre un

Fig. 76.

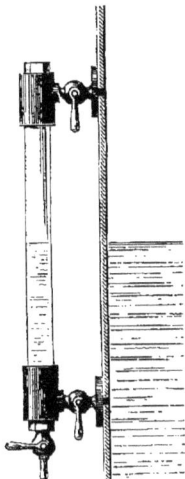

troisième robinet adapté à une tubulure qui suit la monture inférieure : il se produit immédiatement un écoulement continu de vapeur qui suffit pour nettoyer en quelques instants l'intérieur du tube indicateur.

L'autre appareil peut être également un tube indicateur servant à contrôler le jeu du premier ; indépendamment de ces moyens de vérification, on emploie deux robinets de jauge, fixés, le premier en haut et le second au niveau normal de l'eau, et que l'on peut ouvrir à volonté pour s'assurer s'il en sort de la vapeur ou de l'eau. Enfin on peut encore recourir à un flotteur représenté par la *fig.* 77. Une sphère creuse A, en tôle ou en cuivre, flotte à la surface de l'eau contenue dans la chaudière ; elle est munie d'une tige AB articulée, en B, à une manivelle BC que renferme une boîte mise en communication avec la chaudière et établie à sa partie supérieure. L'arbre C, qui sort de la boîte par un *stuffing-box*, est relié à un levier à l'extrémité duquel est suspendue une

tringle servant de contre-poids et descendant le long du fourneau, de manière à indiquer au chauffeur, par sa position, le
niveau de l'eau dans la chaudière.

Fig. 77.

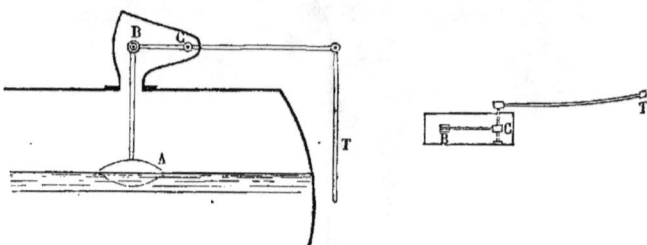

192. *Sifflet d'alarme.* — Les appareils de sûreté dont nous
avons donné la description réclament une attention incessante
de la part du chauffeur pour reconnaître si le niveau de l'eau
se maintient à la hauteur convenable. La moindre négligence

Fig. 78.

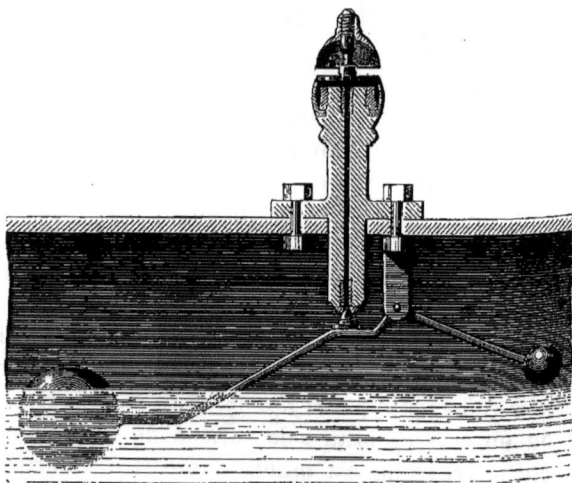

dans la surveillance de la chaudière pouvant occasionner de
graves accidents, on a dû rechercher l'emploi d'appareils au-
tomatiques avertissant le chauffeur que l'eau est descendue

à un niveau tel, qu'une explosion peut devenir imminente. Le sifflet d'alarme remplit parfaitement ce but (*fig.* 78).

Il se compose d'une sphère creuse placée à l'une des extrémités d'un levier du premier genre, tandis qu'à l'autre extrémité est fixé un contre-poids de forme également sphérique. La plus longue tige du levier porte une petite pièce de forme conique qui bouche l'orifice d'un canal très-étroit pratiqué dans l'intérieur d'une tubulure disposée sur la chaudière. La tige du flotteur, concurremment avec le contre-poids, tient l'orifice fermé tant que l'eau dans la chaudière est à son niveau normal; mais, dès que le niveau s'est abaissé, la vapeur, s'échappant par l'orifice que démasque la pièce conique adaptée à la tige, vient frapper vivement contre une cloche à bords amincis disposée au-dessus de la tubulure; il en résulte alors un sifflement très-aigu qui attire l'attention du chauffeur.

193. *Flotteur magnétique de M. Lethuillier-Pinel.* — Cet indicateur est, de nos jours, le plus généralement employé. Néanmoins, comme l'indicateur à tube de verre est prescrit par les règlements, la plupart des générateurs sont munis des deux appareils. L'indicateur magnétique est fondé sur la propriété dont jouissent les aimants artificiels d'attirer le fer doux à travers des corps métalliques. Il se compose d'une boîte en cuivre surmontant une tubulure en fonte, disposée au-dessus de la chaudière (*fig.* 79).

A l'intérieur peut se mouvoir un barreau d'acier aimanté, solidaire d'une tige à laquelle est suspendu un flotteur creux. Le flotteur, sa tige et le barreau aimanté constituent un système qui suit toutes les variations du niveau de l'eau dans la chaudière. Pour que les fluctuations soient visibles à l'extérieur, on a placé sous glace, au dehors de la boîte et en contact avec la paroi latérale, une aiguille en fer doux à deux pointes, qui, sous l'influence de l'aimant, se meut tantôt dans un sens, tantôt en sens contraire, selon que le niveau de l'eau s'abaisse ou s'élève.

Quand l'eau descend au-dessous du niveau normal, la tige du flotteur, en agissant sur un mécanisme de renvoi disposé dans l'intérieur de la boîte, fait ouvrir une petite soupape qui livre passage à la vapeur. De même que dans l'appareil

28.

précédemment étudié, cette vapeur vient frapper contre la
paroi intérieure de la cloche qui surmonte la boîte. Un autre
mécanisme détermine l'ouverture de la soupape si le flotteur
monte, ce qui a toujours lieu lorsque l'alimentation est trop

Fig. 79.

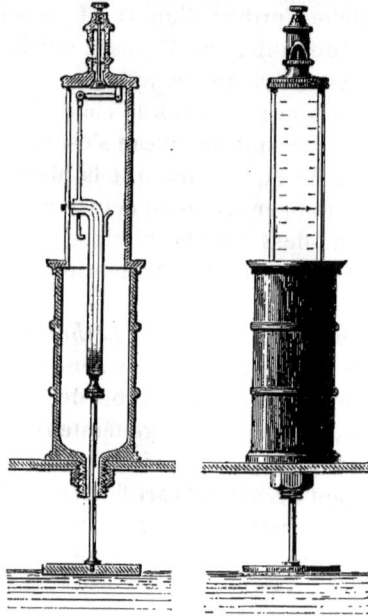

abondante. Ainsi, par cette description, on comprend que le
flotteur magnétique permet en même temps de reconnaître
le niveau de l'eau dans la chaudière et de faire fonctionner le
sifflet d'alarme.

CHAPITRE X.

194. *Principaux types de machines à vapeur.* — La machine à vapeur est une des plus belles inventions des temps modernes, et le rôle capital qu'elle joue dans les travaux de l'industrie a dû naturellement faire rechercher les noms de ceux à qui l'industrie est redevable de ce puissant engin mécanique. Cette question, longtemps controversée, a été parfaitement élucidée par François Arago, dans l'*Annuaire du Bureau des Longitudes*, et par Louis Figuier, dans l'Ouvrage ayant pour titre : *La machine à vapeur, son histoire.*

Salomon de Caus et Denis Papin en France, le capitaine Savery et Newcomen en Angleterre, ont été sans contredit les précurseurs de la machine à vapeur telle que James Watt l'a fait construire. Depuis cette époque, les perfectionnements apportés à sa construction, les formes diverses données à ses organes, leur agencement particulier ont créé bien des types de machines à vapeur qui, néanmoins, ne cessent pas de rentrer dans le principe général, quels que soient les usages auxquels elles sont affectées. Nous nous bornerons à décrire les systèmes adoptés par nos constructeurs contemporains les plus habiles.

195. *Machine à vapeur dite de Cornwall ou Cornouailles.* — Cette machine est à simple effet, c'est à-dire que la vapeur agit seulement sur l'une des faces du piston. C'est la seule que l'on rencontre dans l'industrie, et encore son emploi est-il limité à l'épuisement des eaux de quelques mines. Les *fig.* 80 et 81 représentent l'ensemble d'une machine de ce genre. Elle est à balancier, à détente et à condensation; comme la plupart des machines d'extraction, elle ne comporte pas l'emploi d'un volant. Dans le cylindre A se meut le piston

Fig. 180.

moteur, dont la tige est articulée à l'une des extrémités du balancier. Le mouvement alternatif du piston donne lieu à un mouvement oscillatoire du balancier autour de son axe, d'où résulte encore un mouvement alternatif de la *maîtresse tige* adaptée à l'autre extrémité du balancier. Cette tige est une poutre très-pesante, qui descend dans toute la profondeur et sert à faire mouvoir les pompes d'épuisement. Ainsi la vapeur, qui agit uniquement sur la face supérieure du piston, n'a d'autre objet que de soulever la maîtresse tige et, par suite, de produire l'aspiration de l'eau dans les pompes. Cette tige,

Fig. 81.

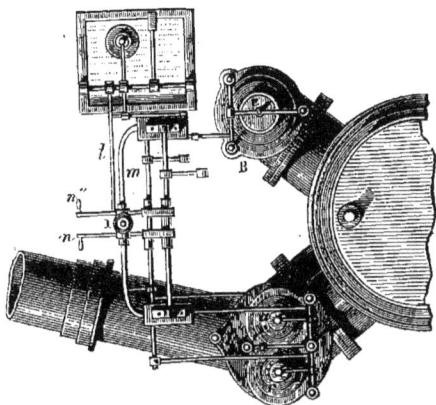

retombant ensuite sous l'action de son poids, produit le refoulement de l'eau dans les tuyaux d'ascension, en même temps qu'elle fait remonter le piston dans le cylindre. La tension dans la chaudière est de 2 atmosphères et demie. D'abord la vapeur agit à pleine pression pendant une partie de la course du piston et se détend ensuite. On reconnaîtra aisément qu'une notable économie de combustible n'est pas le seul avantage que présente la détente dans une machine de ce genre : il en résulte encore une diminution graduelle de la vitesse et, par suite, la suppression presque totale du choc du piston contre le fond inférieur du cylindre. L'introduction de la vapeur est réglée par des soupapes à siége, mises en communication avec un appareil connu sous le nom de *cataracte*. La *soupape régulatrice r* que l'on peut faire mouvoir à la main au moyen d'un système de leviers sert à agrandir ou à diminuer l'orifice, selon que l'on a besoin d'un débit plus ou moins considérable de vapeur. Une longue tige I, nommée *poutrelle*, qui est liée au balancier, a pour objet d'ouvrir et de fermer en temps convenable les *soupapes d'admission, d'équilibre* et *d'exhaustion*. La *soupape d'admission a*, placée à côté de la soupape régulatrice *r*, ainsi que le montre la figure, n'est ouverte que pendant la période de pleine pression. La communication entre le haut et le bas du cylindre A est établie, lorsque le piston est soulevé, au moyen du tuyau B et de la *soupape d'équilibre e*. Un autre tuyau C sert à faire communiquer par la *soupape d'exhaustion ε* la partie inférieure du cylindre avec le condenseur D, quand le piston est parvenu vers la limite supérieure de sa course. Le condenseur D est une capacité fermée que l'on dispose au milieu d'une bâche remplie d'eau froide, et dans laquelle l'eau de la bâche pénètre constamment, sous forme de jet, par une ouverture pratiquée à cet effet.

Comme dans les machines à vapeur ordinaires, il existe une pompe à air E dont le piston est attaché par une tige au balancier et qui sert à extraire du condenseur l'eau d'injection, l'eau provenant de la vapeur condensée, ainsi que l'air entraîné. De même encore, une pompe d'alimentation M, qui reçoit le mouvement de la machine, refoule dans la chaudière une grande partie de l'eau chaude que la pompe à air a retirée du condenseur.

Il reste maintenant à expliquer de quelle manière les soupapes d'admission, d'équilibre et d'exhaustion peuvent être alternativement ouvertes et fermées. Comme le mouvement de ces trois organes est produit par des systèmes parfaitement semblables, il suffira de traiter la question pour l'une des soupapes.

Étudions, par exemple, le jeu de la soupape d'exhaustion.

Une tige verticale s'appuie par son extrémité inférieure sur le levier *t* de la cataracte; sur la figure on ne voit pas cette tige, parce qu'elle est cachée par la poutrelle I. Elle monte lentement avec le levier *t*, et, dès qu'elle est parvenue à une certaine hauteur, elle soulève, au moyen d'une saillie convenablement disposée, le levier horizontal l, dont la face inférieure est munie d'une espèce de dent; pendant quelques instants, cette dent vient buter contre une autre dent tout à fait semblable, qui est adaptée à un arbre m qu'elle empêche de tourner sous l'influence d'un contre-poids, supporté par un levier solidaire du même arbre. Lorsque les dents se sont dégagées l'une de l'autre, l'arbre tourne sous l'action du contrepoids. Alors le manche n qui lui est fixé se relève, et une tringle p, articulée à un petit levier que porte également le même arbre, est brusquement tirée vers la gauche et détermine l'ouverture de la soupape d'exhaustion, par l'intermédiaire d'un autre système de leviers dont elle est rendue dépendante.

La tringle verticale qui s'appuie sur le levier t, continuant à monter, soulève bientôt le levier horizontal l', lequel remplit, par rapport à la soupape d'admission, absolument le même rôle que le levier l relativement à la soupape d'exhaustion; aussitôt que le levier l' s'est un peu déplacé, la soupape d'admission s'ouvre par l'action d'un contre-poids qui fait lever en même temps le manche n'. Alors le piston descend pressé par la vapeur, et il en est de même de la poutrelle I, à laquelle est adapté un taquet x' qui bientôt abaisse le manche n', en maintenant fermée la soupape d'admission pendant le reste du piston, pour que la vapeur n'agisse plus que par détente. Le piston étant parvenu au bas de sa course, un autre taquet x de la poutrelle abaisse le manche n de manière à opérer la fermeture de la soupape d'exhaustion. En même temps, la poutrelle I abaisse le levier t de la cataracte ainsi que la tringle verticale qui s'appuie sur ce levier; les leviers l, l' s'abaissent aussi, pour s'opposer de nouveau à l'ouverture des soupapes d'admission et d'exhaustion, jusqu'au moment où la cataracte viendra soulever ces leviers.

A l'instant où le manche n est revenu dans la position indiquée par la figure, sous l'action du taquet x de la poutrelle, l'arbre m, en tournant, décroche un contre-poids qui ouvre la soupape d'équilibre et abaisse en même temps le manche n'. Alors le piston remonte, et, dès qu'il est sur le point d'arriver au haut de sa course, un troisième taquet adapté à la poutrelle I soulève le manche n'; la soupape d'équilibre se ferme ainsi, et le mouvement de la machine est complétement arrêté jusqu'à ce que la cataracte ouvre de nouveau les soupapes d'exhaustion et d'admission. Depuis quelques années, on a établi à la *pompe à feu de Chaillot* deux machines de Cornouailles pour le service des eaux de Paris.

196. *Machines fixes à double effet.* — Les machines de ce système, peu employées aujourd'hui, sont à basse pression, sans détente, mais à condensation. La *fig.* 82 représente la

Fig. 82.

machine dans tous ses détails. Dans l'intérieur du cylindre A se meut alternativement dans les deux sens un piston P. Un quadrilatère articulé, connu sous le nom de *parallélogramme de Watt*, sert à relier la tige B à l'extrémité C d'un balancier CDE auquel le mouvement de va-et-vient du piston transmet un mouvement oscillatoire autour de l'axe D. L'autre extrémité E du balancier est reliée, au moyen d'une bielle F, au bouton d'une manivelle G, montée sur un arbre horizontal. Un volant H fixé au même arbre est destiné, en vertu de l'inertie de sa masse, à atténuer les irrégularités d'action qui se manifestent toujours lorsqu'un mouvement de rotation est produit par le système articulé d'une bielle et d'une manivelle. La vapeur est conduite par un tuyau I de la chaudière dans une capacité rectangulaire J, nommée *botte à vapeur*. Dans l'intérieur de cette boîte se meut un organe particulier nommé *tiroir tubulaire*, destiné à réglementer l'introduction de la vapeur dans le cylindre. Le mouvement alternatif qu'il doit prendre pour permettre à la vapeur d'agir tantôt sur la face supérieure, tantôt sur la face inférieure du piston, lui est transmis par la machine elle-même. A cet effet, l'arbre moteur porte une pièce circulaire K, nommée *excentrique*, qui commande le tiroir par l'intermédiaire d'un levier coudé, articulé à la barre d'excentrique et à la tige du tiroir. Une courroie sans fin M transmet le mouvement de rotation à une tige verticale N, surmontée d'un régulateur à force centrifuge, dont nous avons fait connaître (t. 1) le principe et le mode d'action. Dès que la vapeur a produit son effet sur le piston, elle se rend par le tuyau Q dans le condenseur R. A chaque révolution du volant, l'air et l'eau du condenseur sont aspirés par une pompe S nommée *pompe à air*, qui amène l'eau par le tuyau U dans une pompe foulante T, servant à l'alimentation de la chaudière. Cette dernière pompe, qui, d'ailleurs, doit faire partie intégrante de toute machine à vapeur, quel qu'en soit le système, porte le nom de *pompe alimentaire*. L'eau qui sert à la condensation de la vapeur, provenant d'une double course du piston, est injectée dans le condenseur R par le jeu d'une pompe élévatoire qu'on appelle *pompe à eau froide* ou *à puits*. Telle est l'économie de la machine de Watt, qui, en quelque sorte, a servi de type ou de point de départ aux machines actuelles, dont les formes sont si variées.

Si, dans la machine de Watt, le tiroir tubulaire primitif est remplacé par un tiroir à coquille dont il sera question plus loin, elle devient une machine à détente fixe et à condensation.

Les machines à détente fixe, avec ou sans condensation, sont presque toujours à connexion directe ; le tiroir de distribution est commandé par un excentrique circulaire calé dans une position invariable sur l'arbre de couche.

197. *Machines à deux cylindres.* —Dans les machines à vapeur à un seul cylindre où l'on opère une détente fixe, au moyen du recouvrement extérieur du tiroir à coquille, la puissance subit des variations telles, pendant la course totale du piston, qu'on est conduit à donner de grandes dimensions aux divers organes de la transmission. Watt avait bien reconnu l'utilité de détendre la vapeur dans les cylindres des machines, au point de vue de l'économie du combustible, mais il fut loin de comprendre tout le parti que l'on pouvait tirer de ce mode d'action de la vapeur.

Les machines à cylindres combinés, imaginées par Woolf, réalisent bien mieux le principe de la détente. Elles offrent un double avantage sur les machines à un seul cylindre : d'une part, elles permettent d'obtenir une détente plus longue, de l'autre, d'atténuer considérablement l'influence des espaces nuisibles. Ajoutons encore que, la variation de l'effort transmis sur le balancier étant beaucoup plus faible que dans la machine de Watt, on peut, sans inconvénient, diminuer le poids du volant.

Comme type de ces machines, nous prendrons celle construite par M. Powell de Rouen, qui a si dignement figuré dans la classe LIV à l'Exposition internationale (*fig.* 83).

Les cylindres sont de diamètres différents et le plus grand, comme nous l'avons déjà vu plus haut, sert de milieu d'échappement au plus petit : ainsi il reçoit la puissance motrice que la vapeur, sortie du petit cylindre, est encore capable de produire en se dilatant.

Comme dans les machines de Watt, la tige du grand cylindre est articulée au sommet A du parallélogramme ; une double tige LF sert à relier les milieux des côtés opposés BC, AD, dont le premier est formé par une partie de la longueur du demi-balancier. L'intersection A' de la droite LF avec celle qui unit le sommet A au centre de rotation O est précisément le point d'articulation de la tige du petit piston. Le tracé géométrique montre que le point A′ décrit une courbe à longue inflexion, parfaitement semblable à celle que décrit le point d'articulation A de la tige du grand piston.

Les tiges des deux tiroirs sont rendues solidaires d'un même châssis, dont le mouvement alternatif est produit par un excentrique triangulaire.

Fig. 83.

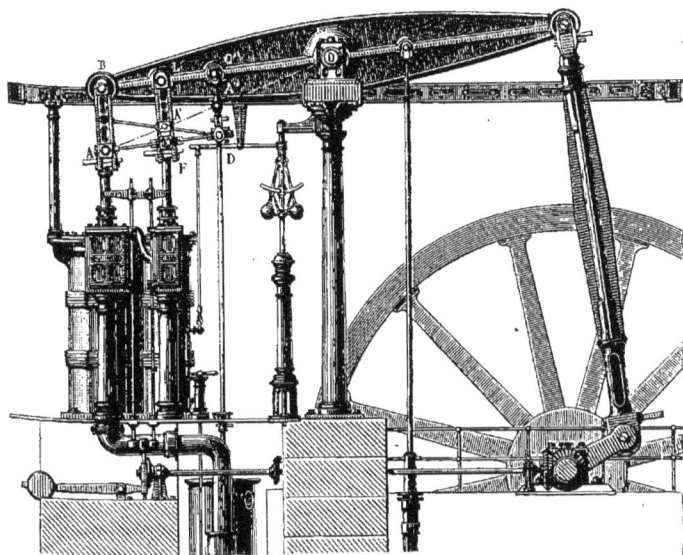

Cette détente fort ingénieuse est due à M. Correy, ingénieur de mérite et ancien élève de l'École de Châlons. Nous en ferons connaître tous les détails dans le volume exclusivement consacré à la distribution de la vapeur dans les cylindres.

198. *Machines horizontales à deux cylindres.* — Depuis quelques années, les machines du système Woolf ont été disposées horizontalement par quelques constructeurs (*fig.* 84 et 85). Dans ces machines, qui sont à connexion directe, la vapeur agit, à pleine pression, dans un cylindre particulier et va se détendre dans un autre cylindre d'un plus grand diamètre. Les pistons ont même course, mais se meuvent en sens inverse l'un de l'autre, ce qui n'a pas lieu dans la machine à balancier de Woolf. Il résulte de cette disposition que les deux cylindres sont mis en communication par les extrémités qui sont en regard l'une de l'autre, et que les boutons des manivelles doivent être diamétralement opposés ou, en d'autres termes, que l'angle de calage est de 180 degrés.

Fig. 84.

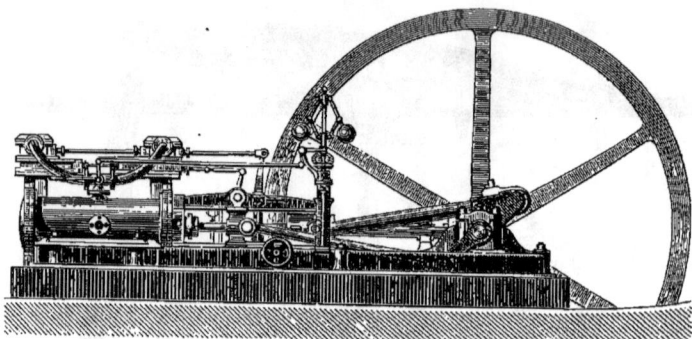

Fig. 85.

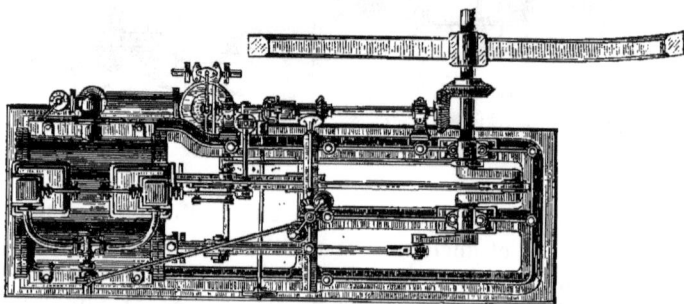

Nous croyons inutile d'entrer dans des détails plus complets, les deux figures faisant connaître suffisamment l'économie de la machine.

Des ingénieurs fort distingués ont reproché aux machines horizontales d'être exposées à avoir leurs cylindres ovalisés par l'usure inégale que produit le piston, en vertu de son poids, sur les parties inférieures de la paroi, et d'où, par conséquent, peuvent résulter des fuites de vapeur, au bout d'un temps plus ou moins long.

Nous ferons remarquer à ce sujet que, si la machine est de force moyenne, le piston a un poids relativement faible, qui ne peut guère produire qu'une usure insignifiante. La même critique, d'ailleurs, s'applique aux machines verticales, puisque le moindre défaut dans le montage peut faire porter le piston plus d'un côté que de l'autre.

Quand la machine est de très-grande puissance, il est facile de se prémunir contre les conséquences du frottement du piston sur la partie inférieure de la paroi du cylindre. Il suffira, à cet effet, de prolonger la tige du piston en arrière du cylindre, à travers un *stuffing-box* adapté au couvercle inférieur. Par cette disposition, le poids du piston n'est plus supporté par la paroi du cylindre, mais bien par les deux couvercles.

L'emploi des machines horizontales étant souvent subordonné aux circonstances d'emplacement, si le manque d'espace empêchait de réaliser la disposition précédente, on pourrait néanmoins obvier à l'inconvénient signalé, en augmentant dans certaines limites l'épaisseur du piston et, par suite, la surface de frottement dans le cylindre. L'accroissement donné à la surface frottante diminue la pression par unité de surface, due au poids du piston, et peut même rendre cette pression aussi faible que l'on voudra. Ainsi il n'y a pas lieu de se préoccuper outre mesure de la déformation que peut subir intérieurement le cylindre sous l'influence du frottement, puisqu'il est toujours possible, par des dispositions convenablement prises, de la rendre nulle ou du moins insensible.

199. *Machines verticales à deux cylindres et à connexion directe.* — Ces machines dérivent également du système Woolf; comme dans les machines précédentes, les pistons marchent en sens inverse l'un de l'autre, mais les manivelles sont calées de différents côtés du volant aux deux extrémités de l'arbre moteur. Mais, pour éviter les coïncidences des points morts, ce qui pourrait occasionner un choc violent, les constructeurs ont soin de réduire à 160 degrés l'angle de calage des deux manivelles. A part ces restrictions, les machines verticales ne présentent rien de particulier qui les dis-

tingue essentiellement des machines horizontales à deux cylindres, soit pour le fonctionnement, soit pour l'agencement
des principaux organes qui les composent. Les *fig.* 86 et 87

Fig. 86.

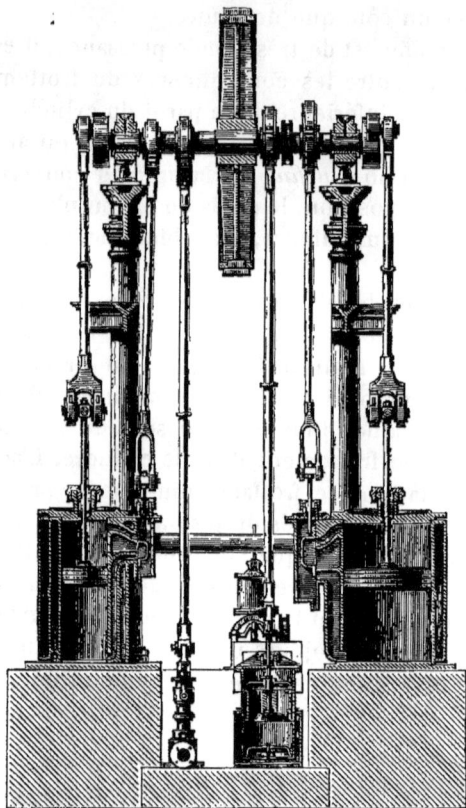

représentent le type de ces machines adopté aujourd'hui par
nos constructeurs les plus habiles.

Comme toutes les machines verticales à connexion directe,
elles sont d'une installation facile et leur prix de revient est
considérablement réduit. Le régulateur à boules ordinairement employé est remplacé par un modérateur pneumatique
du système Molinié. Contrairement à la disposition adoptée généralement dans les machines à balancier du système Woolf,

les deux cylindres ne sont pas pourvus d'une chemise de vapeur qui les préserve du refroidissement externe. D'autre part, comme les deux cylindres sont établis sur le bâti à une certaine distance l'un de l'autre, la longueur du tuyau de communication est aussi une cause de perte d'effet utile.

Fig. 87.

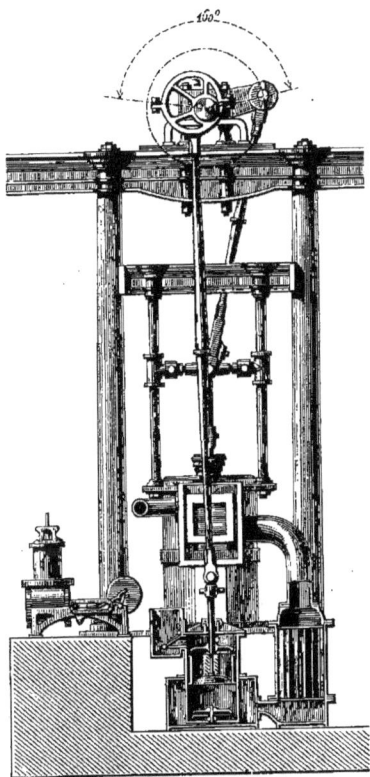

200. *Machine Farcot à détente variable.* — Les machines de ce système sont indifféremment à balancier ou à connexion directe. La *fig.* 88 représente une machine du premier type. Ce qui les caractérise, c'est le mode de distribution de la vapeur dans le cylindre, sur lequel nous reviendrons dans la théorie des détentes employées de nos jours. Maintenant,

nous nous bornerons à dire que l'organe principal de la distribution est une came à développante de cercle générale-

Fig. 88.

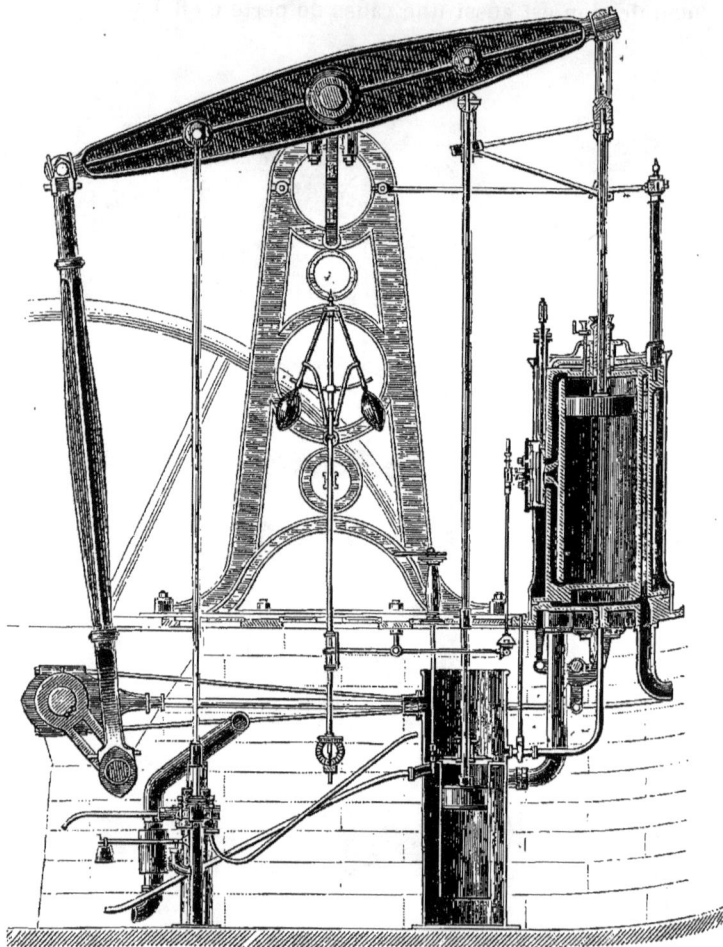

ment commandée par le régulateur; mais elle peut également
être commandée par un petit volant monté sur son axe que
l'on manœuvre à la main, de manière à maintenir, dans les
deux cas, la vitesse normale de l'arbre du volant. Cette dis-

tribution ouvre et ferme brusquement les lumières d'admis-

Fig. 89.

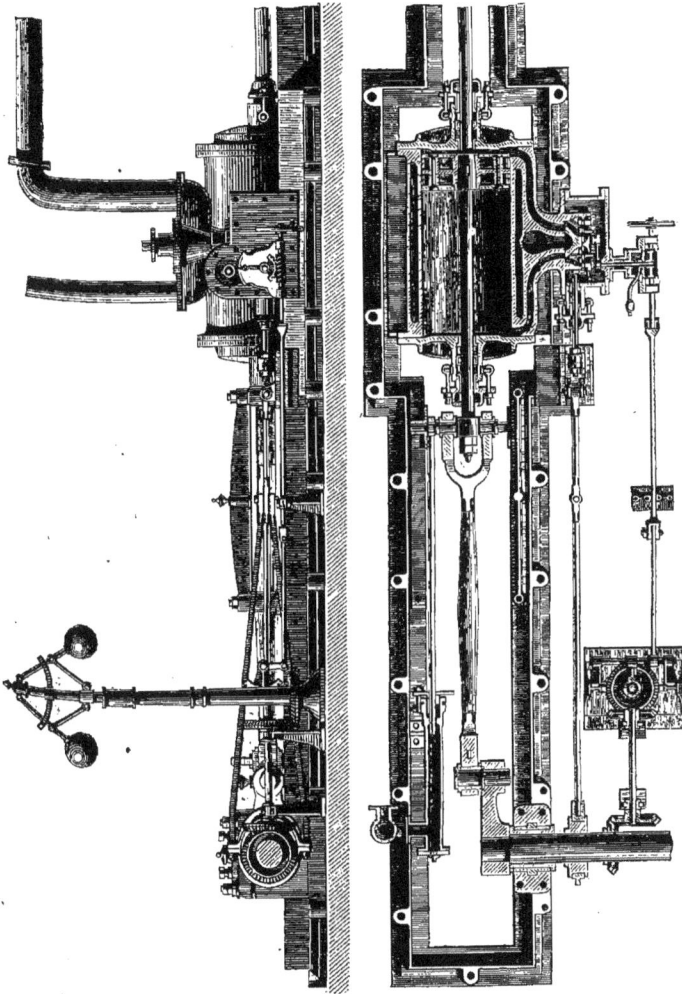

sion, ce qui supprime l'étirage de la vapeur et permet de réduire considérablement les espaces nuisibles.

Depuis longtemps, la disposition horizontale a été donnée aux machines du système Farcot (*fig.* 89). Ce type est principale-

ment adopté pour les machines des souffleries des hauts-four-
neaux. M. Guillemin (de Casamène) et, plus tard, M. Thomas ont
eu l'heureuse idée de remplacer la double came à développante
pante par un coin fixé sur une tige traversant la boîte à vapeur de part en part perpendiculaire au sens du mouvement.
En déplaçant ce coin à la main, selon le degré de détente que
l'on veut obtenir, la butée devient très-franche, ce qui présente l'avantage d'éviter le porte-à-faux de la pièce de butée
et d'en assurer le contact par une grande surface. La détente
d'ailleurs fonctionne absolument de la même manière que
celle de M. Farcot.

**201. *Machines à détente variable, à admissions et échap-
pements indépendants.*** — Les machines ordinaires présentent
de graves inconvénients quand la distribution de la vapeur se
fait au moyen de tiroirs. On remarque, en effet, que les orifices d'admission ne s'ouvrent que graduellement, ce qui occasionne des pertes considérables de pression et un accroissement notable de contre-pression. De plus, l'admission et
l'échappement se faisant par les mêmes conduits, il est impossible d'éviter un abaissement sensible de température subi
par la vapeur motrice. Ajoutons encore que les lumières d'admission ne peuvent avoir des dimensions assez grandes qu'en
exagérant celles des tiroirs, d'où résulte naturellement une
plus grande quantité de travail absorbé par le frottement.

C'est pour obvier à tous ces inconvénients, et surtout dans
le but d'augmenter la vitesse du piston, que les constructeurs
ont été amenés à modifier profondément le mode de distribution adopté jusqu'alors.

Ces machines, de formes diverses, ainsi qu'on a pu le remarquer dans la classe LIV de l'Exposition internationale de
1878, sont toujours à cylindre horizontal et à connexion directe. Les deux lumières d'admission sont placées au-dessus
du cylindre aux deux extrémités, et celles d'échappement
leur correspondent aux extrémités inférieures. On donne à
ces lumières des dimensions assez grandes, de manière à réduire les pertes de travail dues aux étranglements. Ordinairement les sections sont $\frac{1}{18}$ de celle du cylindre.

Le mode de distribution est le caractère particulier des

machines de ce système; les organes qui le composent opposent une très-faible résistance à leur déplacement, et, par suite, les orifices d'admission et d'échappement sont rapidement démasqués, ce qui supprime complétement le laminage de la vapeur.

Les orifices d'échappement étant éloignés de ceux d'admission, la cause du refroidissement due à la condensation de la vapeur disparaît, et l'on évite ainsi les coups d'eau qui en sont la conséquence dans toute distribution au moyen d'un tiroir.

Cette nouvelle disposition des admissions et des échappements permet de réduire à très-peu de chose les espaces nuisibles et d'éviter la perte de travail inhérente aux machines à tiroir pendant la période de compression de la vapeur, qui a déjà produit son action sur le piston pendant la première demi-révolution du volant.

Les machines du système dont nous nous occupons sont à enveloppe de vapeur, et la recherche du travail par l'application de la loi de Mariotte conduit à un résultat presque identique à celui que fournit l'indicateur à pression. Le rapport du travail, mesuré au frein de Prony monté sur l'arbre de couche au travail indiqué, soit par les diagrammes relevés par la loi de Mariotte, soit par ceux de l'indicateur, est, en moyenne, de 90 pour 100, et quelquefois on parvient à 93 pour 100.

Fig. 90.

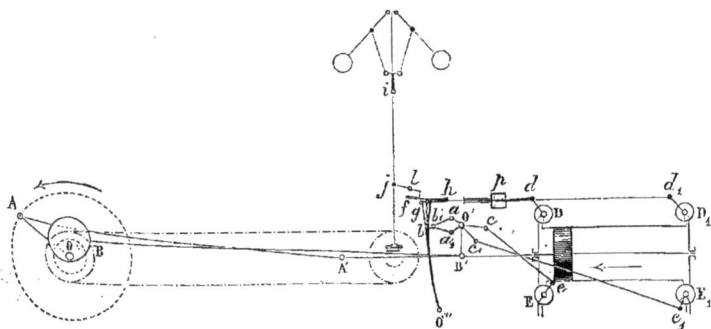

Les deux principaux types de ces machines ont été conçus et exécutés presque en même temps, l'un en Amérique par l'ingénieur Corliss, l'autre en Suisse par l'ingénieur Sulzer.

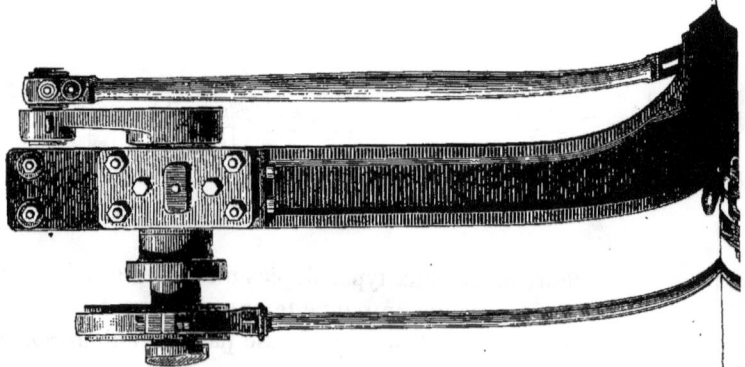

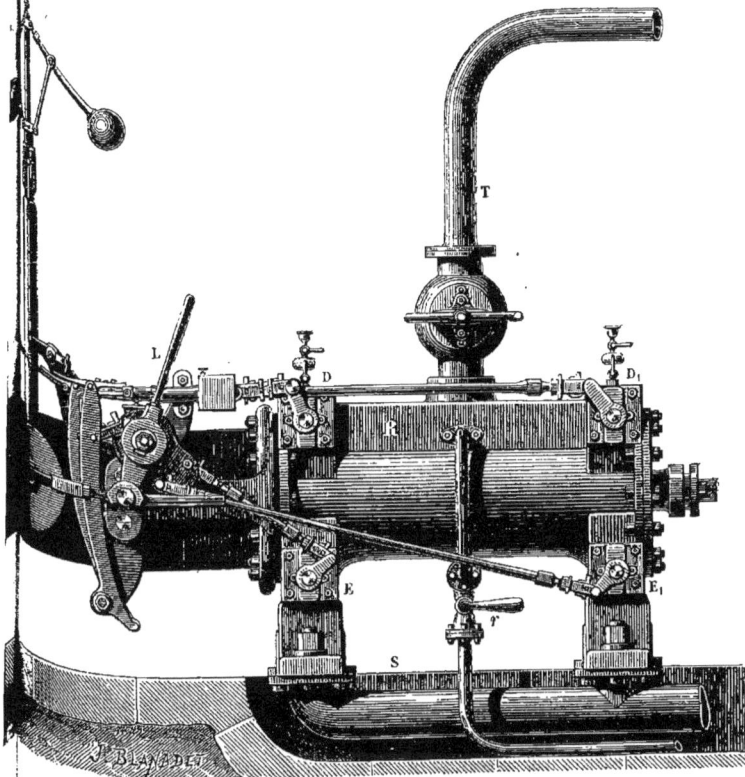

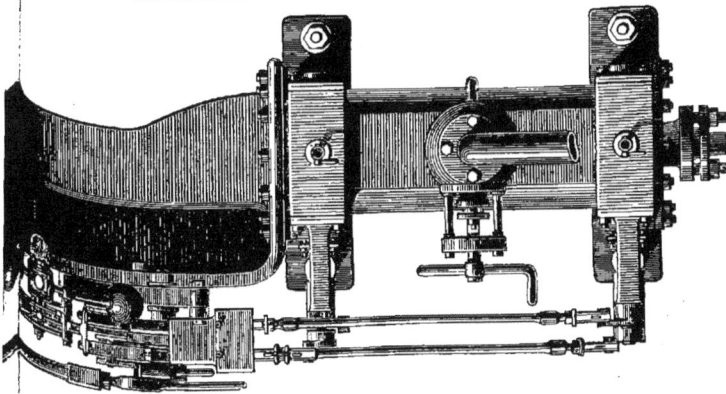

Ces machines sont aujourd'hui d'un usage très-répandu dans les grandes usines et présentent peut-être le spécimen le plus parfait des progrès accomplis dans la construction des machines à vapeur, sous le rapport de l'économie de combustible, de l'effet dynamique produit et du degré de perfection apporté au mécanisme de la distribution.

202. *Machine Corliss.* — Dans les machines de ce système, le cylindre, l'enveloppe, les siéges d'admission et d'échappement sont fondus d'une seule pièce (*fig.* 90 et 91). La vapeur est amenée par un tuyau vertical T au milieu d'un réservoir rectangulaire R, disposé à la partie supérieure du cylindre avec lequel il fait corps. Dès que la vapeur partant de chaque extrémité du réservoir s'est répandue dans l'enveloppe du cylindre par deux orifices, on ouvre un robinet *r* qui permet à l'eau provenant de la condensation dans cette enveloppe de se rendre dans la chaudière.

La vapeur est admise dans le cylindre au moyen de deux distributeurs D, D₁ (*fig.* 90 et 91). Chacun d'eux est formé d'une

Fig. 92.

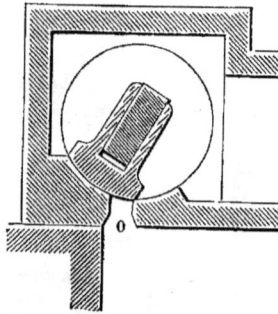

monture en fer à section rectangulaire, pouvant tourner autour d'un axe horizontal perpendiculaire à la direction du mouvement du piston. Un piston circulaire, formé d'un segment de cylindre, s'engage à frottement doux dans cette monture et correspond à une glace cylindrique présentant une surface un peu plus large, vers le milieu de laquelle est pratiqué l'orifice d'admission O. On fait ordinairement la section de chaque orifice égale à $\frac{1}{15}$ de celle du cylindre à vapeur. Pour atténuer les effets de l'usure, deux ressorts méplats sont interposés entre la monture et le piston circulaire, afin de maintenir constamment ce dernier sur la glace. Ainsi l'organe distributeur n'est soumis qu'à une pression relativement faible; les parois latérales sont traversées par l'axe de la monture en s'engageant dans des *stuffing-box,* exactement de la même manière que la tige du piston du cylindre à vapeur. Il résulte de cette disposition que pour le déplacement du distributeur la résistance due au frottement devient très-petite, puisque la pression de la vapeur ne manifeste son action que sur une surface de peu d'étendue. L'espace nuisible se trouve réduit à un faible intervalle limité entre la glace et le cylindre, augmenté du volume très-petit compris entre le fond du cylindre à vapeur et le piston parvenu à chaque extrémité de sa course.

On donne aux distributeurs d'évacuation E, E, le même diamètre qu'à ceux d'admission, mais leur surface est plus étendue, ainsi qu'on le voit par la *fig.* 93. La section de leurs

Fig. 93.

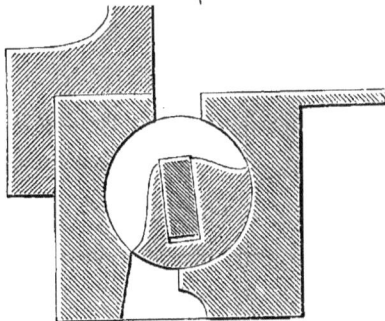

orifices est égale à $\frac{1}{9}$ de celle du cylindre, et ces orifices restent ouverts pendant les $\frac{19}{20}$ de la course du piston. Les supports du cylindre servent de conduits à l'échappement et communiquent l'un à l'autre par un tuyau S (*fig.* 91) qui débouche dans un condenseur ordinaire à injection.

Étudions maintenant le mécanisme servant à produire le jeu des distributeurs.

Sur l'arbre moteur est monté un excentrique OB qui fait avec la manivelle OA (*fig.* 90) un angle qui ne diffère de 90 degrés que de la quantité qui correspond à la grandeur ordinaire des angles de calage.

La barre BB' de l'excentrique, dirigée horizontalement vers le cylindre, présente vers son extrémité inférieure une encoche dans laquelle s'engage le bouton B' d'une manivelle dont l'axe O' est parallèle à celui de l'arbre moteur, ce qui permet, au moment de la mise en marche, de faire fonctionner à la main les deux appareils distributeurs par l'intermédiaire d'un levier L (*fig.* 91) dont le centre de rotation est sur l'axe O'. La manivelle O'B' est calée sur un plateau qui porte quatre manchons a, a_1, c, c_1, dont les deux derniers commandent, par des bielles, les manivelles Ee, E$_1e_1$ qui terminent d'un même côté les axes des distributeurs d'échappement. Les deux autres sont reliés par des bielles articulées en b, b_1 à deux porte-ressorts mobiles autour d'un axe O″ parallèle à l'axe O'.

Considérons maintenant le mécanisme des distributeurs d'admission de la vapeur, et prenons pour exemple celui qui est le plus rapproché de l'arbre de couche de la machine. Deux lames parfaitement élastiques, en contact l'une avec l'autre, sont encastrées dans la région du porte-ressort voisine de l'axe O'. Aux extrémités libres de ces lames est adapté un appendice ayant pour fonction, par l'intermédiaire d'une double bielle, de les relier à une tige disposée dans le prolongement de la bielle horizontale qui communique le mouvement à la manivelle Dd du distributeur. Cette tige est munie d'un piston en bronze p qui se meut dans un cylindre fermé du côté du porte-ressort. Nous indiquerons plus bas quelle est la fonction de ces organes intermédiaires.

Une pièce nommée *palette de déclic* est articulée à l'extrémité du porte-ressort; la partie voisine du cylindre, représentée par gh, est rectiligne, tandis que celle située de l'autre côté affecte la forme d'une courbe peu sentie, dont la convexité est tournée vers le bas.

L'extrémité de la partie droite est entaillée par dessous, de telle sorte qu'en faisant agir un petit ressort convenablement disposé elle puisse venir buter contre l'angle dièdre supérieur du piston guide; cette extrémité, qui affecte la forme d'un parallélépipède rectangle, est disposée dans l'agencement du mécanisme de manière que deux faces soient horizontales.

Par cette description on comprend que, pendant le mouvement oscillatoire qui correspond à la marche vers le porte-ressort, la palette de déclic, par son action sur la bielle, fait tourner le distributeur et ouvre rapidement la lumière d'admission; dans le mouvement en sens inverse, la bielle, obéissant à l'action du ressort, est rejetée en arrière, et l'orifice se ferme.

Le régulateur est supporté par une colonne creuse contenant son mouvement de commande, et le manchon solidaire du losange articulé est engagé dans une rainure pratiquée à cet effet. Une bielle ij ($fig.$ 90) articulée au manchon commande, à son extrémité, le levier de détente jl placé sur une pièce en forme d'un Y. Cette pièce, qui porte tout le mécanisme de la distribution, est solidement assemblée avec le bâti de la machine.

A l'extrémité l du levier de détente opposée au régulateur sont adaptées *deux touches* en acier fondu venant se placer au-dessus des palettes de déclic. Ces nouveaux organes servent à faire basculer les palettes de déclic autour de leurs axes respectifs, lorsqu'elles viennent à les rencontrer dans leur mouvement oscillatoire; alors la bielle et la tige, qui étaient conduites dans un sens, subissant l'action des ressorts, prennent un mouvement rétrograde, et la lumière d'admission se trouve presque instantanément fermée. Après l'accomplissement de ces deux phénomènes, le piston n'étant pas encore parvenu à fond de course, il est évident que la période de détente commence.

Selon que le manchon du régulateur est plus élevé, une touche rencontre plus tôt ou plus tard la palette de déclic qui lui correspond. Ainsi, par le jeu même du régulateur, comme dans la machine Farcot, on obtient très-rapidement une détente variable d'une grande précision. Enfin, la palette de déclic n'agit de nouveau sur les bielles de distribution qu'à l'origine de l'oscillation directe suivante du porte-ressort.

Une excellente disposition a été prise pour ramener rapidement la machine à la vitesse de régime lorsqu'elle s'en est écartée. Voici en quoi elle consiste :

Du côté de la colonne opposé au levier de détente, le manchon du régulateur porte la tige d'un piston percé de trous fonctionnant dans un cylindre qui contient de l'huile. Quand le mouvement de la machine vient à s'accélérer, le passage de l'huile à travers les trous du piston détermine une résistance suffisante pour supprimer presque complétement les oscillations des boules dans le cas où la vitesse subit une variation ; aussitôt les boules prennent la position d'équilibre qui convient à la nouvelle vitesse de régime de la machine. Il en est encore de même si le mouvement vient à se retarder.

Les pistons adaptés aux tiges de prolongement des bielles d'admission, dont il a été question plus haut, ont pour objet d'éviter ou au moins d'atténuer les chocs quand a lieu la fermeture des lumières par l'action des ressorts. Vers le fond de leurs cylindres, on a pratiqué une ouverture dont on peut faire varier la surface au moyen d'un robinet. Pendant le mouvement direct, l'air est aspiré sous le piston par cette ouverture ; mais, au moment de la fermeture des lumières d'admission, le mouvement du piston est trop rapide pour que l'air introduit puisse être complétement expulsé pendant la seconde période. Par suite, en vertu de son élasticité, l'air forme comme un matelas qui, en neutralisant l'action des ressorts, supprime les effets nuisibles qui seraient produits par le choc. Enfin, au moyen d'un système d'écrous adapté aux bielles des distributeurs, on peut à volonté rectifier le jeu des organes de la distribution lorsque les variations de la vitesse en révèlent la nécessité.

Sans entrer dans d'autres détails, qui nous éloigneraient bien au delà des limites imposées par un Traité de Mécanique générale, nous ajouterons que la machine Corliss, à l'état primitif, a servi de type à toutes les machines dérivées rentrant dans le même système que l'on remarquait, dans la classe LIV, à l'Exposition internationale. Nous appellerons principalement l'attention du lecteur sur le perfectionnement apporté par MM. Cail et Cie dans la distribution des machines dont il est question. Ces constructeurs, éclairés par l'observation de la machine Corliss proprement dite et préoccupés avant tout de simplifier le mécanisme de distribution, sont parvenus à le rendre moins délicat de construction, sans toutefois sacrifier aucun des avantages que nous avons fait ressortir.

203. *Machine Sulzer*. — Sans contredit, l'étude la plus approfondie de cette machine est due à M. H. Resal, ingénieur en chef des Mines, membre de l'Institut, dont nous avons si souvent invoqué l'autorité. Nous prendrons pour type la machine construite par MM. Satre et Averty, de Lyon. Elle est représentée en plan et en élévation par la *fig.* 94; la *fig.* 95 est une section faite par un plan perpendiculaire à l'axe du cylindre à vapeur passant par l'axe des tiges de deux soupapes d'admission et d'échappement; la position du mécanisme de l'une des soupapes d'admission est indiquée par la *fig.* 96, au moment même où l'excentrique de transmission est parvenu à la fin de sa course. Enfin, considéré au point de vue purement géométrique, le système d'admission de la vapeur est représenté par la *fig.* 97.

La machine Sulzer, disposée toujours horizontalement, est munie d'une chemise de vapeur entourée de feutre maintenu par une enveloppe en bois.

La tige du piston, dans son mouvement de *va-et-vient*, est guidée par une glissière cylindrique qui offre sur la double glissière plane, généralement adoptée, l'avantage de supprimer ou au moins d'atténuer considérablement les effets nuisibles résultant d'un jeu latéral de l'arbre moteur entre ses épaulements.

Les deux orifices d'admission sont indépendants, de même que les orifices d'échappement. Comme dans la machine Corliss, précédemment décrite, les premiers sont placés vers les extrémités de la région supérieure du cylindre et les deux autres leur correspondent respectivement aux extrémités de la partie inférieure.

La distribution s'opère au moyen de soupapes équilibrées, qui, pour la faible élévation au-dessus de leurs siéges, donnent un très-grand passage à la vapeur.

Les soupapes sont maintenues sur leurs siéges par des res-

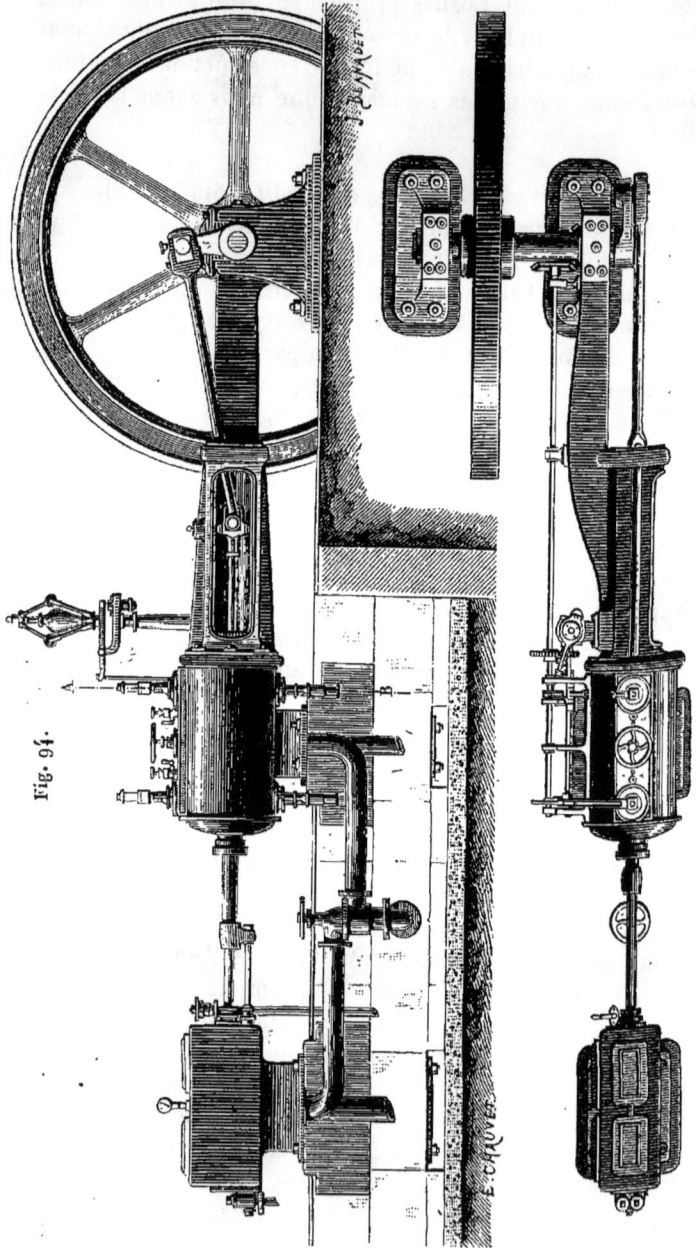

Fig. 94.

sorts à boudin ; elles sont en fonte grise et à petits grains.

Fig. 95.

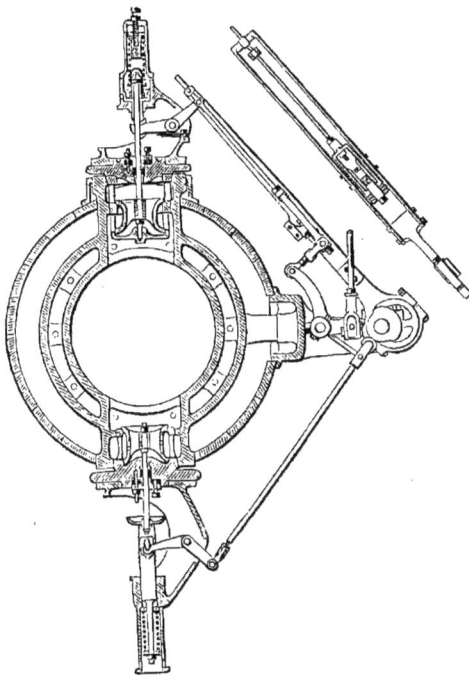

Fig. 96.

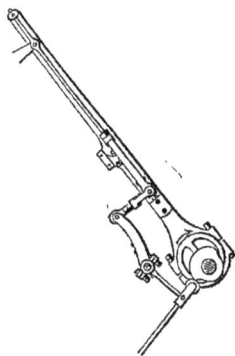

L'expérience a, d'ailleurs, fait reconnaître que la fonte de cette nature supprimait les effets de mattage, si nuisibles à la conservation des siéges, ainsi que tous les inconvénients qui peuvent résulter d'une dilatation inégale.

La tige de chaque soupape d'admission est munie d'un piston à compression d'air, semblable à celui employé dans la machine Corliss, pour atténuer les chocs lorsque les soupapes d'admission, après avoir été soulevées, retombent brusquement sur leurs siéges.

Fig. 97.

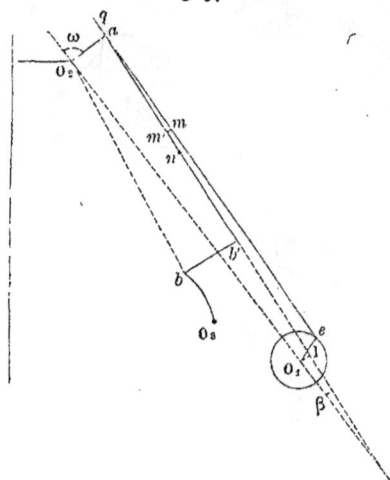

Une roue conique montée sur l'arbre moteur engrène avec une roue pareille calée à l'une des extrémités d'un arbre O_1 (*fig.* 97) parallèle à l'axe du cylindre à vapeur; cet arbre communique le mouvement au régulateur par l'intermédiaire d'une transmission secondaire. Ce régulateur appartient au système dit *américain*, que nous étudierons plus loin. Le mouvement du manchon ne peut avoir lieu que dans le sens vertical; le levier qu'il commande est terminé, d'un côté, par la tige articulée ayant pour fonction de faire varier la détente, et, de l'autre, par un modérateur identique à celui de la machine Corliss, dont nous avons donné la description.

La tige de chaque soupape est articulée à un levier coudé mobile autour d'un axe supporté par le bâti, et, au delà de cet axe; l'autre extrémité est articulée à une pièce commandée par l'arbre O_1. Pour les soupapes d'échappement, le mécanisme est un peu différent. Il est composé d'une barre d'excentrique terminée par un galet et articulée à une bielle mobile autour d'un axe supporté par le bâti. Le galet reçoit l'action d'une came, formée de deux parties cylindriques de rayons différents et montée sur l'arbre O_1. Quand la partie de la came dont le rayon est le plus grand agit sur le galet, la soupape est brusquement soulevée et retombe rapidement sur son siége aussitôt que l'action de la came sur le galet vient à cesser.

Considérons maintenant le mécanisme qui sert à faire mouvoir les soupapes d'introduction de la vapeur.

La barre eq d'un excentrique O_1e calé sur l'arbre O_1 affecte, un peu au delà du collier, la forme d'une fourchette dont le plan de symétrie est vertical. Au milieu de la pièce qui relie les deux extrémités de la fourchette est adaptée une olive percée d'un trou diamétral et mobile autour de l'axe de cette pièce. Dans ce trou s'engage une tige cylindrique articulée en a au levier coudé de la soupape et pouvant tourner autour de l'axe O_2; du côté de l'arbre O_1, cette tige est terminée par un châssis. Sur un arbre O_2 parallèle à l'arbre O_3 est montée une manivelle O_3b rendue solidaire de la tête du châssis au moyen d'une bielle représentée par bb'. L'arbre O_2 reçoit le mouvement de la tige verticale du régulateur par l'intermédiaire d'une manivelle.

Intérieurement, la tête du châssis est munie d'un taquet en acier; un autre taquet, relié aux deux flasques de la barre d'excentrique entre lesquelles il est placé, correspond au précédent. Avec un peu d'attention, on reconnaît aisément que, lorsque les deux taquets ne sont pas en contact, le bras de levier O_2a reste fixe sous la pression exercée par le ressort de la soupape; mais, aussitôt que les deux taquets se touchent, le châssis se trouvant entraîné, sa tringle exerce sur le levier de la soupape un effort de traction qui détermine l'ouverture de l'orifice, et l'admission de la vapeur a lieu pendant toute la durée du contact des deux taquets.

Par la disposition des organes de distribution, que d'ailleurs les *fig.* 95 et 96 mettent en évidence, on comprend que, la vitesse de la machine venant à croître, le manchon du régula-

teur doit s'élever et qu'il doit en être de même de la manivelle
de la fourchette. Lorsque le taquet de cette fourchette s'é-
loigne davantage de celui de la bielle, la durée du contact
est réduite, la soupape reste ouverte moins longtemps, et, par
suite, la détente de la vapeur devient plus longue.

204. *Description et théorie du régulateur américain.* — Le
régulateur américain est un régulateur à boules, d'un faible
poids, dont les verges ou bielles forment un losange. Ces
bielles s'articulent deux à deux, aux extrémités d'un diamètre
horizontal où sont placées deux sphères de même poids et
de même diamètre. La douille est surmontée d'une masse pe-
sante de révolution, traversée, à frottement doux, par l'arbre
du régulateur (*fig.* 98).

Fig. 98.

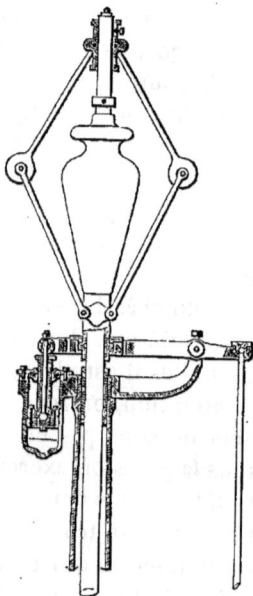

Une saillie cylindrique que porte cette douille s'introduit
dans une cavité de même diamètre, ménagée dans l'intérieur
d'une pièce qui est guidée de manière qu'elle puisse se mouvoir verticalement. Cette pièce, en se déplaçant, entraîne un

levier solidaire des organes de la distribution. Toute l'économie de l'appareil, comme l'indique suffisamment la figure, consiste à diminuer le poids des boules et à augmenter celui que supporte le manchon; c'est ce que nous allons établir par le calcul.

A cet effet, appelons

P le poids de chaque boule;

Q le poids de la masse reposant sur la douille;

p l'effort que doit vaincre la douille, tantôt dans un sens, tantôt dans l'autre, pour faire mouvoir le distributeur;

V_1 la vitesse angulaire du régulateur lorsque la machine possède la vitesse de régime;

α_0 l'angle formé par chaque bielle avec la verticale;

V la vitesse angulaire à un instant où la machine s'est écartée de la vitesse de régime;

a la longueur de chaque bielle du régulateur;

α l'angle de chaque bielle avec la verticale, correspondant à cette vitesse;

V'_1 la vitesse angulaire maxima à l'instant où la douille est sur le point de s'élever;

V''_1 la vitesse angulaire quand elle tend à s'abaisser.

Appliquons au régulateur américain l'équation d'équilibre établie pour le régulateur ordinaire à boules (t. I, p. 368) :

$$2\frac{P}{g}V^2\overline{AO}^2\cos\alpha\sin\alpha\,da - 2POA\sin\alpha\,da$$
$$\mp AB\sin\alpha\,da\left(1+\frac{AB\cos\alpha}{\sqrt{\overline{BD}^2-\overline{AB}^2\sin^2\alpha}}\right)p = 0,$$

le signe — et le signe + du dernier terme de l'équation se rapportant respectivement à la tendance, à la levée et à l'abaissement du manchon.

En simplifiant, on aura

$$2\frac{P}{g}V^2\overline{AO}^2\cos\alpha - 2POA \mp pAB\left(1+\frac{AB\cos\alpha}{\sqrt{\overline{BD}^2-\overline{AB}^2\alpha}}\right) = 0.$$

Les bielles qui forment le régulateur étant de même longueur, si nous introduisons a dans l'équation, il viendra

$$2\frac{P}{g}V^2 a^2 \cos\alpha - 2Pa \mp pa\left(1 + \frac{a\cos\alpha}{\sqrt{a^2 - a^2\sin^2\alpha}}\right) = 0,$$

ou bien, en divisant les deux membres par a,

$$2\frac{P}{g}V^2 a\cos\alpha - 2P \mp p\left[1 + \frac{a\cos\alpha}{\sqrt{a^2(1 - \sin^2\alpha)}}\right] = 0.$$

Remplaçant sous le radical $1 - \sin^2\alpha$ par sa valeur $\cos^2\alpha$, l'équation deviendra

$$2\frac{P}{g}V^2 a\cos\alpha - 2P \mp p\left(1 + \frac{a\cos\alpha}{a\cos\alpha}\right) = 0$$

ou

$$2\frac{P}{g}V^2 a\cos\alpha - 2P \mp 2p = 0,$$

et, en divisant par 2 les deux membres de l'équation,

$$\frac{P}{g}V^2 a\cos\alpha - P \mp p = 0.$$

Dans le cas du régulateur américain, le poids P doit être augmenté du poids Q qui surmonte le manchon. On a ainsi

$$(1) \qquad \frac{P}{g}V^2 a\cos\alpha - (P + Q) \mp p = 0.$$

Quand la machine possède sa vitesse de régime, $\alpha = \alpha_0$, $p = 0$ et $V = V_1$. Alors la formule devient

$$(2) \qquad \frac{P}{g}V_1^2 a\cos\alpha_0 - (P + Q) = 0,$$

d'où l'on déduit

$$V_1^2 = \frac{g}{a\cos\alpha_0}\left(\frac{P}{P} + \frac{Q}{P}\right) = 0$$

ou

$$(3) \qquad V_1^2 = \frac{g}{a\cos\alpha_0}\left(1 + \frac{Q}{P}\right).$$

Pour obtenir les vitesses angulaires V_1', V_1'' qui correspondent respectivement à la tendance au mouvement ascensionnel et de descente du manchon le long de la tige verticale, il suffira, dans l'équation (1), de remplacer successivement V par V'_1, et par V''_1, en faisant $\cos\alpha = \cos\alpha_0$, puisque l'angle d'écart des bielles n'a pas encore varié. On a ainsi

$$(4) \qquad \frac{P}{g} a V'^2_1 \cos\alpha_0 - (P + Q) - p = 0,$$

$$(5) \qquad \frac{P}{g} a V''^2_1 \cos\alpha_0 - (P + Q) + p = 0.$$

De l'équation (4) on déduit

$$\frac{P}{g} a V'^2_1 \cos\alpha_0 = (P + Q) + p.$$

Divisant les deux membres par $P + Q$, on aura

$$\frac{P a V'^2_1 \cos\alpha_0}{g(P + Q)} = 1 + \frac{p}{P + Q}.$$

Divisant dans le premier membre, par P, le numérateur et le dénominateur, il viendra

$$\frac{a V'^2_1 \cos\alpha_0}{g\left(1 + \dfrac{Q}{P}\right)} = 1 + \frac{p}{P + Q}.$$

Déduisons de cette dernière équation la valeur de V'^2_1 :

$$V'^2_1 = \frac{\left(1 + \dfrac{p}{P + Q}\right)\left(1 + \dfrac{Q}{P}\right) g}{a \cos\alpha_0}.$$

En vertu de la formule (3), on pourra remplacer $\dfrac{g\left(1 + \dfrac{Q}{P}\right)}{a \cos\alpha_0}$ par V^2_1 ; on aura alors

$$V'^2_1 = V^2_1 \left(1 + \frac{p}{P + Q}\right),$$

d'où

$$(6) \qquad V'_1 = V_1 \sqrt{1 + \frac{p}{P + Q}}.$$

En faisant les mêmes transformations sur l'équation (5), la vitesse qui correspond à la tendance au déplacement du manchon de haut en bas sera représentée par

$$(7) \qquad V''_1 = V_1 \sqrt{1 - \frac{p}{P + Q}}.$$

En séries, les valeurs de V'_1 et V''_1 seront

$$(8) \qquad V'_1 = V_1 \left[1 + \frac{1}{2} \frac{p}{P + Q} - \frac{1}{4} \left(\frac{p}{P + Q} \right)^2 + \cdots \right],$$

$$(9) \qquad V''_1 = V_1 \left[1 - \frac{1}{2} \frac{p}{P + Q} + \frac{1}{4} \left(\frac{p}{P + Q} \right)^2 - \cdots \right].$$

Comme le rapport $\dfrac{p}{P + Q}$ est très-petit, on peut supprimer les puissances supérieures à la première, et l'on a très-approximativement

$$(10) \qquad V'_1 = V_1 \left(1 + \frac{1}{2} \frac{p}{P + Q} \right),$$

$$(11) \qquad V''_1 = V_1 \left(1 - \frac{1}{2} \frac{p}{P + Q} \right).$$

Retranchant ces deux dernières équations membre à membre, on aura

$$V'_1 - V''_1 = V_1 \left(1 + \frac{1}{2} \frac{p}{P + Q} - 1 + \frac{1}{2} \frac{p}{P + Q} \right)$$

ou

$$V'_1 - V''_1 = V_1 \frac{p}{P + Q},$$

et, en divisant les deux membres par V_1,

$$\frac{V'_1 - V''_1}{V_1} = \frac{p}{P + Q}.$$

La sensibilité du régulateur se mesure par l'écart proportionnel $\dfrac{V'_1 - V''_1}{V_1}$ que l'on se donne *a priori*, et qui doit être d'autant plus petit que l'on veut obtenir une plus grande régularité dans le mouvement.

Les résultats auxquels nous a conduit le calcul montrent que le régulateur pourra être doué d'une sensibilité aussi grande que l'on voudra si l'on donne une valeur convenable au poids Q supporté par le manchon.

En prenant les dispositions nécessaires pour que l'admission de la vapeur soit momentanément supprimée, et ne parvienne à son maximum que pour des valeurs de α très-voisines de l'angle normal α_0, la vitesse angulaire de l'arbre de couche ne pourra varier très-approximativement qu'entre les limites fixées par les rapports très-faibles $+\dfrac{1}{2}\dfrac{p}{P+Q}$ et $-\dfrac{1}{2}\dfrac{p}{P+Q}$.

Il s'ensuit que le régulateur américain établi dans de telles conditions produira sensiblement le même résultat que celui auquel conduirait l'emploi d'un régulateur à peu près isochrone.

Indépendamment de tous ces avantages, le régulateur, par l'effet de la masse relativement grande supportée par le manchon, rend très-faibles les oscillations des boules au moment où des variations accidentelles de vitesse viennent à se manifester; elles sont d'ailleurs bientôt détruites par l'action du modérateur à huile dont il a été question plus haut.

205. *Machine Compound.* — Dans nos études sur l'Exposition de 1878, nous avons pu constater que les machines à vapeur ne présentaient aucune de ces innovations qui font époque dans l'histoire de l'industrie. Beaucoup d'excellentes choses, bien exécutées, perfectionnées, complétées, voilà le cachet du moment. Nos constructeurs les plus habiles semblent surtout s'être préoccupés des moyens capables d'améliorer le rendement calorifique, de diminuer la dépense de vapeur et, par suite, de réaliser une notable économie de combustible, à égalité d'effet utile produit. Cette tendance des esprits prend évidemment sa source dans la Thermodynamique, dont les progrès si rapides, accomplis de nos jours, font pressentir, dans un avenir prochain, le renversement de l'économie actuelle de la machine à vapeur.

A côté des machines Corliss et Sulzer, nous devons placer la machine *Compound*, bien que le principe en soit essentiellement différent. Comme ce genre de moteur est peu répandu, et que son application en France a été jusqu'à ce jour limitée à la marine, il nous semble utile d'en donner une description, sinon complète, du moins sommaire, qui permette de se rendre compte du mode d'action de la vapeur. Le lecteur pourra d'ailleurs consulter utilement le remarquable travail publié par M. de Fréminville sous le titre : *Étude sur les machines Compound*, et le Mémoire de M. Ledieu, inséré dans les *Comptes rendus de l'Académie des Sciences* du 9 décembre 1878.

L'expression de *machine Compound*, empruntée aux Anglais, servait, il y a quelques années à peine, pour désigner toutes les machines à deux cylindres du système Woolf. Aujourd'hui, cette dénomination désigne plus spécialement un type particulier de machines à deux cylindres.

Ce qui caractérise les machines de ce système, c'est que la vapeur qui a produit son action dans le petit cylindre, au lieu de se rendre directement dans le grand, s'échappe d'abord dans un réservoir intermédiaire, qui joue par rapport au grand cylindre absolument le même rôle que la chaudière par rapport au petit.

Il résulte alors de cette nouvelle disposition des machines à deux cylindres que, les tiroirs de distribution étant indépendants l'un de l'autre, il n'existe aucune relation entre les positions relatives des manivelles, ce qui permet de les caler à angle droit, pour obtenir un travail plus régulier, ainsi que nous l'avons établi (t. II, p. 260).

Les machines *Compound* comprennent deux classes : les machines où les deux cylindres travaillent simultanément ou en sens inverse, et celles employées actuellement, où les pistons agissent sur des manivelles dont l'angle de calage a la valeur que nous venons d'indiquer.

Nous prendrons pour exemple la machine verticale *Compound* à enveloppe de vapeur, construite dans les ateliers d'Indret, sous la direction de M. E. Widmann, ingénieur des constructions navales (*fig.* 99).

Les deux cylindres ont même hauteur, mais sont de diamètres différents ; ils sont entourés d'une chemise de vapeur, et il en est de même des fonds et des couvercles, que l'on a évidés à cet effet.

Les orifices d'échappement du grand cylindre sont de $0^m,124$ de hauteur sur $1^m,050$ de largeur, ce qui permet d'obtenir un vide de $0^{kg},216$, bien que la machine soit pourvue d'un condenseur à surface, pour pouvoir alimenter d'eau douce les chaudières. Comme les manivelles de l'arbre de l'hélice sont à angle droit, l'admission de la vapeur dans le grand cylindre commence seulement lorsque le piston est parvenu au milieu de sa course. Le réservoir intermédiaire qui fait office de générateur par rapport au grand cylindre est ménagé autour de l'enveloppe du petit cylindre. Ce récipient et l'espace nuisible contribuent à rendre la machine marine Compound un

Fig. 99.

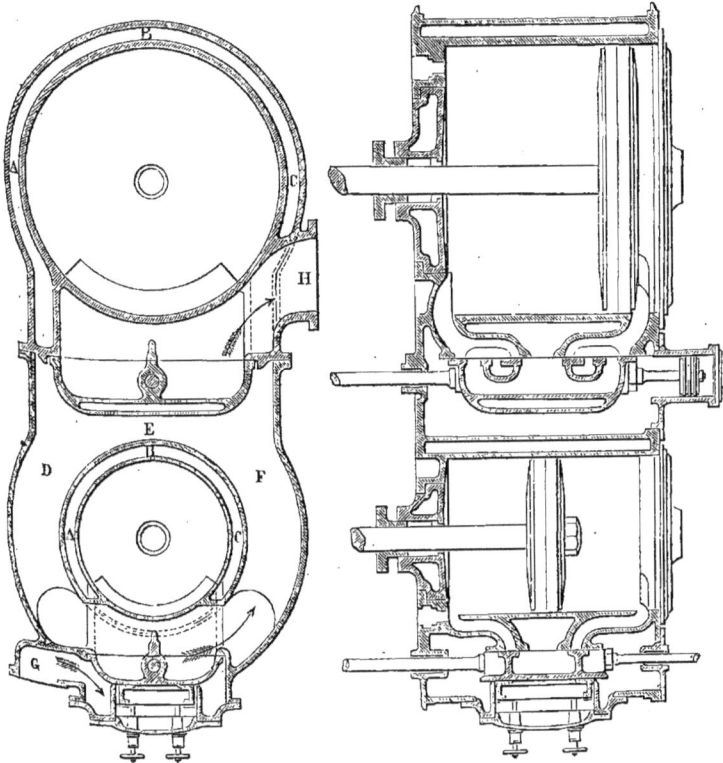

ABC, vapeur de la chaudière; DEF, vapeur entre les deux pistons; G, entrée de la vapeur; H, échappement.

peu inférieure au système Woolf, si bien construite d'ailleurs qu'elle puisse être.

Dès que la vapeur a travaillé dans le grand cylindre, elle se rend dans une série de tubes en cuivre rouge autour desquels circule l'eau froide, et, après la condensation elle est amenée dans les générateurs par une pompe d'alimentation. Ces générateurs sont de forme cylindrique, à foyers intérieurs, munis de tubes de laiton à retour de flamme, surmontés d'une boîte à vapeur, et fonctionnent à une pression normale de $4^{atm},5$. Dans ces conditions, la vapeur engendrée n'entraîne que 3 pour 100 d'eau à l'état vésiculaire.

Le travail de la machine est donné par l'indicateur de Watt que l'on place tantôt en haut, tantôt en bas de chacun des cylindres, et c'est en opérant sur la courbe moyenne des pressions que l'on parvient à l'évaluer numériquement avec une approximation qui s'écarte peu du résultat fourni par l'application directe de la loi de Mariotte. Nous reproduirons plus loin les diagrammes relevés sur cette machine par M. Widmann.

Ce type présente le grand avantage de ne donner lieu à aucune complication, et surtout de ne pas occuper plus de place qu'une machine à vapeur ordinaire.

206. *Locomobiles.* — On désigne sous ce nom des machines montées sur roues avec leurs chaudières et pouvant ainsi

Fig. 100.

être traînées par des bœufs ou des chevaux d'un point à un autre. Ces machines, importées d'Amérique par les Anglais, sont aujourd'hui universellement répandues. Lorsqu'un travail sur un lieu déterminé est temporaire, et que d'autres travaux également temporaires doivent être successivement exécutés en d'autres lieux, on comprend que l'emploi d'une machine fixe nécessiterait des frais énormes à chaque nouvelle installation. Considérées sous ce point de vue, les locomobiles rendent d'immenses services à l'agriculture et aux travaux publics, puisque les chaudières ne sont pas emprisonnées dans de lourds bâtis en maçonnerie et qu'elles supportent tout le mécanisme de l'échappement libre, qui constitue l'un des principaux caractères de ce type de machines. La *fig.* 100 représente une machine de cette catégorie. Les locomobiles servent principalement, en agriculture, pour faire mouvoir les machines à battre le blé et même des charrues, des herses, des concasseurs, des hache-paille et des coupe-racines. Dans les travaux publics, elles sont employées pour les épuisements, les scieries, les appareils à faire le mortier, etc. Leur force est en moyenne de 5 à 6 chevaux, et le principe qui préside à leur construction est toujours le même, à part quelques modifications introduites par certains constructeurs ; la chaudière, qui est horizontale, appartient au système tubulaire et présente beaucoup d'analogie avec celle des locomotives ; toutefois, les tubes sont plus courts et en plus petit nombre. Pour atténuer autant que possible les pertes de chaleur dues au rayonnement, on a soin d'entourer ces chaudières de bois, de feutre ou de matières fort peu perméables à la chaleur. On peut encore les renfermer dans une enveloppe en tôle de fer ou de cuivre que l'on maintient au moyen de petites cornières. Cette disposition a pour objet de confiner entre la chaudière et l'enveloppe une couche annulaire d'air, et l'on sait que le pouvoir conducteur de ce gaz pour la chaleur est excessivement faible quand il est sec.

Dans la construction des locomobiles, il faut toujours compter sur $1^{mq},20$ de surface de chauffe par cheval-vapeur ; on peut même la porter à $1^{mq},50$, lorsque, par des conditions particulières à la machine en projet, on n'est pas astreint à réduire son poids et à diminuer le volume d'eau contenu dans la chaudière. Généralement, ces machines sont sans condensation, attendu que l'emploi d'un condenseur et de ses accessoires nécessiterait un surcroît de poids, incompatible avec les usages locaux auxquels elles sont affectées. Néanmoins, quelques constructeurs établissent des locomobiles à condenseur, et l'on comprend combien cette disposition peut être avantageuse au point de vue de l'économie de combustible; mais cette modification apportée au système général ne saurait être efficace qu'à la condition d'avoir de l'eau à volonté et de ne pas être obligé de déplacer souvent la machine.

207. Machine mi-fixe verticale. — Par la suppression des roues qui servent à en opérer le déplacement, une locomobile

Fig. 101.

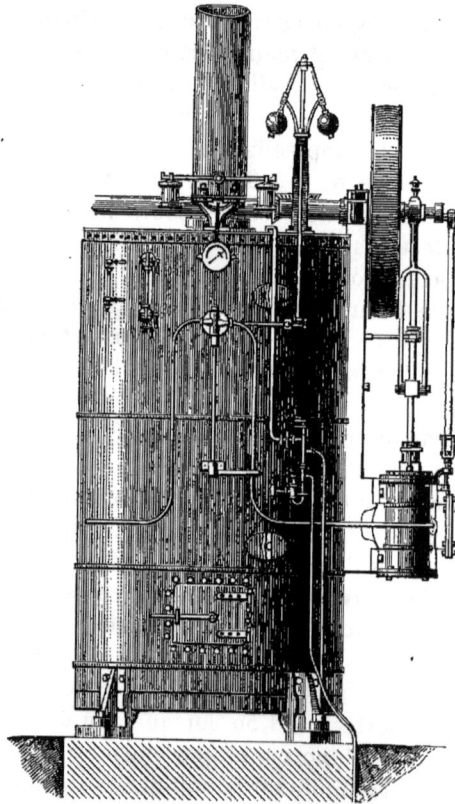

est transformée en machine mi-fixe. Nous ferons observer toutefois que les machines de cette dernière catégorie sont toujours verticales. Elles sont le plus souvent employées dans

les ateliers dont le travail exige une faible puissance motrice,
ou dont l'emplacement est trop restreint pour que l'on puisse
y établir une machine fixe. La *fig.* 101 représente une machine
mi-fixe verticale du système Hermann-Lachapelle. Cette machine, n'étant pas directement reliée à la chaudière comme dans
les locomobiles proprement dites, échappe aux effets de dilatation ; de plus, la chaudière reposant sur le sol est à l'abri de tout
mouvement vibratoire. M. Hermann-Lachapelle a remplacé la
chaudière verticale non tubulaire par des bouilleurs transversaux croisés à foyer intérieur, ce qui rend le nettoyage très-
facile. La disposition donnée au foyer intérieur doit être telle
que le chauffage puisse être indifféremment opéré par la combustion du bois, du coke, de la houille ou de la tourbe. Comme
la capacité de la chaudière est relativement petite, on obtient
rapidement la pression qui convient à la marche de la machine ;
mais à côté de cet avantage se présente l'inconvénient de ne
pouvoir employer qu'un réservoir de vapeur très-restreint.

Quelques constructeurs préfèrent la chaudière verticale tubulaire, mais cette modification fait perdre à la machine la plupart des avantages qui la caractérisent, soit par sa simplicité,
soit par les moyens faciles de surveillance et d'entretien.

208. *Locomotives.* — On appelle *machine locomotive*, ou
simplement *locomotive*, l'ensemble d'une chaudière et d'une
machine à vapeur montées sur des roues, servant à remorquer les convois sur les chemins de fer. C'est à Cugnot, ingénieur français, que revient l'honneur d'avoir, le premier,
construit, en 1765, une voiture à vapeur marchant sur les
routes ordinaires. On voit encore aujourd'hui le spécimen de
cette machine au Conservatoire des Arts et Métiers. Elle faisait
approximativement une lieue à l'heure, mais l'insuffisance de
la chaudière ne permettait pas de fournir une longue course.

La première locomotive marchant sur un chemin de fer fut
construite en 1804 par Vivian ; l'essai eut lieu sur un chemin
de fer établi dans le pays de Galles ; en entraînant un poids de
10 tonnes, elle accomplissait un trajet de 8 kilomètres à
l'heure. Vers 1811, l'ingénieur Blenkinsop, frappé du peu
d'adhérence des roues avec les rails, eut l'heureuse idée de
disposer au milieu de la machine une roue dentée engrenant

avec une crémaillère placée entre ces rails. Georges Stephenson, en 1814, se proposa de faire concourir l'adhérence de toutes les roues au mouvement général de la locomotive. A cet effet, il relia les trois essieux par des roues dentées sur lesquelles passait une chaîne sans fin ; mais le résultat ne fut pas aussi satisfaisant qu'il l'avait espéré. Aussi M. Hackworth, en 1815, reprenant la question, remplaça les roues dentées et la chaîne sans fin par une bielle d'accouplement, ce que l'on considéra, avec raison, comme un immense progrès accompli dans les essais de locomotion par la vapeur tentés jusqu'alors. La plus grande difficulté restait encore à résoudre. Comment obtenir, dans un temps donné, une puissance suffisante de vaporisation, sans exagérer les dimensions et le poids de la chaudière? C'est à M. Marc Séguin qu'en revient tout le mérite par l'invention des chaudières tubulaires, en 1828. Depuis cette époque, grâce aux travaux incessants des ingénieurs les plus célèbres du monde entier, ce puissant engin mécanique, qui rapproche les peuples et favorise les transactions du commerce et de l'industrie, par les perfectionnements qu'il a reçus, laisse bien en arrière la locomotive à l'état primitif.

Telle qu'on la construit aujourd'hui, une locomotive est une machine à vapeur à deux cylindres conjugués. La chaudière qui appartient au système tubulaire est disposée parallèlement à l'axe de la voie. On la fait reposer sur un châssis également parallèle à la voie, lequel supporte tout le mécanisme qui constitue la locomotive. Les deux cylindres, qui forment en quelque sorte deux machines distinctes, sont placés symétriquement par rapport à un plan vertical passant par l'axe de la chaudière.

Les roues sont calées sur les essieux, avec lesquels elles font corps, et portent des rebords que l'on nomme *boudins*. Leurs jantes affectent la forme d'une surface conique dont le sommet est situé vers l'intérieur et dont l'ouverture est très-petite. Les coussinets dans lesquels s'engagent les essieux sont en bronze et sont renfermés dans une pièce, nommée *botte à graisse*, à la partie supérieure de laquelle est pratiquée une cavité, destinée à recevoir l'huile employée à lubrifier les essieux. Les deux *fig.* 102 représentent suffisamment cette boîte suivant deux sections, la première par un plan perpendiculaire à l'axe de l'essieu, et la seconde passant par cet axe.

On maintient chaque boîte à graisse, avec un faible jeu, au moyen d'une sorte de fourchette à deux branches fixée au longeron du châssis qui supporte tout le mécanisme. Cette fourchette a reçu des praticiens le nom de *plaque de garde*. Le châssis repose sur les boîtes à graisse au moyen d'une tige terminée par une chape à sa partie supérieure ; cette chape embrasse un ressort à lames superposées droites ou courbes ; mais, dans ce dernier cas, la convexité est toujours tournée vers le bas ; deux tiges fixées au longeron traversent les extrémités de ce ressort, lequel est situé au-dessus du châssis ; l'extrémité supérieure de chaque tige est filetée

Fig. 102.

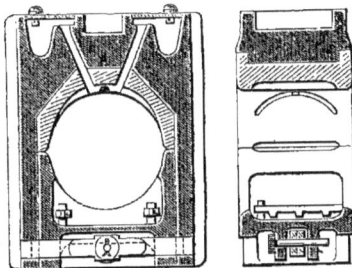

pour recevoir un écrou. Cette disposition donnée aux ressorts a pour objet de ne faire supporter les chocs occasionnés par les inégalités de la voie que par les essieux et les roues ; ils permettent encore, en les tendant plus ou moins, si la machine a plus de deux essieux, de faire varier entre des limites convenables la portion du poids total que chaque essieu doit supporter.

Deux manivelles calées à angle droit sur l'essieu des roues motrices sont articulées aux bielles des deux pistons, et, dans certains cas, ces bielles sont articulées à deux parties de cet essieu, coudées suivant le même angle.

Souvent, pour augmenter l'adhérence, on accouple les roues motrices avec des roues portantes, auxquelles on donne le même diamètre qu'aux premières, afin d'éviter qu'il y ait glissement. Pour accoupler deux roues placées du même côté de la machine, on emploie une tige nommée *bielle d'accouplement*, qui s'articule à deux bielles identiques faisant corps avec les deux roues; la longueur de la bielle d'accouplement, mesurée d'un centre à l'autre des œils d'articulation, étant prise égale à la distance des axes des essieux, la bielle, dans toutes ses positions, ne cessera pas d'être parallèle à la voie.

Pour prémunir la chaudière contre les pertes de chaleur dues au rayonnement, on a soin de la renfermer dans une enveloppe semblable à celle que nous avons indiquée pour les chaudières des locomobiles; elle est surmontée d'un dôme, vers le sommet duquel part le tuyau de prise de vapeur; la présence de ce dôme sert à réduire notablement la quantité d'eau entraînée par la vapeur. Un registre ou régulateur, que l'on peut faire mouvoir au moyen d'une manivelle et d'une transmission, permet de réduire plus ou moins la section du tuyau de prise de vapeur, et par suite d'obtenir, selon les circonstances, un débit de vapeur plus ou moins considérable.

Les chaudières des locomotives sont munies d'un manomètre, d'un tube indicateur d'eau et de soupapes de sûreté d'une construction particulière, que nous avons décrite plus haut (p. 431). Indépendamment de ces précautions, on fixe dans le ciel du foyer un écrou en fer vissé dans l'épaisseur de la tôle et dans lequel on coule du plomb. Dès que le niveau de l'eau dans la chaudière s'abaisse jusqu'à découvrir le foyer, ce bouchon entre en fusion, et la vapeur, en s'échappant, éteint le feu. Sur la partie postérieure de la chaudière est placé le *sifflet d'avertissement*, que l'on fait fonctionner au moyen d'un robinet à main; il est en tout semblable au *sifflet d'alarme* des machines fixes, à cette exception près que ce dernier fonctionne par l'intermédiaire d'un flotteur, qui suit le mouvement de l'eau contenue dans la chaudière.

La distribution de la vapeur dans les cylindres se fait au moyen de tiroirs mus par des excentriques circulaires calés sur l'essieu des roues motrices.

Comme la locomotive doit pouvoir marcher à volonté dans un sens ou dans l'autre, il est nécessaire que le mécanicien puisse modifier la distribution de la vapeur de manière à déterminer tantôt la marche en avant, tantôt la marche en arrière. On voit aisément ce qu'il faut faire pour obtenir ce changement de marche. Quand l'un des pistons se trouve au milieu de sa course, la vapeur doit le presser sur sa face antérieure ou sur sa face postérieure, selon le sens dans lequel a lieu la marche de la locomotive; dans l'un des deux cas, le tiroir doit se trouver vers l'une des extrémités de la boîte à vapeur, tandis que dans l'autre il doit se trouver vers l'extrémité opposée. On comprend donc que, pour changer le sens de la marche, il suffit de faire conduire le tiroir par un second excentrique disposé autrement que le premier sur l'essieu des roues motrices. La partie supérieure du levier de changement de marche, qui commande la bielle de relevage, est articulée à l'écrou d'une vis horizontale que le mécanicien peut faire mouvoir en agissant sur un volant. A la partie supérieure, l'écrou est terminé par un double index glissant le long d'une règle graduée, de manière à pouvoir régler à volonté le degré de détente, quel que soit le sens de la marche.

Les deux tuyaux d'échappement se réunissent en un seul dont l'axe coïncide avec celui de la cheminée. La tuyère adaptée à ce tuyau central n'est autre chose qu'un ajutage à section rectangulaire, formé de deux faces planes parallèles entre lesquelles, par l'intermédiaire d'un système de tiges et de leviers, on peut imprimer le mouvement à deux valves qui, en s'écartant ou se rapprochant, font varier la section de l'orifice. On obtient ainsi un échappement variable qui permet d'activer la combustion à volonté.

Lorsque la machine est en stationnement et que le besoin d'un tirage actif se manifeste, on l'obtient en ouvrant le robinet d'un petit tuyau appelé *souffleur*, qui prend de la vapeur dans la chaudière et l'injecte verticalement dans la cheminée.

Nous prendrons pour principaux types de locomotives celles construites dans les ateliers de la Compagnie des chemins de fer de Paris-Lyon-Méditerranée. Les *fig.* 103, 104, 105, 106, 107 et 108 représentent une machine affectée au service des trains express, et les *fig.* 109 et 110 une machine à marchandises de la même Compagnie.

Le point de vue général sous lequel nous avons considéré

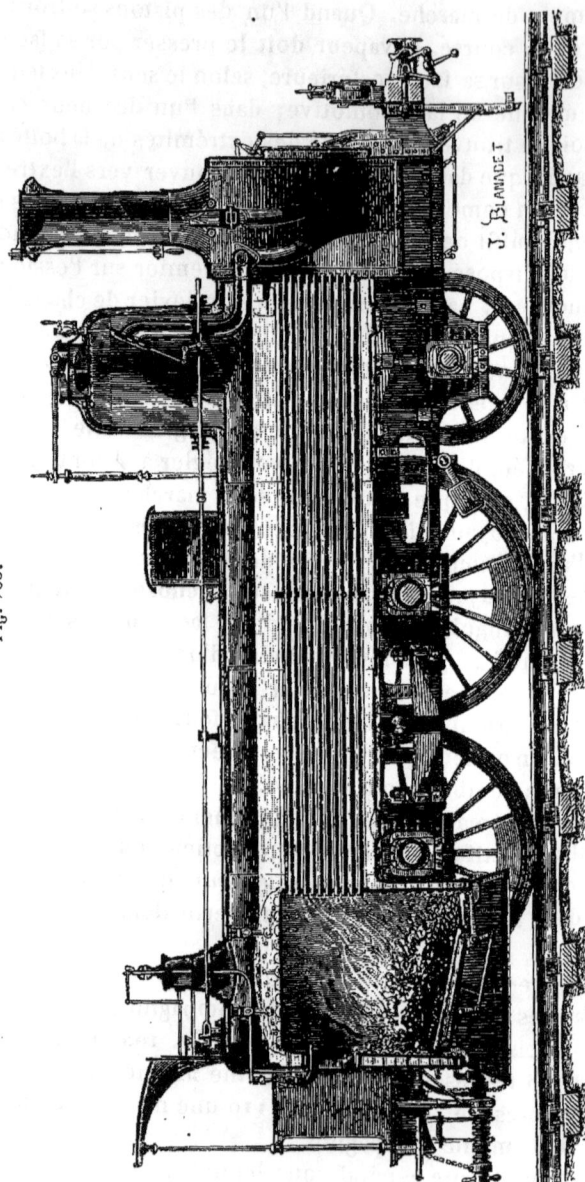

Fig. 103.

J. BLANADET

Fig. 404.

31.

Fig. 105.

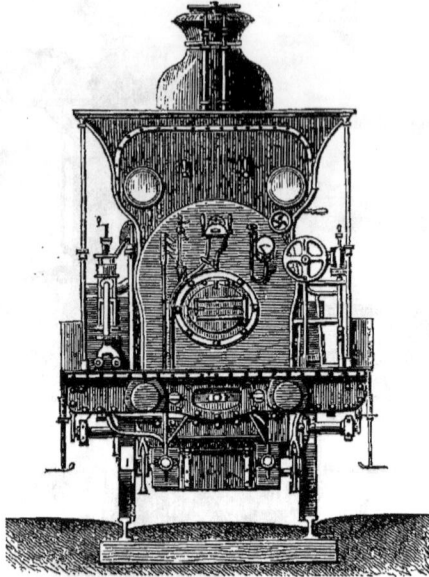

Fig. 106.

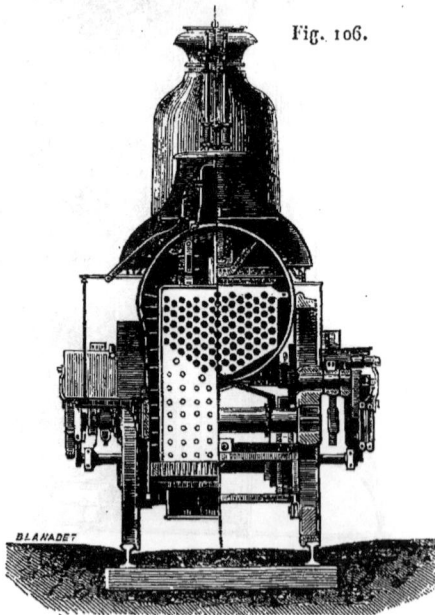

Fig. 107.

Fig. 108.

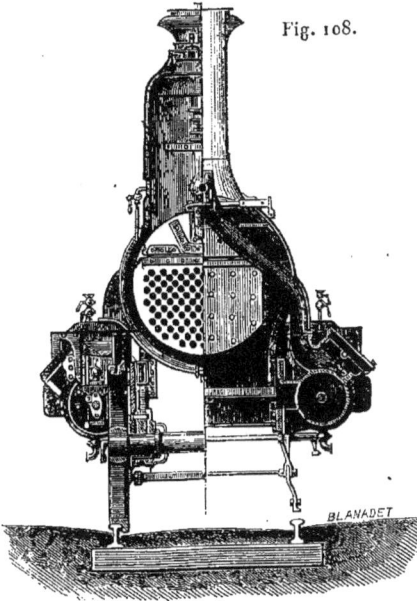

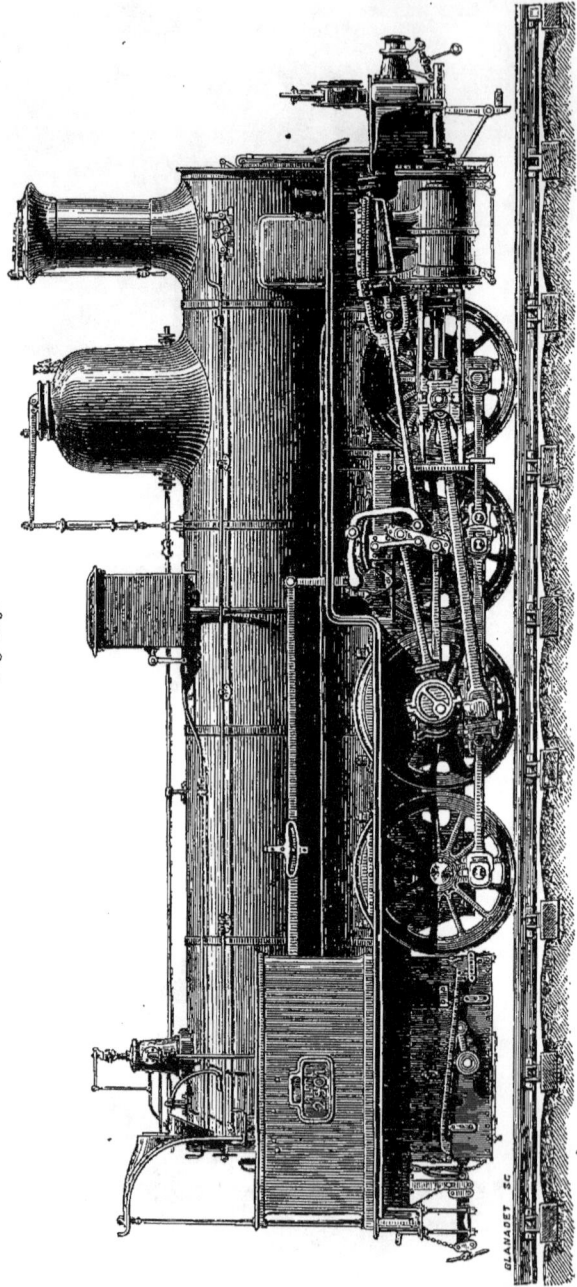

Fig. 109.

Fig. 110.

les machines à vapeur ne nous permet pas d'entrer dans tous les détails techniques que comporte l'étude des locomotives. Aussi nous croyons devoir renvoyer le lecteur aux Ouvrages spéciaux qui traitent de la matière, notamment à celui qui a été publié par M. Couche sous le titre : *Voie, matériel et exploitation des chemins de fer.*

Quand nous nous occuperons des divers modes de distribution de la vapeur dans les cylindres, nous étudierons spécialement un phénomène très-remarquable qui se produit dans les machines à renversement, et désigné en Mécanique appliquée sous la dénomination de *marche à contre-vapeur.*

209. *Principes généraux de la locomotion à vapeur.* — Pour fixer les idées, supposons, ce qui d'ailleurs ne change pas l'état de la question, que la locomotive soit composée d'un chariot à quatre ou six roues symétriquement disposées par rapport à l'axe, et dont deux qui se correspondent soient rendues solidaires au moyen de manivelles calées sur l'essieu d'une machine à vapeur à deux cylindres conjugués solidement reliée au chariot. La vapeur, par son action sur la surface des pistons, aura pour effet de faire tourner les roues sur place en surmontant la résistance qui s'oppose au mouvement de rotation, sous la double influence de la charge du chariot et du frottement des roues en contact avec le sol.

Dans cette hypothèse, la machine à deux cylindres agira absolument comme une machine fixe dont l'unique fonction consisterait à vaincre la résistance opposée par le sol en imprimant aux roues un mouvement de rotation. La chaîne qui relie le chariot au mécanisme de la machine étant considérée comme point d'appui, il s'ensuit que sa tension sera égale et contraire à l'effort développé sur les pistons par la force élastique de la vapeur. De plus, cette tension représentera la force de traction qui doit être capable d'entraîner une charge déterminée en imprimant aux roues motrices un double mouvement de rotation autour de l'axe et de transport le long de la voie.

Ces considérations nous amènent à reconnaître que la puissance motrice de la vapeur suffira pour produire cet effet, à la condition toutefois que les roues commandées opposent, par leur frottement sur le sol, une résistance égale à la force capable d'entraîner tout le système.

On donne le nom d'*adhérence* à la résistance qui s'oppose au mouvement de rotation des roues motrices.

En résumé, les conditions auxquelles il faut satisfaire dans la locomotion à vapeur peuvent être ainsi formulées :

L'adhérence des roues motrices doit avoir une valeur suffisante; de plus, la puissance de la vapeur doit être en rapport avec la charge qu'il s'agit d'entraîner. Il est bien entendu que ces conditions doivent être simultanément remplies, car, si la première condition seulement était satisfaite, aucun mouvement n'aurait lieu. Au contraire, dans le cas où la force de la vapeur disponible aurait une intensité suffisante tandis que l'adhérence serait trop faible, le mouvement de rotation des roues motrices aurait lieu sur place et le mouvement de translation sur la voie serait nul.

210. *Travail des locomotives.* — Le travail développé par les locomotives sur les voies ferrées peut facilement être déterminé par le calcul avec le secours de l'expérience, c'est-à-dire que le calcul conduit aux formules générales qui expriment ce travail, et que l'expérience fait connaître les valeurs numériques des coefficients constants, qui concourent à la forme de l'expression.

Quand un wagon se meut sur la voie sous l'action de la puissance motrice de la vapeur, il éprouve trois sortes de résistances :

1º Le frottement de glissement des tourillons dans leurs boîtes;

2º La résistance au roulement des roues sur les rails;

3º La résistance opposée par l'air.

Par conséquent, dans l'équation générale du travail moteur, il faut tenir compte du travail développé par ces trois résistances pendant la période de temps considérée.

Supposons d'abord la voie horizontale. D'après les principes qui ont été établis, le travail moteur doit être égal à la somme des travaux de toutes les résistances et même lui être supérieur, à cause des résistances accidentelles qui peuvent se produire et qu'on ne saurait exactement apprécier par le calcul.

Appelons

P la charge totale d'un wagon, abstraction faite du poids des roues et des essieux;

f le coefficient du frottement des fusées ou tourillons contre les coussinets;

Q le poids des roues et des essieux;

R le rayon des roues;

R′ celui des tourillons;

f' le coefficient de la résistance au roulement;

A la section transversale du wagon par un plan perpendiculaire à l'axe;

V la vitesse du train;

e un coefficient qui dépend de la longueur du train;

φ un coefficient constant qui se rapporte à la résistance opposée par l'air.

En vertu des lois du frottement exposées Tome II, le frottement des fusées contre les boîtes sera Pf.

Puisque, à chaque révolution de roue, le wagon s'avance sur la voie d'une quantité $2\pi R$, en même temps que la fusée glisse sur les coussinets d'une quantité $2\pi R'$, il est évident que, pour chaque unité de longueur parcourue par le wagon, le glissement de la fusée sera égal au quotient de $2\pi R'$ par $2\pi R$, c'est-à-dire à

$$\frac{2\pi R'}{2\pi R} = \frac{R'}{R};$$

par suite, le travail du frottement qui correspond à un déplacement du wagon de 1 mètre sera exprimé par

$$Pf\,\frac{R'}{R}.$$

La pression totale exercée par les roues sur les rails étant $P + Q$, la résistance au roulement aura pour valeur

$$(P + Q)f',$$

et, si nous considérons encore le mouvement du wagon sur l'unité de longueur, la formule représentera le travail accompli par cette résistance sur la même étendue.

Nous ferons observer que le coefficient f' de la résistance au roulement dépend du diamètre des roues; mais, comme dans le cas dont il s'agit ce diamètre est le même pour toutes les roues, le facteur f', qui entre dans la formule, peut être considéré comme constant.

Les expériences de M. de Pambour, qui d'ailleurs ont été postérieurement confirmées par celles de quelques auteurs, ont appris que la résistance de l'air, croissant avec le carré de la vitesse, pouvait être exprimée avec un degré d'exactitude suffisant pour les besoins de la pratique par le terme

$$\varphi e A V^2,$$

lequel représentera en même temps le travail de la résistance de l'air pour l'unité du parcours.

De ce qui précède, en appelant T le travail moteur capable d'entretenir un mouvement à peu près uniforme, nous pouvons conclure que, sur une voie horizontale, pour l'unité du parcours, ce travail sera représenté par la formule

$$T = P f \frac{R'}{R} + (P + Q) f' + \varphi e A V^2.$$

Supposons maintenant que la voie fasse un angle α avec l'horizon (*fig.* 111). Dans ce cas, chacun des poids P, Q se

Fig. 111.

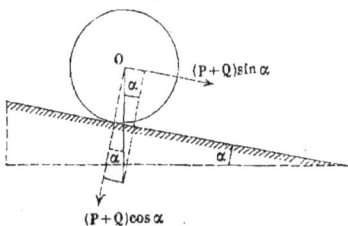

décompose en deux forces, l'une perpendiculaire et l'autre parallèle à la voie. Les composantes perpendiculaires ont pour valeurs respectives

$$P \cos \alpha, \quad Q \cos \alpha,$$

et les composantes parallèles à la voie,

$$P \sin \alpha, \quad Q \sin \alpha.$$

Par conséquent, la pression normale exercée par les roues sur les rails sera

$$P \cos\alpha + Q \cos\alpha = (P + Q) \cos\alpha,$$

et la composante du poids total parallèle à la voie,

$$P \sin\alpha + Q \sin\alpha = (P + Q) \sin\alpha.$$

Enfin le frottement des fusées contre les coussinets aura pour valeur

$$P f \cos\alpha \frac{R'}{R}.$$

Si l'on considère l'action de ces trois résistances sur l'unité du parcours, elles représenteront en même temps le travail accompli sur la même étendue de chemin. Ainsi l'équation du travail devient

$$T = P f \cos\alpha \frac{R'}{R} + f'(P + Q) \cos\alpha + \varphi e A V^2 + (P + Q) \sin\alpha.$$

Généralement, l'inclinaison de la voie est assez faible pour que l'on puisse faire $\cos\alpha = 1$ et $\sin\alpha = \tang\alpha$. Par suite, on pourra poser

$$T = P f \frac{R'}{R} + (P + Q) f' + \varphi e A V^2 + (P + Q) \tang\alpha.$$

Cette formule se rapporte au cas où le train monte la rampe formée par la voie; mais, si la pente est descendante, la décomposition des poids P et Q, ainsi que nous l'avons opérée, montre qu'il faut, dans l'équation du travail, changer le signe du terme $(P + Q) \tang\alpha$. Alors on aura

$$T = P f \frac{R'}{R} + (P + Q) f' + \varphi e A V^2 - (P + Q) \tang\alpha.$$

Enfin supposons que la voie soit courbe (*fig.* 112), et désignons par $2l$ la largeur de la voie et par R_1 le rayon de courbure moyen. Par conséquent, le rayon extérieur sera $R_1 + l$ et le rayon intérieur $R_1 - l$. Comme les chemins sont parcourus dans le même temps par les deux roues d'un même essieu, il s'ensuit que, pour un chemin $2\pi R_1$ décrit par le milieu B de l'essieu, le chemin parcouru par la roue A placée sur le rail extérieur sera $2\pi(R_1 + l)$; d'où il résulte qu'elle aura glissé d'une quantité

$$2\pi(R_1 + l) - 2\pi R_1 = 2\pi l,$$

et sur l'unité de longueur d'une quantité représentée par le rapport

$$\frac{2\pi l}{2\pi R_1} = \frac{l}{R}.$$

Il en sera encore de même pour la roue placée sur le rail intérieur, mais le glissement aura lieu en sens contraire, de sorte que, en appelant f'' le coefficient de glissement des roues

Fig. 112.

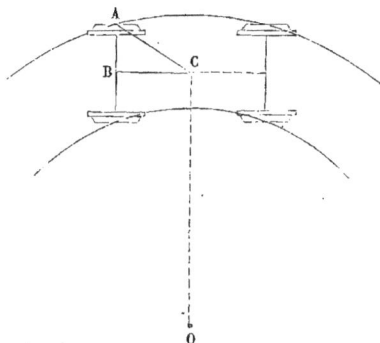

sur les rails, la résistance due au glissement dont il est question sera représentée par

$$f''(P + Q)\frac{l}{R_1},$$

qui exprimera en même temps le travail de cette résistance sur l'unité du parcours, mais à la condition que les roues ne cesseront pas d'être tangentes aux courbes qu'elles parcourent. Lorsque, comme cela a généralement lieu, les essieux sont fixes et parallèles, les roues restent dirigées suivant la corde de l'arc compris soit entre les deux roues extérieures, soit entre les deux roues intérieures, et alors la formule doit subir une modification. Il se produit en même temps un glissement tangentiel et un glissement dans le sens du rayon, c'est-à-dire que le mouvement a lieu comme si, le centre de figure C du rectangle formé par les essieux et les cordes des arcs intérieur et extérieur décrivant d'un mouvement uniforme la circonférence de rayon OC, le wagon tournait uniformément autour de la verticale du point C, de manière à accomplir une révolution entière dans le même temps. Lorsque le point C parcourt la circonférence $2\pi R_1$, le point de contact A de la roue extérieure décrit le chemin $2\pi AC$; et par suite, si le point C parcourt l'unité de longueur, le point frottant A parcourra un chemin représenté par le rapport

$$\frac{2\pi AC}{2\pi R_1} = \frac{AC}{R_1}.$$

Si nous désignons par r la distance BC, on déduira du triangle rectangle BAC

$$\overline{AC}^2 = l^2 + r^2, \quad \text{d'où} \quad AC = \sqrt{l^2 + r^2}.$$

Par conséquent,

$$\frac{AC}{R_1} = \frac{\sqrt{l^2 + r^2}}{R_1}.$$

Ainsi, le frottement et le travail qu'il consomme pour un déplacement égal à l'unité seront à la fois représentés par l'expression

$$f''(P + Q)\frac{\sqrt{l^2 + r^2}}{R_1}.$$

Pendant la marche, le wagon est soumis à l'action de la force centripète qui s'oppose au déraillement. Cette force, étant égale et directement opposée à la force centrifuge, aura pour valeur

$$\frac{(P + Q)}{g}\frac{V^2}{R_1}.$$

Supposons maintenant que toute la masse du système soit concentrée en un point équidistant des deux rails, ce qui n'est pas d'une exactitude absolue, mais cependant peut, dans la pratique, être admis sans erreur sensible. Dans cette hypothèse, le rebord de la roue produira contre la partie latérale du rail un frottement qui sera exprimé par

$$\frac{f'''(P+Q)}{g}\frac{V^2}{R_1},$$

f''' représentant le coefficient de ce frottement.

Pour trouver le chemin parcouru par le point frottant, on procède de la manière suivante :

Soit OA (*fig.* 113) le rayon de la roue et OB celui du re-

Fig. 113.

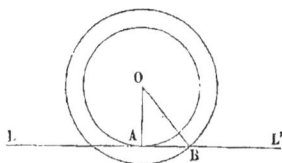

bord ; de plus, désignons par LL' la tangente au point A représentant la direction du rail. Lorsque la circonférence de rayon OA roule sur LL', on peut considérer le point A comme le centre instantané de rotation. Par suite, le chemin parcouru par le point frottant B est au chemin parcouru par le point O d'un mouvement de transport parallèle, c'est-à-dire par le wagon lui-même, dans le rapport de AB à OA, et, tandis que le wagon s'avance d'une quantité égale à l'unité de longueur, le point B décrit un chemin qui n'est que le quotient de AB par OA. Ainsi le travail résistant du frottement latéral occasionné par les rebords sera exprimé par

$$\frac{f'''(P+Q)}{g}\frac{V^2}{R_1}\frac{AB}{OA}.$$

Du triangle rectangle OAB on déduit

$$\overline{AB}^2 = \overline{OB}^2 - \overline{OA}^2, \quad \text{d'où} \quad AB = \sqrt{\overline{OB}^2 - \overline{OA}^2}.$$

Désignant par d la largeur du rebord, on aura

$$OB = d + R, \quad \overline{OB}^2 = (d+R)^2.$$

Remplaçant sous le radical $\overline{OB}^2$ par cette valeur, il vient

$$AB = \sqrt{(d+R)^2 - R^2},$$
$$AB = \sqrt{d^2 + R^2 + 2Rd - R^2},$$
$$AB = \sqrt{2Rd + d^2}.$$

Ainsi le travail total des résistances qui correspond à l'unité de longueur sera égal à la somme de tous les travaux partiels que nous avons successivement établis, et l'équation générale sera, dans le cas où la circulation a lieu, sur une courbe

$$T = Pf\frac{R'}{R} + f'(P+Q) + \varphi e AV^2 + (P+Q)\tang\alpha$$
$$+ f''(P+Q)\frac{\sqrt{l^2+r^2}}{R_1} + \frac{f'''(P+Q)}{g}\frac{V^2}{R_1}\frac{\sqrt{2Rd+d^2}}{R}.$$

Puisque nous avons considéré le travail sur l'unité du parcours, il est évident que la formule à laquelle nous sommes parvenu exprime en même temps le travail en kilogram-mètres sur cette étendue et l'effort de traction estimé en kilo-grammes.

Les expériences faites par les ingénieurs des chemins de fer ont appris que le coefficient f du frottement qui convient dans l'état ordinaire d'onctuosité des fusées est égal à 0,05 et qu'il peut être réduit à 0,017 avec un graissage parfait. On fait généralement

$$f = 0,035.$$

Des mêmes expériences, on a déduit que très-approxi-mativement

$$f' = 0,001.$$

Quant au coefficient φ, on fait ordinairement

$$\varphi = 0,004823.$$

Le coefficient e est compris entre les limites

$$1,43 \text{ et } 1,05.$$

On prend ce dernier nombre lorsque le train se compose de plus de quinze wagons, et il faut avoir soin, dans les calculs, d'augmenter la surface antérieure du premier wagon d'autant de fois o,10 qu'il y a de wagons.

Il n'a pas été fait d'expériences directes pour déterminer la valeur numérique du coefficient f''', mais on peut, sans erreur sensible, le faire égal au coefficient f'', dont la valeur moyenne est o,16.

Généralement, le rapport $\dfrac{R'}{R}$ du rayon des fusées au rayon des roues a pour valeur o,075. Introduisant ces valeurs numériques dans l'équation générale du travail, on aura

$$T = o,oo26\,P + o,oo1\,(P + Q)$$
$$+ o,oo5\,AV^2 + o,16\,(P + Q)\,\frac{\sqrt{l^2 + R^2}}{R_1}$$
$$+ (P + Q)\,\mathrm{tang}\,\alpha + o,16\,\frac{(P + Q)}{g}\,\frac{V^2}{R_1}\,\frac{\sqrt{2\,R\,d + d^2}}{R}.$$

L'examen de cette formule met en évidence que le travail qu'il faut produire pour entraîner un convoi sur une voie ferrée est en raison directe de la vitesse, de la rampe ascendante de la voie, et en raison inverse du rayon des courbes de raccordement, quand il en existe.

On doit à M. Harding une formule empirique qui fait connaître en kilogrammes la résistance totale par tonne pour des trains dont le poids est compris entre 20 et 100 tonnes et qui marchent à des vitesses de 60 à 100 kilomètres. Appelant P_1 le poids du train évalué en tonnes et T_1 l'effort de traction, on a, d'après ce savant ingénieur,

$$T_1 = 2^{kg},72 + o,oo94\,V + o,oo484\,\frac{AV^2}{P_1} + 1000\,\mathrm{tang}\,\alpha.$$

Ces résistances ne sont pas les seules que doit vaincre la puissance motrice de la vapeur pendant la marche d'un convoi. Il existe encore des résistances accidentelles, qu'il est très-difficile de soumettre rigoureusement aux lois du calcul. La plus importante peut-être est celle qui résulte de l'action du vent. Les expériences de MM. Morin et Lardner ont fait connaître qu'elle augmente les résistances ordinaires d'une quantité qui croît proportionnellement au poids du convoi et qui varie entre les limites

$$0,005\,(\mathrm{P}+\mathrm{Q})\ \text{et}\ 0,010\,(\mathrm{P}+\mathrm{Q}).$$

Les mêmes savants ont constaté qu'un vent debout dont l'action se manifeste sur une surface réduite a beaucoup moins d'influence qu'un vent de côté rencontrant le train sous une incidence oblique.

Puisque la valeur de T représente la somme des travaux résistants, qui correspond à l'unité de longueur, si nous multiplions cette expression par V, le produit exprimera le travail total résistant par seconde, dans les conditions que nous avons indiquées.

Ce produit représentera en même temps le travail que doit fournir la locomotive pour mettre le train en mouvement. Appelant N la force nominale de la machine en chevaux-vapeur, on aura

$$\mathrm{TV}=\mathrm{N}\times 75,\quad \text{d'où}\quad \mathrm{N}=\frac{\mathrm{TV}}{75}.$$

Remplaçant T par sa valeur trouvée plus haut, on aura une relation au moyen de laquelle on pourra facilement calculer la puissance motrice nécessaire pour remorquer un train dont le poids total est donné, ainsi que les dimensions, et marchant à une vitesse également connue. On a ainsi

$$\mathrm{N}=\frac{\mathrm{V}}{75}\left\{
\begin{array}{l}
0,0026\,\mathrm{P}+0,001\,(\mathrm{P}+\mathrm{Q})\\[4pt]
+\,0,005\,\mathrm{AV}^2+0,16\,(\mathrm{P}+\mathrm{Q})\dfrac{\sqrt{l^2+\mathrm{R}_2}}{\mathrm{R}_1}\\[8pt]
+\,\mathrm{P}+\mathrm{Q})\tan g\,\alpha+0,16\,\dfrac{(\mathrm{P}+\mathrm{Q})}{g}\dfrac{\mathrm{V}^2}{\mathrm{R}_1}\dfrac{\sqrt{2\mathrm{R}\,d+d^2}}{\mathrm{R}}
\end{array}
\right\}.$$

On peut aussi, au moyen de cette relation, mais en tâtonnant, résoudre le problème inverse, c'est-à-dire, la puissance motrice étant donnée, calculer soit le poids du convoi que la locomotive pourra remorquer à une vitesse connue, soit la vitesse qui correspond à un train d'un poids donné.

211. *Détails pratiques.* — La largeur de la voie est généralement égale à $1^m,50$. Il faut que la surface de chauffe soit en rapport avec la force de traction capable de remorquer le convoi. On peut toujours la déterminer par un procédé analogue à celui qui a été employé pour les machines fixes. A cet effet, on calcule préalablement le poids de la vapeur nécessaire à la marche de la machine. Ce poids étant représenté par P et le volume correspondant par V, comme on sait que la densité de la vapeur saturée est donnée par la formule

$$d = \frac{0,81\,n}{1 + \alpha\,t},$$

on aura

$$P = V d = V\,\frac{0,81\,n}{1 + \alpha\,t}.$$

Le poids de la locomotive étant donné *a priori*, il faut avoir soin de disposer les pièces de manière que la répartition de ce poids sur les essieux produise l'adhérence nécessaire des roues sur les rails, sans toutefois ne jamais dépasser une valeur maxima de 10000 kilogrammes par essieu, ce qui ne peut être réalisé qu'à la condition d'employer des rails d'une grande solidité et de les établir sur des supports très-rapprochés.

On limite l'écartement des essieux extrêmes d'après les rayons minima des courbes de raccordement et de telle sorte que, en aucun cas, cet écartement ne puisse gêner la circulation du train.

Lorsque les machines doivent marcher à de très-grandes vitesses, il faut donner aux roues le plus grand diamètre possible, pourvu cependant qu'il ne soit pas incompatible avec les conditions de stabilité imposées par les lois générales de l'équilibre.

L'instabilité que présentent en marche certaines locomotives tient à des causes très-complexes, qui occasionnent diverses oscillations longitudinales ou transversales dans le sens vertical ou horizontal, désignées en Mécanique appliquée sous les noms de *mouvement de galop*, de *roulis*, de *tangage* et de *lacet*, que nous étudierons, au point de vue de la Cinématique, quand il sera question des appareils servant à opérer le changement de marche. Un bon établissement de la voie et, en ce qui concerne la machine, un parallélisme aussi exact que possible des essieux et une parfaite égalité du diamètre des roues

montées sur le même essieu peuvent considérablement atténuer une partie de ces oscillations. Mais, ainsi que le savant
ingénieur **M.** Lechatellier l'a expérimentalement démontré,
le véritable moyen de supprimer ces perturbations réside dans
l'application de contre-poids aux jantes ou entre les rails des
roues motrices, pour équilibrer les parties tournantes, ainsi
que les pièces animées d'un mouvement alternatif.

Selon les usages auxquels sont affectées les locomotives,
on leur a donné la classification suivante :

1° Machines à voyageurs; 2° machines à marchandises;
3° machines mixtes; 4° machines à fortes rampes; 5° machines-tender.

Les machines à voyageurs marchent généralement à des
vitesses qui varient de 4o à 1oo kilomètres à l'heure; les efforts de traction capables de remorquer le train sont relativement faibles. On donne aux roues motrices un diamètre aussi
grand que possible, et fort souvent elles sont placées au
milieu; mais, comme la chaudière empêche de relever suffisamment l'essieu et d'employer de très-grandes roues, on les
place quelquefois à l'arrière, comme cela a lieu dans les machines Crampton. Ordinairement, ces machines remorquent
de quatorze à vingt voitures pour des vitesses de 4o à 5o kilomètres; elles n'en traînent que sept ou huit quand la vitesse varie entre 8o et 1oo kilomètres à l'heure.

Les machines à marchandises, destinées à entraîner de
ortes charges, marchent à des vitesses de 2o à 3o kilomètres à
l'heure. Les roues sont relativement petites, toutes de même
diamètre et rendues solidaires par des bielles d'accouplement
qui relient l'essieu moteur avec les deux autres essieux. On
dispose le châssis intérieurement aux roues et les cylindres
sont aussi généralement placés à l'intérieur, ce qui exige que
l'essieu soit coudé.

On désigne sous le nom de *machines mixtes* les machines
destinées à desservir les *trains-omnibus* sur des voies à peu
près horizontales et tous les trains de voyageurs sur des
rampes un peu fortes. Ordinairement, leur vitesse maxima
est de 45 kilomètres à l'heure. Pour augmenter l'adhérence
des roues avec les rails, on relie l'axe des roues motrices,
qui est toujours placé au milieu, avec l'axe des roues d'ar-

rière ou avec l'axe des roues d'avant, au moyen de bielles
d'accouplement extérieures aux roues et articulées sur des
boutons directement fixés aux roues ou à des manivelles
placées aux extrémités des deux axes. On donne le même diamètre aux roues accouplées. La disposition des organes, dans
les locomotives de ce genre, occasionnant une usure variable
qui devient une cause de glissement, il importe d'exercer
une surveillance incessante, afin de se prémunir contre tout
accident. Quelquefois ces machines sont à cylindres extérieurs; mais généralement, et surtout pour éviter un porte-à-
faux trop considérable des bielles d'accouplement, les cylindres sont intérieurs et placés dans la boîte à fumée.

Les machines dites *à fortes rampes* sont construites de manière à pouvoir développer les plus grands efforts de traction
possibles. A l'origine, les machines de ce système ont été imaginées par M. Verpilleux pour gravir la rampe de Rive-de-
Gier à Saint-Étienne, qui a 0^m,14. Pour utiliser l'adhérence
des roues du tender avec les rails, M. Engerth fit construire
les locomotives qui aujourd'hui portent son nom. Dans ces
machines, le tender est rendu solidaire de la machine elle-
même, au moyen d'un système d'engrenages convenablement
disposé entre les essieux ; quelquefois les engrenages sont
supprimés; mais, dans ce cas, le foyer est en partie supporté
par le châssis du tender que l'on relie à la locomotive par une
articulation ; les essieux des roues sont rendus connexes au
moyen de bielles d'accouplement.

Quant aux machines-tender, on les emploie le plus souvent
pour desservir un faible parcours. Le chariot d'approvision-
nement d'eau et de combustible n'est plus un véhicule distinct, mais se confond avec la machine même, ce qui produit
une plus grande adhérence sur les rails et rend plus faciles
les manœuvres, surtout quand elles ont lieu sur des plaques
tournantes. Les machines de ce système servent pour les
trains de banlieue et pour le service des chemins de fer de
ceinture.

212. *Machines à vapeur rotatives.* — Le principe de ces
machines a été indiqué par Watt dès 1782, et, quoique placées
sous ce savant patronage, elles n'ont pas encore réussi à se

faire place dans les applications de l'industrie. Plusieurs tentatives ont été faites par des ingénieurs distingués, notamment par M. Pecqueur, en vue de trouver, pour les machines
à vapeur, des dispositions qui permettent d'imprimer directement au moteur un mouvement de rotation et, par suite, de
supprimer à la fois le volant et tous les organes qui, dans les
machines actuelles, sont animés d'un mouvement alternatif.
On comprend que, cette question étant résolue, les frais de
construction seraient considérablement réduits, en même
temps que l'on supprimerait les pertes de travail inhérentes
aux frottements et aux vibrations des pièces oscillantes.

Ces machines présentent le grave inconvénient de devenir
défectueuses avec le temps, à cause de l'usure rapide des
parties frottantes et de l'introduction entre elles de la vapeur
motrice.

On a dû renoncer à l'emploi des turbines à vapeur, qu'on a
vainement tenté, car, pour un rendement convenable, il faudrait marcher à des vitesses dans un rapport déterminé avec
la vitesse d'écoulement de la vapeur. Or, la formule que nous
avons établie pour la vitesse d'écoulement des fluides (t. III)
nous apprend que celle de la vapeur est très-considérable,
même dans le cas où la pression dans la chaudière descend à
la valeur minima. Il résulterait de là que le récepteur serait
animé d'un mouvement de rotation si rapide, que la rupture
des organes ne tarderait pas à se produire.

Pour que ce système puisse donc être appliqué, il est donc
indispensable de faire agir la vapeur par pression sur le récepteur au lieu d'utiliser sa force vive.

En 1838, MM. Minary frères ont construit une machine rotative très-remarquable à divers points de vue; mais, bien que
la disposition adoptée fût des plus logiques, elle n'existe plus
aujourd'hui qu'à l'état de souvenir. Aussi nous nous bornerons à donner la description de la machine rotative de
Behrens, qui a si dignement figuré à l'Exposition universelle
de 1867.

Un grand nombre de ces machines ont été construites en
Amérique et en France. Par les résultats satisfaisants qu'elles
ont donnés, on peut prévoir l'excellent parti que l'on pourra
en tirer dans ses applications à l'industrie, lorsque les ingé-

nieurs constructeurs en auront fait une étude suffisamment approfondie.

Elle se compose de deux pistons identiques P, P' (*fig.* 114 et 115), montés sur deux arbres parallèles communiquant l'un avec l'autre au moyen de deux roues d'engrenage de même

Fig. 114.

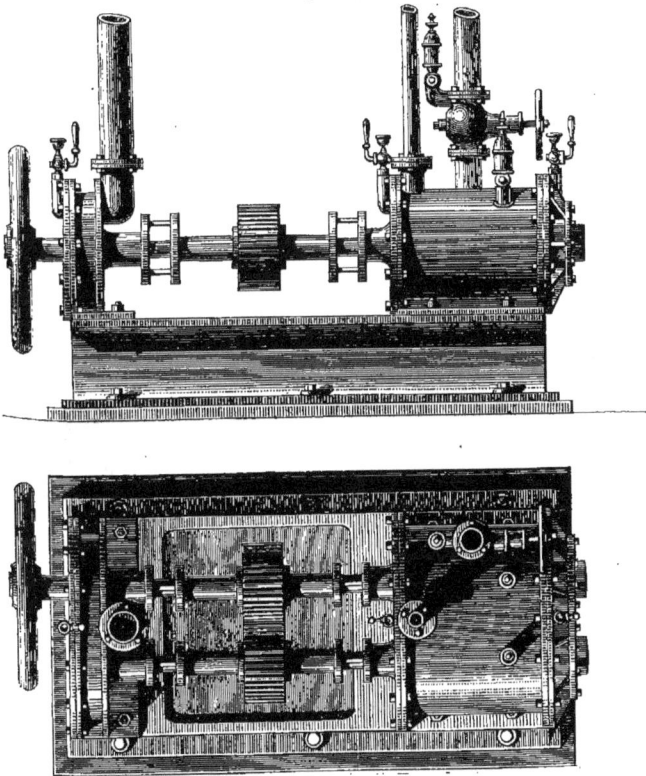

diamètre; les pistons tournent en sens contraire avec la même vitesse. Chacun d'eux affecte la forme d'une portion de cylindre annulaire, portant à l'une de ses extrémités un moyeu servant à le placer sur l'arbre fixe, autour duquel il doit exécuter un mouvement de rotation. Une douille faisant corps avec l'arbre est en contact permanent avec la surface intérieure. Quant à la surface extérieure, elle reste également en

contact avec la paroi intérieure d'une portion de cylindre
creux. Les deux cylindres creux ne forment qu'une seule et
même pièce. Aux intersections des deux cylindres, se trouvent les tuyaux A et B d'arrivée et de sortie de la vapeur,
dans des positions diamétralement opposées.

Fig. 115.

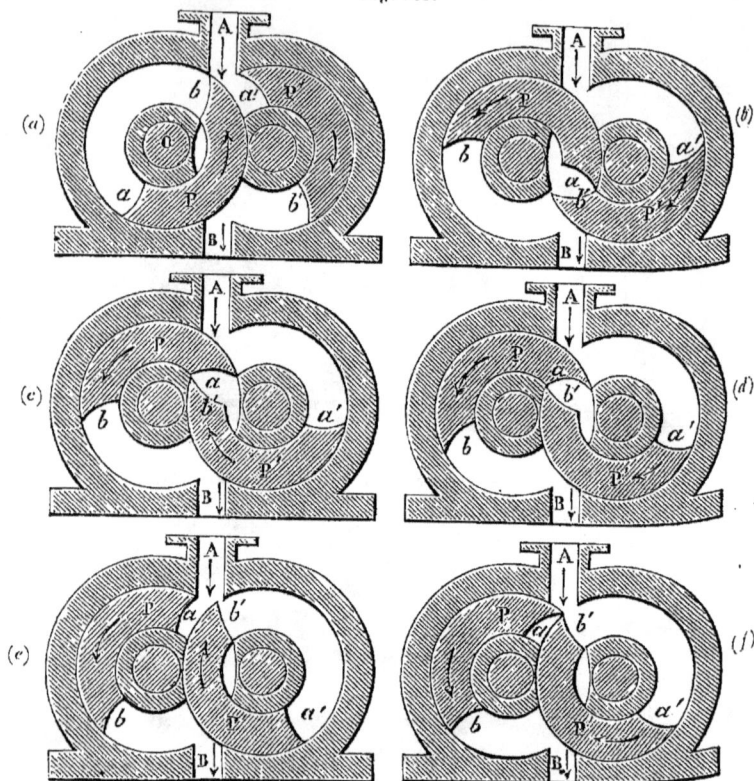

Si l'on considère la *fig.* 115 (*a*) on voit que la vapeur, agissant sur la surface *a'* du piston P', conduit le piston P, tandis
que la pression de la vapeur comprise dans le vide *ab* ne produit absolument aucun effet.

Les *fig.* (*b*) et (*c*) indiquent que la vapeur ne cesse pas
d'agir sur la surface *a'*, mais que la vapeur contenue dans
l'espace *ab* se rend dans le tuyau d'échappement.

L'examen de la *fig.* (*d*) fait reconnaître que le piston P' est engagé dans l'entaille de la douille du piston P, lequel est sur le point d'être soumis à l'action de la vapeur sur sa surface *a*; dans la *fig.* (*e*), la vapeur agit sur cette face, tandis que son action est nulle sur le piston P', qui alors est commandé par le piston P.

Il y a lieu de faire remarquer que, pendant un temps très-court, *fig.* (*f*), la vapeur n'exerce aucune action; mais comme, en vertu de la vitesse antérieurement acquise, le double mouvement de rotation continue, la vapeur ne tarde pas à agir sur *a*, et alors *a' b'* est mis en communication avec le tuyau d'échappement. La même série de phénomènes se reproduit dans le même ordre tant que la vapeur de la chaudière afflue dans l'intérieur des deux cylindres.

Cette machine peut être rendue à détente, soit en plaçant sur le tuyau A une valve commandée par un excentrique calé sur des arbres, soit en formant la machine de deux cylindres juxtaposés dont la capacité de l'un est quatre ou cinq fois plus grande que celle de l'autre. D'après cette nouvelle disposition, la vapeur agit à pleine pression dans le petit cylindre et va se détendre dans le grand, de sorte que tout se passe absolument de la même manière que dans les machines à vapeur à deux cylindres du système Woolf.

La machine rotative de M. Behrens peut, sans difficulté, être appliquée aux pompes élévatoires. On peut adapter un condenseur à cette machine, mais à la condition de monter la pompe à air sur les arbres de transmission.

213. *Machines à vapeur de navigation.* — Certains bateaux à vapeur sont munis de machines à cylindre oscillant, disposition qui n'est justifiée que par l'exiguïté de l'emplacement dont on peut disposer.

Le cylindre est supporté par deux tourillons horizontaux s'engageant dans des coussinets. Ces tourillons sont creux et servent, l'un pour l'admission de la vapeur et l'autre pour l'échappement. La tige du piston est directement articulée avec la manivelle, dont l'axe horizontal de rotation est compris dans le même plan vertical que celui des tourillons.

Dans les *fig.* 116 et 117, on voit immédiatement que le cy-

Fig. 116.

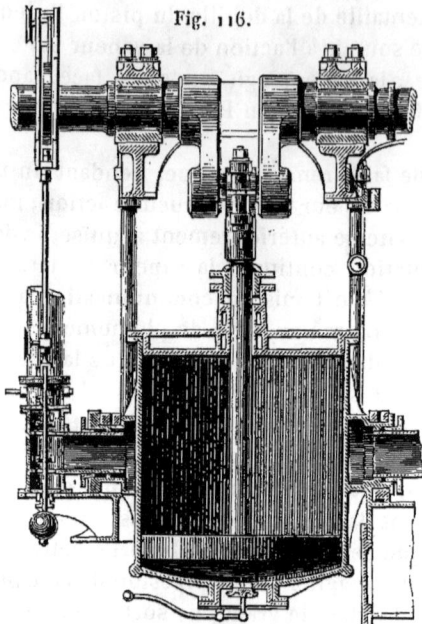

Fig. 117.

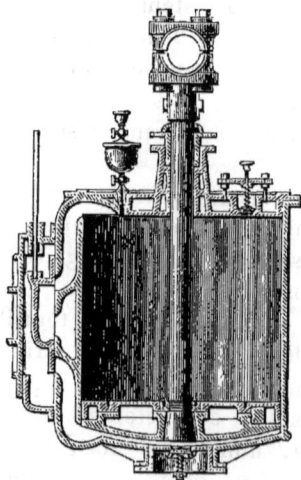

lindre doit être animé d'un mouvement circulaire alternatif

et qu'une oscillation complète correspond à une révolution entière de l'arbre de transmission.

Supposons que, les principales pièces étant réduites à leurs

Fig. 118.

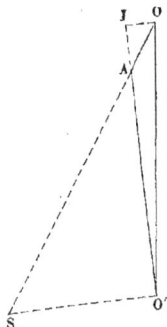

lignes de symétrie, on les ait projetées sur un plan perpendiculaire aux deux axes (*fig.* 118).

Soient

O, O′ les axes de rotation de l'arbre et du cylindre;

$OA = R$ le rayon de la manivelle;

V_1 la vitesse angulaire de l'arbre;

V'_1 la vitesse angulaire de O′A autour de S;

V la vitesse relative du piston dans le cylindre.

Comme la tige du piston est assujettie à passer constamment par le point O′, son centre instantané se trouve à l'intersection S du prolongement de OA avec la perpendiculaire menée au point O′ à la ligne O′A. On aura donc

$$\frac{V_1}{V'_1} = \frac{SA}{OA}.$$

En abaissant la perpendiculaire OI sur O′A, nous aurons deux triangles semblables OAI, SAO′ qui fourniront la relation suivante

$$\frac{SA}{OA} = \frac{SO'}{OI},$$

d'où

$$\frac{V_1}{V'_1} = \frac{SO'}{OI} \quad \text{et} \quad V'_1 = V_1 \frac{OI}{SO'},$$

ou bien encore

$$V'_1 \times SO' = V_1 \times OI.$$

Cette rotation pouvant être considérée comme résultant d'une rotation égale autour de O', qui sera la vitesse angulaire du cylindre et d'une translation, on aura

$$V'_1 \times SO' \quad \text{ou} \quad V = V_1 \times OI.$$

Telle est l'expression de la vitesse relative du piston en fonction de la vitesse angulaire de l'arbre moteur.

Fig. 119.

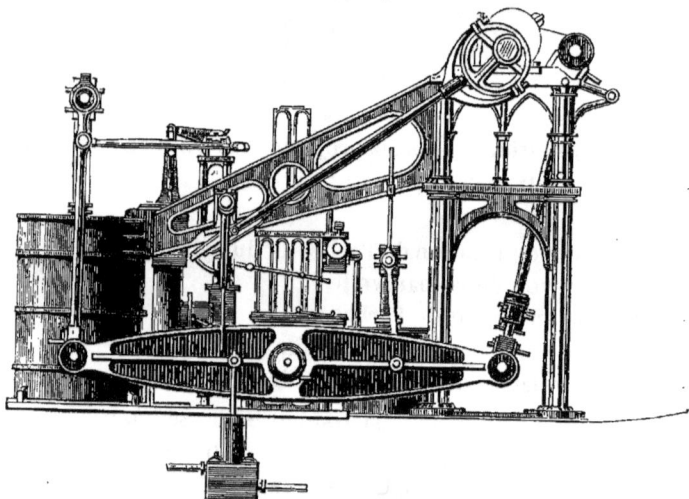

On a appliqué le système de Watt aux machines des bateaux, mais avant tout il est nécessaire de restreindre autant que possible l'espace occupé par l'ensemble du mécanisme. A cet effet, on place le balancier au-dessous en fixant sur le cylindre l'axe de l'articulation du contre-balancier (*fig.* 119).

On peut supprimer le parallélogramme, en articulant les extrémités du balancier et du contre-balancier à une tringle en un point de laquelle on articule également la tige. L'étude de ce mode de transmission, au point de vue de la Cinématique, fait reconnaître que le point d'attache de la tige du piston décrit une courbe à longue inflexion. Le lecteur qui désirera entrer dans des détails plus complets sur les machines marines pourra recourir au *Traité des appareils à vapeur de navigation* de M. Ledieu, correspondant de l'Institut, dont nous avons souvent invoqué l'autorité dans le cours de ce Volume.

Dans la navigation à vapeur, la question qui prédomine consiste dans la résistance des fluides au mouvement des corps immergés.

La résistance des fluides, et plus particulièrement celle opposée par l'eau, peut être considérée à deux points de vue différents : 1° un corps solide immobile peut être choqué par le fluide en mouvement dans lequel il est plongé ; 2° le même corps solide en mouvement est plongé dans un fluide sans vitesse, c'est-à-dire à l'état stagnant.

Dans le Cours d'Hydraulique professé à l'École Centrale des Arts et Manufactures, M. Belanger propose la même formule que Newton pour mesurer la résistance des liquides au mouvement des corps solides.

Dans les deux cas que nous avons distingués, l'expression est de la forme

$$R = k\, d A\, \frac{V^2}{2g},$$

dans laquelle k est un coefficient qui varie avec la forme du solide immergé, d le poids de 1 mètre cube du liquide estimé en kilogrammes, A l'aire en mètres carrés de la section transversale de la partie plongée du corps solide, et V sa vitesse par seconde.

La valeur du coefficient k peut varier entre des limites fort étendues, selon la forme des corps immergés, et cela se comprend, attendu que le liquide remplit plus ou moins facilement le vide qui se forme derrière le corps solide en mouvement.

Dans un Mémoire placé à la fin de son *Introduction à la Mécanique industrielle*, Poncelet a trouvé que le coefficient k varie de 1,8 à 2 quand le corps immergé affecte la forme d'un parallélépipède rectangle de 1 mètre carré de surface et de 0^m,01 d'épaisseur.

Pour un prisme de même base, mais d'une longueur égale

à deux ou trois fois la largeur de cette base, le vide engendré derrière se remplit plus régulièrement, et, comme la dépression postérieure devient moins considérable, le coefficient k descend à $1^m,3o$ et même à $1^m,1o$. Poncelet a de plus constaté que, dans ce cas, la résistance qui correspond à 1 mètre carré de section et à une vitesse de 1 mètre par seconde varie entre 92 kilogrammes et $56^{kg},o6$.

Les navires et les bateaux vus en projection horizontale présentent une pointe aux deux extrémités. On donne le nom de *mattre couple* à la section immergée prise au milieu de la longueur du navire. La valeur de k qui correspond à cette forme est approximativement égale à $o,16$ ou $o,12$, et peut même descendre jusqu'à $o,o5$. Si l'on prend $k = o,16$ ou $o,15$ par mètre carré de section plongée et pour une vitesse de 1 mètre par seconde, la résistance au mouvement devient inférieure à 8 kilogrammes.

Lorsque le bateau à vapeur, au lieu de naviguer dans un courant indéfini, se meut dans les eaux d'un canal de peu de largeur, la résistance au mouvement est considérablement augmentée, attendu que le refoulement qui se produit en avant détermine des dénivellations très-sensibles. Il est évident, en effet, que la masse d'eau déplacée par le système flottant, ne cédant pas librement à l'action du moteur, est refoulée contre les obstacles fixes opposés par les deux rives, et naturellement cette nouvelle résistance absorbe une partie de la force vive développée.

Dans la marche d'un navire, il importe de distinguer sa vitesse réelle de celle qui doit servir de base au calcul de la résistance qui s'oppose à son mouvement.

Lorsque le bateau se meut en eau morte ou stagnante, en divisant le chemin parcouru entre deux points fixes par le temps employé à le parcourir, on obtient la valeur V, qui est un des éléments du calcul de la résistance au mouvement. Mais si·le courant possède une vitesse v, et que le bateau se meuve dans le même sens, elle fuit pour ainsi dire devant lui, et c'est la vitesse relative V — v qui détermine la résistance au mouvement. Pareillement, si le navire navigue en sens contraire, ce sera la vitesse relative V + v qu'il faudra introduire dans la formule.

D'après cela, nous aurons :

1° Quand le mouvement a lieu dans une eau morte,

$$R = \frac{1000\,k\,A\,V^2}{2\,g};$$

2° En descendant le courant,

$$R = \frac{1000\,k\,A\,(V - v)^2}{2\,g};$$

3° En remontant le courant,

$$R = \frac{1000\,k\,A\,(V + v)^2}{2\,g}.$$

Il est très-facile de connaître le travail dû à cette résistance si l'on se donne *a priori* la vitesse de marche du navire.

Si nous admettons que le mouvement soit uniforme, il suffira de multiplier les deux membres de l'équation par la vitesse V, qui n'est autre chose que le chemin parcouru dans une seconde. On aura ainsi, en désignant ce travail par T,

$$RV \text{ ou } T = \frac{1000\,k\,A\,V^2}{2\,g} \times V = \frac{1000\,k\,A\,V^3}{2\,g}.$$

Dans cette formule, V représente la vitesse à la fois relative et absolue dans une eau morte.

Si le navire descend un courant, on aura

$$T = \frac{1000\,k\,A\,(V - v)^2}{2\,g} \times (V - v) = \frac{1000\,k\,A\,(V - v)^3}{2\,g};$$

si le bateau remonte le courant, la formule devient

$$T = \frac{1000\,k\,A\,(V + v)^2}{2\,g} \times (V + v) = \frac{1000\,k\,A\,(V + v)^3}{2\,g}.$$

Cette équation montre que le travail dépensé par la résistance, dans l'unité de temps, croît proportionnellement au cube de la vitesse relative, et, par suite, qu'il serait très-désavantageux d'augmenter, même d'une petite quantité, la vitesse d'un bateau dans les mêmes circonstances de navigation.

Nous ferons cependant observer que, si sur un trajet d'une grande étendue le navire marche à une grande vitesse, le temps du parcours est considérablement réduit, et que cette circonstance compense très-largement l'inconvénient que nous avons signalé.

Appelons t la durée du parcours et T′ la quantité de travail dépensée pendant le même temps. Puisque T représente le travail qui correspond à l'unité de temps, on aura

$$T' = T \times t.$$

En supposant que la vitesse croisse dans un rapport représenté par q, la dépense de travail sera proportionnelle à Tq^3; mais, comme la durée du trajet se trouve réduite dans le rapport $\dfrac{t}{q}$, il s'ensuit que le travail de la résistance sur toute l'étendue du parcours sera

$$T' = T q^3 \times \frac{t}{q} = T q^2 t.$$

De cette dernière relation on peut conclure que, le travail élémentaire ne cessant pas d'être proportionnel au cube de la vitesse, le travail total à dépenser sur un trajet d'une certaine étendue est seulement proportionnel au carré de cette vitesse. Par conséquent, si l'on veut accomplir un trajet avec une vitesse double, il faudra multiplier par le cube de 2 le travail développé par la machine, mais seulement par le carré la dépense totale de combustible.

Lorsque le navire monte ou descend un courant, il est évident qu'à la même vitesse de marche correspond une plus grande dépense de force en montant qu'en descendant, et, par suite, la durée du trajet sera plus grande dans le premier cas que dans le second, puisque la vitesse absolue est bien moindre. Si le navire descend le courant, la puissance dépensée dans l'unité de temps sera proportionnelle à $(V - v)^3$, et en réalité, pour le trajet à effectuer, il s'avance d'une quantité représentée par $V + v$. En remontant le courant, la puissance développée est proportionnelle à $(V + v)^3$, et l'avancement réel n'est plus que $V - v$.

Par conséquent, dans le premier cas, la puissance totale dépensée sur toute l'étendue du trajet sera

$$\frac{(V - v)^3}{V + v},$$

et dans le second

$$\frac{(V + v)^3}{V - v}.$$

Divisant ces deux rapports l'un par l'autre, on aura

$$\frac{(V + v)^3}{V - v} : \frac{(V - v)^3}{V + v} = \frac{(V + v)^3 (V + v)}{(V - v)^3 (V - v)} = \left(\frac{V + v}{V - v}\right)^4,$$

ce qui prouve que les quantités totales de puissance développées quand le navire marche alternativement dans les deux sens pour effectuer le même trajet avec la même vitesse absolue sont directement proportionnelles à la quatrième puissance des vitesses relatives possédées par le navire en descendant et en remontant le courant.

Les considérations précédentes sur la mesure de la puissance motrice absorbée pour la marche d'un navire nous apprennent que, quel que soit l'appareil propulseur imprimant le mouvement, le travail utile exprimé en kilogrammètres pourra toujours être représenté, dans l'unité de temps, par la formule

$$T = \frac{1000\, k\, A\, (V \pm v)^3}{2g},$$

le signe $+$ se rapportant au cas où le navire remonte le courant, et le signe $-$ au cas où il le descend. Pour faire l'application de cette formule, en négligeant le frottement latéral de la carène sur l'eau et la résistance de l'air contre la partie émergée, il suffira de connaître la valeur numérique qui doit être attribuée au coefficient k. Cette valeur peut évidemment varier, selon les formes données au navire; mais généralement elle est comprise entre les limites 0,16 et 0,05, avec cette restriction cependant que la limite minima 0,05 est rarement atteinte.

Le coefficient k pouvant se combiner avec la constante $2g$,

Méc. D. — IV. 33

nous appellerons *résistance spécifique* le rapport $\dfrac{k}{2g} = \dfrac{k}{19,62}$, que nous désignerons par k'. Elle est exprimée en kilogrammes et correspond à l'unité de vitesse pour l'unité de surface immergée, ou, en d'autres termes, elle se rapporte à une vitesse de marche de 1 mètre par seconde et à 1 mètre carré de surface prise au maître-couple. Ainsi, la formule se présentera sous la forme générale

$$T = k'A(V \pm v)^3.$$

Dans la pratique, on a conservé l'habitude d'évaluer la force nominale des machines marines en appliquant les règles établies par Watt, c'est-à-dire en admettant que la vapeur soit à basse pression et que la vitesse du piston ne soit pas très-grande.

Dans la marine, la formule généralement admise est

$$T = \frac{2\pi d^2 ln\,(H - h)}{4 \times 60}\,13592$$

óu

$$T = \frac{\pi d^2 ln\,(H - h)}{120}\,13592,$$

d représentant le diamètre du cylindre, l la course du piston, n le nombre de tours de l'arbre moteur en une minute, H la pression exercée sur la surface du piston en colonne de mercure, et h la résistance sur le piston évaluée de la même manière.

Généralement, en pratique, on fait abstraction de la quantité h, de sorte que la formule devient

$$T = \frac{\pi d^2 ln\,H}{120}\,13592,$$

et, comme cela a lieu le plus souvent, si la machine du navire est composée de deux appareils,

$$T = \frac{2\pi d^2 ln\,H}{120}\,13592 = \frac{\pi d^2 ln\,H}{60}\,13592.$$

Si N représente la force de la machine en chevaux-vapeur, nous aurons

$$N = \frac{3,1416\,d^2\,ln\,H}{60 \times 75}\,13592,$$

et, en effectuant les calculs,

$$N = 9,488\,d^2\,ln\,H.$$

C'est au moyen de l'indicateur de Watt, dont il sera question plus loin, que l'on trouve la valeur de H; mais la valeur de h, représentant les résistances passives, n'est pas aussi facile à déterminer.

D'après la règle anglaise établie par Watt, la pression brute sur la surface des pistons est fixée à 9 livres par pouce carré; mais l'effet utile ne correspond qu'à 7 livres sur la même surface, ce qui réduit le rendement de la machine à $\frac{7}{9}$ ou 0,78 par approximation.

Si l'effet utile atteint cette dernière valeur, le rapport $\frac{H}{h} = \frac{100}{22}$ environ, tandis que ce rapport augmente quand le rendement devient supérieur et diminue si le rendement descend au-dessous de la limite normale que nous lui avons assignée.

Comme il est fort difficile d'avoir exactement la valeur de h, les ingénieurs des constructions navales ont adopté, pour la réception des appareils de navigation, la formule modifiée par la suppression de h. Le résultat auquel on parvient en l'appliquant est supérieur à celui qui représente la puissance réelle de la machine motrice.

CHAPITRE XI.

214. *Machines à air chaud et à gaz.* — L'application de la vapeur aux machines thermiques présente de graves inconvénients qu'il importe de signaler:

1° La chaudière, accessoire obligé de la machine, est toujours une cause de danger, et par suite exige de la part du mécanicien une surveillance et un soin incessants.

2° Comme la température ne saurait être supérieure à 180 degrés environ, ce qui correspond à une pression de 10 atmosphères, tandis que celle du condenseur ne descend jamais au-dessous de 25 degrés, on conçoit que le rendement théorique maximum doit avoir une limite qui dépend de la différence de ces deux températures.

3° Dans la pratique, il paraît fort difficile, sinon impossible, de donner à la machine une constitution organique telle que le rendement réel se rapproche suffisamment du rendement maximum théorique pour des températures déterminées du générateur et du condenseur.

Il est facile de supprimer les deux premiers inconvénients, en substituant à la vapeur de l'air ambiant porté à la haute température d'un foyer, sous une pression relativement faible. Si l'on chauffe, en effet, de l'air atmosphérique ou tout autre gaz permanent pris à la pression ambiante, et si le récipient dans lequel il est contenu reste de volume constant, en vertu de la loi de Mariotte, il se produit un surcroît de pression que l'on peut utiliser pour développer un travail mécanique. Quant au troisième inconvénient, on peut considérablement l'atténuer par l'emploi d'un appareil nommé *régénérateur*. Tel est l'objet des machines dites *à air chaud*.

Malgré ces précieux avantages, les machines à air chaud

n'ont pas donné, au point de vue économique, des résultats plus satisfaisants que les machines à vapeur, et c'est ce qui explique pourquoi elles sont presque tombées dans l'oubli, ou du moins que l'on en construit fort peu de nos jours.

Les machines à gaz proprement dites sont principalement employées dans les industries qui ne doivent utiliser la force motrice que pendant une partie de la journée. Les produits de la combustion du gaz, en se dilatant, agissent directement sur la surface du piston et développent ainsi le travail mécanique nécessaire pour la fabrication.

215. *Machine à air chaud d'Ericsson.* — La description et la théorie de cette machine ont été données (p. 160, n° **51**) quand il a été question de l'application des principes généraux de la Thermodynamique.

216. *Machine à air chaud de M. Belou.* — Cette machine a non-seulement pour objet, comme la précédente, d'utiliser

Fig. 120.

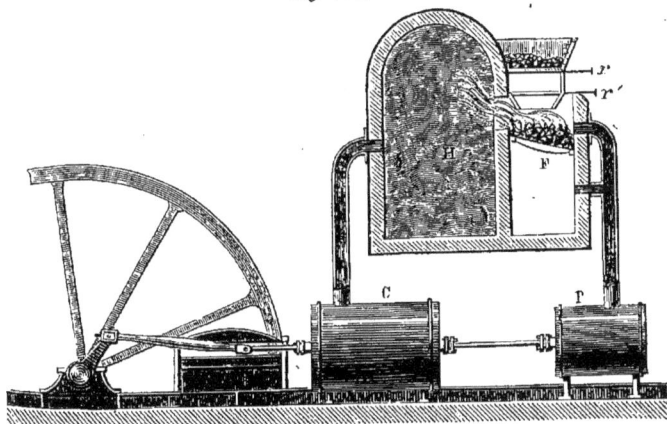

dans de meilleures conditions la chaleur dégagée par les foyers, mais encore de rendre aussi petite que possible la quantité de chaleur enlevée par la fumée.

Elle se compose d'un cylindre horizontal de machine à vapeur C et d'une pompe à air P montée sur la tige du piston (*fig.* 120).

Extérieurement le foyer est en fonte, et intérieurement en briques réfractaires. On donne à ses diverses parties des dimensions en rapport avec la quantité d'air nécessaire pour développer la puissance, de manière que le mélange d'air brûlé et d'air resté intact ne s'échappe pas à une trop haute température. La pompe P envoie de l'air atmosphérique sur la grille et en dessous au moyen d'un tuyau de conduite qui se bifurque. Le chargement du combustible se fait à travers une trémie communiquant avec le foyer par l'intermédiaire d'une chambre d'équilibre fermée par deux registres r et r'. En ouvrant le registre r, la houille placée sur la trémie tombe dans la chambre; puis, après avoir fermé r et ouvert r', elle tombe sur la grille en s'étendant sur toute sa surface. Les gaz provenant de la distillation et de la combustion de la houille, ainsi que l'air en excès, se rendent dans un récipient H, où s'établit l'équilibre de température. De là ils sont amenés par un tuyau de conduite dans le cylindre C et agissent sur la surface du piston, d'abord à pleine pression et puis en se détendant.

Les tiges du piston et du tiroir sont creuses, afin de faciliter leur refroidissement, et, pour lubrifier le cylindre, on emploie de l'eau de savon que l'on introduit à l'aide d'un énorme godet à double robinet.

Depuis 1861, il n'a été construit pour les besoins de l'industrie que quatre ou cinq machines Belou. La plus remarquable a été établie dans une papeterie du département de l'Allier. Cette machine est de la force de 30 chevaux sur l'arbre de couche. Des expériences, faites avec le plus grand soin par M. Tresca, ont appris que la pression, à l'introduction, valait $1^{atm},6$, tandis qu'après le refoulement de la pompe à air elle atteignait $1^{atm},9$. Par son mode de fonctionnement, la machine Belou se rapproche beaucoup des machines à vapeur ordinaires.

217. *Machine à air chaud de M. Lemoine.* — Cette machine se compose d'un cylindre vertical placé au-dessus d'un foyer; le fond de ce cylindre est muni de tubes verticaux reportés dans l'intérieur du cylindre et fermés à leurs extrémités inférieures (*fig.* 121).

Le piston, qui se meut dans le cylindre sans en toucher les parois, est formé de disques de toile métallique parfaitement semblables à ceux qui composent le réchauffeur de la machine d'Ericsson. Des cylindres dont les axes sont verticaux,

Fig. 121.

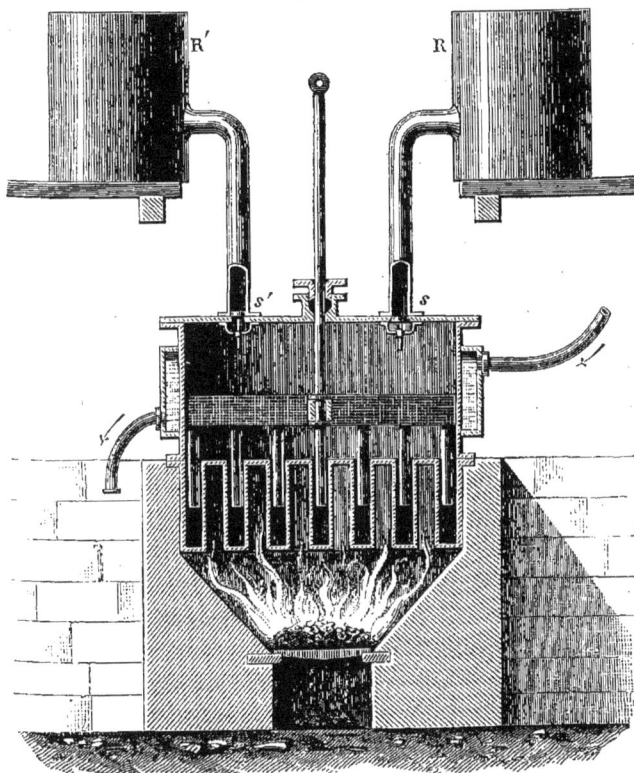

adaptés à la face inférieure du piston, viennent s'engager dans les tubes du fond du cylindre quand le piston est parvenu au bas de sa course.

Le cylindre est enveloppé par une chemise dans laquelle circule de l'eau froide destinée à maintenir constamment une basse température.

Deux soupapes s, s', s'ouvrant, la première de dehors en dedans et la seconde de dedans en dehors, sont adaptées au fond supérieur du cylindre pour établir respectivement la communication entre les réservoirs R, R'. Dans le premier de ces réservoirs est contenu de l'air à la pression P, supérieure ou égale à la pression atmosphérique p, et dans l'autre se trouve une certaine quantité du même gaz à la pression P', plus grande que la pression P.

Supposons que le piston soit au bas de sa course et que le cylindre de la machine contienne de l'air froid à la pression p; dans ce cas, les toiles métalliques supérieures du piston sont froides, tandis que les toiles métalliques inférieures sont chaudes. Quand on élève le piston, la soupape s reste fermée, et il en sera de même de la soupape s' tant que la pression P, dans le cylindre n'aura pas atteint la pression P'. Pendant cette période, l'air du cylindre traversera le piston du cylindre, s'échauffera d'abord aux dépens des toiles métalliques, puis par le contact avec le fond du cylindre, et sa pression croîtra graduellement. Dès que la pression P, dans le cylindre devient égale à P', la soupape s' s'ouvrira et une partie de l'air contenu dans le cylindre se rendra dans le réservoir R'. Lorsque le piston redescendra, l'air, en le traversant, y déposera de la chaleur, se refroidira par ce fait même ainsi que par celui de la dilatation; dès lors, la pression, diminuant de plus en plus, tombera bientôt au-dessous de P', et la soupape s' se fermera. Il arrivera ensuite un moment où la pression P, deviendra inférieure à P, et alors, la soupape s s'ouvrant, le réservoir R enverra de l'air froid dont la présence aura pour effet de compenser le vide qui tend à se produire. Enfin, quand le piston sera au bas de sa course, le cylindre sera encore rempli d'air à la pression P, et les phénomènes que nous venons de décrire recommenceront dans le même ordre pour la course ascendante du piston.

Par ce qui vient d'être dit sur la machine Lemoine, on voit qu'une oscillation complète du piston a pour résultat définitif de faire passer un certain volume d'air froid du réservoir R dans le réservoir R', c'est-à-dire de la pression P à la pression P'. L'air comprimé dans ce dernier réservoir peut être utilisé par un cylindre à double effet, semblable à celui d'une machine à vapeur ordinaire.

Si la pression P est prise égale à la pression atmosphérique p, l'emploi du réservoir R devient inutile; si l'on veut avoir $P > p$, il faudra, une fois pour toutes, comprimer de l'air dans ce réservoir au moyen d'une pompe commandée par la machine.

En terminant cette description sommaire des deux principaux types des machines à air chaud, nous ajouterons qu'elles ne sauraient, pas plus dans l'avenir que dans le passé, faire une concurrence sérieuse aux machines à vapeur. Leur emploi est limité au cas où il existerait des difficultés particulières pour se procurer de l'eau, et où, d'ailleurs, le combustible à portée serait d'un prix peu élevé. Ce cas se présente précisément dans l'exploitation des forêts; c'est donc en vue de cette exploitation qu'il convient d'étudier les machines à air chaud pour y apporter tous les perfectionnements que comporte leur établissement.

218. *Machine à gaz de Lenoir.* — La première idée des machines à gaz est due à l'ingénieur français Lebon, inventeur de l'éclairage au gaz. Cette idée, successivement reprise et abandonnée par des ingénieurs de mérite, a été réalisée avec succès par M. Lenoir. Tous les essais tentés jusqu'alors étaient restés sans aucune solution réellement pratique. C'est donc aux perfectionnements apportés par cet homme ingénieux, à la constance de ses efforts pour les faire prévaloir, que l'on doit un engin mécanique qui, après bien des mécomptes, a pu enfin prendre place dans l'industrie.

La machine Lenoir, par sa disposition géométrique, a beaucoup d'analogie avec les machines à vapeur ordinaires et peut sous ce rapport présenter les mêmes variétés. Cependant, le type généralement adopté est celui d'une machine horizontale à connexion directe, dont elle ne diffère, d'ailleurs, que par les organes de distribution et d'échappement.

Le cylindre est muni de deux tiroirs, un pour l'évacuation et un autre pour l'introduction.

Le tiroir de distribution A (*fig.* 122 et 123), placé dans une boîte rectangulaire où arrive le gaz, permet l'introduction de ce fluide et de l'air par des trous pratiqués latéralement. Ce tiroir est formé de deux plaques frottantes réunies entre elles. Chaque plaque correspond à un orifice du cylindre; elle glisse entre la glace de ce cylindre et une paroi fixe percée d'un orifice, juste en regard du précédent. Elle présente deux sé-

Fig. 122.

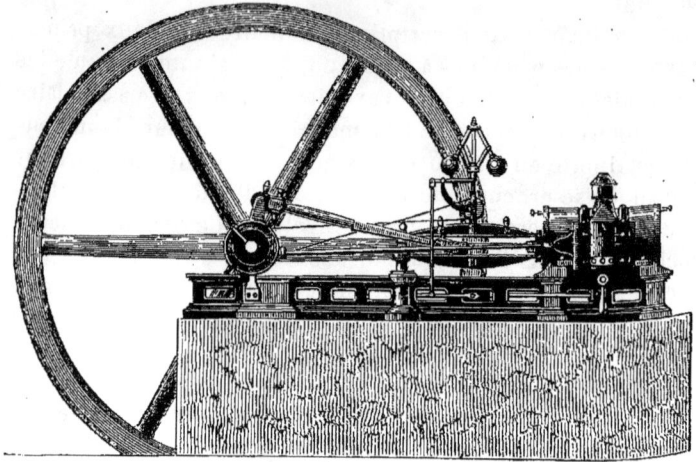

Fig. 123.

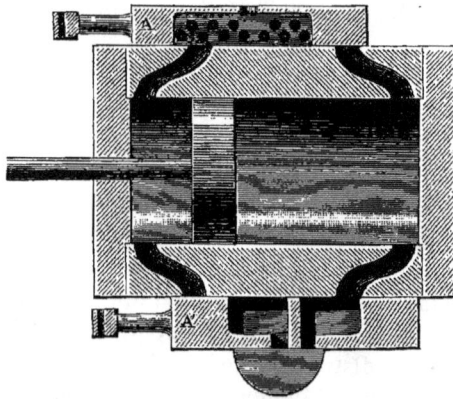

ries de trous, enchevêtrés les uns dans les autres, respective- ment destinés au passage du gaz et à celui de l'air atmosphé- rique. Les trous affectés au passage du gaz traversent la plaque de part en part ; ceux destinés au passage de l'air sont en communication directe avec l'atmosphère par l'épaisseur même de la plaque frottante, dont les bords transversaux sont à découvert et débouchent du côté de la glace du cylindre. Il résulte de cette disposition que le gaz et l'air ne pénètrent dans les orifices du cylindre que lorsque, par suite du mouvement du tiroir, les trous en question se trouvent en regard de ces orifices.

Dès que l'inflammation du mélange gazeux a produit son action sur la surface du piston, l'échappement a lieu par le second tiroir A'.

Le système qui produit l'étincelle n'est autre chose qu'une bobine d'induction mise en action par une pile de Bunsen et un appareil intermédiaire appelé *distributeur*.

Le distributeur se compose d'un cercle en caoutchouc (substance peu conductrice de l'électricité), ayant une ouverture centrale pour laisser passer l'une des extrémités de l'arbre moteur; il est muni de deux arcs en cuivre de même rayon, représentant chacun à peu près un quadrant, et d'un cercle du même métal, servant à recevoir le courant électrique. Une pièce complétement isolée, appelée *frotteur*, assez longue pour toucher à la fois le cercle intérieur et les deux arcs, est entraînée dans le mouvement de rotation de l'arbre moteur de la machine. Dès que cela a lieu, le courant aboutit à l'une ou l'autre des pointes de platine terminant les fils conducteurs et soigneusement encastrées, avec isolement, dans les deux fonds du cylindre. Les interruptions produisent les étincelles qui doivent enflammer le mélange gazeux.

Le cylindre est muni d'une enveloppe à circulation d'eau, pour empêcher qu'il ne s'échauffe; cette circulation est établie au moyen d'une petite pompe que la machine met en mouvement.

Pour que le gaz puisse être introduit à la pression normale, un renflement formant réservoir est convenablement ménagé sur le tuyau d'arrivée à une certaine distance de la machine.

Après cette description sommaire de la machine, il reste encore à faire connaître son mode de fonctionnement.

Le piston, pendant la première moitié de sa course environ, aspire du côté de sa face postérieure le mélange de gaz et d'air, dans la proportion convenable pour l'inflammation par l'étincelle électrique. Alors l'admission est fermée, le courant s'établit, puis l'étincelle se produit; aussitôt le gaz s'enflamme, s'échauffe et, en se dilatant, agit sur la surface du piston avec une pression absolue de 5 atmosphères en moyenne. Sur sa face antérieure, comme dans les machines à vapeur, le piston éprouve pendant la durée de sa course une contre-pression provenant des gaz brûlés de la pulsation précédente et qui n'est guère supérieure à 1 atmosphère.

Des expériences très-variées, faites sur ces machines au Conservatoire des Arts et Métiers, ont mis en évidence que l'inflammation complète du mélange gazeux ne commence pas immédiatement avec la formation du courant électrique. Il y a toujours un retard, plus ou moins notable et plus ou moins régulier, qui dépend essentiellement de la vitesse de rotation de l'arbre moteur, et par suite du mouvement plus ou moins rapide du piston.

Il a encore été démontré expérimentalement que, au point de vue de la célérité et de la régularité de l'inflammation, la vitesse de rotation ne doit pas dépasser 100 tours à la minute. M. Tresca, à qui l'on doit les expériences que nous avons rappelées, estime que le moteur à gaz de M. Lenoir consomme de 2^{mc},744 à 3^{mc},166 de gaz par heure et par force de cheval-vapeur. Il a, de plus, constaté que, pour diminuer la vitesse de la machine, il suffit de restreindre, en ouvrant plus ou moins le robinet d'arrivée du gaz, la proportion de ce dernier avec l'air atmosphérique qui doit coopérer à l'inflammation du mélange au moyen de l'étincelle électrique.

219. *Machine à gaz de M. Hugon.* — Par sa disposition, cette machine présente une grande analogie avec le moteur Lenoir. Elle est à double effet, et le cylindre est alimenté par un mélange d'air et de gaz préparé à l'avance, pour chaque course du piston, dans une sorte de soufflet cylindrique S que la machine met en mouvement (*fig.* 124).

La distribution du mélange gazeux dans le cylindre s'opère par un tiroir T dans lequel sont pratiquées, indépendamment des orifices d'admission et d'échappement, deux cavités renfermant chacune un bec de gaz à la pression de 0^m,60 à 0^m,70 en colonne d'eau que l'on obtient par compression. On opère le refroidissement extérieur de la machine par une injection d'eau froide arrivant à l'intérieur même du cylindre aussitôt après l'explosion.

L'inflammation du mélange gazeux est déterminée par les

Fig. 124.

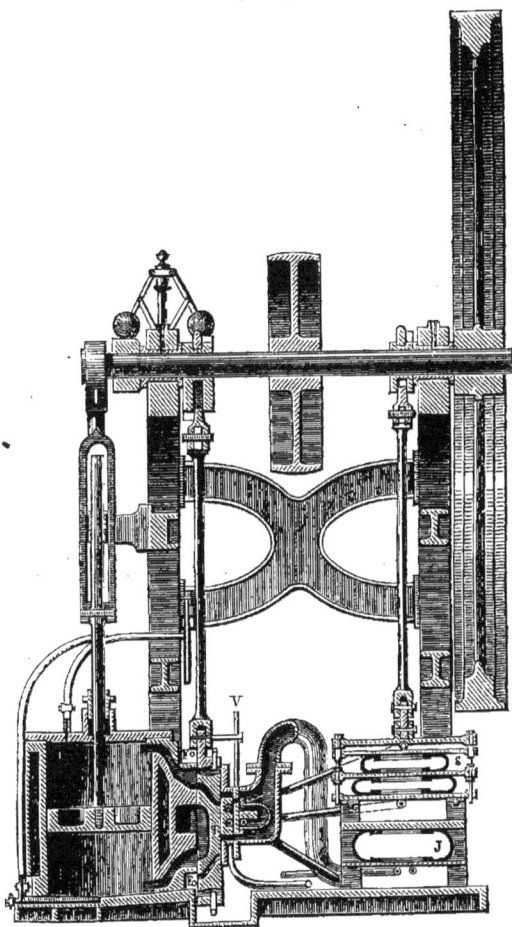

becs dont il vient d'être question; chacun d'eux s'éteint par suite de l'agitation que produit l'inflammation et se trouve ramené au jour lorsque l'autre bec enflamme le mélange qui correspond à la face opposée du piston; un bec fixe F, convenablement disposé, sert à le rallumer. Un réservoir de gaz J est affecté à l'alimentation des becs servant à produire l'inflammation. Comme dans la machine à vapeur du système Farcot, le tiroir régulateur V du mélange détonant est commandé par un régulateur à boules ayant la forme généralement adoptée.

Pour mettre la machine en mouvement, on débraye d'abord le soufflet, on comprime une petite quantité de gaz pour allumer les deux becs fixes, et l'on ouvre le robinet d'alimentation. Ensuite, on fait tourner le volant pour opérer le déplacement des becs mobiles, qui, par l'effet même du jeu de la machine, s'éteignent et se rallument successivement.

La disposition donnée à la machine de M. Hugon présente une certitude absolue contre toute interruption dans l'inflammation du mélange gazeux, comme cela arrive quelquefois pour la machine Lenoir, où les inflammateurs à bec sont remplacés par l'étincelle de la bobine d'induction : c'est en cela surtout que consiste la différence entre les deux moteurs.

En 1866, une machine de ce système, expérimentée par M. Tresca, a dépensé 2^{mc},2066 de gaz par heure et par force de cheval-vapeur.

220. *Machine à gaz de MM. Otto et Langen.* — L'invention de cette machine ne date que de quelques années. MM. Otto et Langen la présentèrent à l'Exposition universelle de 1867, et, depuis, elle est fort en vogue à l'étranger, à cause de sa supériorité économique. Elle est à simple effet, c'est-à-dire que la face supérieure du piston est en communication permanente avec l'atmosphère, et que c'est seulement en vertu de la variation de pression sur la face opposée que cet organe peut se mouvoir (*fig.* 125 et 126).

Une colonne en fonte constitue le corps principal de la machine. Cette colonne n'est autre chose qu'un cylindre vertical ouvert par le haut et renfermant un piston sur la surface inférieure duquel agit le mélange explosif. Le diamètre du piston est approximativement égal à $\frac{1}{5}$ de la longueur du cylindre. La tige de ce piston, taillée en crémaillère, engrène avec une roue dentée montée sur un manchon en fonte clavelé avec l'arbre du volant. L'intérieur de cette roue est muni d'encoches formant rochet, qui correspondent à des galets en acier dont les axes sont disposés circulairement sur un plateau adapté à l'arbre moteur. Par la disposition donnée aux encoches, le piston ne commande l'arbre de transmission que dans sa course descendante. Le cylindre est prémuni contre

Fig. 125.

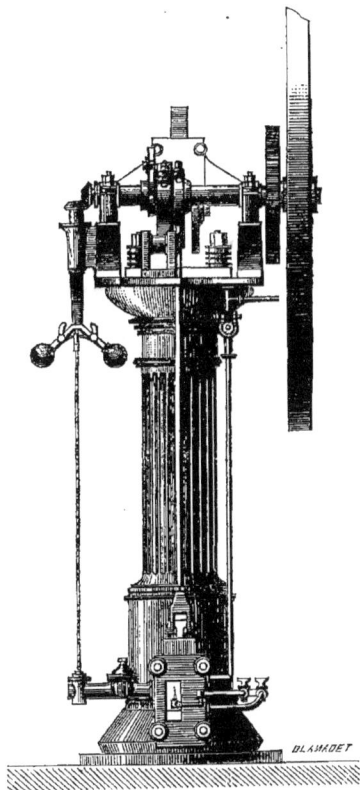

un échauffement trop grand par une enveloppe d'eau froide, sur une hauteur égale au moins à la course du piston. Un seul tiroir, commandé par un excentrique circulaire calé sur l'arbre moteur, dessert deux orifices destinés à l'introduction du gaz et de l'air sous le piston, depuis le point le plus bas de ce dernier jusqu'au moment où il est parvenu à $\frac{1}{7}$ de sa course environ. Alors il ferme les orifices, en même temps

qu'il fait communiquer, au moyen d'une lumière qui le traverse, le bas du cylindre avec l'air extérieur. Près du tiroir
est disposé un bec de gaz constamment allumé, dont la fonction est d'enflammer le mélange gazeux qui doit produire le
mouvement du piston. Le mélange de fluide est, en moyenne,

Fig. 126.

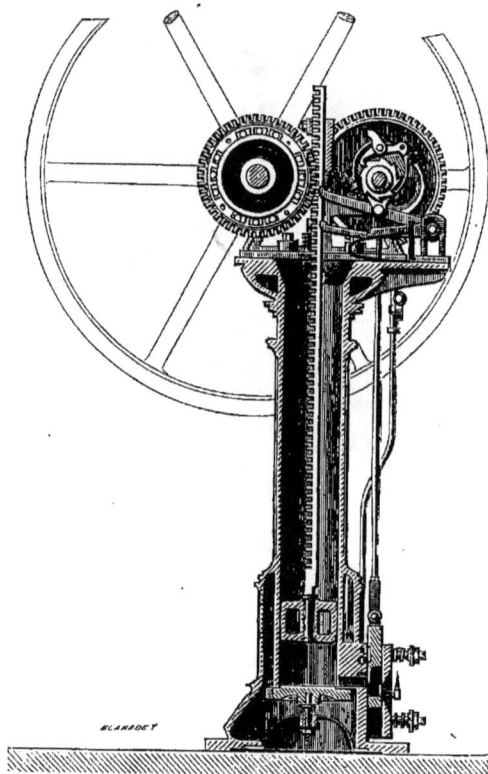

de 4 parties de gaz et de 96 parties d'air. La grande dilatation
qui suit l'inflammation du mélange pousse le piston avec une
pression de $5^{atm},5$ à $6^{atm},6$ à l'origine; en se détendant, les
gaz de la combustion exercent sur le piston une pression qui
diminue graduellement et descend même jusqu'à $\frac{2}{3}$ d'atmosphère lorsque ce piston est parvenu à la limite supérieure de
sa course. Alors, sous l'action de la pression atmosphérique

et de son propre poids, le piston redescend, tandis que le tiroir découvre la lumière d'échappement des gaz.

L'emploi de cette machine est limité aux industries qui n'exigent qu'une faible puissance motrice. Fort rarement sa force nominale dépasse $\frac{3}{4}$ de cheval-vapeur. Des expériences très-précises, exécutées par M. Tresca, ont appris qu'elle ne consomme que 1^{mc},350 de gaz par heure et par force de cheval, c'est-à-dire la moitié environ de ce que dépensent les machines à double effet. Ce savant explique ce fait, qui de prime-abord semble paradoxal, en faisant observer que la pression exercée par les gaz qui résultent de la combustion descend rapidement au-dessous de 1 atmosphère, tandis que dans la machine à double effet une certaine quantité de travail est dépensée pour vaincre l'excédant de la pression extérieure sur la pression intérieure.

En terminant ce qui concerne les machines à gaz, nous dirons que, pour éviter des explosions trop considérables du mélange gazeux, qui pourraient être très-dangereuses, elles ne peuvent être appliquées qu'à de très-petites forces, variant entre $\frac{1}{4}$ de cheval et 3 chevaux, quel que soit d'ailleurs le système adopté. Ainsi, de toutes les considérations dans lesquelles nous sommes entré, on peut conclure que la machine à vapeur est encore de nos jours le moteur par excellence et que les efforts incessants de nos ingénieurs doivent se porter vers son perfectionnement, surtout au point de vue de l'économie du combustible.

CHAPITRE XII.

221. *Appareils servant à la mesure du travail développé par les moteurs ou transmis aux machines.* — Les considérations que nous avons présentées sur les forces et sur le travail qu'elles peuvent accomplir font comprendre toute l'importance que, dans les arts industriels, on doit attacher aux divers procédés employés pour déterminer expérimentalement, non-seulement la grandeur des forces, mais encore le travail produit par un moteur dans l'unité de temps ou le travail transmis à une machine par un moteur qui dessert à la fois plusieurs machines.

Les instruments affectés à cet usage portent le nom de *dynamomètres.*

Nous avons déjà fait connaître (t. I, p. 4) le principe sur lequel sont fondés les dynamomètres qui servent exclusivement à la mesure de l'intensité des forces; aussi, dans ce qui va suivre, ne nous occuperons-nous que des dynamomètres qui fournissent directement la quantité de travail produite ou transmise.

Les principaux types de ces appareils sont :

1º Le frein dynamométrique de Prony;
2º Le dynamomètre de traction de M. Morin;
3º Le dynamomètre de rotation du même auteur;
4º Le dynamomètre de M. Bourdon;
5º L'indicateur de Watt.

222. *Frein dynamométrique de Prony.* — Cet appareil a pour objet d'obtenir expérimentalement le travail produit par un moteur et transmis à un arbre animé d'un mouvement de rotation.

M. de Prony l'a employé pour la première fois à l'occasion
des expériences qu'il entreprit sur la machine à vapeur du
Gros-Caillou, et dont il donna la description dans un Mémoire
présenté à l'Académie des Sciences en 1827. Il est cependant
reconnu qu'un appareil analogue fut appliqué, en 1821, par
MM. Piobert et Tardy, dans leurs expériences sur les roues
verticales du moulin du Basacle, à Toulouse.

Le principe fondamental qui a présidé à la construction de
cet appareil consiste dans la substitution du frottement au
travail résistant que reçoit ordinairement la machine.

Le frein dynamométrique, tel qu'il a été proposé et décrit
par M. de Prony, se compose de deux mâchoires A et B en
bois (*fig.* 127), enveloppant chacune un peu moins de la

Fig. 127.

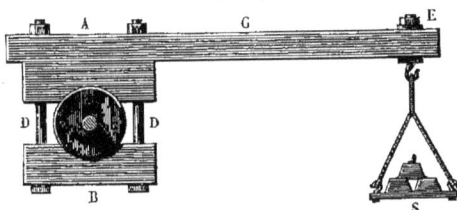

demi-circonférence de l'arbre moteur ou d'une poulie montée
sur cet arbre.

La mâchoire A fait corps avec un levier AE dont l'extrémité
libre est munie d'un crochet où l'on suspend un plateau de
balance destiné à recevoir des poids.

Deux boulons D, D traversant les mâchoires sont filetés à
la partie supérieure pour recevoir des écrous qui servent à
opérer le serrement des mâchoires contre l'arbre moteur.

Quelquefois la mâchoire indépendante du levier est remplacée par une bande d'acier dont une extrémité est fixée à ce
levier, tandis que l'autre extrémité se termine par un écrou;
cette bande a pour objet de maintenir des voussoirs en bois
serrés contre l'arbre de couche.

Pour faire une expérience au moyen de cet appareil, on
commence par débrayer l'arbre moteur de toutes les machines
qu'il doit desservir, c'est-à-dire que l'on supprime les com-
munications de cet arbre avec les résistances qui y sont ordi-

34.

nairement appliquées. Ensuite on serre les écrous, et, après
quelques tâtonnements, on parvient à trouver le poids qui,
placé dans le plateau, est capable de maintenir le levier AE
dans des positions alternatives très-peu éloignées de la direction horizontale, en même temps que le frottement déterminé
par le serrage des boulons laisse prendre à l'arbre moteur la
vitesse uniforme de rotation précisément égale à celle qu'il
possède pendant le travail régulier de la machine. On comprend donc que, dans cet état, le frottement dont l'action se
manifeste à l'extrémité du rayon de l'arbre de couche ou de
la poulie motrice consomme nécessairement, pendant un
nombre déterminé de révolutions, un travail égal à celui que
développe habituellement le moteur pendant le travail régulier de la machine qui correspond au même nombre de révolutions. Pour éviter l'échauffement et les grippements des
mâchoires, il faut avoir soin de lubrifier les surfaces frottantes
avec de l'eau de savon. La nécessité d'un frottement régulier
exige que ces surfaces soient maintenues à une température
à peu près constante, et l'on y parvient en faisant arriver l'eau
de savon par un trou pratiqué dans la mâchoire supérieure
jusqu'à la surface frottante.

Soient (*fig.* 127)

F le frottement qui se développe à la circonférence de l'arbre
  moteur ou de la poulie auxiliaire montée sur cet arbre;
R le rayon de l'arbre ou de la poulie;
Q le poids de la charge et du plateau;
Q′ le poids du frein, dont le centre de gravité est en G;
L le bras de levier du poids Q, c'est-à-dire la distance horizon-
  tale de l'axe de l'arbre moteur au point de suspension du
  plateau;
L′ la distance du centre de gravité G du frein au même axe;
n le nombre de tours exécutés par l'arbre dans une minute,
  ce nombre étant déterminé au moyen d'un compteur;
N le travail du moteur exprimé en chevaux-vapeur.

Cela posé, et la machine étant parvenue à la vitesse de
régime, il est évident que, en vertu du principe de la transmission de l'action, la quantité de travail transmise à l'arbre
de couche sera mesurée, pour une révolution, par le produit

du frottement F qui se développe et de la circonférence de rayon R.

Ce travail, exprimé en kilogrammètres, sera représenté par

$$F \times 2\pi R = 2F\pi R,$$

et dans une minute, c'est-à-dire pour n tours, par

$$2F\pi R n,$$

d'où

$$N \times 75 = \frac{2F\pi R n}{60} = \frac{F\pi R n}{30}$$

et

$$N = \frac{F\pi R n}{30 \times 75} = \frac{F\pi R n}{2250}.$$

D'un autre côté, le frein étant en équilibre, la somme des moments de toutes les forces qui le sollicitent, y compris celui du frottement, doit être égale à zéro. On aura ainsi l'équation

$$FR - QL - Q'L' = 0 \quad \text{ou} \quad FR = QL + Q'L'.$$

Remplaçant dans l'équation du travail le moment FR du frottement par la somme des moments des poids Q et Q', il viendra

$$N = \frac{\pi n}{2250} (QL + Q'L').$$

On obtient aisément le moment QL, puisque Q et L sont des données de la question, mais il n'en est pas de même du moment Q'L'. Pour obtenir expérimentalement sa valeur, on dispose le frein, débarrassé de son plateau et avant de le monter sur l'arbre moteur, de manière que le sommet de la mâchoire supérieure soit soutenu par un couteau, tandis que l'on fait appuyer l'extrémité du levier sur le tablier d'une bascule. Si nous appelons q le poids nécessaire indiqué par la balance pour que l'équilibre puisse exister, on aura

$$Q'L' = qL,$$

d'où, en substituant,

$$N = \frac{\pi n}{2250}(QL + qL) \quad \text{ou} \quad N = \frac{\pi n L}{2250}(Q + q),$$

formule d'une application très-facile.

On voit donc qu'il n'est pas nécessaire de connaître, ni la pression exercée par les mâchoires du frein sur l'arbre moteur, ni le rapport de cette pression au frottement F qu'elle produit, et qu'il suffit de la faire varier en serrant ou desserrant les boulons et, par suite, en augmentant ou diminuant proportionnellement le moment de la charge Q, jusqu'à ce que l'arbre ait pris la vitesse de régime sous laquelle on veut opérer.

Dans la description de l'appareil, nous avons dit que, fort souvent, on ne fait pas frotter directement les mâchoires du frein contre l'arbre. Lorsque cet arbre est en fonte, on l'entoure d'un anneau coulé à cet effet et parfaitement alésé, que l'on y fixe au moyen d'une vis de calage. S'il est en bois et d'un grand diamètre, l'anneau est formé de deux pièces munies de vis pour le centrer, et l'on opère le montage à l'aide de cales ou de coins. Quelle que soit d'ailleurs la matière dont l'arbre est formé, c'est l'anneau qui frotte contre les mâchoires du frein. Dans cette disposition les vis de centrage ne traversent pas l'anneau; mais elles s'engagent dans des oreilles qui lui sont latéralement adaptées.

Si nous appelons P la pression normale exercée sur l'arbre et f le coefficient du frottement, cette résistance à vaincre, qui dans l'expérience remplace les résistances utiles pendant la marche habituelle de la machine, aura pour valeur Pf, et son moment sera représenté par PfR. Il est évident que, pour la même puissance de la machine en chevaux-vapeur, quel que soit le diamètre de l'arbre moteur, le moment du frottement doit conserver une valeur constante. Par suite, la valeur absolue du frottement Pf doit être d'autant plus grande que le rayon R sera plus petit. Or, il y aurait inconvénient à ce que le frottement devînt trop considérable, parce qu'il pourrait altérer les surfaces frottantes et rendre le frottement irrégulier, ce qui conduirait à une appréciation inexacte de la force nominale de la machine.

M. Morin a conclu de ses expériences, faites à la poudrerie du Bouchet, que les grandes vitesses sont très-favorables à l'exactitude des résultats obtenus. Par la comparaison des diamètres entre eux, il a trouvé que, pour

un diamètre de	et une vitesse de	on peut mesurer
16 à 20 centimètres	20 à 30 tours par minute,	6 à 8 chevaux,
30 à 40 centimètres	15 à 30 tours par minute,	15 à 25 chevaux,
60 à 80 centimètres	15 à 30 tours par minute,	40 à 70 chevaux.

Le levier du frein prend toujours un petit mouvement oscillatoire, qui n'a pas d'inconvénient lorsque son amplitude reste comprise entre d'étroites limites; mais, si les écarts devenaient trop considérables, le levier viendrait buter violemment contre les barres ou arrêts entre lesquels il est interposé pour éviter de trop grandes excursions, ce qui indiquerait à l'expérimentateur que le frottement qui se développe sur l'arbre est irrégulier, et, par suite, que les surfaces frottantes ont besoin d'être lubrifiées.

La longueur du levier ne permet pas à l'expérimentateur chargé de mettre les poids dans le plateau de serrer lui-même les boulons des mâchoires, ce qui, dans certains cas, peut devenir une cause de fraude.

Pour obvier à cet inconvénient, M. Rolland, membre de l'Institut, fit construire en 1859, d'après les indications de Poncelet, un frein à deux leviers parallèles qui présente des avantages marqués sur les types de freins généralement employés dans l'industrie.

Fig. 128.

Deux leviers parallèles AB, CD (*fig.* 128), prolongés d'un même côté de l'arbre, maintiennent les mâchoires; à l'une de leurs extrémités, ils sont solidement reliés par un fort boulon muni d'un écrou.

La flexibilité du bois permet de serrer graduellement, et sous ce rapport même ce dispositif est préférable au dispositif ordinairement employé. L'effort de serrage se trouve ainsi notablement réduit; l'opérateur est commodément placé, loin de l'arbre de rotation, près du plateau de balance qui reçoit les poids; le centre de gravité du frein, qui est placé sur l'horizontale perpendiculaire à l'axe de l'arbre, permet de faire l'expérience avec une précision à laquelle on ne saurait prétendre avec les freins à un seul bras. De plus, pour rendre l'équilibre stable, la charge n'est pas directement suspendue au point d'attache C, mais bien à l'extrémité d'une tige verticale CE adaptée à l'extrémité C du bras inférieur. Il en résulte que, si le levier est entraîné par le mouvement de rotation de l'arbre, le bras de levier de la charge augmente immédiatement, et, le frottement cessant d'être en rapport, l'appareil revient de lui-même à sa position d'équilibre.

Fig. 129.

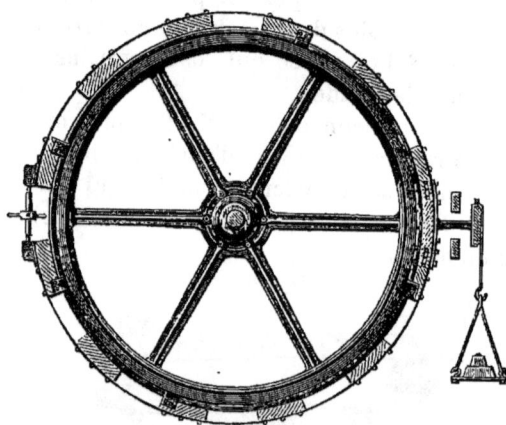

M. Kretz, ingénieur distingué des manufactures de l'État, qui a publié un excellent Mémoire sur les conditions à remplir dans l'emploi du frein dynamométrique, a adopté pour les expériences qu'il a faites un type fort commode, représenté par la *fig.* 129, et dans lequel le frein est équilibré autour de l'axe.

Lorsque l'arbre de rotation de la machine à expérimenter est vertical, il est impossible de suspendre directement le plateau de balance à l'extrémité du levier. Une corde fixée à cette extrémité s'éloigne horizontalement dans le sens perpendiculaire à l'axe du levier, et opposé à celui suivant lequel le mouvement de l'arbre tend à l'entraîner; elle passe sur la gorge d'une poulie de renvoi, et à l'extrémité de cette corde on suspend le plateau destiné à recevoir la charge. Au moyen d'un fil à plomb disposé en face de l'extrémité du levier, on peut juger de la stabilité de l'équilibre entre la charge et le frottement des mâchoires contre l'arbre moteur.

Il est évident que, si l'on fait varier la charge Q, on fera varier également le nombre de tours n de l'arbre et le travail N exprimé en chevaux-vapeur. Partant de cette conclusion, à laquelle conduit la formule générale, M. Morin a indiqué un emploi plus complet du frein dynamométrique de Prony. Le savant expérimentateur ne s'est pas borné à mesurer à l'aide de l'appareil le travail transmis, qui correspond à la vitesse de régime. Quand l'arbre moteur tourne sans résistance, après avoir décalé le levier, on charge le plateau d'un poids de 5 à 10 kilogrammes et l'on serre graduellement les écrous jusqu'à ce que l'équilibre du frein soit établi, puis l'on estime par l'observation, au moyen d'un compteur, la vitesse qui résulte de cet état d'équilibre. L'application de la formule générale fait connaître le travail développé sur l'arbre. On charge le plateau d'un nouveau poids et l'on opère encore le serrage des écrous de manière que, la vitesse se ralentissant, l'équilibre soit bientôt rétabli; on mesure cette vitesse et le travail accompli sur l'arbre de rotation. On continue ainsi de suite à augmenter graduellement la charge du plateau et à serrer les écrous, jusqu'au moment où l'on s'aperçoit que le mouvement de l'arbre est devenu tout à fait irrégulier. Par cette série d'expériences, on obtient les vitesses maxima et minima, ainsi que le travail correspondant, par seconde. Ces résultats étant connus, on trace une courbe (*fig.* 130) dont les abscisses représentent le nombre de révolutions de l'arbre en une minute, et les ordonnées les rapports correspondants entre le travail dépensé par le frottement et le travail absolu développé par le moteur. Cette courbe met en évidence la

constitution de la machine, en même temps qu'elle fait connaître le travail correspondant à la vitesse de régime et la
vitesse qui correspond au maximum d'effet utile.

C'est ainsi qu'a procédé M. Morin dans les expériences qu'il
a faites sur une turbine du système Fontaine-Baron. Sur la
figure telle qu'elle a été construite, les valeurs des ordonnées
ont été multipliées par 100, ce qui n'apporte aucun changement dans la discussion des résultats obtenus. En menant une
tangente à la courbe parallèlement à l'axe des abscisses, l'ordonnée du point de contact exprimera par sa valeur numérique le rendement maximum, et l'abscisse du même point

Fig. 130.

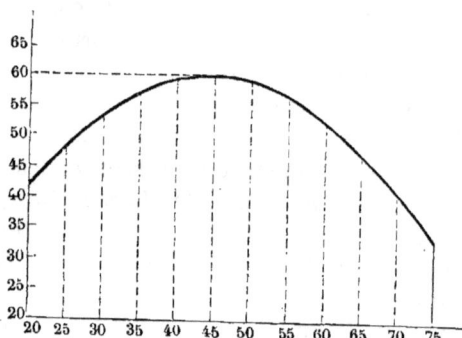

sera la vitesse qui correspond à ce maximum. A l'inspection
de la figure, on voit que le rendement maximum est très-
approximativement égal à 0,60 du travail absolu développé
par le moteur, et que la vitesse est comprise entre 45 et
50 tours par minute.

223. *Dynamomètre de traction.* — Cet appareil a pour objet
de mesurer le travail produit dans un temps déterminé par le
moteur d'un véhicule. Il se compose de deux lames d'acier
parallèles AA', BB' (*fig.* 131) de 0^m,68 de long, réunies à leurs
extrémités par des chapes en fer articulées au moyen de boulons; les faces internes de ces lames sont planes et les faces
externes sont paraboliques, c'est-à-dire qu'elles affectent la
forme des solides d'égale résistance.

A leur milieu elles portent deux griffes, dont l'une, celle de la lame postérieure AA', est fixée au véhicule soumis à l'expérience, tandis que l'autre, celle de la lame antérieure BB', est munie d'un anneau *aa'* auquel on attache la volée ou la corde sur laquelle doit agir directement l'effort de traction. La flexion des lames étant proportionnelle à la grandeur des efforts, il est facile, d'après les lois de la résistance des matériaux, soit par le calcul, soit par l'expérience, de trouver le coefficient de proportionnalité, pourvu toutefois qu'on ne dépasse pas la limite d'élasticité. Aussi, pour éviter que les lames ne puissent être faussées, on fixe à la lame postérieure deux brides d'arrêt réunies ensemble par des entretoises *ee'*, contre lesquelles vient buter la lame antérieure BB', quand l'effort de traction a atteint la limite

Fig. 131.

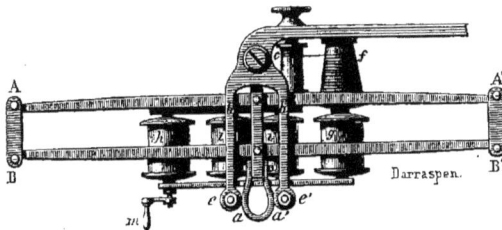

supérieure que l'on a fixée. Ces deux brides sont disposées, l'une au-dessus, l'autre au-dessous de la lame; sur la figure, on ne voit que la bride de dessus *bb'*.

La griffe antérieure porte une vis, à travers laquelle peut glisser à frottement doux un tube en cuivre de forme conique, dans lequel on introduit un pinceau sans plume. On remplit le tube d'encre de Chine délayée à la consistance convenable. Quand le pinceau est bien lavé et serré dans le tube conique, la capillarité suffit pour produire une alimentation constante et régulière.

Fort souvent, le pinceau est remplacé par un crayon; mais, dans ce cas, pour que la trace du crayon soit suffisamment visible, il faut que le tube et le crayon pèsent ensemble 40 grammes environ.

Au-dessous du pinceau est disposée une bande de papier

animée d'un mouvement proportionnel à celui du véhicule, mais dans une direction qui lui est perpendiculaire. On obtient ce mouvement en faisant passer sur le moyeu de l'une des roues de devant une corde sans fin à boyaux, qui s'enroule également sur la gorge d'une poulie de renvoi. Sur le prolongement de l'axe de cette poulie, est une vis sans fin parallèle aux lames et qui conduit un petit pignon, sur l'axe duquel est monté le petit cylindre c. Une corde de soie transmet le mouvement à une fusée conique f dont l'axe porte le cylindre g, qui reçoit le papier, d'abord enroulé sur le cylindre h. Le mouvement du papier est dirigé par deux cylindres intermédiaires i et i', qui donnent en même temps à ce papier une tension suffisante pour qu'il reste en contact avec le pinceau ou le crayon pendant toute la durée de l'expérience. Au moyen d'une manivelle m, on opère l'enroulement du papier sur le cylindre h. On comprend l'utilité de la fusée conique f, car, si le mouvement était directement transmis du cylindre c au cylindre récepteur g, dont le papier, en s'enroulant, augmente peu à peu le diamètre extérieur, il s'ensuivrait que, le mouvement du cylindre demeurant uniforme ou dans un rapport constant avec celui de la roue, le mouvement de transport de la bande de papier deviendrait accéléré. Pour obvier à cet inconvénient, le fil de soie enroulé sur le petit cylindre c est fixé par son extrémité libre à la fusée conique f, dont les diamètres sont calculés de manière à compenser l'accroissement graduel de diamètre du cylindre récepteur. Ordinairement, la surface de la fusée conique est cannelée en filets hélicoïdes.

Un second pinceau adapté à l'une des brides d'arrêt, trace sur la bande de papier une ligne droite qui correspond à un effort nul ou à la position des lames au repos. On a ainsi le zéro des efforts, de sorte que l'effort exercé est toujours mesuré par la distance des points de la courbe tracée par le pinceau mobile à la ligne du zéro, que décrit le pinceau fixé sur la bride d'arrêt.

En proportionnant convenablement la transmission que nous avons décrite, on peut, avec une bande de papier de 16 à 18 mètres de longueur, prolonger les expériences sur une étendue de chemin de 800 à 1000 mètres et même plus.

D'après cette description, on voit que, le papier se déroulant sous le pinceau avec une vitesse uniforme, ou dans un rapport constant avec le chemin parcouru, les longueurs de papier représentent ce chemin à une échelle connue par ce rapport. Les ordonnées de la courbe des flexions mesurées depuis la ligne du zéro étant proportionnelles aux efforts exercés, il en résulte donc que l'aire comprise entre la courbe, la ligne du zéro et deux ordonnées quelconques représentera le travail total développé dans cet intervalle par la puissance motrice. Cette aire peut être évaluée par l'une des méthodes connues de quadrature ou, mécaniquement, au moyen d'un planimètre.

Un appareil compteur peut être adapté au dynamomètre pour faire connaître le nombre de tours de roues ou le chemin parcouru par le véhicule dans un temps donné.

Aux procédés ordinaires de quadrature que nous avons rappelés, M. Morin a substitué un moyen bien simple. Le papier que l'on emploie pour les expériences dynamométriques étant fabriqué à la mécanique et d'épaisseur uniforme, on peut admettre sans erreur sensible que son poids est proportionnel à son étendue superficielle. D'après cela, si l'on connaît la tare de l'appareil, c'est-à-dire la grandeur de l'effort qui correspond à un écart donné des deux lames, en pesant successivement une bande rectangulaire du papier employé et la partie de ce papier que l'on a obtenue en le découpant suivant la courbe, par une simple proportion, on obtiendra l'aire limitée par la courbe des efforts, par la ligne du zéro et par les ordonnées extrêmes.

Pour fixer les idées, supposons que le résultat de l'expérience soit représenté par les ordonnées extrêmes Ma, Nn et par la courbe *abcdemn*, concurremment avec la ligne MN du zéro (*fig.* 132).

Traçons parallèlement à la ligne du zéro MN une droite AB qui en soit distante d'une quantité plus grande que l'ordonnée représentant la flexion maxima, ou au moins qui lui soit égale; la tare de l'appareil faisant connaître le nombre de kilogrammes qui correspond à l'ordonnée MA, et, d'autre part, le rapport de la transmission servant à indiquer l'étendue réelle du chemin parcouru par le véhicule, si nous appelons

A l'aire limitée par la courbe;
A' l'aire du rectangle de base MN et de hauteur MA;
T le travail représenté par l'aire A;
T' le travail fictif représenté par l'aire A',

on aura

$$\frac{A}{A'} = \frac{T}{T'}, \quad \text{d'où} \quad T = T'\frac{A}{A'}.$$

D'autre part, en désignant par P le poids du papier qui

Fig. 132.

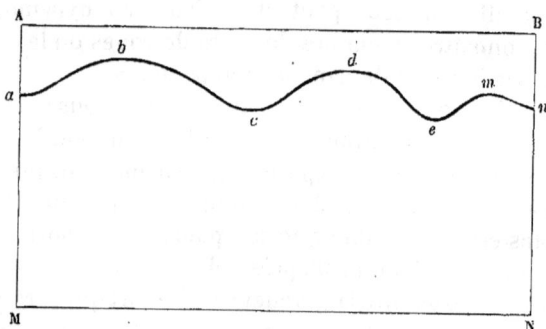

forme le rectangle et par p le poids du papier découpé suivant la courbe fournie par les flexions de la lame, on aura,
d'après ce qui a été dit plus haut,

$$\frac{p}{P} = \frac{A}{A'},$$

et, en remplaçant $\frac{A}{A'}$ par $\frac{p}{P}$ dans l'expression qui donne la valeur de T, il viendra

$$T = T'\frac{p}{P}.$$

Supposons, par exemple, que, d'après la tare de l'appareil,
une flexion de $1^{mm},25$ corresponde à un effort de 10 kilogrammes, et que la hauteur du rectangle représentant le travail fictif soit de 70 millimètres.

Dans ce cas, puisque les flexions sont proportionnelles aux efforts de traction exercés, on obtiendra par la relation qui suit la grandeur de l'effort constant correspondant à la hauteur du rectangle :

$$\frac{1,25}{70} = \frac{10}{x}, \quad \text{d'où} \quad x = \frac{70 \times 10}{1,25} = 560^{kg},$$

et, puisque le travail d'une force constante agissant dans la direction du chemin parcouru s'obtient en multipliant l'intensité de cette force par la longueur du chemin, on aura, en appelant E ce chemin,

$$T' = 560^{kg} \times E,$$

et, en remplaçant T' par cette valeur, l'équation du travail deviendra

$$T = 560 \times E \frac{p}{P}.$$

224. *Dynamomètre de rotation.* — Le frein dynamométrique de Prony, encore employé de nos jours pour l'épreuve des machines à vapeur et des récepteurs hydrauliques, présente l'inconvénient grave d'obliger à suspendre toute fabrication pendant la durée des expériences. Dans beaucoup de cas, on lui substitue un dynamomètre plus exact, surtout plus commode, que M. Morin a fait exécuter et dont le principe appartient à son illustre maître Poncelet. Cet appareil a reçu le nom de *dynamomètre de rotation.* Il a donc pour objet de mesurer la portion du travail transmise à une machine par un arbre moteur qui en dessert plusieurs autres, sans que l'on interrompe le travail de l'usine.

Cet appareil se compose de deux poulies A et B (*fig.* 133 et 134) montées sur un même arbre CC. La première, fixe sur l'arbre, reçoit le mouvement de rotation de l'arbre moteur, au moyen d'une courroie sans fin. La seconde poulie est folle et, par conséquent, ne saurait être entraînée par l'arbre dans son mouvement de rotation; mais elle lui est reliée par un couple de lames élastiques en acier, dirigées, à l'état de repos, parallèlement au rayon moyen intermédiaire et encastrées

dans cet arbre. L'autre extrémité de chacune des lames est
engagée entre deux couteaux d'acier que porte la poulie B et
entraîne celle-ci, après avoir subi une flexion proportionnelle
à l'effort qu'elle doit transmettre. Cette poulie transmet le
mouvement, au moyen d'une courroie, à la machine dont on
veut connaître le travail résistant utile. Vers le milieu du système des lames élastiques est adapté un crayon ou un pinceau
dont la pointe reste en contact avec une bande de papier pendant toute la durée de l'expérience et y trace une courbe des

Fig. 133.　　　　　　　　　Fig. 134.

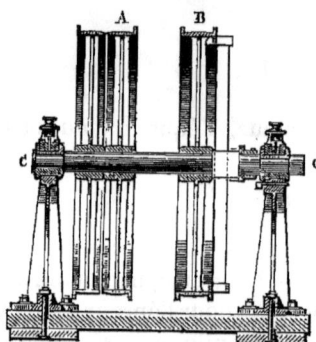
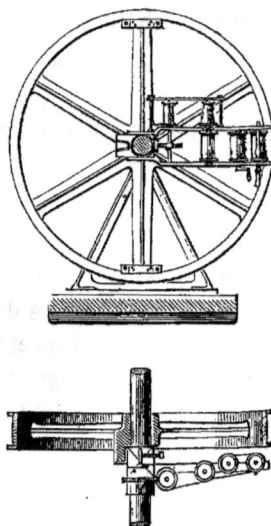

flexions, absolument de la même manière que dans le dynamomètre de traction employé pour les véhicules. Un autre
crayon immobile par rapport au premier trace en même temps
que le premier, pendant le déroulement du papier, une ligne
droite qui correspond à une flexion nulle ou à la position du
crayon mobile quand la poulie est au repos ou n'est sollicitée
par aucun effort. Cette ligne du zéro se trouve vers le milieu
de la bande de papier, afin que l'effort puisse être mesuré
indifféremment dans un sens ou dans l'autre.

L'appareil qui porte et développe la bande de papier est
en tout semblable à celui qui est adapté au dynamomètre de

traction. On le dispose ordinairement à côté de la poulie folle B, ainsi que l'indique la figure.

Comme, à un instant quelconque, l'ordonnée de la courbe est proportionnelle à la grandeur de l'effort développé, il s'ensuit que le travail transmis sera proportionnel à l'aire comprise entre la courbe tracée par le crayon mobile et la droite du zéro décrite par le crayon fixe. Tel est l'ensemble de l'appareil. Quand l'expérience doit être prolongée pendant un temps assez long, le dynamomètre à style devient insuffisant, et dans ce cas il est remplacé par un compteur à roulettes. Malheureusement, ce dernier appareil est très-fragile et sujet à se déranger par l'effet des inégalités du sol, ce qui conduit fort souvent à des indications erronées.

225. *Dynamomètre de M. Bourdon.* — Il y a quelques années, cet habile ingénieur a imaginé un dynamomètre de

Fig. 135.

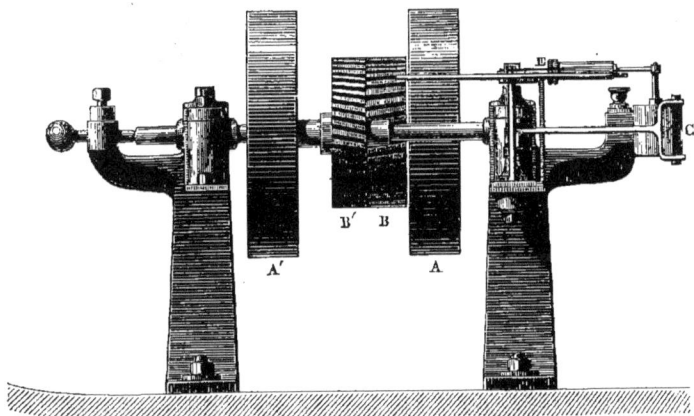

rotation dont la disposition diffère essentiellement de celle adoptée par M. Morin. Il se compose de deux arbres parallèles (*fig.* 135 et 136), sur lesquels sont montées les poulies A, A' de même diamètre; la première reçoit, par une courroie, le mouvement de rotation de l'arbre moteur. Le mouvement de rotation est communiqué à la poulie A' par deux roues d'engrenage B, B', à denture hélicoïdale et à axes parallèles, qui engrènent l'une avec l'autre; au moyen d'une courroie passant sur la poulie A′, le travail est transmis à la machine ou opérateur que l'on se propose d'expérimenter.

L'axe commun à la poulie A′ et à la roue dentée B′ peut glisser longitudinalement dans ses coussinets, en s'appuyant par l'une de ses extrémités contre le sommet C d'une lame

Fig. 136.

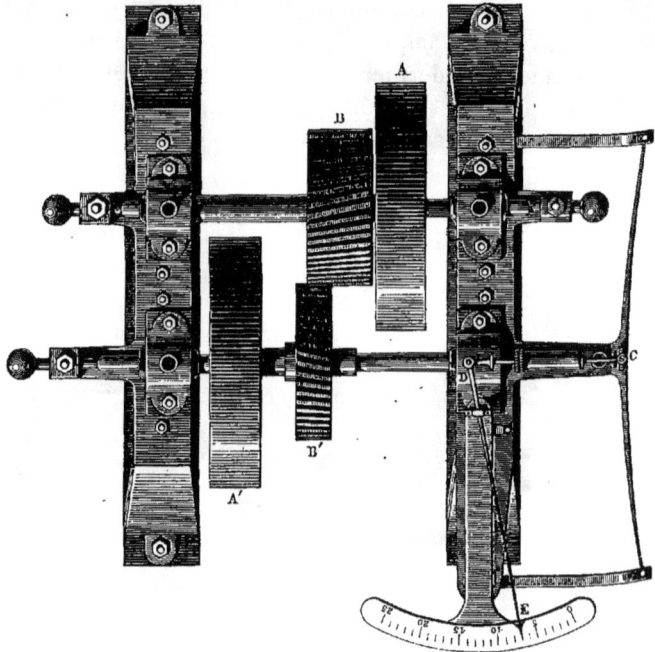

élastique en acier boulonnée à un support fixe. La flexion de la lame est indiquée par une aiguille DE articulée en D à une pièce CD fixée au milieu de la lame.

La pression exercée par la roue B sur la roue B′ a deux composantes, l'une parallèle à l'axe et l'autre tangente aux circonférences primitives de l'engrenage; la première produit un déplacement longitudinal de l'axe et, par suite, fait fléchir la lame d'une certaine quantité. Cette flexion se transmet à l'aiguille dont il a été question, et lui fait parcourir un arc de cercle gradué dont les divisions indiquent la grandeur des efforts transmis.

Appelons

P l'effort normal aux dents en contact des roues B, B′;
α l'inclinaison de ces dents sur la direction des axes parallèles.

La composante parallèle a pour valeur $P \sin \alpha$ et la composante tangentielle $P \cos \alpha$.

La première, $P \sin \alpha$, en agissant sur la lame C, produit une flexion proportionnelle à la variation de la flèche indiquée par l'aiguille; il sera donc facile de trouver la valeur de cette composante, connaissant la tare de l'instrument, c'est-à-dire le nombre de kilogrammes qui correspond à la flexion de la lame, ou au nombre de divisions parcourues par l'aiguille. Si nous désignons par F cette composante, on aura

$$F = P \sin \alpha.$$

Multipliant les deux membres par $\cot \alpha$, il viendra

$$F \cot \alpha = P \sin \alpha \cot \alpha$$

ou

$$F \cot \alpha = P \sin \alpha \frac{\cos \alpha}{\sin \alpha} = P \cos \alpha.$$

Avec un peu d'attention, on voit d'ailleurs que la décomposition de la force P normale aux dents en deux autres suivant les directions indiquées fournit par le tracé un rectangle d'où l'on déduit immédiatement la relation

$$P \cos \alpha = F \cot \alpha.$$

Ainsi l'effort tangentiel peut donc être exprimé par $F \cot \alpha$ en fonction de l'effort parallèle à la direction des axes.

Présentement, désignons par R le rayon des roues hélicoïdales et par n le nombre de tours par minute de chacun des arbres; le travail transmis par seconde en kilogrammètres sera

$$F \cot \alpha \, \frac{2 \pi R n}{60},$$

et en chevaux-vapeur, on aura

$$N = F \cot \alpha \frac{2\pi R n}{60 \times 75}.$$

226. *Manivelle dynamométrique.* — Cet appareil a été imaginé par M. Morin pour mesurer le travail développé par un effort directement appliqué à une manivelle. Il est représenté

Fig. 137.

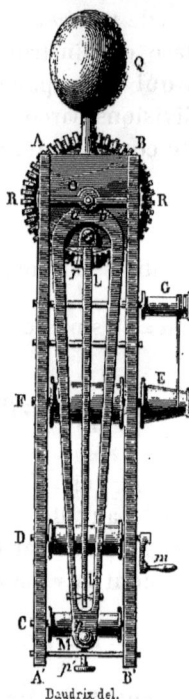

Daudrix del.

en élévation par la *fig.* 137. On le monte toujours à l'extrémité d'un manchon que l'on fixe à l'aide de vis calantes au bout de l'arbre que l'on se propose d'expérimenter. Il se compose de deux bâtis en fer, l'un rectangulaire AA'BB' et l'autre triangulaire aMb; ce dernier peut tourner autour d'un axe O perpendiculaire à son plan et fixé au bâti principal. A l'extrémité du bâti triangulaire, est adapté le maneton qui reçoit immédiatement l'effort développé par l'homme. Indépendamment des branches aM, bM, le bâti comprend une lame d'acier LL' fixée par l'une des extrémités au manchon dont il a été question en commençant. Dès que l'effort musculaire de l'homme chargé de la manœuvre agit sur le maneton M, le bâti triangulaire tourne, en faisant fléchir la lame LL' d'une quantité proportionnelle à la grandeur de l'effort développé; et bientôt, la réaction de la lame devenant suffisante, le manchon est entraîné, ainsi que l'arbre à l'extrémité duquel il est fixé. De cette disposition il résulte que l'effort appliqué au maneton est transmis par la lame, dont les flexions plus ou moins grandes représentent la force exercée, tandis que les arcs décrits par le point d'application de la puissance, lequel est situé sur le maneton, expriment le chemin décrit. Comme les autres appareils de M. Morin précédemment étudiés, la manivelle dynamométrique doit fournir la loi des efforts en fonction des chemins parcourus, et par suite le travail accompli pendant une période de temps déterminée. On parvient à ce résultat en donnant à la transmission la disposition suivante.

Autour du manchon par lequel l'instrument est fixé sur l'arbre de la machine expérimentée, est disposée une couronne dentée RR qui glisse à frottement doux sur une gorge pratiquée dans ce manchon, mais que l'on peut rendre absolument fixe; un petit pignon d'angle r, dont l'axe est fixé au bâti rectangulaire, engrène avec cette couronne dentée, et, lorsque tout le système tourne autour de l'axe de rotation, il est obligé de tourner autour du sien d'une quantité proportionnelle; l'axe de ce pignon porte une vis sans fin qui fait mouvoir une roue dentée qu'on ne peut voir sur la figure, et dont l'axe porte, en dehors du bâti, une bobine G. Sur cette bobine s'enroule un fil de soie qui fait tourner la fusée conique E, et par suite le cylindre F. Une bande de papier qui passe sur le cylindre C s'enroule sur le cylindre F, en se déroulant du cylindre D où il avait été primitivement enroulé au moyen d'une manivelle m. De la solidarité qui existe entre les diverses pièces du système de transmission, il résulte que le mouvement est proportionnel à la rotation du maneton M auquel est appliqué l'effort moteur. La fusée conique E, qu'on appelle *fusée com-*

pensatrice, est nécessaire, parce que le diamètre de la bobine F, à mesure que le papier s'enroule, s'augmente de toute l'épaisseur des couches successives de papier. Les rayons des bases de la fusée doivent être calculés de manière que l'accroissement du rayon du cylindre F, provenant de l'enroulement du papier, soit compensé sur la fusée conique par l'accroissement du rayon, à mesure que le fil de soie se déroule du cylindre G pour s'enrouler sur la fusée. A l'extrémité du ressort LL' est fixé au bâti triangulaire un pinceau *p* qui trace sur le papier du cylindre C une courbe dont les ordonnées représentent les efforts exercés aux divers points du chemin parcouru. Le bâti rectangulaire est muni d'un autre pinceau *p'* qui décrit la ligne du zéro. Les ordonnées de la courbe tracée par le pinceau *p* sont comptées à partir de la ligne du zéro; elles sont égales aux flexions de l'extrémité de la lame et, par conséquent, proportionnelles aux efforts développés par la force musculaire de l'homme qui fait mouvoir la manivelle. Il suit de là que l'aire limitée par la courbe des flexions est proportionnelle au travail développé. Cette aire peut être évaluée par l'un des procédés de quadrature ordinairement employés, mais le plus simple consiste, ainsi que l'a fait M. Morin, à découper la bande de papier suivant la courbe et suivant la ligne du zéro. Nous ne reviendrons pas sur cette méthode d'évaluation, que nous avons suffisamment décrite dans l'étude du dynamomètre de traction. On pourra d'ailleurs, pour plus de détails, consulter l'intéressante Notice sur cet appareil, publiée par M. Tresca dans les *Annales du Conservatoire des Arts et Métiers*.

227. *Dynamomètre de M. Taurines.* — Il y a quelques années, cet inventeur a construit pour la marine militaire un ingénieux dynamomètre de rotation, expérimenté avec succès par les ingénieurs des constructions navales. Fort remarqué à l'Exposition internationale de Londres en 1862, il est aujourd'hui fort en vogue, même à l'étranger. Il est principalement employé pour évaluer le travail consommé par les propulseurs à hélice. Par une heureuse disposition des organes, les efforts de traction sont mesurés au moyen de ressorts dont le rapprochement a lieu suivant une ligne perpendiculaire à

l'axe de rotation. Il en résulte une très-grande résistance, qui permet d'appliquer l'appareil à des efforts considérables et d'obtenir des tracés dans les circonstances les plus générales des machines marines ou des machines industrielles.

Réduit à sa plus simple expression, ce dynamomètre consiste en un système de ressorts paraboliques, assemblés par une extrémité à une manivelle calée sur l'arbre qui reçoit l'action de la puissance, et par l'autre à un système semblable solidaire de l'arbre sur lequel s'opère la résistance.

Dans les machines marines, l'arbre des manivelles est dans le prolongement de l'arbre de l'hélice, auquel il est lié par un manchon; aussi faut-il avoir soin de disposer le dynamomètre au point d'interruption des deux arbres.

Pendant le mouvement de la machine, la flexion des ressorts est d'autant plus grande que les efforts de traction sont plus considérables, et aussitôt les milieux des ressorts se rapprochent. On comprend donc que, si l'on articule une tige par l'une des extrémités à l'un des ressorts et par l'autre à une pièce qui glisse dans une rainure circulaire d'un anneau calé sur l'arbre de rotation et pouvant s'avancer sur celui-ci, le déplacement de cet anneau sera proportionnel à la grandeur des efforts exercés. Un crayon tracera sur une bande de papier enroulée sur l'anneau une ligne qui sera à la fois en raison de la rapidité du mouvement de rotation de l'arbre et de l'effort capable de le faire mouvoir. Un second style trace sur le papier la ligne du zéro, c'est-à-dire une ligne qui répond à un effort de transmission nul.

De même que dans les dynamomètres à style précédemment décrits, l'aire limitée par la courbe des flexions et par la ligne du zéro est proportionnelle au travail accompli.

Sans entrer dans tous les développements que comporte l'étude approfondie de cet ingénieux appareil, nous dirons qu'il est toujours possible de le tarer et que par sa disposition on peut facilement obtenir les résultats de l'expérience avec une grande exactitude. Il offre de grands avantages sous le rapport de la solidité, ce qui permet de l'appliquer à des machines très-puissantes, pour lesquelles certainement la flexion des lames du dynamomètre de rotation de M. Morin n'offrirait pas une sécurité suffisante. Il a servi à évaluer le travail considérable transmis à l'hélice des vaisseaux de haut bord, lequel atteint et souvent dépasse la force nominale de 2000 chevaux-vapeur. Nous ajouterons toutefois que les indications fournies sont d'autant plus exactes que les efforts exercés sur l'arbre sont moins variables.

228. *Indicateur de Watt.* — Cet appareil rentre dans la catégorie des dynamomètres à style, mais il est exclusivement

Fig. 138.

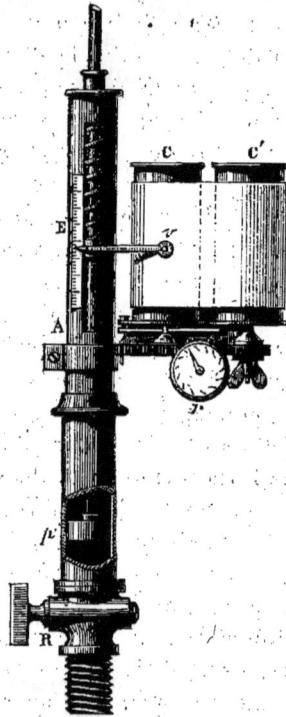

appliqué aux machines à vapeur. Il sert à mesurer leur puissance, à connaître la pression de la vapeur dans le cylindre et surtout à étudier la loi de sa variation pendant la période de détente. Perfectionné par Mac Naught, introduit en France par Combes, son usage est aujourd'hui universellement répandu dans tous les grands ateliers de construction.

Cet appareil si commode, dû au génie de Watt, se compose d'un petit cylindre creux en laiton (*fig.* 138), muni vers la partie inférieure d'un robinet R ; au delà se trouve une partie creuse filetée qui permet de visser l'instrument à l'un ou l'autre des fonds du cylindre, soit directement, soit au moyen d'un tuyau additionnel. Ce cylindre renferme un piston *p*, dont la tige est entourée d'un ressort à boudin encastré d'une part dans le piston et de l'autre dans le fond, qui ferme l'ouverture supérieure du petit cylindre A.

A la tige du piston est adapté un style horizontal dont l'une des extrémités parcourt, pendant la marche de l'appareil, une règle graduée E, fixée au petit cylindre et donnant ainsi la mesure de la pression. Un siége fixé à ce tube cylindrique supporte deux cylindres C, C', mobiles autour de leurs axes. La base du premier de ces cylindres porte une poulie, tandis que le second sert de barillet à un ressort.

D'une part, une corde est attachée à la tête de la tige du piston de la machine, et de l'autre à un crochet de la gorge de la poulie adaptée au tambour C, sur laquelle elle s'enroule. Si la machine à vapeur est verticale, la corde, avant d'arriver à la poulie, passe sur un treuil horizontal de renvoi. Une feuille de papier, retenue vers ses extrémités par deux pinces, s'enroule sur les cylindres C et C' ; chacune de ces pinces est formée d'un couple de lames de ressort verticales, vissées sur le cylindre ou tambour correspondant.

Le ressort adapté au cylindre C', qui fait office de barillet, sert à tendre la feuille de papier destinée à recevoir les traces du style.

Pour se servir de l'indicateur, on le visse d'abord sur l'un des fonds du cylindre de la machine à vapeur. Le robinet R de l'appareil étant fermé, au moyen d'un petit ressort, la pointe *v* du style est mise en contact avec la feuille de papier et aussitôt le crayon trace une ligne dont le développement est une droite que l'on prend pour axe des abscisses, c'est-à-dire pour la ligne du zéro de l'échelle des pressions. Cela fait, on relève le crayon et l'on ouvre le robinet R. La vapeur, en vertu de la pression qu'elle exerce sur la surface du petit piston, comprime le ressort à boudin, et, si ce ressort est soigneusement fait, la quantité dont il est comprimé longitudinalement est proportionnelle à la pression que le petit piston éprouve. Après quelques coups de piston de la machine, sans rien déranger d'ailleurs à l'instrument, on met de nouveau le crayon en contact avec la feuille de papier. Pendant le mouvement simultané du piston p, du cylindre A et du tambour C, le crayon trace sur le papier une courbe fermée, nommée *diagramme*, qui représente à la fois la loi de la tension de la vapeur et le degré de vide dans l'intérieur du cylindre de la machine à chaque instant de la course du piston à vapeur.

Fig. 139.

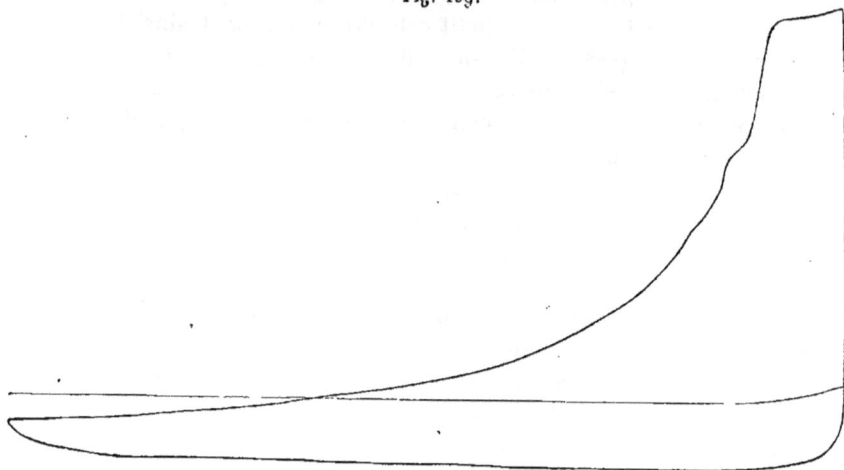

Quand le diagramme est tracé, on déroule la feuille de papier et l'on suit avec une plume très-fine la courbe décrite par le crayon. Le diagramme étant divisé en un certain nombre de parties au moyen de perpendiculaires à la ligne du zéro de l'échelle, la moyenne arithmétique de toutes les ordonnées mesurées à l'échelle de l'instrument représentera la pression moyenne de la vapeur motrice dans le cylindre de la machine.

Comme les ordonnées du diagramme sont proportionnelles aux excès des pressions correspondantes dans le cylindre sur la pression atmosphérique, et, de plus, que le déplacement du tambour C, pendant son mouvement de rotation, est également proportionnel à celui du piston, il est évident que l'aire du diagramme sera aussi proportionnelle au travail total développé sur la face considérée du piston. Il sera donc facile d'évaluer ce travail par l'une des méthodes de quadrature que nous avons indiquées, ou bien au moyen du poids du papier découpé suivant la courbe du diagramme.

La *fig.* 139 représente à une échelle réduite le diagramme obtenu par M. Chédeville, élève distingué de l'École d'Angers, sur une machine du système Corliss de la papeterie de Clairfontaine (Vosges).

Le diamètre du cylindre est de 0^m,735 et la course du piston de 1^m,375. Pendant l'expérience, la machine marchait à une vitesse de 45 tours par minute. En opérant le relevé du diagramme à l'échelle de l'indicateur, on trouve que, dans la période d'admission, la pression de la vapeur est égale à 4^{kg},20 par centimètre carré et que la contre-pression provenant du condenseur qui, suivant l'expression consacrée, représente le vide, a pour valeur 0^{kg},71.

Le double diagramme représenté par la *fig.* 140 a été obtenu par M. H. Resal, membre de l'Institut, ingénieur en chef des Mines, sur une machine Sulzér, coups d'avant et d'arrière.

Fig. 140.

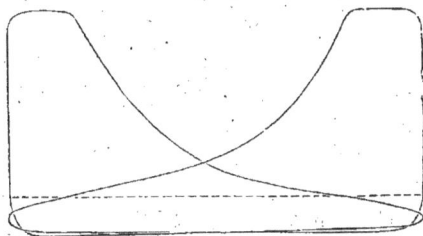

La *fig.* 141 représente les diagrammes relevés par M. Vidmann sur la machine Compound, dont il a été question plus haut.

La forme des courbes rapportées à deux axes rectangulaires suffit pour faire connaître exactement les différents travaux accomplis par la vapeur à l'intérieur des cylindres.

D'abord la vapeur est amenée dans la boîte à tiroir du petit cylindre et vient produire son action sur le piston, qui aussitôt se met en marche; les volumes offerts s'accroissent successivement, tandis que la vapeur motrice afflue dans le cylindre, en diminuant légèrement de tension, jusqu'au moment où la bande de recouvrement du tiroir masque complétement la lumière d'admission pour intercepter toute communication avec les chaudières, ce qui a lieu vers les 0,657 de la course du petit piston.

Pendant cette première période, représentée par la partie AX

Fig. 141.

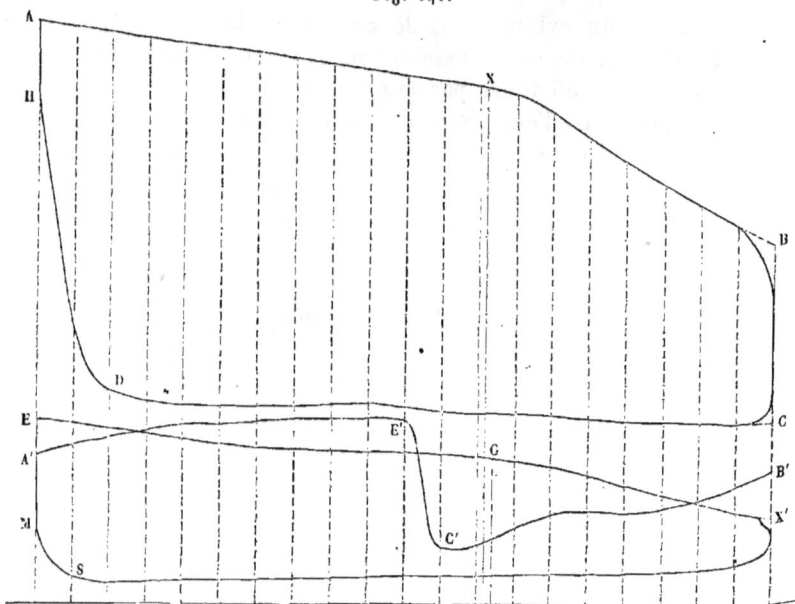

du diagramme, la vapeur, comme on le dit en pratique, travaille à pleine pression.

A partir du point X, dont l'ordonnée représente la pression à la fin de l'admission, la vapeur enfermée dans le cylindre se détend régulièrement jusqu'au moment où elle s'échappe brusquement dans le récipient intermédiaire compris entre les deux cylindres; à cette période correspond le travail de détente du petit piston. Ensuite l'écoulement de la vapeur continue de C en D sous une pression à peu près constante; et à ce point D, le tiroir du petit cylindre interceptant la communication avec l'échappement, la vapeur qui remplit les espaces nuisibles est de plus en plus comprimée; c'est ce qui constitue le travail de la contre-pression proprement dit.

Mais, comme les courses des deux pistons s'accomplissent simultanément, il reste encore à étudier le mode d'action de la vapeur dans le grand cylindre. Puisque les deux manivelles sont calées à angle droit, il est évident qu'à l'origine de l'admission dans le grand cylindre le petit piston sera déjà au milieu de sa course, et, par suite, la moitié du volume de vapeur que contenait le petit cylindre en C aura été refoulée dans le récipient intermédiaire qui sert à alimenter de vapeur le grand cylindre. La courbe relative au travail effectué dans ce dernier, étant rapportée au chemin que parcourt le petit piston, est représentée sur le diagramme par A'E'C'B', et c'est seulement à partir du point E', c'est-à-dire à moitié course du petit piston, que la vapeur d'échappement commence à être admise dans le grand cylindre. Il s'ensuit donc qu'un poids assez considérable de vapeur se trouve emmagasiné dans le récipient intermédiaire.

D'après la description sommaire de la machine que nous avons donnée plus haut, le grand cylindre fonctionne à peu près comme s'il recevait la vapeur d'un générateur particulier, et la partie EG de la courbe du diagramme relatif à ce cylindre limite la surface représentant le travail accompli par la vapeur sous une pression qui subit de faibles variations, ou, en d'autres termes, c'est le travail à pleine vapeur effectué dans le grand cylindre.

Dès que le piston a parcouru le chemin qui correspond au point G, le grand tiroir ferme la lumière et la détente s'opère comme dans les cas ordinaires jusqu'au point X', dont l'ordonnée représente la pression finale; alors la vapeur s'échappe dans le condenseur et donne naissance au travail de la contre-pression sous le grand piston. Enfin, à partir du point S jusqu'au point M, la vapeur est comprimée; cette dernière période, comme l'indique le diagramme, correspond à $\frac{1}{20}$ de la course du piston.

L'examen des courbes relevées sur la machine de Woolf à balancier et sur la machine Compound établit nettement la différence qui existe entre les deux systèmes. Dans le moteur du premier système comme dans la machine Compound, il se produit une chute de pression et aussi une détente brusque sans travail effectif accompli; mais l'accroissement d'espace qui les provoque est uniquement dû aux tuyaux servant à amener la vapeur du petit cylindre dans le grand, tandis que le récipient intermédiaire du second système est établi à dessein pour recueillir la vapeur d'échappement pendant tout le temps de la fermeture du grand tiroir.

Indépendamment de la pression et du travail fournis par les diagrammes, la forme des courbes sert à faire reconnaître si le vide se fait bien dans le condenseur, si les appareils de distribution sont convenablement réglés, et enfin si les orifices d'admission et d'évacuation de la vapeur sont assez grands. Les avantages précieux que présente cet appareil pour reconnaître si la marche d'une machine à vapeur est régulière l'ont rendu tout à fait usuel dans l'industrie et surtout dans la marine à vapeur.

M. Morin a imaginé un appareil dans lequel les pressions sont exprimées par les flexions d'une lame élastique et indiquées sur une bande de papier animée d'un mouvement continu par l'effet d'une transmission identique à celle qu'il emploie pour ses dynamomètres de traction et de rotation. L'indicateur de Watt, plus portatif et d'une installation plus facile, est encore de nos jours préféré à celui de M. Morin par tous les expérimentateurs qui se proposent d'étudier toutes les phases que présentent l'admission et l'émission de la vapeur.

FIN DU QUATRIÈME VOLUME.

TABLE DES MATIÈRES.

CHAPITRE III.

CHAPITRE IV.

CHAPITRE V.

CHAPITRE VI.

CHAPITRE VII.

CHAPITRE VIII.

CHAPITRE IX.

CHAPITRE X.

CHAPITRE XI.

CHAPITRE XII.

FIN DE LA TABLE DES MATIÈRES DU QUATRIÈME VOLUME.

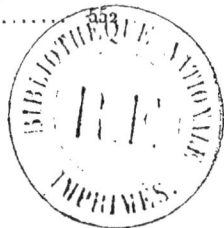

ERRATUM.

Page 59, ligne 8 en descendant, *au lieu de* poids atomique de l'oxygène, *lisez* poids atomique de l'hydrogène.

4262   Paris. — Imprimerie de GAUTHIER-VILLARS, quai des Augustins, 55.

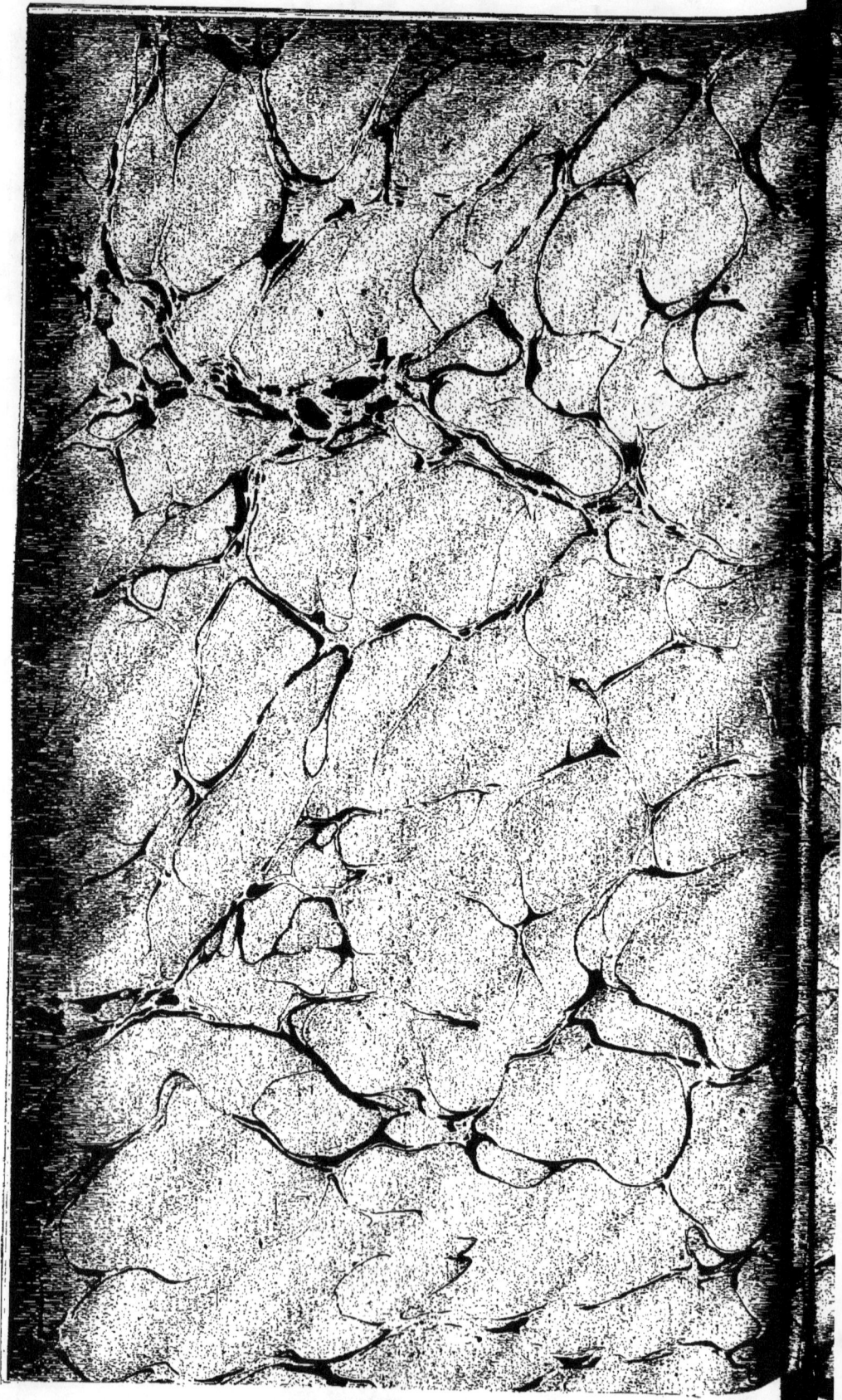

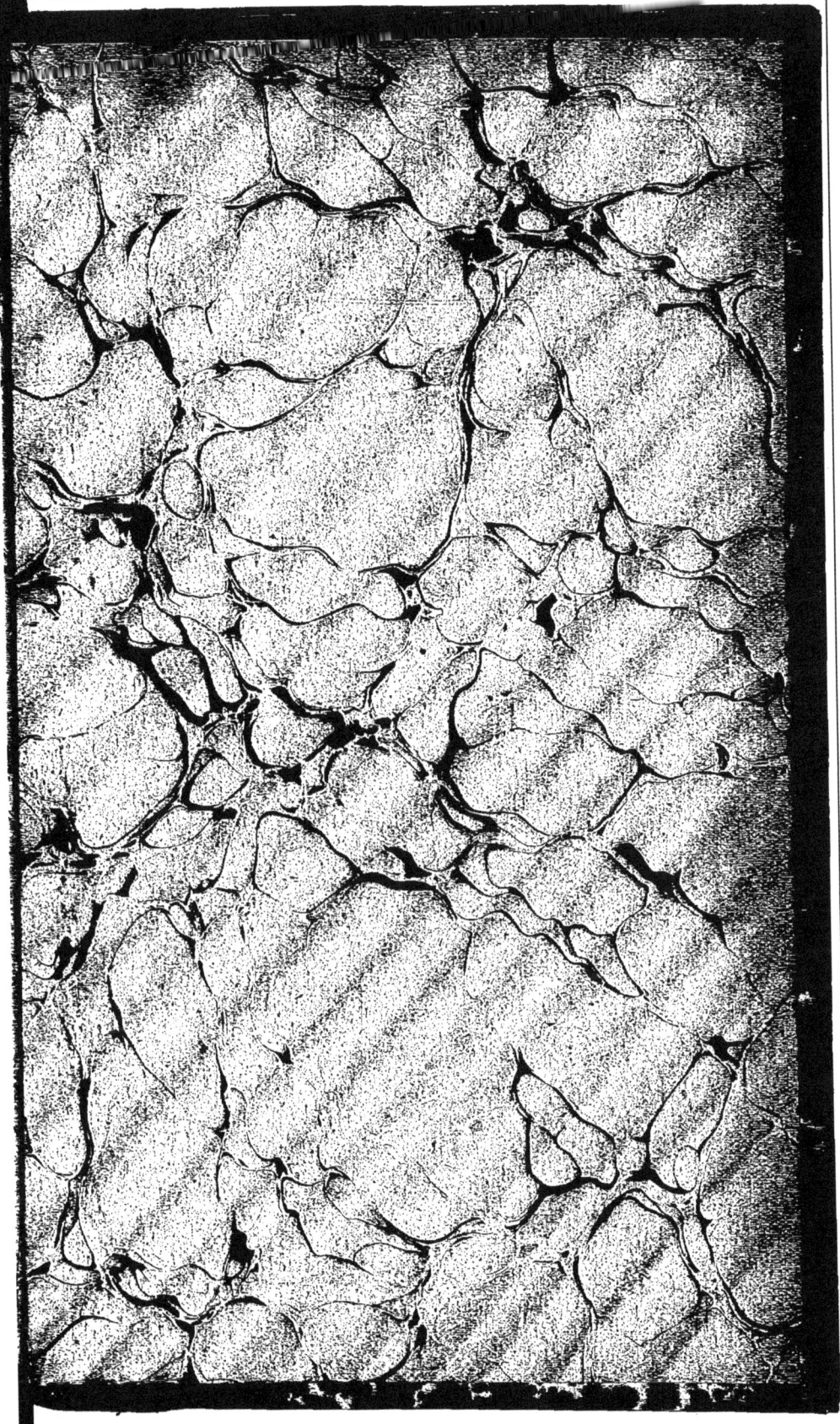

www.ingramcontent.com/pod-product-compliance
Lightning Source LLC
Chambersburg PA
CBHW031726210326
41599CB00018B/2528